民國建築工程期刊匯編

MINGUO JIANZHU GONGCHENG QIKAN HUIBIAN

29

《民國建築工程期刊匯編》編寫組 編

GUANGXI NORMAL UNIVERSITY PRESS
广西师范大学出版社
·桂林·

第二十九册目録

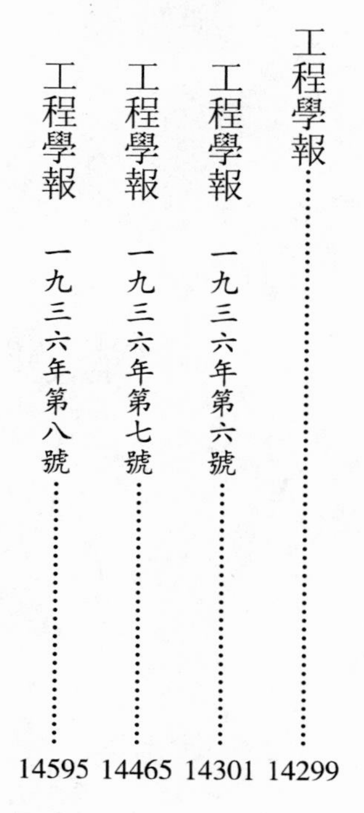

工程學報

14299

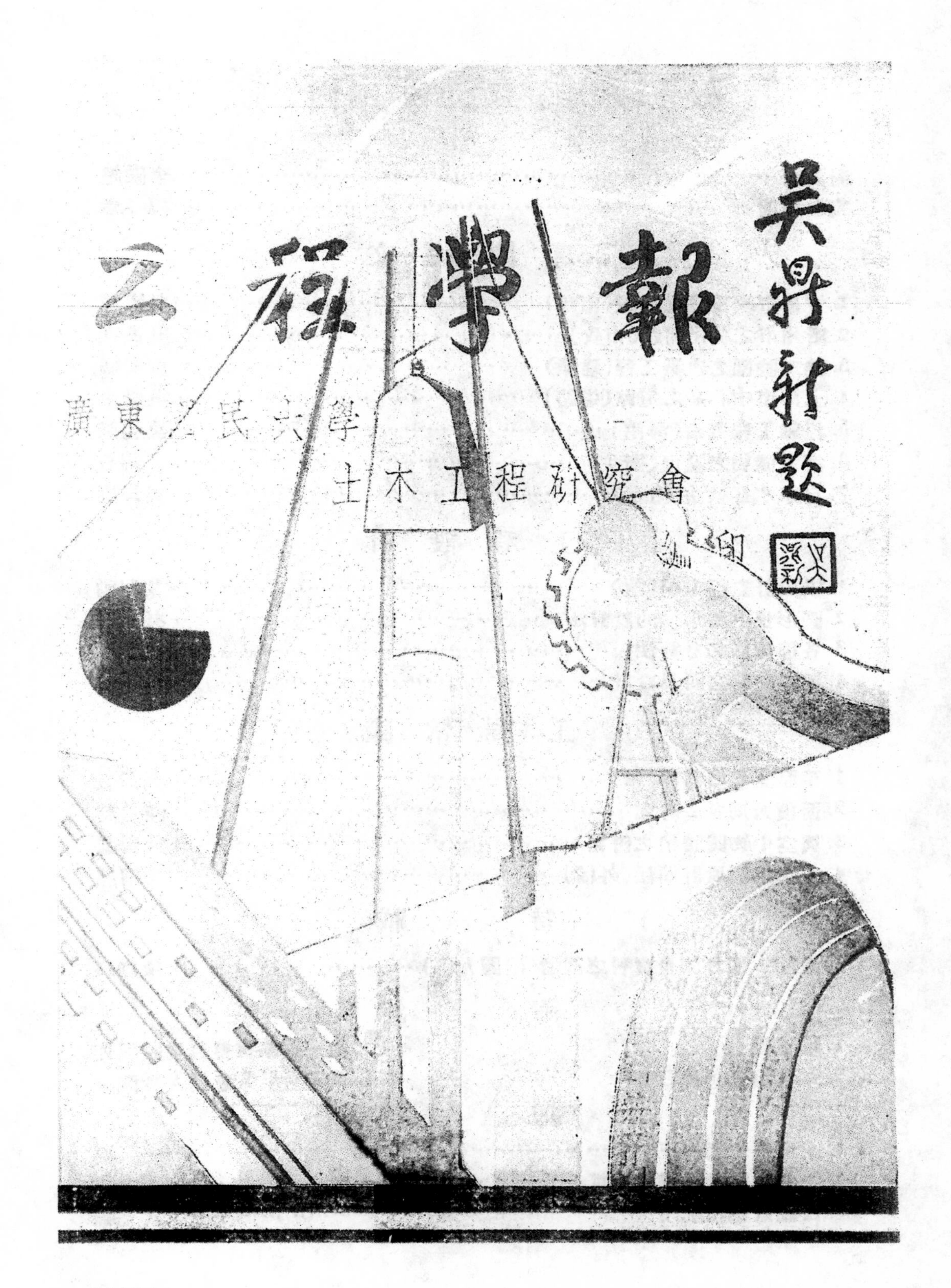

工程學報
吳鼎新題
廣東國民大學
土木工程研究會
編印

本報第五號目錄

工程學報第六號目錄

篇前話

挿圖

專載

專門論文

工程設計

工程材料

工程常識

特載

附錄

篇前話

本號學報，原定前學期出版，中經本會改組事，遷延迄今，始克面世，謹先向會員諸君暨列位讀者告罪。

本號論文欄內各篇，多屬難得精警之作，如「廣東羅浮山之新建設」一文乃本報特約該山公園龍主任雲德先生暨本會副會長莫君朝豪專爲本報寫出者，文前插圖數幀，亦爲龍主任所賜刊，圖文均茂，詳細閱讀，當知價値。

還因國際風雲緊急，武力救國，爲時勢所必然，本會爲响應政府暨學校當局提倡國難時期之教育起見，特約本會吳會長民康費數月之時間，寫成「戰時土木工事之研究」一文，分期在本報發表，吳會長素肯爲本報出力，各期稿件，得助於吳會長者不少，該文全篇言長數萬，的是嘔心費神之作，讀者幸勿河漢斯文。

關於測量文章，則有李君融超之「航空測量與普通測量之比較」，與陳君沃鈞之「子午線之簡易觀測法」，等篇；都是下工夫，有研究，有經驗之好文章，値得詳細研讀。

工程設計欄內除按期刊登之「橋樑計劃靜力學」外，王君文郁之「鋼筋混凝土拱橋之設計」一篇爲長篇之工程設計論文，甚有心得，餘稿當繼續刊校，讀者留意。

其餘各篇譯稿與工程常識，亦爲精選之作，「黃埔港測量實習」一文，甚有興趣，可作遊記或小說閱讀。

本報爲引起會員研究之興味起見，由本號起。特約吳會長担任寫出書報介紹一篇，此類稿件，殊屬難得，此後會員中如有將其讀書心得寫來，本報亦必樂爲發表。

本號封面，蒙　吳校長題賜墨寶，增加本報價値不少，封面圖則爲會員劉君銘忠手筆，寓意甚深，此次本報幸蒙劉君慨然允助，于此並誌謝忱。

本期稿件特別擠擁，尙餘梁君之「小三角網測量之實施」及吳君之「橫切彈曲線之連續件分析法」等篇，決移在第七號發表。

羅浮山公園管理處立視實景

上二圖爲羅浮山公園明遠樓旁之水力堤爲　林主席雲陔所創建由文局長樹聲担任設計乃利用自然之水力發電以供給全山之電燈及自來水所用之電力左圖爲該堤之水電發動機房

羅浮山明遠樓之水電機房及水力堤

羅浮山飛雲頂上之炮壘別墅

玉女峰——羅浮山勝名之一

省政府明遠樓之側視風景

羅浮山公園管理處之後視風景

羅浮山頂飛雲峰建築中之別墅施工將竣情形

林主席視察明遠樓建築工程時攝影有米者爲林主席×者爲李文範及其夫人子女等○者爲市黨部委員伍智梅女士

省主席林公雲陔登該山之最高峰——粵嶽——時之攝影（立左方攜帽有（×）者）

廣州市長劉紀文先生遊羅浮時之攝影有（×）者爲劉氏

老人峰上之古廟

五龍潭之名勝

右坐者爲李師長漢魂先生
中立者爲鄧師長龍光先生
左立者爲陳經理元瑛先生

會務報告

莫朝豪

（在本屆會員大會時之報告）

本會自成立以還，關於會務之設施，歷屆均見舉辦，成效迭現，惟自前期起，多數會員深覺以前組織頗有不適用於目前環境之處，爰召開會員大會，從新改組，並修改會章，以奠定本會永久之基礎，謬蒙同學諸君不以不才見棄，推舉吳君民康暨本席爲本屆第一任正副會長，任重才輕，時虞隕越，任事以來，倏又半載，深幸得幹事會諸委員同志之助，共策進行，會務施設，漸見進展。玆將本屆會務之已經實現，目前進行，並將來計劃，得爲會員諸君告者，約有下述各項，謹列如次：——

繼續刊行工程學報——工程學報之歷史，已閱三載，其地位之重要，固不獨爲本會之唯一生命線，抑且爲我校對外宣傳之唯一好利器，對於社會亦自有其真正之價值，根據本校圖書館之報告，本報銷行，非常順利，又本會最近接到請求長期訂閱之函件，爲數不少，凡此便其明証。是以本會對於該報，非常重視，籌備繼續刊行，不遺餘力，現在第六號集稿已妥，一俟學校審查完竣，卽行付印，約期二十日後當可出版，至於第七號，亦擬趕在本學期完成，勉力於七月以前出版。

增設工程月刊——爲增加會員研究之興趣與機會起見，除工程學報按每學期出版一次外，並於每年三，四，五，六，九，十，十一，十二各月增設月刊一種，內容注重短篇譯述，最新工程新聞，會員消息，會務紀實，並新出版或有價值之書報介紹等等，現一卷第一期，經已準備稿件多時，刻且在印刷中，不日便可面世。

籌備繼續刊行工學叢書——本會叢書第一種"實因水力學"早經出版，其餘各種，以限於經費，未能實現，刻正着手徵集款項，並選擇各方面有價值之論文，務求次第實施，俾符初旨。

舉辦論文徵求——本會深覺歷次學報出版，稿件供給，每感缺乏，茲爲大規模採集稿件，並引起同學研究興趣起見，特於第三次幹事會常務會議議決舉辦論文比賽，公開徵求，凡爲本會會員或同學，皆有投稿資格，現已商擬辦法與條例，決定後即行公佈，分列等第，酌籌以書劵若干，相信此辦法施行後，收效定必大有可觀。

舉行體育比賽——本會會員除埋首書案外，多有醉心體育者，本會爲盡量發展其體育天才起見，故於同時議決舉行體育比賽，由會購置銀鼎，徽章，綉旗等，賞給優勝者，藉資鼓勵。辦法已在商擬中，日間公佈。

增設校外通訊處——本會爲利便一部份畢業同學敍集與研究起見，特在本校畢業同學會內附設通訊處，經已商准該會，凡我畢業會員如有時間均可隨時到會。

關於會務之在進行中者已如上述，至如經已舉辦者，亦有多起，如工業考察，工廠參觀，名勝旅行等，都已先後隨時舉行，將來計劃在擬辦中可舉一二爲諸君告者，如籌款建築永久會址，舉辦職業介紹等，將來辦法決定後，自當力求實現。　（完）

廣東省羅浮山之新建設

龍雲德 莫朝豪編述

目次

羅浮山爲天下名勝之一，所謂第七洞天是也。歷代聖賢仙佛之遺跡，皆常於此山留之，惟關於該山之名勝古跡只散見於佛道經典之中，多略而不詳。自民廿三年春，建設廳將該山闢作公園，並委龍雲德爲該園主任，慘淡經營，至今兩載，建設規模略具，現該公園除極力保存原有古跡名勝之外，並有種種之新建設，今本會特約該公園龍主任雲德先生及本會副會長莫朝豪君爲本刊撰述此文。並蒙惠賜圖片多幀，同人等十分感謝。

編者附識

第一章 羅浮山公園管理處及省政府明遠樓之建築工程

(1)建築之緣起及設計開投之經過。

羅浮山自開闢爲避暑區後，除設立公園管理處負責建設農林增加生產，修橋築路以利行旅之外。並擬將全山劃分爲幾個大區域建築幽美樓宇，以備中西人士遊覽度宿之用，因由公園管理處呈請建設廳撥欵籌建管理處一座，以作人民之先導。民廿三年春我省主席林公雲陔兼長建廳時，以該公園所請之園林建設計劃尚屬可行，特准予照辦。並飭由該廳技正，黃森光朱次鑾兩位先生負責設計。除建築管理處一座外，另由省府建築別墅式之樓宇一座命名明遠樓，以增加名山景色，是年冬，計劃完成由現任建設廳何廳長啓澧先生繼前任之計劃招商公開投承，結果以恒信公司取價法幣三萬九千元爲最廉，當經與該公司簽訂合約，計由民廿三年冬十一月至廿四年秋始行完成，基於路途遙遠，運輸較爲困難，且用建築材料採集匪易在該山除石料之外，其餘木，灰，士敏土鉄料，皆須由廣州或東莞增城等處運來，故建築較費時日，然而於名山碧水之間，襯以現代新式之樓宇，當增光不少，今謹將管理處及明遠樓建築之實施工程述其概畧如下。

（2）工料費發給之規定

管理處工程費除每期扣存百份之五作保固費外依下列各欵發給之：—

第一期：全部工程地脚及石牆砌至二樓面造妥後發給工料費百份之廿五。

第二期：落妥二樓三合土樓面及陣發給工料費百份之廿五。

第三期：砌妥二樓石牆及落妥三樓三合土樓面發給工料費百份之十

第四期：砌妥三樓石牆及落妥三合土樓面發給工料費百分之十五。

第五期：全部工程地台及內牆批盪幷外牆塗白造妥後發給工料費百份之十五。

第六期：全部工程安妥門窗配妥玻璃及油色灰水及至完成工竣發給工料費百份之十。

第七期：全部工程完竣後，經本廳派員驗收自驗收証批發之日起兩個月期滿如無毀故破爛及漏雨情事發生卽將扣存之保固費百份之五淸發。

明遠樓工料費之發給與上畧同，故從畧。

（3）地基之建築

管理處之位置恰在石嶺山之石層之間，故掘牆坑時工作頗爲困難，先用炸藥將石塊炸去後，鑿成深坑濶六呎深四呎，各方牆下作成連結之深坑後，便落一、三、五比例份量之士敏石碎三合土，落至規定平水，始行砌結石牆。故地基堅固，殊甚安全。

（4）士敏三合土材料

本工程所用士敏土，完全用廣東西村士敏土廠五羊牌包裝，砂用粗大，而不染坭質之淡水黃沙，石碎用質堅潔淨，就地所取之白蔴石，用於樓面樓陣者，不得大過半吋，用於墻趾及地台者不得大過一吋以上。

（5）石牆之砌結工程

管理處及明遠樓所有一切牆壁依照圖則規定厚度，完全採用就地所取之白蔴石砌成；採石工作，由承商負責，各石塊均用不規則形，其堆砌至外皮牆面露出部份，最大徑不得過二呎，最小徑不得過四吋，每件石面稍凸不妨，但不能凹，全墻面要平，惟石面與石罅凹凸相差不得過二吋。

石牆厚度，如爲間牆只高一層約十四五呎，則牆身厚一呎，二層以上則厚一呎半（即十八吋）。

砌石工作：視石之大小形狀，每件石務須與左右相叠能以罅隙不大，而用小件石少爲合格，全幅墻面，其石之大小，各部份要匀衍，轉角及丁字處接口，尤須注意，交叠墻之陽角，須要鋒利，否則須加以修鑿可見光，外牆如有汚痕者，均須洗去，倘不能洗脫時，須用鑿鑿去。

砌石材料。所有石牆均以1：3士敏沙漿砌座，石塊外面以1：2士敏沙漿塗口塗口成凸線形。

其餘窗門皆與普通工程無大差異，茲從略

（6）管理處與明遠樓之概況

羅浮山公園管理處之地址居於羅浮大道旁石嶺山頂之上，山高三百餘尺，地居平原與高山之間，上可瞭望遠峰，下可俯視平地，位置適宜，全座牆壁之材料，利用就地轟炸之山石，砌結成牆，採用立體炮壘式之建築，坐西北向扁東南，右方高十七英呎，分作大會客廳及辦公廳、飯廳、厠所、浴室等間房。左方建樓三層，共三十九英呎，地下爲駐處憲兵住室，二樓爲主任室可通至右方平天露台，三樓爲職員住宅，三樓之上又爲平面天台，面積一千七百平方英呎。四面窗口及露台各方皆安置活動窗門及射擊防禦之炮口，建築堅固，可作一座要塞炮壘也。

明遠樓爲廣東省府賓館，就地炸山石築成，門楣立石額一方，寫「明遠樓民國廿四年廣東省政府立」，爲林公雲陔手筆。內容樓下有餐廳、客廳、書房、住房、浴室、水厠、厨房、工人房各一，樓上有廊廳一，臥室三間、浴室厠所一座，東便聽瀑走廊一度，大天台一座，蓄水池一座，電燈自來水俱全，傢俬佈置則簡，四壁懸掛本山風景名勝影片頗多。建築於白鶴段青龍山頂之上。

（7）其他工程之建設。

飛雲頂避暑區，租出屋地不少爲人民建屋，已成者兩座，集合石材進行建築者兩處。

水簾洞旁有觀瀑亭一座，爲蔣光鼐將軍所建，由李章達立碑。（此爲白鶴觀名勝之一。）

黃龍觀，白鶴觀，延祥寺，何仙姑祠均從新修建，工程尚未完竣。

冲虛觀，新增建室舍甚多。

華首台新建客樓一座。

酥醪觀，新闢園林，植梅花千株。

明遠水力堤電機房等，均利用五龍潭瀑布建築，已于元旦日開始供電，由明遠樓沿明遠路經白鶴觀，至管理處，同時設水泵機用電泵上明遠樓水池，供沐浴室、厠所、厨房等用，是爲廣州市工務局長文樹聲設計。

第二章　公園之建設計劃

羅浮山公園之新建設，經由管理處擬定詳細計劃逐步實施，現謹將建設中之交通農林兩項分別畧述如下：——

交通方面

由羅瀾公路起至華首台停車場，沿途經公園管理處，廣東省府明遠樓，白鶴觀，寶積寺，延祥寺，黃龍觀，香林寺之公路路基已完成，僅欠橋樑數度，即能通車，現在建築中，不日亦可完成。各處道口有省府主席林雲陔題字路碑兩座，「羅浮山公園羅浮大道」於路之兩端以資識別。

公園管理處，在石樹山接羅浮大道，闢公路一度，達山頂管理處，經已完成。

由羅浮大道接築公路一度，直達青龍山明遠樓山脚，命名明遠路，此路旁又有人行路，道路樹已成蔭。

何仙姑祠左側，新闢人行路，直登山頂，擬尋捷徑往飛雲峯，探路而設。

飛雲峯逐窰路，闢新路，在工作中。

黃龍觀，下右方龍須山築上山人行路一度，係利便該住宅區交通。

寶積寺亦有新闢上山行人路，係利便防軍交通。

景福苗圃由羅浮大道橫通公路一度，係利便運輸洮溉交通。

農林建設

在管理處西新闢苗圃百五十餘畝，立碑各森林式景福苗圃，內育幼苗，有加利，相思，槐樹，橡樹，木瓜，森樹，油桐，台灣相思樹，秋楓，水松，萬字果，合歡，洋紫荊，洋金鳳，樟樹，梧桐，廣棉，籃靛，木豆，山茶，黃金竹等。

果林區，現正經營在管理處北便，植有淡水梨，紅李，青梅，沙田柚等。

道路樹，羅浮大道明遠路羅瀾路，增博路等，兩旁均植有加利樹及森樹。

保安林管理處將寶積寺四週原有野生林，改爲人工林，爲各寺觀模範，故各寺觀亦詳相效尤，山麓氣候，已較本市相差十度至十五度，至山巔飛雲頂，則尤爲寒冷。盛暑溫度，不過華氏表六十餘度耳，而隆冬時，則降至三十度下，水多凝凍，加以風雲變幻靡常，身居其間，儼如另一世界，每當晨昏時，復能覩一輪紅日出沒，連日以北風怒號，登山巔者，多因而却步。

第三章 寺觀概況

羅浮山之有寺觀，始于晉朝葛洪，卽葛仙翁在該山創立冲虛觀，是爲道觀之始。後有黃龍觀白鶴觀，九天觀，酥醪觀，長春觀，是爲一冲開觀，各觀以冲虛道士最多，達七八十人，現建設亦以該觀爲完善，遊客在該觀住宿稱便，沐室宿舍的完備，道觀所奉者，爲元始天尊，道德眞君，靈寶眞君，三位一體，卽爲太上老君，兼有玉皇大帝等，均屬我國從前道教所奉之神仙，黃龍，白鶴，酥醪，等觀次之，每觀均有道士二三十人，佛寺方面以華首台爲大，華首台自無孤獨長者開山後，寺極小，後有五百僧人前往該寺搬運木石，協同造成偉大寺，爲紀念該五百羅漢起見，遂名爲華首台，此外寶積寺，延祥當，明月寺，造福寺，撥雲寺等，規模均不如華首台之大，華首台僧共三十人，爲叢林制，掛單和尚前往掛單者，可永遠居住，各僧均有職守，朝夕須誦經禮佛，生活不如道士之自由，道士可不茹素，寺僧則不能食葷，故道觀道士比僧多數倍，從前山上各石岩，有道士結廬修道，全山共六百餘人，今則已無此帮踪跡，黃龍觀有女齋堂，各桃源洞爲收女人入道之用，其次羅浮山高石多，一草一木，皆可爲藥，爲遊客所必求，故各寺觀平時皆採備藥材特產，確定價格，應酬遊客，冀得增加施主大筆香油。

第四章 名勝一班

羅浮山名勝最多距山七里有龍華寺，內有陳孝女昌福夫人祠，山南寶積寺甚古，唐朝，宋朝有賜額，如明戒壇百尺壇等，皆唐時所創，中有鉄佛，爲西僧所献，御園柑子，唐爲貢品，柑樹不結實，則國家衰落之兆，唐玄宗喜宗時均應驗，有御書閣，有卓杖泉，羅漢岩，伏虎岩，佛跡石，再進石樓鉄橋峯，上界三峰，青陽岩，夜樂洞，犀牛潭，試劍石，相傳軒轅在此試劍，再行爲瀑布泉，鳳凰谷，鳳谷潭瑤石台飛雲塔，瑤池，阿耨池，夜樂池，阿耨塔，泉源山，玉鵝峯，龍玉坑，上中下龍潭，華首壇，資福寺，南樓寺，去延祥之西五里，爲黃龍洞，相傳有黃龍出現，南溪建天華寺，有七里壇，獅子洞，華首台，山背爲鳳凰崗，雲母溪，東有冲虛觀，爲葛仙所居，今煉丹爐猶存，有朱明洞，朝斗台，黃野人菴，釣魚台，青霞谷，野人洞，酥醪觀，麻姑峰，觀源洞，幽居洞，滴水岩，長壽觀，君子岩，雲峯岩，蝴蝶洞，水簾洞，天漢橋，出藥槽，流杯池，白鶴觀蛇穴，蓬萊峯，丁髻峰，劉仙壇，羅陽溪，東林寺，香台，會眞櫻桃，拋球，刀子錦繡，黃猿，砵盂致雲大旂，小旂，雲武，老人，玉乳等峰，最近發現有達摩石，宛如達摩面壁一般，此爲羅浮名勝之大概也。

戰時土木工事之研究

吳民康

邇因強敵憑凌，四郊多壘，烽煙迭起，國難燃眉；深慮中土淪亡，金陵瓦解。爰稍盡個人之天職，廣參專籍，寫成此文，聊作响應政府與學校當局提倡國難時期教育之旨意，淺陋不文，匪所計也。查本文原分築城工事，架橋工事，道路工事與鐵道工事四部，玆謹將前二部先行採錄，餘當繼續發表。

——作者附誌——

（一）

築城工事

I 戰壕工事

(A) 散兵坑與散兵壕　(B) 匍匐壕與交通壕　(C) 防空壕

II 障碍工事

(A) 一般障碍　(B) 戰車障碍　(C) 水道障碍

III 掩蔽工事

(A) 人員掩蔽　(B) 安全掩蔽　(C) 防毒掩蔽

（一）築城工事

施於戰區地物上各方法及工物，以保持增進軍隊之戰鬥力者，謂之築城工事。依其目的與所使用構築材料之種類，及時日之多寡，大別爲永久築城與野戰築城兩種：前者乃由平時使用永久材料，費多大勞力與經費，爲最鞏固之設備；雖經長久時日，亦不容易頹毁○後者乃在戰鬥中或戰鬥前，使用少數時日，現地材料，依據簡單方法，爲防禦或攻擊之設備，使其有利於戰鬥○本文所述獨限於戰時的，而非永久的；故築城工事亦祇述野戰築城一種○

I 戰壕工事

戰壕有多種：曰散兵坑，曰散兵壕，曰葡萄壕，曰交通壕，曰防空壕○戰壕構築工事雖屬重要而實簡單，普通工兵卽能担任○

(A)散兵坑與散兵壕

散兵坑爲掩護守兵個人用之掩蔽，在時間迫促時構築之；散兵壕則由多數散兵坑連結而成，在長時間守備之陣地構築之○散兵坑壕設備之要部爲瞄準高，臂座，胸牆，背牆，內斜面，頂斜面，僞裝等○瞄準高在立射的爲1公尺30公分，跪射的爲80公分，臥射的爲25公分○臂座爲瞄準時托臂及置彈藥之用，設於內頂（火線）之下方25公分之處，其寬爲30公分○胸牆以不妨碍射擊爲限，力求低下，其厚在尋常土至少須1公尺○背牆係對於己軍後方陣地射擊太近之子彈而行掩護者，其高不得超過胸墻○內斜面爲使射擊之動作容易及射擊之掩護良好起見，務以急峻爲宜，有時地形向前方降下，則宜稍緩○且酌量減少其瞄準高○頂斜面以能射擊所需之地域爲度，附以適宜之傾斜○僞裝係於其頂上加以草皮或樹葉之掩蓋○

散兵坑分爲：臥射，跪射，立射，掘擴數種，玆分述其構築法如下：

臥射構築法： 用鍫鎬飯盒等作臥式除去土壤，先行堆成一臂座以爲對敵視線之掩蔽，然後自前面開始在身傍除土作一寬約0.4公尺——0.5公尺之綫長壕，再匍匐向後而延長之○除土量共約0.4立方公尺，作業時間約30—45分鐘○

跪射構築法： 先將擬掘之坑立着劃一狹溝，決定其前邊緣，然後同樣劃定其周圍，再由前面開始從速掘深，按層除土，先作臂座，次作胸墻，後用草皮僞裝胸墻與背墻○除土量共約0.5立方公尺，作業時間約一點鐘○

立射構築法： 如跪射式先劃定其周圍，依次掘開，照跪射式加增其深度便得○除土量約1立方公尺，作業時間約一點鐘至一點半鐘○

掘擴構築法： 在長久駐止時及在敵火外構築陣地中，可由立射式掘擴之○除土約2立方公尺，作業時間約四點鐘○

散兵壕之構築與散兵坑仝，惟有時對於地形與土質宜特加注意，以其對於構築工事有極大關係，構築時應採用最合宜之方式○又散兵壕不宜連續不斷，直線形之長，尤宜避免○在岩石或地上水面高處構築之跪射散兵壕，其胸墻及背墻所需之土多由加寬壕幅而掘得，有時可在壕之前面或後面另掘一壕以取得之，但胸墻不宜過高，高胸墻易爲敵人認識，且易擊毀，僞裝亦覺困難○又在急斜面上構築之散兵壕，其壕溝後緣高出胸墻之上，容易暴露，不可不知○

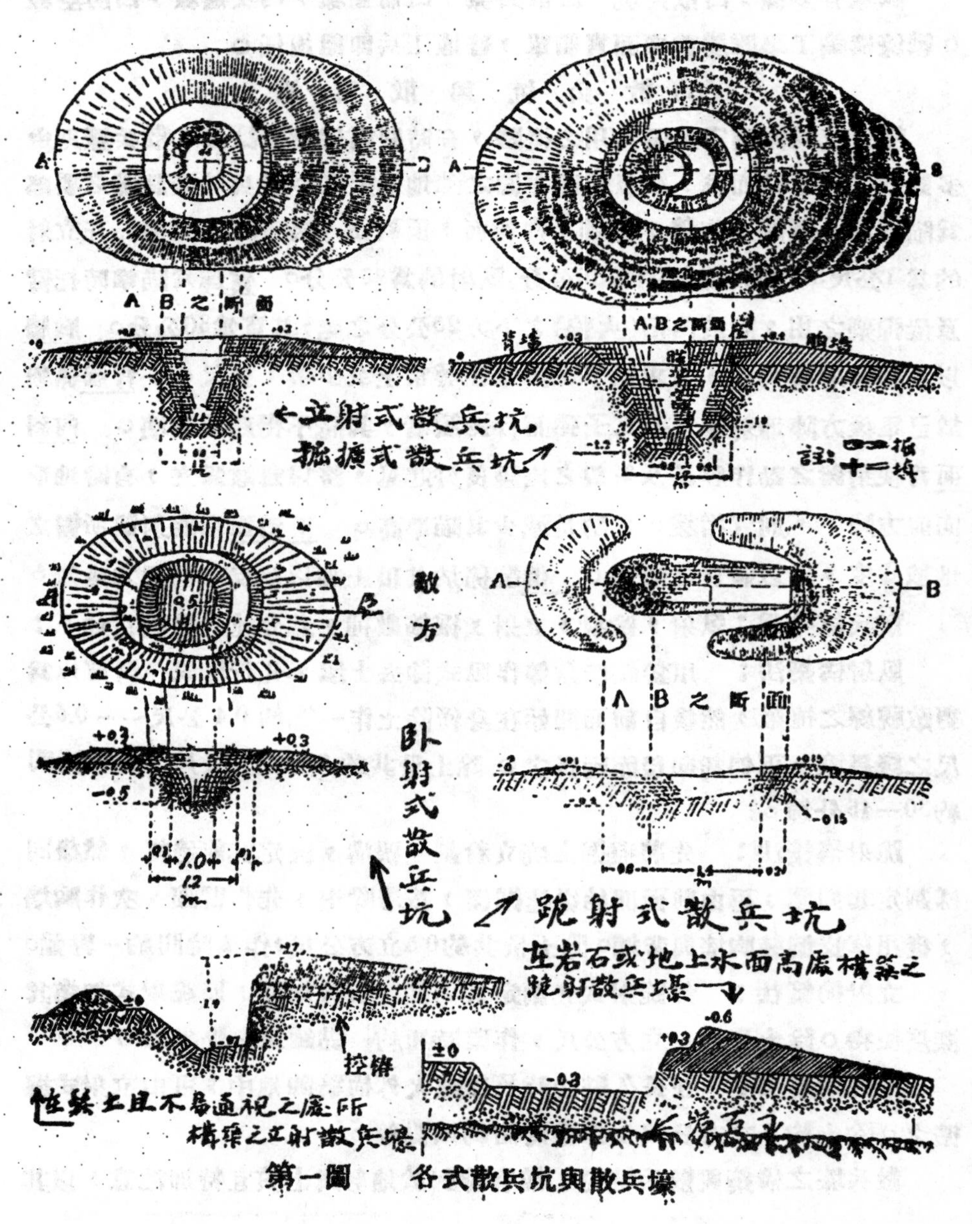

第一圖　各式散兵坑與散兵壕

（B）匍匐壕與交通壕

匍匐壕係在敵火下或時間短促時，爲各個散兵坑間及向後方之連絡，所掘開之淺壕。如時間許可，可掘廣爲交通壕；此種淺壕對於敵機之偵察容易秘匿，戰場上多利用之。普通交通壕爲在陣地中或陣地後作安全掩護便利交通之深壕，但僞裝困難，如缺乏天然掩蔽如森林近傍等處，每易爲敵機所見，不易秘匿。廢去積土，施以掩蓋或作成地下暗道者，可免此弊。

匍匐壕與交通壕之構築法：　利用地形，取不規則之形狀，掘一長坑（匍匐用者宜淺）其積土應向敵方平堆，作爲掩護，所積之土及壕，應使其適應陣地附近之顏色與植物，以避敵人之認識。除土量，每長一公尺在匍匐壕爲0.5立方公尺，在交通壕爲1.4立方公尺。

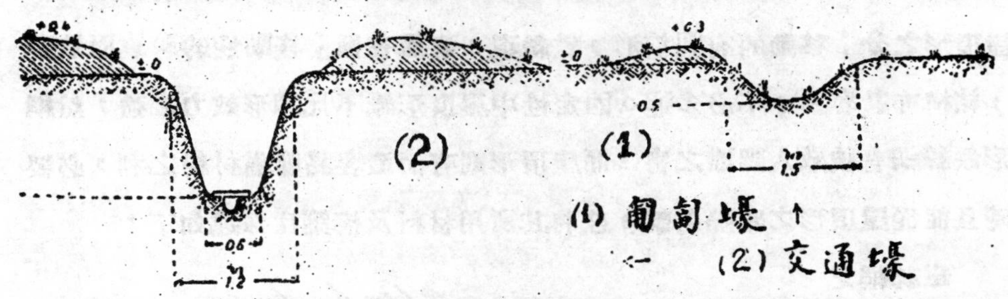

第二圖　匍匐壕與交通壕

（C）　防空壕

防空壕係專爲市民避匿敵機來襲時而設，當戰事發生之前，負防空責任者除採用高射砲高射機關槍及驅逐機等以對付敵人空襲之急亟防護手段外；消極防護法則宜利用工事，構築多量此等防空壕於近郊各處，以利便市民於敵機來施行空中轟炸時，得以從容退避其中，而謀一刻之全安。

防空壕之構築：　此等防避工事，宜依縱深橫寬曲折成U形或V形分散而構築之，必要時並施以巧妙之僞裝。

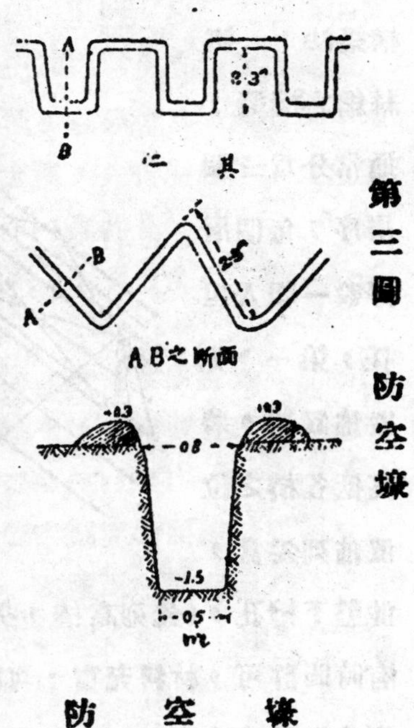

第三圖　防空壕

II 障 碍 工 事

障碍物之目的，在防止敵人之奇襲及前進，與側防火力相輔爲用以殲滅敵人；其種類可分爲一般障碍，戰車障碍及水道障碍三種。各種障碍所用之物不外：有刺鐵絲網，鹿砦，拒馬，地雷，水雷，氾濫，係蹄，電網，陷穽，漏斗形穴，溝渠水道，水堰及淤泥池，水中柵，亂樁等，玆擇其要者分別述之。

(A) 一 般 障 碍

有刺鉄絲網——一般用障碍物中，最有效而構築容易者，莫如有刺鉄絲網。有刺鉄絲網分兩類：一爲固定的，一爲移動的。固定的有網形，與屋頂形之分；移動的有圓筒形，鉄絲環，繫蹄各種；移動性的簡單而效微，結構亦甚容易，不必多述。固定性中屋頂形雖不比網形效力之強，然網形鉄絲網有被敵人認識之害；而屋頂形則有構造容易節省材料之利，必要時且能從屋頂形之間隔射擊，玆將其所用材料及構築法採述如下：

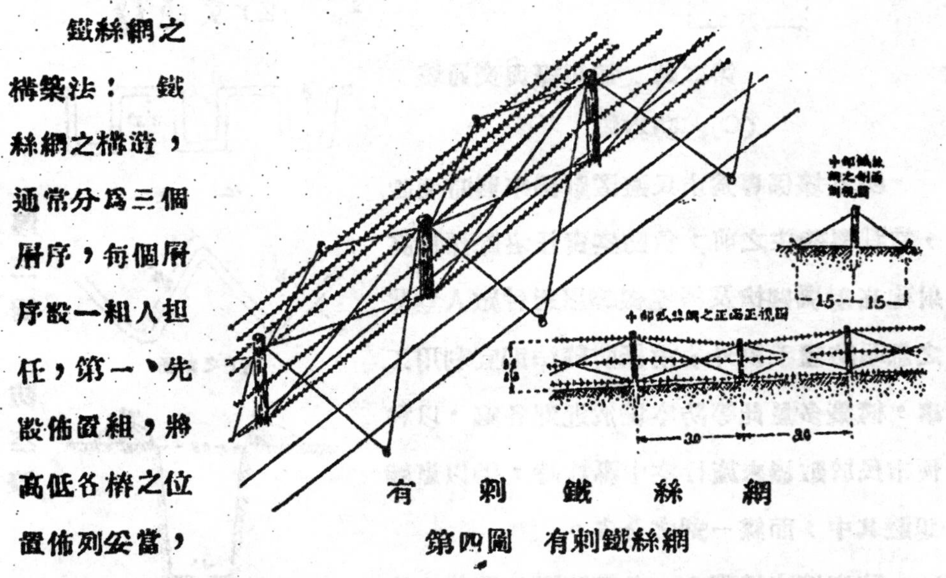

第四圖 有刺鐵絲網

鐵絲網之構築法：鐵絲網之構造，通常分爲三個層序，每個層序設一組人担任，第一、先設佈置組，將高低各樁之位置佈列妥當，並鑿下樁孔，(先列高樁，次列兩側低樁，距離間隔，務須適合地形)。如有時間許可，材料充實，可酌量縮小各樁之間距，用增其強度，又構築時以先近敵方之處着手，依次逐漸推及後方，佈置既妥，其次則使打樁組擔任依各樁之位置，向樁孔打下各樁，打入時務使高低不等，如欲增加抗力並使作業迅速及避免音响，可改用鐵製螺旋樁以代木樁，打樁既畢，最後則由張線組担任張上鐵絲，必要時併以樹枝及草類附於樁及鉄絲上，以亂敵眼。

(B) 戰車障碍

地雷——地雷爲抵禦戰車(坦克車)比較有效之工事。其他如濠溝，陷穽，及軌條砦等收效甚微，對於近代之坦克車，尤失其力量。如欲對坦克車直接破壞其軌道部，非單獨一二個地雷所能奏效，必須使用地雷群，用多量之炸藥(二公斤以上)按棋盤形排成多行，埋藏於不易爲敵發現之處。地雷因點火法，分爲觸發地雷，視發地雷，及自發地雷三種。又因利用爆發之威力，將土石向敵方抛擲，予敵以損害者，特稱爲擲石地雷，使敵人自接觸其點火機關而爆發者，謂之觸發地雷；待敵抵我地雷帶時，施行電氣點火使其爆發者，謂之視發地雷；敷設後經過所望之時刻能自然爆發者謂之自發地雷；設置時，宜因其使用之目的以決定其種類及藥量。各種地雷之裝置如第五圖。

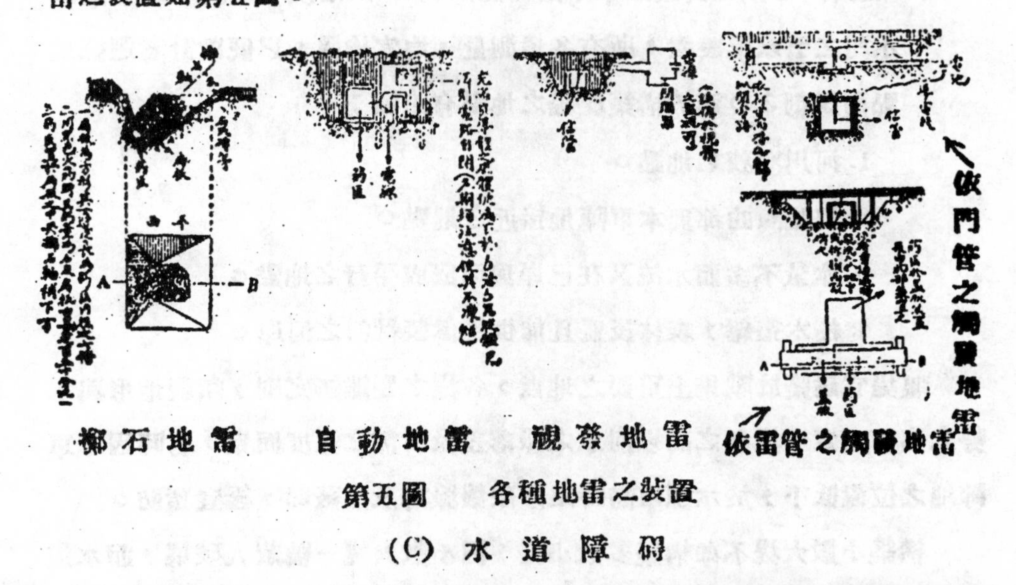

擲石地雷　自動地雷　視發地雷　依雷管之觸發地雷　依門管之觸發地雷

第五圖　各種地雷之裝置

(C) 水道障碍

水道障碍之目的，在阻止敵艇及人馬之前進，此類設置最妙莫如構築堰堤于溝渠或河谷(必須在陣地之近傍)阻止流水，使該處因啓閉堰閘𨻶時有變成沼澤深湖之可能。此類設置如爲大規模者，必須水利專家担任設計，非一般工兵所能勝任。

堰堤之構築——堰堤之構築須視地形土質及水流狀況而定，通常最好在對山谷斜面有河岸突起之地構築之。此項堰堤于構築時宜有充分周到之準備與計劃，並選定適宜之地點爲要。其應準備者有如下列：

a. 設置水標，觀測水位。

b. 按水流漲落時間久暫與情况確定水位之高低。

c. 確定冬季水位，由河床之橫斷面計算流速。

d. 以公里區分河川地段，並於其地段內區分小段。

e. 測量山谷之橫斷面及其支脈河川路線等。

f. 測量河底及堤岸，確定其土質。

g. 測量傾斜，每間一百公尺植立一樁，樁頂宜與水面齊平，再用水平儀測之。

h. 在河川上確定其頂點水閘階梯之傾斜，及階段之高度，吸水管與水門之引水渠設置，所有各項測量，均宜繪圖，以便設計者選擇地點而規劃之。適於構築堰堤之地點有四種：

1. 河川窄狹之地點。

2. 河流灣曲部與本軍陣地接近之地點。

3. 水量不多而水流又在己岸與河底成平行之地點。

4. 樹木叢雜，森林茂盛且能供給偽裝材料之河岸。

堰堤宜建築於戰術上重要之地点，各堤之距離無定則，須視地形與水勢之高下而定，提身之高以河水之漲落差及所需之深度而定，有時因本軍陣地之位置低下，於水源增高時足以破壞壕溝及掩蔽部，極宜預防。

構築小數大堤不如構築多數小堤，因小數大堤一被敵人破壞，而水道障碍每因此而遭完全之掃除也。各種堰堤之構築示如下圖：

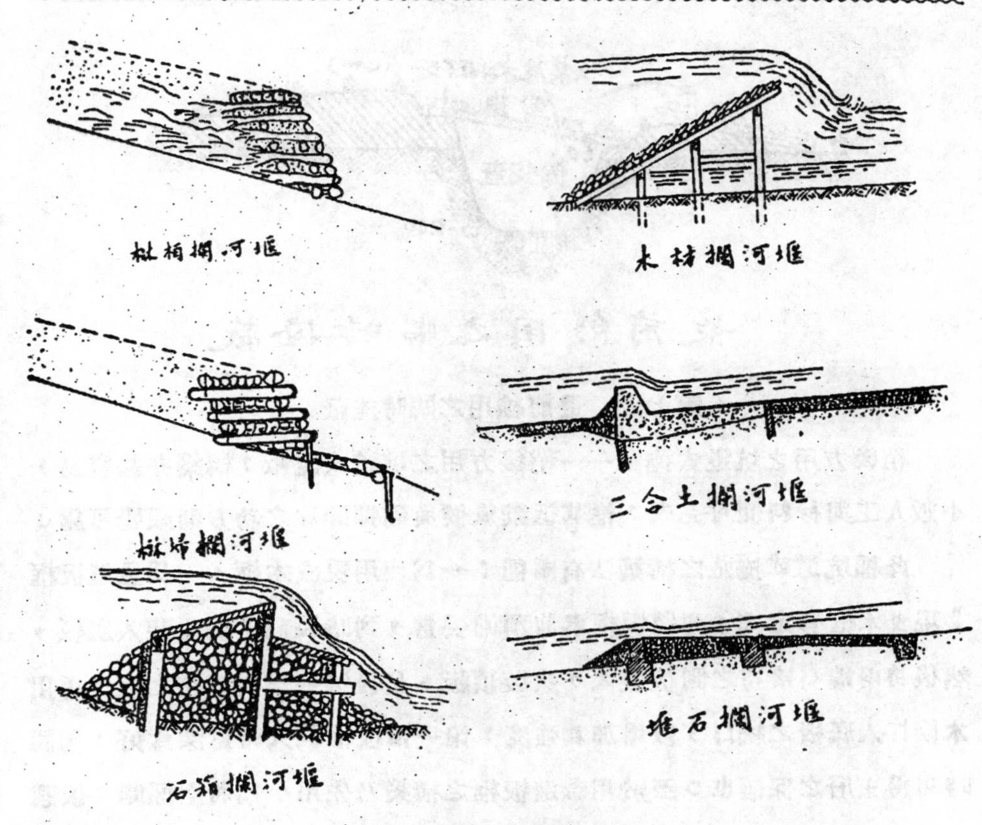

第六圖　各種堰堤

III 掩蔽工事

構築掩蔽工事之目的在求人員，兵器，彈藥，及材料等等之安全，其次則為抵禦氣候與便利休息，茲因其使用之目的分為人員掩蔽，安全掩蔽與防毒掩蔽三種。人員掩蔽中分之為最前線，稍後方與後方用之各式掩蔽；安全掩蔽中又分為小數人與多數人之安全掩蔽；其中簡單者有單用泥土及木板築成，重要者有用鐵板或鋼筋三合土等材料築成，茲分別畧述如次：

(A) 人員掩蔽

最前綫用之臨時掩蔽——最前綫用之臨時掩蔽，用短小之時間，簡單之材料，便可構築，其目的但求守兵射擊容易，出入方便，構築法如下圖：

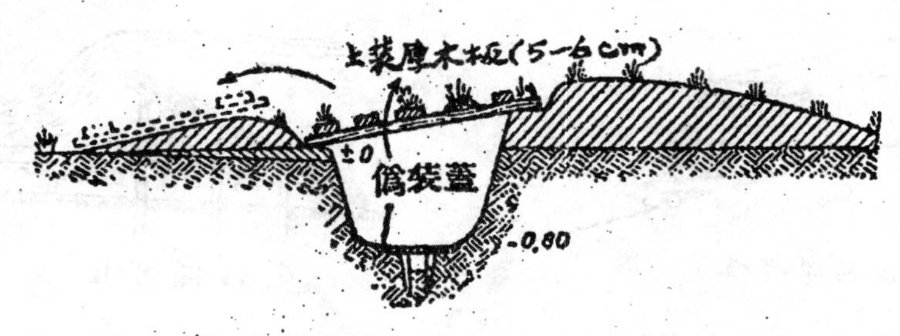

第七圖 最前線用之臨時掩蔽

稍後方用之坑道式掩蔽——稍後方用之坑道式掩蔽，構築亦甚容易，小數人工與材料便可完成，惟其抵禦氣候與砲彈碎片之功力則頗覺可靠。

此種坑道或掩蔽之構築法有兩種：一爲使用現成木框，一爲急造板框；現成木框有定式，先將板框事前預備妥當，到時裝置，法先裝入底板，然後將兩端有接筍之側板裝入，次裝頂板，最後裝一端有接筍之板，再用木楔打入底板之缺口，以增加其強度，第一個板框裝入時愈深愈好，因同時可得土層之保護也。至於用急造板框之構築乃先用小鎬將土掘開，依適宜之傾度(約45度)將底板中部對準入口線安放之，然後繼續掘開，俾使側板及頂板可以逐次裝入，但土不宜掘去太多，須使各板均能緊接自然土層，各板須互成直角，上面及兩側不可有鬆動，各板裝好後隨即將內外兩層木板釘連，以增加其強度。

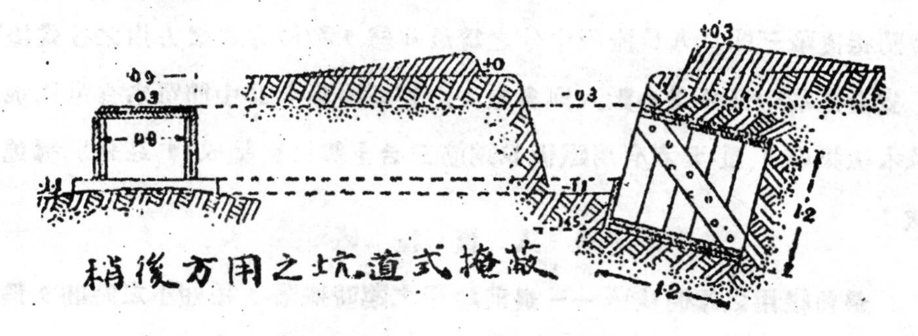

第八圖 稍後方用之坑道式掩蔽

後方用之斜坡掩蔽——此種斜坡掩蔽適用於後方司令所，通信所，衛擊隊及預備隊之用，其長當視地形，時間，人員，器具多寡而定，如五人至六人用者須長3公尺至4公尺，普通至少8公尺。

構築法：　先在反對斜面上掘去其下層之土，其傾斜不宜太急，以免崩塌，次於其陡壁上高2.5公尺處掘開0.4公尺之水平部，置入中徑0.20長4.00公尺之枕木（或用15公分之方木）一根，下面距斜面脚2.5公尺處亦掘開小溝置同樣之枕木一根，再將中徑0.18長4.60公尺之縱樑木一根平均斜置於其上，用鈎釘與枕木釘緊之。如不用中空距離之縱樑木，亦可代以緊排之圓木（10—15公分）其空缺處則用樹葉樹枝稻草等緊塞之，各圓木宜用木條或鐵條互相連結。

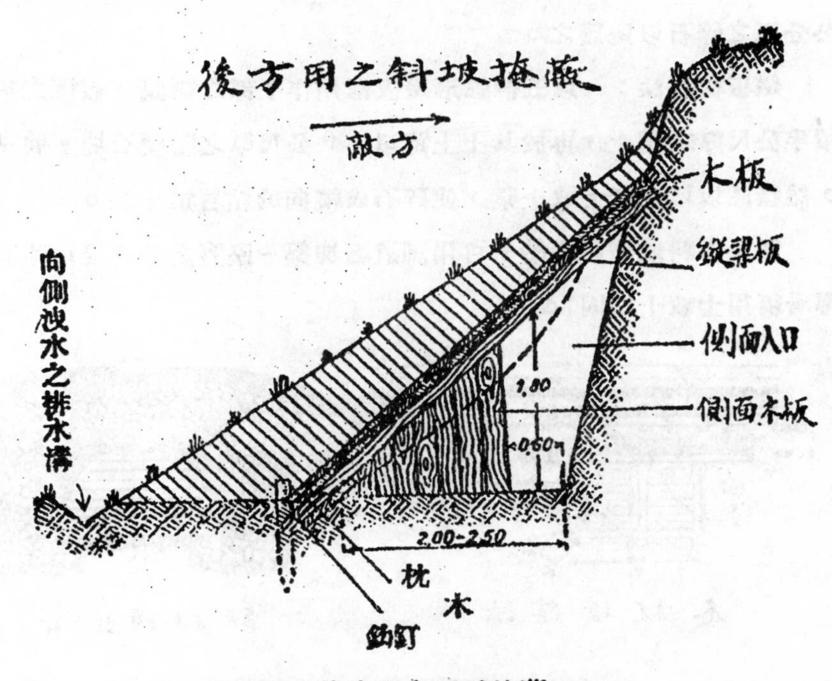

第九圖　後方用之斜坡掩蔽

(B)　安全掩蔽

小數人之安全掩蔽——如爲小數人用之安全掩蔽，祗須在戰壕之下構築地下窖室一個便得，此種地下窖室構築甚爲簡單，或用木材，或用鐵板均可，然無論坐式臥式，祗能供三數人之用。

多數人之安全掩蔽——此項掩蔽分：木材構築，鐵板構築，鋼筋三合土構築三種，其縱長約5公尺，可供一班士兵之用，茲分述其構築法如下：

木材構築法：　在外牆內及支樑中之構築物取1公尺之間隔安放支柱，支柱之距離不得過2公尺，各部份應以筲匣，挾接板，駐栓或卡釘固釘之。頂樑須對射擊主要方向交互垂直且平行排列，在同一地位之樑及蓋材，須用鐵帶或鐵絲互相牢固連結之，特别易受敵火方向之頂蓋，其伸出之度須使成45°角。內墻宜用強固厚板作成，或以25公分厚之双梁構成；其背墻應用厚板被覆，並敷以1公尺厚之土或構成双層厚板牆，其中填以30公分厚之碎石以掩護之。

鐵板構築法：　以五個弧形鐵板框用作下部之構築，板框之周緣至少積半公尺厚之積土，再於其土上鋪以1.0公尺厚之堅硬石塊，將土被套之，然後注以1：3之士敏土漿，使碎石成縱向的粘着於土上。

無論木料或鐵材構築，可用舖道石塊築一堅實之遮彈層以強固之（遮彈層須用士敏土粘固）。

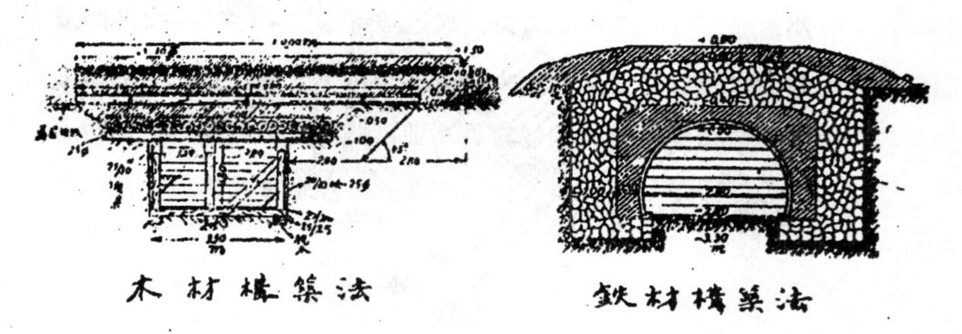

木材構築法　　　鐵材構築法

第十圖　（一）木材與鐵材構築之安全掩蔽

鋼筋三合土構築法：　　鋼筋混凝土掩蔽之構築於陣地上頗覺困難，事前須有嚴密之計劃與周到之準備，關於所使用之材料，於事前預備妥當，如士敏土，鋼筋，板模等宜充份齊備，方可着手，對工廠運輸補充各項設備，尤不可少。此種鋼筋混凝土之構築層序如平時，惟於工事開始時須施行僞裝，如設小茅屋之類以隱蔽作業工場，因此種工事需時頗久，規模又大，非此不足以避敵之空襲而達於完成也○茲將其作業由開始以達完成分爲幾個層序：

(一)開掘建築坑構築地基•

(二)設置混凝土作業之混合台，及雜料台，敷設搬運混凝土之板敷軌道•

(三)底層之混凝土作業，內面裝模與外面裝模•

(四)製造鐵編條之墻壁，以安設傳聲管•

(五)構築混凝土之墻壁，在進口及應急孔上設置支柱•

(六)完成混凝土墻，置放頂蓋支柱，製造頂蓋鐵編條，安設爐管•

(七)頂蓋混凝土之作業•

(八)撤去外面之板模，填塞建築坑，構築頂蓋積土進口路○

(九)除去內面之板模及支柱，運去剩餘之建築材料及板模，清掃建築場•

在戰地構築鋼筋混凝土物，應特別注意下列各事項：

1. 裝塡混凝土層務須迅速，對於頂蓋作業以一日爲限，當底層塡塞完畢後，宜縮短裝置板模之時間，如有一層呈現堅硬模樣，須梳掃洒水後再行工作•

2. 各部經凝結後如發覺有空隙，可用士敏土調製之膠泥塡塞之，切不可僅塗敷內部表面，外部表面亦宜弄妥，以免因射擊時而震裂•

3. 混凝土塡入後須施以適當之搗擊，務使和勻，並使結實，以不能再行壓縮爲止，並使表面微現溼潤•

4. 過炎熱風雨時，宜將未硬定之混凝土加以掩蓋或遮蔽，寒冷時須架設小木屋掩蓋工場，並燃火以溫煖之，對於已凍結之材料，不可使用，尤其是已潮溼之士敏土•

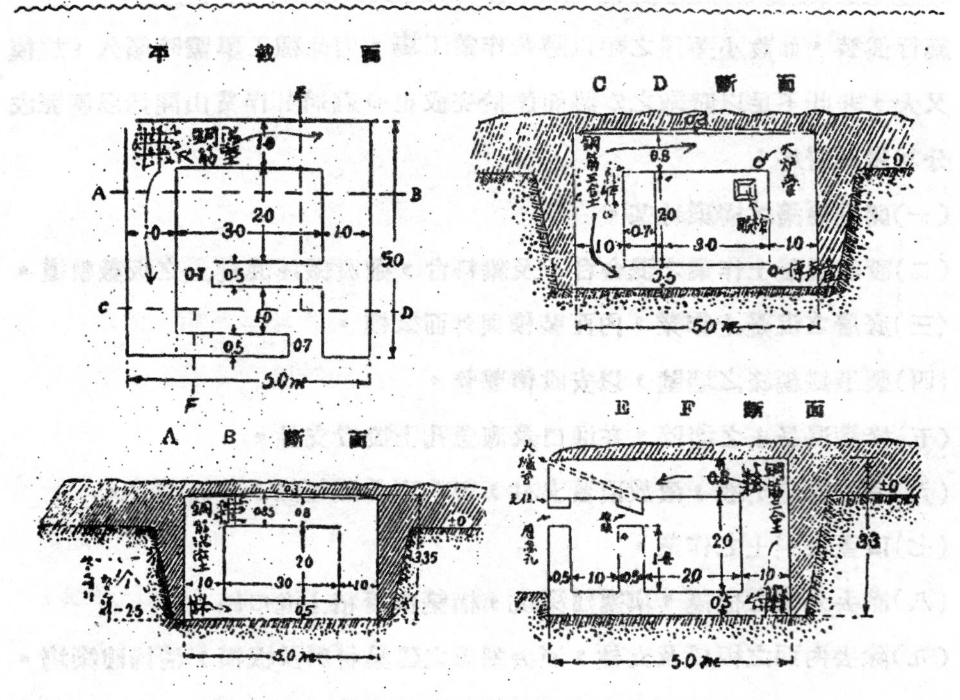

與十圖 (二)鋼筋混凝土構築之安全掩蔽

(C)防毒掩蔽

近世戰爭，已由平面變而為立體，由鎗砲以進於毒氣，殺人利器日新月異，吾人處此非常時代，斷不能束手待斃，由命聽天，亟應設法以抵禦未來之恐怖，故城市有城市之防毒，戰地有戰地之防毒。改戰地之防毒，可分為各個防護與集團防護，各個防護卽在陣地活動之守兵，依警報各自裝置其具備之防毒面具，氧氣呼吸器，防毒衣服等。或於陣地各處設置藥桶，以利無防毒面具或已失效者得以隨時用手巾浸入藥水，裝於口鼻，以為暫時之用。如為集團防護，則宜設置防毒掩蔽，防毒掩蔽應施以完全之防護設備，宜按其狀況及時間與可利用之材料，由指揮者權衡輕重適宜決定之，然欲為全體守兵構築完全之防毒掩蔽，勢有不能，通常每連祗設備一二處藉供守兵飲食及休息之用，此中設備，務使毒氣之侵入較緩，保持密閉，並講求中和之處置。

構築防毒掩蔽，欲使其完全防毒，須選定毒氣不易滲透且無裂縫之土質構築之。對于其入口縱框及板縫並扳與地面之連接部須用粘土或水泥填塞，頂板上用細土搖碎，以使密閉，其換氣孔，展望孔，烟筒，槍眼等之開口，務宜減少，且準備塗以防毒劑(如弗拉芬 Flavine 之類)之布簾以便隨時掩堵，出入口處亦宜懸掛此種布簾，以資必要時之防蔽（用時放下，不用時則捲起）。如遇毒氣來侵時宜即將門戶簾幕關閉，限制人員出人，並施行消毒液之噴射。

第十一圖　防毒簾幕之配置

以上所述，對於野戰築城工事已得其大概，能明其種類，辨其性質，則於應用時本其自有之工程學識以赴之斯可矣。——築城工事完——

戰時土木工事之研究

吳　民　康

（二）

架橋工事

I 應用材料橋

(A) 徒　橋　(B) 小幅橋

(C) 縱隊橋　(D) 耐重橋

II 迅速橋

(A) 固定迅速橋　(B) 浮游迅速橋

（二）架橋工事

架橋爲軍事交通上之一種重要工事，直接間接對於作戰上均有莫大關係，故橋樑之以軍用爲目的者，特稱爲軍橋，軍橋之構築材料多爲木材，其他如鋼筋混凝土與鋼架橋梁之屬，於永久性者不與焉。木橋之架設亦有大小遲速之分，其稍屬重要而可以多延時日者，曰應用材料橋；小而屬臨時性質者，曰迅速橋。玆分別列舉而演述之：

I 應用材料橋

此等戰時架設之橋梁，雖祇求實用，不尙美觀，然對於器材之性能，力量之試驗，與大小長短之計算等，均爲不可忽略之事。實施此種橋梁時，宜顧慮一般之狀況：如架橋之目的，河川之景況及材料之現狀等；對於架橋地點之選擇，尤須預先決定，用爲設計時之根據。選定架橋地點應具備之條件爲：

a. 河川之景況(流速，水深及河底之性質等)應與所使用之材料適合，河幅亦宜狹小。

b. 河岸須便於舟楫來往。

c. 有適宜架橋材料之開進地。

d. 有適宜架橋材料之準備場。

e. 其附近及上流處能容易徵集材料。

f. 在大河之河中，宜有沙洲或島嶼。

軍用橋梁之構成，其主要部爲橋座與橋面，玆分述其各部之名稱及其意義如下：

橋座：

橋礎——橋礎爲河岸與橋梁之連接物，亦即兩岸上橋梁之支點。橋礎乃由礎材與礎板(即抵禦材)所構成，礎材乃所以承載橋桁，而礎板則爲抵抗重載過橋時，對於縱長方向所發生之衝擊力者。

橋脚——在兩岸橋礎間，爲支持橋床(即橋路)所設之支點，所以形成橋梁下部之結構者也。橋脚有固定，浮游與斜撑之分，如架柱，列柱等之固定性者，謂之固定橋脚；如舟筏等之浮游性者，謂之浮游橋脚；如無法或不便安置直立橋脚(例如越過深谷，或橋下須通行船隻)而施以特別裝置者，謂之斜撐橋脚。所謂列柱，乃打入二樁或數樁于河中，再於樁上裝置冠材所作成之橋脚，其負荷力大而固實，用以架設橋梁，最爲堅固。架柱，在河底堅牢而流速不大，尤其不便於植樁之河川或溪谷等地適用之，法乃結合木材成梯形，設置河底，以作橋脚。

橋 面：

橋桁 — 橋桁係置於橋座之上，其數之多寡，全視橋梁之種類，及其寬窄與木材之粗細而定。

橋板——舖設於橋床面者謂之橋板，橋板之舖設，可與橋軸綫成直角

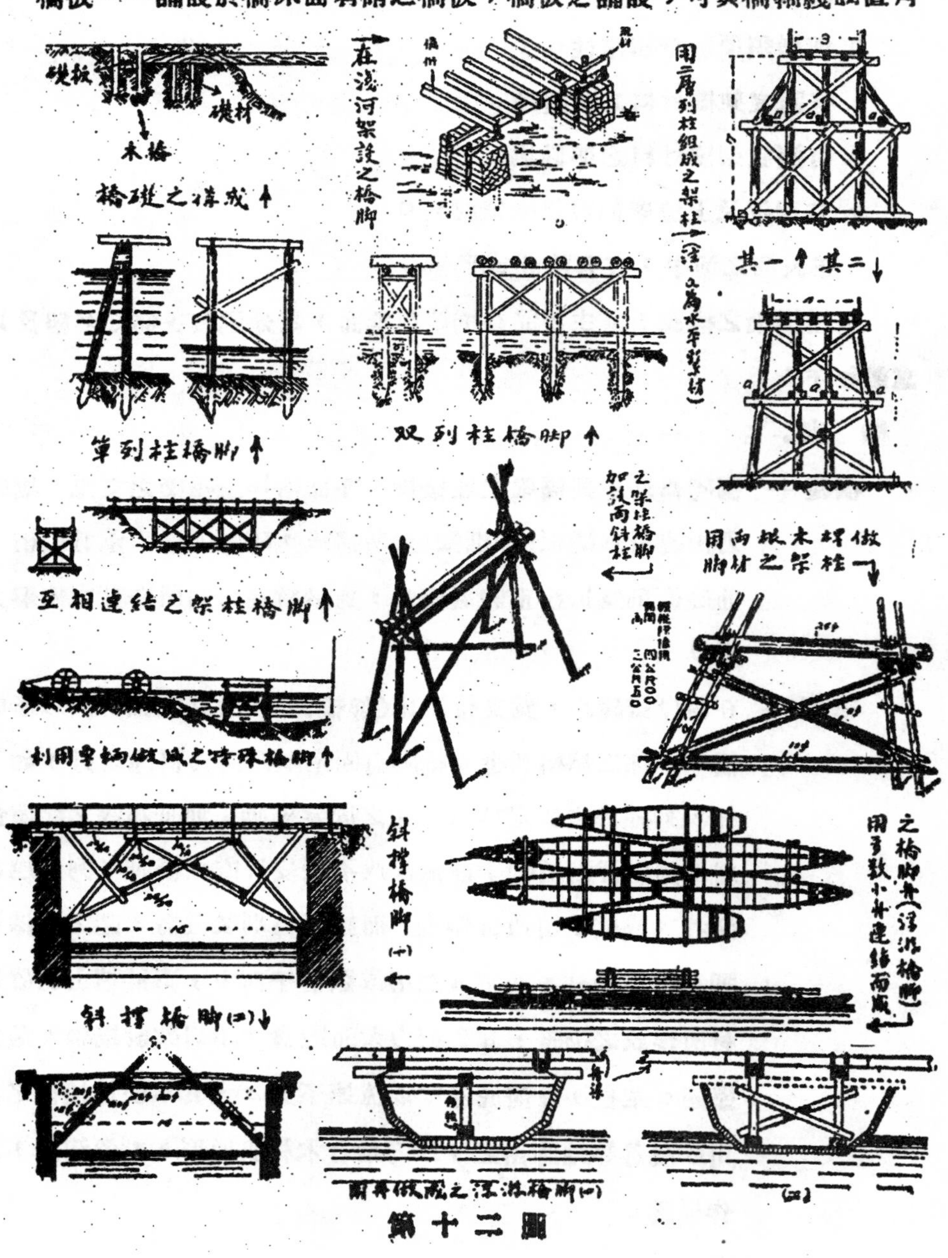

第十二圖

，卽橫舖，或與之平行，卽直舖，亦有例外斜舖者。

緣材——緣材爲橋床之最外界限，又藉以固定橋板者也。

欄干——橋兩旁之扶手謂之欄干，欄干須強固，有時因應急之關係，可用細桿或繩索以代之。

橋段——橋段（卽橋節）乃支持橋桁兩端之比鄰兩橋脚（或橋礎）中至中之距離內架設之器材（橋梁之一部分）。

橋軸綫——橋床面上縱長方向之中央綫謂之橋軸綫。

橋幅——兩緣材內方之間隔，謂之橋幅。

節間——橋桁兩支點間之距離，謂之節間。

架橋作業，應有如下之步驟：

（一）測量河川（水深，河底，流速）

（二）蒐集器材（木材，繩索，鋸斧，等）

（三）開設橋梁通路（以便運輸器材，及便利車輛來往）

（四）標示橋軸綫（如在大河，不僅兩岸設置標識，卽中間亦須設置）

（五）構築橋礎

（六）設置橋脚（如屬比較重要之橋，如縱隊橋，耐重橋等，應於構造前施以力量計算）

（七）配置橋桁（仝上）

（八）敷置橋板（仝上）

（九）配置緣材

（十）構成欄干

（A）徒橋

供單獨及一列側面縱隊徒步兵之通過者，謂之徒橋，此種橋祗適用於敵砲火地帶外之架設。其結構頗簡單，各部分之構成如下述：

橋寬（橋幅）——半公尺至一公尺

橋礎——用四樁固定一厚板，卽可作爲橋礎。

橋脚——可因其地形及河川狀況而採用架柱或列柱構築之，如救濟缺之時，亦可以厚木箱，大木桶，木作架，木器，大車等作成橋脚（見第十二圖）或利用長而負載力較小之橋桁架成支撑橋脚。

橋桁——橋床上之橋桁可用兩根木桿或桁材造成，如橋幅較寬，則用三根。茲將徒橋桁橋之粗度表列如次：

徒橋之橋桁

節間	3 m.	4 m.	5 m.	6 m.	7 m.	8 m.
圓木	9cm.	10cm.	10cm.	11cm.	11cm.	12cm.
方木	9cm.	10cm.	10cm.	11cm.	11cm.	12cm.

橋板——橋板縱敷于横木上，並於其接合部置薄板緊結之或釘着之，以防橋板之滑走，有時不用横材（横板）而欲利用板之全長，則將横板斜行舖置之。

欄干——徒橋之欄杆，可以細桿或細索，釘或捆紮于高出橋邊之木樁上，或橋脚高出部分之上而構成之。

(B) 小幅橋

供二行側面縱隊之徒步兵，一伍縱隊之下馬騎兵，馱馬及輜重車輛並繫駕山砲之通過者，謂之小幅橋。

橋幅——小幅橋可以通行之寬度（以緣材內邊線之間計算）爲二公尺。

橋礎——小幅橋之橋礎其安置橋礎材，須與橋軸綫成直角，橋礎材之高，務須在預期之最高水面以上，如爲浮游橋脚橋礎材之高，則以通過最大負重時橋脚下沉二分之一爲準而決定之，橋礎材乃分配負重於河岸廣面之用，橋礎板則以防車輛激突礎材之用，如於其後方密接敷設若干之長木材，則益爲強固。在鬆軟之青草或綠苔地上安置橋板材，應置柴束，棒樹，短枕木等與橋桁成直角以作墊底，或將橋桁置於多數樁上，以得穩固之基座。

橋脚——小幅橋之構築與徒橋同樣簡易，故其橋脚亦可如徒橋同樣構設，無論徒橋或小幅橋，如使用固定橋脚，則用由二根直柱所成之單列柱卽足，或木桿製成之架柱亦可，

(注意：固定橋脚——列柱或架柱——乃由冠材與脚材(直柱)所構成，其粗度之計算詳後)。

橋桁——橋桁宜嚴密固定於橋及橋礎脚之上，若係架柱橋脚及浮游橋脚，尤應堅實固定，庶橋桁不致鬆動，而向橋梁縱長方向鬆脫，在小幅橋，每段用四根橋桁已足。此種橋桁亦可用木板做成，法以至少3.5公分厚之木板兩塊，夾置木片三五於其間，用長釘聯之，豎立而夾於爪木或䙫木之間卽可，惟此種厚度之木板橋桁，其節間不得達於三公尺半以上，故甚適合小幅橋之用。

小幅橋之橋桁

節間		3 m.	4 m.	5 m.	6 m.	7 m.	8 m.
五根桁	圓材	12cm.	15cm.	17cm.	19cm.	21cm.	24cm.
	方材	11cm.	13cm.	15cm.	17cm.	18cm.	20cm.
七根桁	圓材	11cm.	13cm.	15cm.	17cm.	19cm.	21cm.
	方材	10cm.	11cm.	15cm.	15cm.	16cm.	18cm.

橋板——橋板例應橫鋪，若係双層橋板，則在下層之板，應釘固於每桁之上。橋板厚度，單層者用4公分，雙層者用2.25公分。

緣材——緣材之尺寸，一如橋桁，有時可以較弱之木桿或木板代之。

欄干——欄干之支柱，可利用架柱橋脚長出之上端，或另縛堅固之木棍於立柱，再用鐵絲或鐵釘固定長杆於欄干之支柱上，卽可

成爲堅固之欄干。

(C) 輕縱隊橋與強縱隊橋

供四列側面縱隊之徒步兵，野砲兵或與野砲重量相等之軍用車輛之通過者謂之縱隊橋。縱隊橋分輕縱隊橋及強縱隊橋二種：輕縱隊橋，除15公分榴彈砲及與此同等以上之軍用車輛外，凡野戰諸部隊，均能通過；強縱隊橋，則15公分榴彈炮，與三八式10公分，加濃砲，及四噸運貨汽車，亦能通過。

橋幅 —— 約二公尺八十公分，

橋礎 —— 以支撑橋桁之橋礎材，與橋軸線直交而配置之於河岸，爲保護其後方橋床之端末，並置木仮(橋礎仮)或方木，以橋礎椿固定之，橋礎宜堅固構築，否則直接影响於全橋梁之安全。

橋脚 —— 如採用列柱橋脚，並使列柱之結構簡單而結實，可用由三直柱所成之單列柱，而裝以單冠材。如節間大時，最好用複列柱，有時因橋床過高而採用重層列柱。

固宜橋脚器材之畧算如下：

設有一輕縱隊橋其節間爲4公尺，橋幅爲2.8公尺，直柱之高爲4公尺，橋桁之數爲5根，試求其冠材與直柱之粗度幾何？如爲强縱隊橋，其直柱之高爲5公尺，橋桁用7根(横桁)試一並求之。

公式：輕縱隊用：——

(1) 方冠材之邊 $a=15+\frac{3L}{200}$ (兩個支點)，$a=9+\frac{L}{100}$(三個支點)，

圓冠材之徑 $d=\frac{5}{6}a$,　安全率m之係數 $c=\frac{11+m}{15}$

如爲複冠材則 $a'=\frac{4}{5}a$，$d'=\frac{4}{5}d$.

(註)複冠材者即用二層方材或圓材之謂，無論方冠材或圓冠材其邊或徑均要乘以安全率m之係數。(m=3——6)

強縱隊橋用：——

方冠材之邊 $a=16+\frac{3L}{200}$（二個支點），$a=11+\frac{9L}{1000}$（三個支點），

圓冠材之徑 $d=\frac{6}{5}a$．安全率之係數 c 與輕縱隊橋全，

(2) 方直柱之邊 $a=9\left(\frac{15+\frac{L}{100}}{18}\right)\left(\frac{4+\frac{H}{100}}{6}\right)$，

圓直柱之徑 $d=\frac{8}{7}a$，安全率m之係數 $c=\frac{16+m}{20}$

算法：已知節間L=4m（400cm），　橋幅b=2.8m（標準寬度）

直柱高H=4m（400cm），　桁數n=5（輕縱隊橋）；

又直柱高H=5m，　桁數n=7（強縱隊橋）。

求冠材！（用安全率m=4）

如爲二支點時，則

$$a=\left(15+\frac{3L}{200}\right)\left(\frac{11+m}{15}\right)=\left(15+\frac{3\times 400}{200}\right)\left(\frac{11+4}{15}\right)=21^{cm}\text{（方木）}$$

$$d=\frac{6}{5}a=\frac{6}{5}\times 21=25^{cm.}\text{（圓木）}$$

如爲三支點時，則

$$a=\left(9+\frac{L}{100}\right)\left(\frac{11+m}{15}\right)=\left(9+\frac{400}{100}\right)\left(\frac{11+4}{15}\right)=13^{cm}\text{（方木）}$$

$$d=\frac{6}{5}a=\frac{6}{5}\times 13=16^{cm}\text{（圓木）}$$

以上爲輕縱隊橋求得之數，同樣，強縱隊橋之

$a=25cm$（方木）$d'=\frac{4}{5}a=20^{cm}$（圓木）（二支點之複冠材）

求直柱！先求輕縱隊橋，

$$a=9\left(\frac{15+\frac{L}{100}}{18}\right)\left(\frac{4+\frac{H}{100}}{6}\right)\times\left(\frac{16+m}{20}\right)$$

$$=9\left(\frac{15+\frac{400}{100}}{18}\right)\left(\frac{4+\frac{400}{100}}{6}\right)\left(\frac{16+4}{20}\right)=13^{cm.}\text{（方木）}$$

$d=\frac{8}{7}a=\frac{8}{7}\times13=14^{cm}$(圓木)

同樣強縱隊橋之 a＝16cm(方木)，$d=\frac{8}{7}a=18^{am}$(圓木)

爲利便計，玆將縱隊橋之冠材與直柱粗度之最小限表列如次：

輕縱隊橋與强縱隊橋之冠材

直柱數	節間 (m) \ 材木 \ 種類	單冠材 圓木(cm) 輕	單冠材 圓木(cm) 強	單冠材 方木(cm) 輕	單冠材 方木(cm) 強	複冠材 圓木(cm) 輕	複冠材 圓木(cm) 強	複冠材 方木(cm) 輕	複冠材 方木(cm) 強
二直柱	3—4	24	25	20	22	20	21	16	17
	5—6	28	29	24	25	22	24	19	20
	7—8	30	33	26	28	25	27	21	22
三直柱	3—4	16	18	13	15	12	14	10	12
	5—6	18	19	15	16	14	16	12	13
	7—8	20	21	17	18	16	17	14	15

輕縱隊橋與強縱橋隊之直柱

節間 (m) \ 材木 \ 直柱高	2 m. 圓木 (cm)	2 m. 方木 (cm)	4 m. 圓木 (cm)	4 m. 方木 (cm)	6 m. 圓木 (cm)	6 m. 方木 (cm)	8 m. 圓木 (cm)	8 m. 方木 (cm)
3——4	10	9	14	13	18	15	20	18
5——6	11	10	16	14	20	17	23	20
7——8	12	11	18	15	22	19	25	22

橫桁——在縱隊橋，其各橋段，通常用5根或7根以上之橋桁，以等間隔配置之，如此雖野砲，重砲及其他之軍用車輛通過，亦能負荷，玆將其粗度分別表列如下：

強縱隊橋之橋桁

節　間	3 m.	4 m.	5 m.	6 m.	7 m.	8 m.
圓　木	(cm) 20	(cm) 22	(cm) 24	(cm) 25	(cm) 29	(cm) 31
方　木	17	18	20	22	24	26

輕縱隊橋之橋桁

節　間		3 m.	4 m.	5 m.	6 m.	7 m.	8 m.
五根桁	圓木	(Cm) 12	(Cm) 15	(Cm) 17	(Cm) 19	(Cm) 21	(Cm) 24
	方木	11	13	15	17	18	20
七根桁	圓木	11	13	15	17	19	21
	方木	10	11	15	15	16	18

如欲計算其值，亦可由下式得之：

公式：　輕縱隊橋用：——

方桁之邊 $a=5+\frac{2L}{100}$，圓桁之徑 $d=\frac{6}{5}a$，

複方桁之 $a'=\frac{4}{5}a$，　複圓桁之 $d'=\frac{4}{5}d$，

橋桁數n之系數 $k=\frac{16}{11+n}$，安全率m之系數 $c=\frac{11+m}{15}$，

強縱隊橋用：——

方桁之邊 $a=12+\frac{7+L}{400}$，餘與輕縱隊同。

橋板——縱隊橋橋板之厚度，各橋段用5根橋桁時，在輕縱隊橋須3cm以上，在強縱隊橋須6cm以上，若較此為薄或疑其過劣時，可重疊二塊使用之。下式為計算橋板之公式：——

橋板厚 $t=\frac{1}{20}\times\frac{11+m}{15}$，輕縱隊橋用，

$t=\frac{1}{13}\times\frac{11+m}{15}$，強縱隊橋用，

式中l為橋桁之間隔(公分數)

緣材——與橋桁同大小。

欄干——與普通橋一樣配置。

14343

(D) 耐重橋

耐重橋爲堪受長時日重載車輛之通過所架設之橋樑，不僅爲通過重量(8000公斤重以內之車輛)，並須顧慮材料之損傷，水漲風力及流速等，務宜強固構成之。

橋幅——三公尺以上。

橋礎——在耐重橋，其土地堅牢時，宜將橋礎置於枕材之上，如植樁困難時，則用架柱，又土地抗力不足時，則以列柱，施以堅固之支撐。

橋脚——固定橋脚之冠材與直柱規定如下表：

耐重橋之冠材

直柱數	間隔 ＼ 木材	圓木	方木	併置二方木	重疊二方木
二直柱	3m.	29 cm	24 cm	19 cm	17 cm
	4	32	26	21	18
	5	34	28	22	19
	6	36	30	23	20
	7	38	31	25	22
	8	40	33	26	23
三直柱	3	18	15	11	10
	4	20	16	12	11
	5	22	17	13	12
	6	23	18	14	13
	7	24	19	15	14
	8	25	20	16	15
備考	將二方木用鐵帶爪釘等結合而成者謂之重疊二方木				

用公式計算亦無不可，其公式如下列：

$$a = 11 + \frac{5}{4} \times \frac{L}{100}$$（三支點）， $$a = 18 + 2\frac{L}{100}$$（二支點），

$a = \frac{6}{5}a$，複方冠材與複圓冠材計算與縱隊橋仝。

安全率m之系數$c = \frac{12+M}{18}$。

耐重橋之直柱

節間＼木材＼直柱高	2 m.		4 m.		6 m.		8 m.		10 m.	
	圓木	方木	圓木	方木	圓木	方木	圓木	方木	圓木	方木
3 m	(cm) 15	(cm) 15	(cm) 18	(cm) 15	(cm) 22	(cm) 19	(cm) 25	(cm) 22	(cm) 28	(cm) 25
4	15	15	19	16	23	20	27	24	29	26
5	15	15	20	17	24	21	28	25	31	28
6	15	15	20	18	25	22	29	26	33	29
7	16	15	21	19	26	23	30	27	34	30
8	17	15	22	20	27	24	31	28	35	31

計算直柱之公式如下：

$$a = 11\left(\frac{15+\frac{L}{100}}{18}\right)\left(\frac{4+\frac{H}{100}}{6}\right),\ d = \frac{8}{7}a,$$

安全率m之系數$c = \frac{15+m}{20}$。

橋桁——耐重橋之橋桁，其橋幅爲3公尺時，以5根爲最小限，因橋桁之增寬，應適宜增加桁數，此橋桁須有次表所示之粗度。

耐重橋之橋桁

節　間	3 m.	4 m.	5 m.	6 m.	7 m.	8 m.
圓　木	(cm) 24	(cm) 27	(cm) 30	(cm) 33	(cm) 36	(cm) 39
方　木	20	22	25	27	30	32

如將桁數稍爲增加，亦不必減少其粗度，除非設置橫桁，每添一根，得將各橋桁之粗度約減少 1cm.或不用橫桁，而將二根橋桁併置，亦得減少五分之一。又如用重叠二桁而成一組時，得減少三分一而用組橋桁。耐重橋橋桁之計算如下式：

$a=12+\frac{10L}{400}$，　$d=\frac{6}{5}a$，

桁數n之系數$k=\frac{16}{11+n}$，　安全率m之系數$c=\frac{11+m}{15}$。

橋板——在耐重橋用一層橋板時，須寬25cm以上，厚6cm乃至9cm；用二層橋板時，須全厚8cm至10cm，然後者有易於更換破板之利。橋板之厚亦可因其橋桁之間隔而算出：

橋板厚$t=\frac{l}{9}$，　安全率m之系數$c=\frac{11+m}{16}$，

式中l=橋桁之間隔。

（註：以上所述均以杉木或楊木爲準，如用松或檜得以$\frac{9}{10}$乘與所得之數，用櫸或栗乘以$\frac{4}{5}$用櫟乘以$\frac{7}{10}$）

II 迅速橋

對於戰場上之多數小河川，溝渠，池沼，濕地等，爲使步兵之攻擊前進容易，可利用輕易之材料，以最簡單而迅速之方法以行架橋，此種橋稱爲迅速橋。

迅速橋（卽輕脚橋，或輕架橋，又曰快橋）通常以適於步兵一列側面縱隊通過而構築之。其橋長（卽河幅）以50公分至60公分，爲最高限，橋幅最多爲50公分，故如欲增加效率，非架設多數此種橋梁不可。

迅速橋大別分爲兩種：曰固定迅速橋，曰浮游迅速橋。玆分別解釋如下：

(A) 固定迅速橋

所謂固定迅速橋者，卽爲使用架柱橋脚而架設之快橋，在河底及水深均能確實偵察與明瞭之時構築之爲最好。此種橋可先行逐節完成然後搬運

至架橋點而架設之。

此種橋其橋面係用細圓木2根，每根長1.5公分，直徑5-7公分，木板兩塊，其長不定，另用長70公分，之小圓木2根繫於橋板之中間，使木板保持強直，又於每一橋節設一架柱，並連繫橋板于其上，各部皆以釘或鐵絲緊束。

(B)浮游迅速橋

浮游迅速橋為利用徵集器材架設浮游橋脚（如浮囊——即充滿空氣之橡皮浮體）或並浮游橋脚亦不要之快橋。此種橋對於河底水深並無關係，不過水深祇須能於橋梁載重時尙能保持浮游已足。此種橋為最常用之橋。其橋幅為60公分，不宜過寬，使橋身增加無謂之重量，若橋過長時，並宜於橋身加繫繩錨以防止風力及流速之影响，橋梁愈柔弱，則愈有設錨之必要。

綜上所述，概屬道路橋，至於輕便鐵路橋則多為加設枕木與軌條於耐重橋上，並增固其橋脚構成，茲不贅述。 ——架橋工事完——

航空測量與普通測量之比較

——李　融　超——

近世科學進步之速，有若一日千里之勢。各種工業，往日俱屬手工製造者，現已進而為機械化。因是之故，時間與經費皆可節省，而所得之結果且較優良。測量之工作，亦如是也。昔者利用人工以測繪地形，自地面攝影測量發明之後，已日漸改進，及至近十數年來，航空事業日漸發達，測量之方法，因此亦為改變，利用飛機之航行空間，自由往還無阻，故用以攝影地面上之形狀以製圖。對于大地平原及山嶺之區，極屬適宜，且在於晴朗之時間攝得底片後，其製圖之各種工作，則可於夜間或雨天氣候亦能在室內施行，而對於戰爭之區，及瘴癘之鄉，懸崖峭壁之境，人力所不能隸者，皆可攝影製圖。故自歐戰之後，各國皆注重之。力求改善，成為一重要之科學，而普通之測量學，遂居於輔助之地位。茲將航空測量與普通測量之比較，畧述如次：

（一）節省時間　　大凡測繪地圖，本宜迅速完成，以供應用；然若地域廣闊，經濟微薄，人才稀少，或於測繪時間內受意外之阻撓，如政治之變遷，軍事之發生等，皆致製圖遲緩，失其效用。如用航空攝影測量，則工作迅速，雖經沖晒底片及製圖調查各項工作，而費時亦無幾，其作業之速，數十倍於人力，實足驚人。即如我國全國地形，自清以迄民國，尚無完備之圖册。至於稍稱完備者，不過屬於沿海數省而已，但自中央測量總局增設航空測量之後，雖經三數年之工作，然已完成七省之詳圖矣。

（二）減少經費　利用航空撮影以測量。其節省時間，已如上述，且對於遷移駐所及各種消耗費用，亦可減少，故所需之經費尤爲經濟。按中央日報曾載：英國利用航空撮影測量非洲，其所需之費用，每方哩約三十先令（30 Shilling）。民國廿一年五月間，江西省政府曾將南昌全縣土地施以航空撮影測量，由中央參謀本部陸地測量總局之航空測量隊主理其事。據其完成後之工作簡報載稱：共費工作時間爲十二個月，已將該縣之一千份一地籍圖全部完成。面積約共二百五十八萬畝，計縱四千公分橫五十公分之圖幅共一萬七千二百三十張。除添購器械費四萬四千七百二十九元三角五分外。實用測量費祇一十九萬三千一百一十八元三角三分。平均計算，每畝測量費不過七分四厘九毫，若與陸地測量所需之費用比較，則可節省數倍。

（三）精度增加　普通測量，常受地形之限制，或因作業上之偶爾疏忽，致所測之圖，間有遺漏，無從發現，若於航空撮影測量之工作，因其撮得之底片圖形，與眞形無異，地面上之起伏形狀，具表現於圖片內，當計算或製圖時，偶或發生懷疑或錯誤等，俱可即時於圖片中察覺，便於改正。對於城市計劃測製地圖，以供應用，極爲正確，於人口稠密之區，屋宇毗連，且街道狹窄，在我國之舊都市常有此種情況。若採用航空測量法，使用立體製圖式，則屋舍田園之位置，皆可於圖中顯示其高低之狀態，對於工程之設計，可一目了然。則計劃建築物之佈置，易於工作，對於美術與實用兩皆適宜。圖一爲南京新街口之平面圖。其精密度較諸圖二當爲遜色。

（四）免除跋涉　於陸地測量工作時，往往因工作地點距離駐所過遠，往返奔走，已耗長久之時間，對於工作，不免畧受影响，若遇交通不便之區，或爲崇山峻嶺與沙漠河流之阻隔，尤感困難。且虛耗時間，而航空撮影測量，則可免除此種困苦。

（五）適於應用　航空攝影測量之技術，適於應用者極多，茲畧述之如次：

（甲）軍事上之應用　軍事之進展，對於地圖極形重要，處於進攻或退守時，須賴以計算距程之遠近，方能伸展礮火之威力，以免耗費子彈，若利用航空攝影測量之技術，則對於敵方之臨時佈置陣勢若何？在圖片中了然可見。然後計劃攻守，則戰事可操左劵。

日前共匪盤據江西。散處各縣，國軍之進剿，甚難察其踪蹟之所在。其後利用航空攝影製圖法，成效大著，迨為共匪知悉，則生狡計，每當飛機抵達時，則於其駐集之處，放火發烟，使瀰漫空間，以作掩護。但雖如此，而攝製所得之結果，仍可察悉其行踪，依據施以轟炸炮擊，成績極佳。

（乙）航行之應用　船舶航行於海洋中，俱賴地圖以定方位，至於飛機之長途飛航，亦須備有詳確之地圖，以供對照飛航。關係最為重要，即以普通地圖而論，深恐因極微小之角度，對於長途之距離，發生極大之影响。惟航空攝影測量所製之圖，與實地上形狀之表現，一若由空中鳥瞰之情狀，極利辨認對照。故對於航行之應用，極為適宜便利。

（丙）土地測量之應用　在訓政開始時期，凡百事業，皆待整理，對於城市之設計及土地之經界，俱賴測量製圖以作根據。若用人工施測，費時甚久，猶有錯漏之虞，即以廣東省而論。舉辦陸地測量事務，經廿餘載，而對於全省分縣詳圖。尙付缺如，若應用航空測量以製圖，可於圖片上得其面積之大小及界址若何？雖極遼闊之區域，亦能於極少時間竣事。觀乎民廿二年間施測江西省南昌縣之成績。便可明證其對於時間與經費，俱極節省，可謂事半而功倍也。

（丁）國界之測量　國界之設，對於領土關係極大；若僅以石碑為根據，或因時間過久，而致湮沒，或因強隣侵盜，而有界碑生足之誚。我國於清代期內，曾發現有若此種情況之事件，當時為俄國侵我東北，私將國界石碑遷移於興安嶺之南，迨至發覺時，經已失去興安嶺以北之地數百里矣。若到用航空攝測製圖，則對於極遙長之國界，亦能於短少時間映繪完竣，依據圖形，可作有效之明證，則碑石日後雖遺失，亦可依據地形之控制，重行竪立。故其效用影响國防疆界甚關重要。

（戊） 地理之應用　近世歐美各國，設計新都市道路之方式，有所謂放射式，棋盤式等。我國東南各省，地臨江河，運輸貨物，多賴水道便利，而其佈置狀況，已於數千百年以前，已悉應用其法；在普通測量製圖時，往往不自察覺，故於圖上顯示不能清晰，目前南京測量總局，應用航空測圖法以施測江蘇省之無錫縣地圖，及完成後，于圖上顯示該縣之水道分佈狀況，與近世設計都市道路之方式若無稍異。

（己） 歷史遺蹟之發現　上古之遺蹟，常因時代過久，或經兵燹與天災等事故發生，該地居民逃散四方，歷時稍久，致令遺忘，祇能畧知其所在，不能得知其確址。如秦始皇所建之阿房宮，其面積覆壓三百餘里之廣，迄今已歷數千年之久，經項羽之焚燬後，世事變遷，地形改易，難知其位在何方矣。現經中央航測咸陽附近經製圖後，在圖中依據阿房宮賦之語氣情況，隱約可辨其範圍之所在，因其墻垣之遺蹟，斷續高下之地勢，若於普通測圖時，極易於忽畧，而在航空測圖中，當可易於辨識也。

（庚） 水利之應用　黃河之水，常生氾濫。在我國北部其所流經之數省，每受其害，歷數千年以來俱如此，誠我國心腹之患也。在河之下游，因將入海，故水勢迅急，潰決堤基，事所常有，當災患發生時，若施以防堵，千鈞一髮之秋，對於災區之範圍，甚難明瞭，難於措手施救。民國廿二年夏間，於冀魯豫三省境內，决堤之事常生，以致災區庶民流離失所，生命財產俱受損失。圖三爲魯省之鉅野縣城，圖四爲冀省之長垣縣東岸缺口處；對於此等災區情況，若非航空測量，則不能知其眞確形勢也。在清代咸豐五年（西歷一八五五年）於豫之銅瓦廂，黃河缺口向東北而流入於海，最近如去年又生氾濫，至今仍未解决，其已往之發生若此種情形者，不知若干次矣。中央曾應用航測法，施測其下游所經各省之改道情形及流域狀況，對於整理之方法，便可按圖設計，裨益良多。

（辛） 其他用途　如治理河道，常因其上游流域，經灘峽處之地勢，非普通測量所能工作者，則難得其詳確之圖，如長江上游所經之巴東三峽等處，其兩岸俱屬懸崖削壁，若利用航空測量，則其工作簡易而迅速，且結果較屬精確。

城市設計，必須得詳確之地圖以作根據，始能作適宜之計劃，圖二乃南京新街口附近圖，用為設計工程，其精度可於圖上見之。

鐵道與公路及運河之興築若應用之，亦屬利便，且能充分利用地勢之優點，我國平漢鐵路之測量，曾應用之。

上述航空測量之優點，乃屬最近之發現者，因此種學術，自實施以來，所歷時間，非常短促，當茲世紀，科學昌明，日新月異，他日進展，定較今時尤為精良，故世界各國多採之，至於航空測量，其認為最大困難者，則為設備較繁，購置器械需時，且須得純熟之人才，方克得優良之結果，而於陰雨之氣候不宜工作是也。

民國廿三年秋，適隨本校華北工程考察團北上，於參觀中央參謀本部陸地測量總局之時，蒙總局之航空測量隊隊長李君，對於我國各種測量之設備，及工作之程序等事，詳細加以解釋及附以圖片，惜因各項圖片，多屬重要之件，不能得其一幀，以供閱者之鑑賞。今因學報索稿，僅擷餘緒，就個人所知，表而出之，聊供切磋，望同學諸君，對航空測量深加研究焉。

民廿四，六，六，誌于民大土木工程研究會

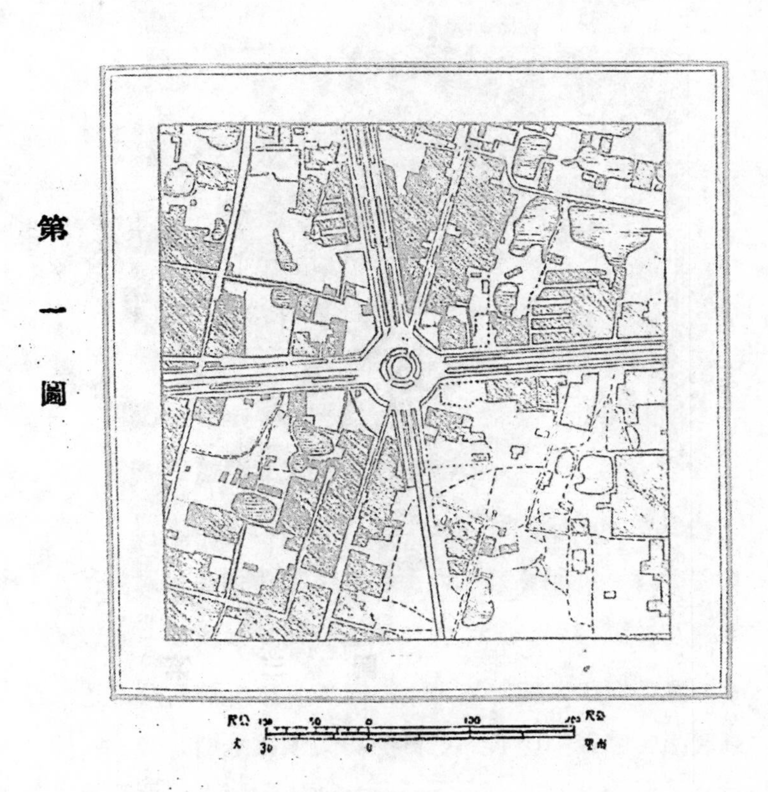

第一圖

第二圖

第三圖

第四圖

子午綫之簡易觀測法

陳沃鈞

大地測量之目的，在决定地球表面上之重要位置，以爲地形測量之根據，而眞方向之决定，爲測量地面位置之重要手續。在局部之地形測量，常用磁石子午線爲標準之方向，然磁針偏差，具有地方性及時間性，殊無一定之法則，在物理學上有所謂等差線者，若於廣袤之面施行地形測量，自逾此範圍而生誤差，至同一地點又有週差與歲差之分，即在一日之間，上午與下午之偏角，亦有差 10' 以上者，此等不規則之誤差，當施行兩地測量互相接合，則因測區面積擴張而誤差累積，接合時有重疊或分裂情形發生，而全部工作之精度受其影响，故通常根據一可靠之方向以爲基礎，而此標準方向，不得不取諸地球本身而外，是則天體測量以定眞方向，實必要之工作也。

一般由天體測定方向角，多用太陽，任意星，北極星等，因吾國在北半球，而北極星(Polarios or Pole star)外觀軌道又極小，故多用北極星任意時角以測定方向，然此必須瞭解天球上各坐標之關係，及計算公式之運算，殊費手續。今將各種簡易方法畧述於後，至詳細之解釋及計算，當研究應用天文學，不在本文範圍之內也。

一　觀測標號——地平經度誌

天體測量，除由太陽測定外，多在晚間施行，故應對正之方向，常苦無從尋覓，故設地平經度誌以記其位置。第一圖即美國大地測量所用之標號○此地平經度誌不論晝夜均能見及，故其與某一方向間之角度，可於白日測之，其樁選一如圖所示○光孔之大小，依距離之遠近而定，通常置此器於較遠之處施行觀測，蓋望遠鏡照準後，無須再變更焦點而後可照見星也○

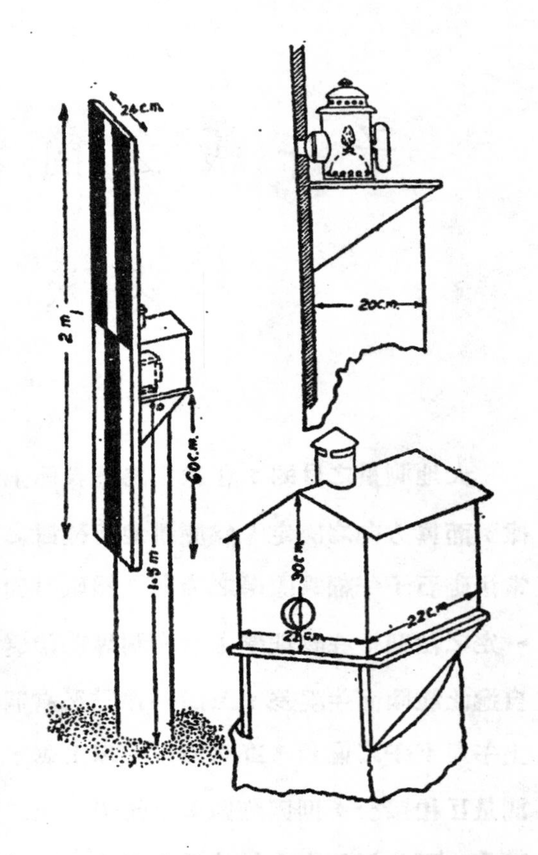

在下列各法中，測得眞方向後，卽以望遠鏡下轉及地，左右地平經度誌使正對十字絲而固定之，於此立樁爲號○如恐儀器訂正不甚精確，而觀測時間亦有裕餘時，則由望遠鏡正反觀測一次，立二木樁求其中間位置，將來觀測時，卽用測站及木樁之聯結線爲眞方向○若測北極星最大離隔時則應改正角度併入○

二　極星正中法

天球北極者，卽理想地軸之北端，延長而與天球相遇之點也，地球繞軸自轉附麗於地面之物，與天體恒星之相對位置，無時不在轉移之間○故昔人有萬有一動之語，其實天球之南北兩極，在地球上視之，可以云亙古不變其位置○但所謂北極云者，不過理想中之一點，該處毫無標誌，惟其附近有恆星一顆名爲α小熊星者，(α Ursa Minor)卽吾人所稱北極星也(註一)如第二個北極星與北極相距之角度爲極距，在1936年極距之平均數約爲1°2'27.9"，極距每年約小18."2(註二)大概在一百八十餘年之後，卽與北極切合，此時卽可以此星代表天球北極○

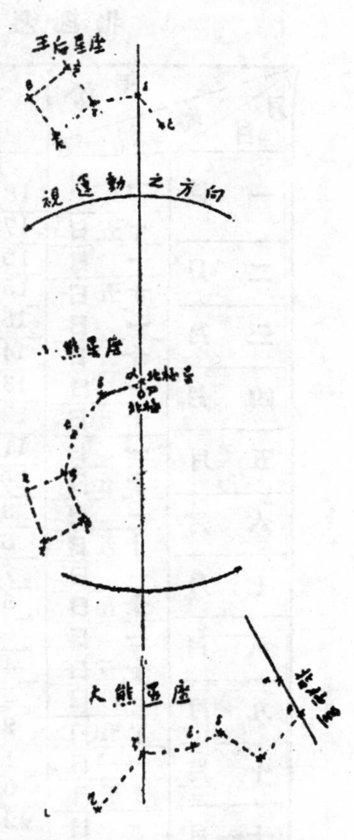

北極與北極星均固定不動，地球繞軸自轉，故吾人測得北極星在中天時，（北極星與北極同在一縱面時）此方向卽爲眞子午綫之方向凡星之正中每日均有二次，至最高點爲時上中天，(Upper Culmination）至最低點時爲下中天，(Lewer Culmination）星之中天時間在英國Greenwich 天文台每年均有測定，各地可以據將地方時及經度差加以改正卽可知各星經過觀測點中天之時間矣○

今用簡易方法觀測可覓與北極星同一赤經或相距赤經180°之星，待此二星同在一縱面時，據此以測定子午綫，卽可免計算時角之煩，如第二圖，(a)當北極星行至與大熊星座之ς (ς Ursa Minor)在同一縱面時；(b)當北極星行至與王后星座(Cassiopeia) i δ 與 γ 之間距 δ 約 1/4 之點同在一縱面時；(c)又當北極星行至與王后星座 r 同在一縱面後經一定時間時，(註三)則北極星均爲正中，此三法中以(a)法爲最佳，因可免目測或待時之弊，但爲求精密起見，可再由(b)(c)二法檢查之•

北極星中天之時刻，由天文歷書可查得之，左列第一表僅載一九三四年至一九三六年，其餘年份不難推得，惟表中所列時刻爲地方民用時，應加經度改正，時刻由子夜零時(十二時)起算，所謂十二時卽日中正午，十三時卽午後一時○

前云凡恒星每日經過中天二次，今表所列祇每月二次，其餘時刻可於表之末行日差遞推算之○

設求今年四月三日北極星經過中天之時刻

北極星上中天之地方時刻表

月 日 \ 時刻 \ 年份		1934	1935	1936	日差
		h m	h m	h m	m
一月	一日	18 55.2	18 56.8	18 58.5	3.95
	十五日	17 59.9	18 1.5	18 3.2	3.95
二月	一日	16 52.1	16 54.3	16 56.0	3.95
	十五日	15 57.4	15 59.0	.6 .7	3.94
三月	一日	15 2.2	15 3.8	15 1.5	3.94
	十五日	14 7.0	14 8.6	14 6.3	3.94
四月	一日	13 .0	13 1.6	12 59.3	3.93
	十五日	12 5.0	12 6.6	12 4.3	3.93
五月	一日	11 2.2	11 3.8	11 1.5	3.92
	十五日	10 7.3	10 8.9	10 6.6	3.92
六月	一日	9 ,6	9 2.2	8 59.9	3.91
	十五日	8 5.8	8 7.4	8 5.1	3.91
七月	一日	7 3.2	7 7.8	1 2.5	3.91
	十五日	6 7.4	6 10.0	6 7.7	3.92
八月	一日	5 1.8	5 3.4	5 1.1	3.92
	十五日	4 7.0	4 8.6	4 6.3	3.92
九月	一日	3 .4	3 2.1	2 59.7	3.92
	十五日	2 5.5	2 7.1	2 4.8	3.92
十月	一日	1 2.7	1 4.3	1 2.0	3.93
	十五日	0 7.7	0 9.3	0 7.0	3.93
十一月	一日	22 57.0	22 58.6	22 56.3	3.93
	十五日	22 1.9	22 3.5	22 1.2	3.94
十二月	一日	20 58.8	21 .4	20 58.1	3.94
	十五日	20 3.6	20 5.2	20 2.9	3.94

第 一 表

由表查得1936年四月一日$12^{h}\ 59.3^{m}$三日即距一日兩個日差

$2\times3.95^{m}=7.9^{m}$ $12^{h}\ 59.3^{m}+7.9^{m}=12^{h}\ 51.4^{m}$

故知該日中天時刻爲$12^{h}\ 51.4^{m}$，再加上經度改正（此種改正數值，因地而異）即得北極星該日經過觀測点子午綫之時刻矣○

三 北極星最大隔離法

當北極星經過上（或下）中天之後，即繞極旋轉向西（或東）外偏，經五時五十五分時行時角90°，即達最大隔離之點○星向西偏曰東隔離（East Elongation)，向東偏曰西隔離(West Elongation)東西隔離每日各一次，其時間可於歷書所載之中天時刻加(或減)五時五分卽爲西(或東)隔離之時刻，再加上經度改正卽爲本地之隔離時刻矣。

今由簡易方法求星之隔離位置，可同上節中天法之(a)，視大熊星座之φ與北極星將同在一水平線上時測之，當測得北極星鉛直上下而不復偏向左右時，卽知星在隔離之位置矣。

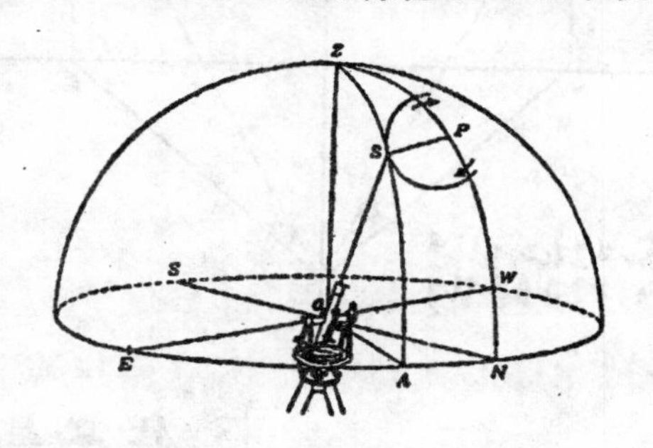

今以北極星最大隔離之方位角改正於子午綫，應算得星與子測午綫之夾角，如第三圖O爲觀點，P爲北極，S爲北極星在最大隔離之位置，SA弧或PN弧爲測站之緯度設爲φ(註四)SP爲星之極距設爲P，星與子午綫所夾之角爲方位角，以Z表之，由球面三角形ZSP中，∠zSP爲直角，由定理得Sin Z=Sin P Sec φ。

由式中可知方位角Z正比例於極距P及緯度φ。極距每年變遷甚少，緯度可於測星時同時測定(註五)。若按各處緯度計算列成一表，可備檢用。

右列第二表爲一九三四年拙一九三六年各處緯度之方位角，其餘可由公式或本表約畧推算之。

第二表　北極星最大隔離方位表

緯度 \ 方位角 \ 極距 \ 年份	1934	1935	1936
	1°3'4."3	1°2'46."1	1°2'27."9
20	1°7'.1	1°6'.7	1°6'.4
21	7.6	7.2	6.9
22	8.1	7.7	7.4
23	8.6	8.2	7.9
24	9.1	8.7	8.4
25	9.6	9.2	8.9
26	10.2	9.8	9.5
27	10.8	10.4	10.1
28	11.4	11.0	10.1
29	12.1	11.7	11.4
30	12.8	12.4	12.1

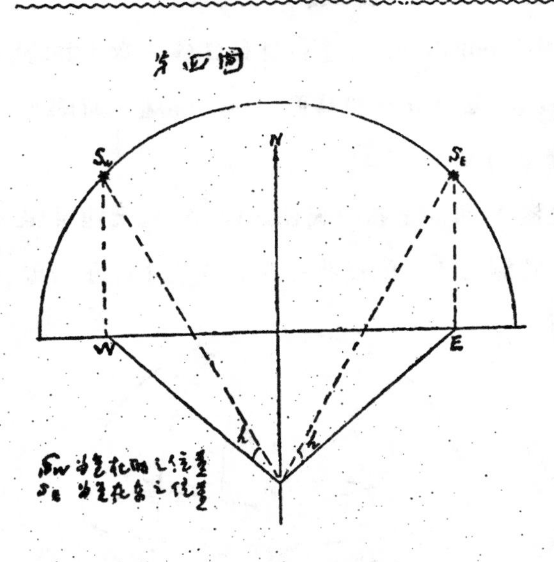

設本年於廣州測得北極星東隔離之位置，與某點之角爲 $2°3'2$,.求此點之方向角。

廣州緯度約爲 $23°8''$ 1936年 $23°$ 緯度之方位角爲 $1°7.'9$,則 $23°$ 當爲 $1°7'.+(8.4-7.9)\frac{8}{60}=1°7'.97$,星在東隔離應將此角減去，$2°\ 3'.2-1°\ 8'.0=0°55'.2$ 故知此點之方向角爲 $0°\ 55'.2$。

四 任意星等高法

設觀測一星在東西同高度之位置，記其等高時之水平角度，若平分此二星與觀測點所夾之角，則此分角線卽爲子午線之方向矣。如第四圖在星在子午綫之東時測其天頂距離(或其餘角垂直角)記其水平角度，俟星在西同高度時，用望遠鏡照至星入視圈內，鏡中十字絲之垂直絲常正對該星，至與水平絲相截時卽固定望遠鏡同前法記其水平度盤之角度，設星在東時之水平度盤值爲 α，在西時爲 β，某點 P 之角度爲R，其方向角爲A，則由第五圖知

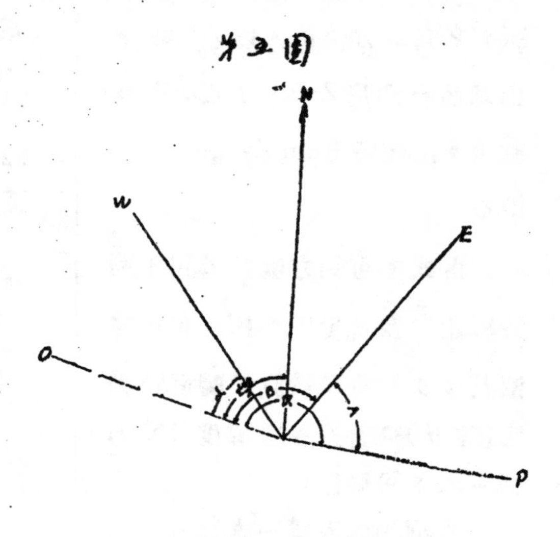

$$A=R-\frac{1}{2}(\alpha+\beta)$$

若用平板儀測定，則在等高時兩次均用望遠鏡俯視地面，於適宜等距之處，以地平經度誌標其位置，用圖解法等分其夾角，則分角綫亦爲子午綫之方向也。

14360

五　太陽等高法

太陽等高法與任意星等高法同，其法午前若干小時當太陽在東時，用望遠鏡切準太陽之上左邊或右下邊，而讀算其水平角度；次豫測午後相應時間在西同高度時而候之，俟其將入望遠鏡之視界，乃將鏡筒追隨之，太陽之影已入視界內，則用十字絲照準太陽之同邊緣，如法讀其水平角度，然後平分其兩角差，則其分角綫即爲所求，若用平板儀觀測，則由圖解畫出其方角綫即可。

此法較觀測時應用色鏡加蓋望遠鏡上，以免強烈之日光妨害目力及燒斷十字絲；又因太陽半徑太大，不能視準中心，故切其邊緣時應記位置。

在北緯23°.5以上之地帶，太陽常於其南方經過子午綫，故應注意測得之方位角，自南方起算，若改自北方起算，則應得180°.

六　日規法

日規之構造如第六圖所示，今利用太陽之影，測定子午綫之方向，可將日規置水平測板之南方之0點，(其理述上法)，以0爲中心作數個同心弧如aa',bb',cc',其互相距離約1 cm-2cm,今於午前若干時將測板邊緣大致應南北之方向，置於太陽之下，視日影與諸弧之交點而標記之。設於各弧中得a,b,c.諸點，更於午後相應時刻而標日影於各相應弧之上，設爲a',b',c',諸點，則等分aoa' bob',coc',各角之中綫即可求得子午綫之方向矣。

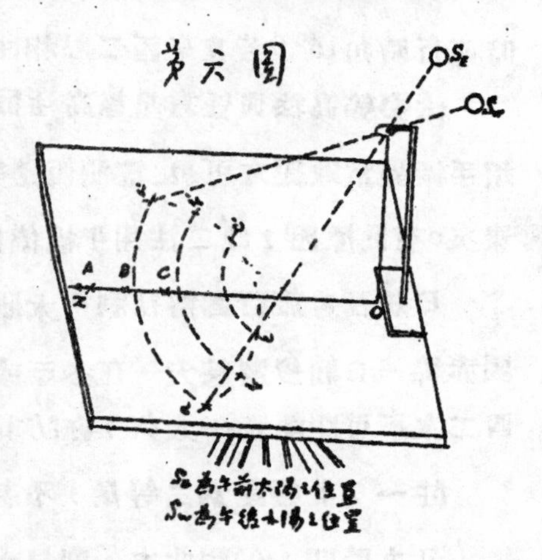

此法在理論上等分一角即爲所求，但爲精密計則多設數弧向取其分角綫之中數更佳。

七　結論

在上述諸法之中，北極星正中法測定子午綫則星之位置即子午綫之方向縣視之似屬簡單而精確，然此時星之運行軌道殆成水平，變更極速，必須依表中所載時刻觀測，否則瞬間，即生誤差矣。

北極星最大隔離法測定子午綫，較前正中法爲精準，因此時星之運行軌道從鉛直方向而上下觀測者得從容作業，可作三數同之觀測，在緯度 40^0 之處，在最大隔離之前後半小時，星之方位僅差 1'，故此法得用正反望遠鏡以消除儀器之誤差，惟星之隔離時間多在日間或中夜，則又不如正中法之適宜於作業也。又此二法可以用平板儀圖解求之。

在以任意星等高法測定子午綫，對於因望遠鏡照準東西二高度，對於大氣抑光及示標之誤差均可消除，若恐儀器之水平軸微有誤差，亦可於東西兩次望遠鏡用正反位置以消去。

此法須多費時於等候一星至同一高度，故選擇星應在高度適宜之處，在北半球以大熊星座或土后星座(視第一圖)中之星爲便，因其赤緯在 50^0 — 70^0 之間也，又測星在東時應選其距子午圈 20^0—30^0 之間者，因星每小時運行時角 15^0。若其東西二點相距不遠，不致費時，以便作業。

太陽等高法與任意星等高法同，惟可日間施行，較屬便利，惟二者均須手術異常敏捷方可，當測西邊等高時更當注意，稍一疏忽，即前功盡棄矣。有此原因，此二法用平板儀圖解子午綫之方向，實際上非常困難也。

日規法亦施行圖解法利用太陽作業，在適宜精度之下頗見便利，惟太陽赤緯一日間變遷甚大，在冬至或夏至之日測定比較變遷小而精確；又東西二次不可距離正午太久，亦防其赤緯變遷之誤差也。

註一：北極星爲二等星，不甚明亮，頗難識別，惟吾人當九月下旬晚上八九時間，仰觀北方，則見大熊星座(如二圖)位於北極星之下而偏於西，昔人謂北斗七星者即此星座也。其 α, β 兩星謂之指極星，將以其連結線延伸約五倍，見有小星一顆，即北極星也。

註二：前之兩極爲亙古不動之点，此乃大概而言，地球運行受力之影响，而生歲差章動，北極所指者不爲一点而爲小圓形，經相當時期後漸合爲一点，過此又恢復圓狀。

註三：王后座γ與北極星同在一縱面後，再經一定時間北極星便行至正中，此相距時間在1936年爲1°0'1",以後每年約加16".8。

註四：地理學上所稱某地之緯度，係指該地與赤道相距之度而言，在天體測量，則以北極星之地平緯度（北極星高出地平面之度數）表之。如第七圖

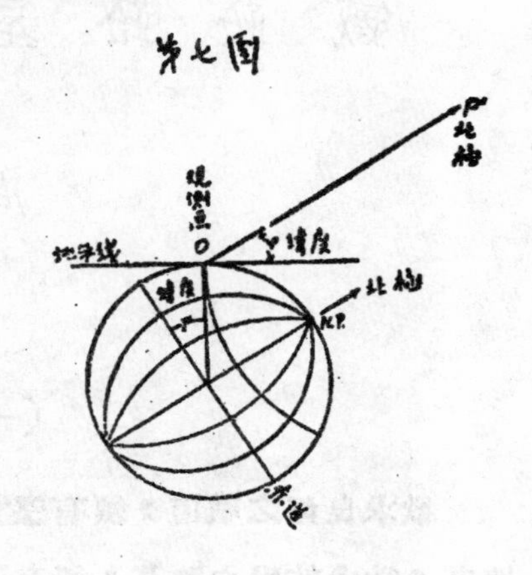

註五：因北極星在最大隔離則其高出地平面之度數當與北極同，雖星此時鉛直運行頗速，測定緯度不甚精確，然以之算子午線之方位角，亦足應用。

鐵路路基排水之研究

周慶相

(一) 引言

欲求良好之軌道，須有堅實之路床。欲求堅實之路床，須有乾燥之路基。欲求乾燥之路基，須有通暢之排水。故路基排水，實爲鐵路修養軌道之先決問題。此問題如不得完善之解決，則一切整理軌道工作，等於徒勞。然排水問題，必須調查水源，雨量，地形，地質，及環境種種　形，斟酌盡善，考慮周詳。非作根本之探求，不能定悠久之計劃。支節應付，臨時救濟，徒勞虛糜而已，不足取焉。至排水計劃，以路基之建築言，可分路塹(挖基)、路堤(填基)、站場、及公路相交之處四者。以水與路之關係言，不外(一)水之已入路基者，設法使之洩出路基；(二)水之未入路基者，設法擋住並引開，使之不入路基；(三)水之經過路基者，設法使之安然流過，不致侵害路基；三者而已。茲姑按路塹、路堤、站場、公路相交處，四者排水不良之病象，及各種治法，撮其大要，分析論述如次。

(二) 病象

第一節　路　塹(Cutting)

路塹既爲挖基，地勢必較環境爲低，最易積水。積水亦最難排洩。其病象之大要，約有下列數種：

(1) 路基位于一面山坡上者：

(甲)山坡崩塌填塞軌道　：如山坡地層，傾斜向路基者，上層為透水鬆質土層，下層爲不透水堅質地層，雨水滲入上層後，至堅土層不能下滲，亦無出路，此交接處，鬆土飽含水份，成一傾斜滑面。上層鬆土，乃依此滑面下移，土塊崩落，填塞軌道。

(乙)路基向下坡移動軌向不易維持：　如路基位在山坡上，而此山係鬆性礫岩層(Loose conglomerate)或堆于山麓之冲積層，(Debris) 或膠泥層，(Clay)存水無路宣洩，勢必整個地層，向下坡移動，軌道亦隨之移動，甚至常須改道，以維現狀。

(2) 路基位于兩面山坡間者：

(甲)挖塹寬度不足邊坡太陡土塊瀉落堵塞軌道：　坭化石(Shale)地層，在開挖時，似可立於較陡坡度。日久經雨浸霜凍，極易碎裂崩落。如造路時，開塹不寬，以後邊坡坡度漸覺太陡，此病象立即發現。鬆土層如坡度不足，病象與此同。

(乙)邊坡鬆土被雨水或泉水冲刷滑瀉坡脚堵塞邊溝：　邊坡上如無引水溝槽，則雨水及泉水在邊坡上亂流，勢必將泥土冲下山坡，流入邊溝，阻塞水流。

(丙)路基積水軟化泥漿由渣床上湧掩沒軌道：　如路塹經過膠泥濕地，或山坡泉水流入路床，如無適當宣洩，則路床積水軟化，坭漿上湧，甚至掩沒軌道，阻碍行車。

(丁)山坡上部有湖沼水滲入邊坡土坡軟化而崩瀉：　如路塹坡頂附近，滙有湖沼，並無出口，或灌漑山田，地層積水，勢必向低處求出路，乃滲入邊坡，土層軟化而傾瀉。

(戊)路床被行車震壓下陷膠泥橫向兩邊擠出塡塞邊溝：　路塹經過膠泥層，路床受水軟化，重車經過被壓，膠泥橫向兩面擠入邊溝，阻塞水流。

(己 路床積水冬季凍結膨脹軌平不易維持：　低溼路塹，冬季凍結，路床上升不勻，軌平即高下不平。須用墊木墊平之，修養費頗距。

(庚)路塹盡頭邊溝水溜冲壞路基：　路塹與路堤交接處，邊溝出口線路，如無適當水槽，引入附近水道，往往泛濫，冲毀路隄基脚，釀成事變。

第二節　路堤 (Embankment)

路堤地勢較高，排水較易。然堤內積有水窩，極難宣洩，逼近河流，易受冲刷。其病象亦有下列數種：

(一)路堤位于斜峻山坡脚者：

(甲) 路基下地層滑移軌道隨之移向下坡：　此條與第一節路塹(一乙)項相同。

(乙)路基一部或整個沿山坡斜面向下坡滑移：　路基排水不良，在山坡接觸處，土質軟化，變成滑面，乃向下崩移。

(丙)路基內部藏有水窩軌節下陷甚至大量崩陷：(一)上坡流下山水，滲入路堤內部，如內部鬆質土層，被不透水泥層包圍，水無出路，即成水窩。此窩水如不引之外洩，不獨常須起道，抑將發生土崩。(二)如新築路堤，倘未沉實時，爲急於通車，先用鬆質渣床如爐灰之類，行車壓力，將之壓陷，如再將此料起高，則雨水滲入此鬆質渣料，被不透水土肩包住，無法宣洩，即成水窩。(三)地層泉上湧，亦可釀成水窩。(四)尋常培補堤肩，培土太高，超出渣床以上，石渣被土肩包圍，雨水滲入渣床，亦可發生水窩。

(丁)新堤與舊堤相接處新土崩瀉：單軌擴成雙軌時，如未將舊堤坡作成階級，新土往往沿舊坡面，(所謂裂面Cleavage Plane

）向下崩瀉。

（二）路基經過低濕澤地者：

（一）路基鬆軟： 低矮路堤，經過溼地，如堤磘（Berm）不寬，坡脚由毛孔吸力（Capillary Attraction）吸水上升，致路基鬆軟。

（二）路基整個下沉： 如路基經過乾涸湖沼，土層鬆軟，地層蓄水未去，或係深厚流沙層，路基往往整個下沉，甚有一夜間十六呎高路堤完全沉沒水中七呎之深者。路基下沉時，兩傍地層，被擠上升，致柵欄電桿，全部傾歪。

（三）路基在橋梁涵洞附近或位在山脚與乾涸溪澗相對者：

（一）山洪暴發或大雨時行路基突受冲刷危及軌道： 凡與路線正交之水流，尤其乾涸之山澗，在春季解凍，或夏季雷雨時，常常生大量急溜，河槽容納不及，輒致泛濫。如路基無適當防禦設備，常被冲潰，危及行車。

（二）山澗急流冲下石塊堆塞軌道： 暴雨時山洪驟至，由陡峻山坡上，挾帶石塊，流入乾澗。坡度較平，水流驟緩，挾帶物一齊停下，填高澗底，或堆塞軌道。

（四）路基逼近河道幾與平行者：

（一）堤脚搜空上部崩落：高堤與溪澗並行，堤脚逼近河岸，河水盛漲時，急溜旋渦，往往將堤脚搜空。上部路基，勢必開裂，甚至崩落。

（二）堤坡冲成縱槽： 水平高至堤腰，水面急溜，冲刷堤腰，如無防護設備，往往冲成縱槽，危及路基。

（三）路基冲斷： 如洪水平高出路床之上，由軌頂横流過去，往往將路床冲斷。或洪水未退前，大風激起巨浪，將渣床捲走，亦可將路基冲斷。

第三節 站 場(Station yard)

站場皆係平地，面積又廣，排水之重要，並不亞于正道。如排水不良，可發生以下病象：

(一)轍岔下存有水窩： 轍岔處如存有水窩，軌平突然陷落，極易釀成事變。

(二)岔道間化成汙泥： 霪雨不止時，岔道存儲積泥，路基鬆軟，抑且有碍觀瞻。

第四節 公路平交之處(Highway Crossing)

(一)公路與鐵路相交處，公路頂平，須與軌頂等高。軌道渣床，被土床包圍，洩水往往不暢，且此處不常砸道，路基極易軟化。

(二)如公路較鐵路爲高，則公路勢必斜下，與鐵路相交。雨水由公路下流，盡入路基，非常可厭。

(三) 治 法

對上述各種排水不良之病象，如欲加以治理之方，必先調査觀察研究其原因之屬于天時地文地質及環境種種關係，及程度，方可定適當之計畫。但排水之原則，不外上述三種。(一)對已入路基之水洩之使出。(二)對未入路基之水，擋之不來，或引之遠去。(三)對經過路基之水，設法防護，使之安然流過，不致爲患。大別之，此原則可爲洩水及護土兩項。因排水二字，以狹義言，固只有洩水之意；以廣義言，所有排禦水流，防護路基，各種設備，似應包括在內。至於排水方法，可分爲四種：(一)排洩地面之水曰明溝。(二)排洩地下之水者曰暗溝。(三)引地面之水流入地下鬆土層，作爲出路者，曰井洞。(四)協助排水計畫之不及，保護路基，使之不受沖刷而崩落者，曰護土設備。玆將各種排水方法，及如何應用于各種路基，分述如下。

第一節 洩 水(water Draining)

洩水之法不外挖溝，收集水泉，引之外洩。以所洩之水之來源言，分明溝暗溝兩種。以溝之位置言，分邊溝、擋溝、横溝、坡溝、井洞 五種。此外尙有清理渣床泥土，路基面中部略高，坡向兩邊。亦係協助洩水之法。

(一)路塹： 路塹地勢，較周圍爲低，洩水最難。過溼區段，最好塹寬特別放寬，邊坡格外做平，以免常須淸溝，或放寬路塹，非常困難。至溝之分類，不外以下數種：

(甲)明溝 專洩地面之水者，所謂上層排水。(Surface Drainage)

(子)邊溝 (Side or Track Ditch)位在路塹坡脚，軌道一邊或兩邊，專洩路塹內坡上雨水或泉水，並軌道上雨水者，曰邊溝。

(一)重要條件

(1)溝之容量，須足以接受並宣洩山坡及軌面所受之雨水及泉水之最大量

(2)溝心距軌心不可太近，如路基鬆軟，恐行車壓壞基肩。太遠恐減少宣洩效能。

(3)溝之線路，在可能範圍內，必須糹直。

(4)溝邊必須光平不妨水流。

(5)溝底縱坡度，必須均勻，且足以自動淸除冲積物。

(6)溝底必須平正。樹根石根，必須除去，免碍水流。

(7)溝之式樣，須適應環境之需要。

(8)出口處必須通暢。

(9)出口處須引水入最近水道，並須避開路堤，不使冲及堤脚。

(10)溝底距軌平下深度，不可太深，致妨路基之穩

固。

(11)溝內必須保持清潔。春季霜化後，及冬初上凍前，須清理一次。

(12)溝內清出之土，須用車運至遠處，不得堆存坡脚，以免將來流入水溝。

(13)路線外私人地內之水，須禁止，不准利用路溝排洩。

(14)彎道在路塹內者，其外股邊溝，最好分段截住，使水由橫溝經過軌道，流入內股邊溝，以防外股彎邊溝冲刷路基。

(15)如坡度太平，流水不暢處，須用整個式溝，如混凝土溝等。

(16)如無水道可洩，須用特別方法，如井洞，(Sump Hole)引水入鬆質地層。

(17)如路塹位在一面山坡上者，邊溝須築在軌道之靠山一邊，並須於相當距離處，引水入橫溝，穿過軌道，流下山坡。

(二)邊溝尺度

(1)式樣　式樣分二種。

(甲)路床無肩式：路床不做土肩，自路床中點起，向兩面斜下之慢坡面引張，與路塹兩邊山坡脚相交，而成一天然溝。此最爲自然式樣。路塹寬度不足者，可採用此式。

(乙)路床有肩式：路床剖面與路堤同，在兩傍土肩外，再築邊溝。路塹較寬者，可採用此式。

(2)截面

(甲)V字形： 此形之優點爲(一)佔地較少，(二)水流集中，(三)能自動清除冲積物，尤其在水小之時。

(乙)𫔭形：較V字形容量較多

(3)位置與寬度： 邊溝距軌條不可太近，太遠則開塹太大，又爲經濟所不許。美國單線路採V字形邊溝者，自左至右，由坡脚尖至坡脚尖，相距19呎至28呎。如用𫔭形邊溝，由坡脚尖至坡脚尖，相距22呎至28呎。至溝之寬度，與排水量有關，須視路塹之深度長度之異。深而長之路塹，邊坡受雨面較大，冲積物較多，如邊溝容量太小，非泛濫即堵塞。如路塹甚長者，溝之容量應向出口處漸逐增大。

(4)深度： 溝底距軌枕底之深度，視渣床厚度及土質而異，距路床面約1呎6吋

(5)坡度： 凡邊溝縱向坡度，如不小於0.5%，即能自動清除冲積物。如小於0.5%，必須人工清除。通常水溝坡度，決無超過路基縱向坡度者。如路基坡度太平，欲使流速較快，只有用混凝土溝，以減少流阻。

(丑)擋溝(Intercepting or Berm Ditch)

位在路塹腰部或頂部，以擋住山坡上部流下之雨水或泉水，引之遠避路塹，流入山下水道，不使流入路塹內邊溝者曰擋溝。

(一)重要條件

(1)溝心距路邊坡頂邊，不可太近，以免溝內之水，滲入邊坡，使坡土軟化，而冲往坡下。

(2)溝之容量須照溝上山溝受水面積，及該處最大雨量及泉量而設計。

(3)如路塹一邊山坡面積甚大，一行擋溝，不足以宣洩時，可用雙行擋溝。

(4)溝內取出之土，須堆在路塹之一面。

(5)溝兩端出口線路，須遠離路塹，並向外彎出。

(6)出口處，須引水至最低水道，不使溝水冲及提腳。

(二)通常尺度

(1)位置　最好距邊坡頂邊10呎至15呎。至少5呎。

(2)深度　通常為18吋至24吋。如雨量甚大，排水面積甚廣者，有深至5呎或6呎者，同時寬度亦隨之增加。

(3)寬度　溝底寬度，至少12吋。

(4)坡度　至少0.5%以上

(寅)橫溝(Lateral Drain)位在軌道下，與邊溝正交，或斜交，專洩滲入軌道之雨水，引入邊溝者，曰橫溝。其式樣須因地制宜，其通常採用者，不外以下數種。

(一)枕木間除去石渣：此為最簡單之橫溝。

(二)瞎溝(Blind Drain)挖一明溝，塡以碎石。

(三)開頂木箱溝(woeden Box Drain)：用油浸木板，組成一上頂開口之木箱，安在軌枕間。

(卯)坡溝(Slope Drain)：位在路塹邊坡表面，與軌道正交，或斜交，專洩落在坡面之雨水，及由塹上地層下流，在坡面冒出之泉水，引至邊溝，以免土坡崩塌，或冲成深槽者，曰坡溝。式樣及設計，須適應環境，隨地而異。邊坡坡度倘平者，可用正溝，沿坡面直下，與軌道正交。如邊坡坡度太陡，可用斜溝，沿坡面斜下，與軌道斜交，以緩水流而免冲刷。正溝兩邊，亦可設枝溝，與相通。溝之割面及鉅離，視土質及雨量而異。大致挖一2呎寬3呎深明溝，填以石子，或用半圓瓦，仰面鋪于坡面，溝在坡面外形，照Y字或W字形均可。

(乙)暗溝　位在地下，爲補助明溝之不及，專洩地下之水，所謂下層排水)Sub drainage)。

(子)邊溝：　凡溼塹(Wet Cut)內地層溼透，明邊溝不足洩水，須在明邊溝之下，添設暗邊溝，以洩地層之水。此溝均係採用水管，其通常尺度及做法如下。

(1)深度　必使其能將現有地層平水(Water Table)，下落至相當低度。在邊溝下至少3呎，距枕木頂至少5呎。

(2)管向　須與軌道平行，距軌條至少5呎。

(3)管坡　不得小於0.2%最好0.4%，坡度須平勻，或向出口處少增其坡度。

(4)管徑　至少6吋，最大可至12,"視排水量而異。長而溼的路塹，管徑向出口處，須逐段增大。

(5)出口　須引至附近水道，出口處坡度須略陡，並須用鐵絲網，以防小的野畜鑽入管內。

(6)溝料　瓦鐵管均可。惟其壽年須長，以免日後更換，阻碍行車。其耐力須能抵抗外力及負重，並須自始至終，維持其最大流量，不致單位分離，及沙石堵塞水流。

(7)覆料 管上須用上等透水料覆蓋，碎石礫石或爐灰均可。溝內挖出泥土，不得利用爲覆料。

(8)墊料 管下須用上等透水料，以承托管腹，以作管座。

(9)挖溝 挖溝工作須敏捷，否則管之軸線不易維持。如土性甚劣，只好分段工作。土質失劣時，須用板樁擋土。最好挖溝與安管同時進行。

(丑)橫溝 在極溼路塹內，路床太溼，暗邊溝不足宣洩，須在路床下安設橫溝，以洩路床下層之水，引入暗邊溝。此溝相距10呎至40呎，隨土質而異。其坡度最少4%最好8%，最大不得過16%管料可用瓦管。管徑約8吋管端須伸入軌道中心。其位置須左右錯開。周圍填以碎石，或其他透水材料。

(寅)坡溝 坡面有泉水冒出，明溝不足宣洩，或明溝恐冲刷坡土者，可用暗坡溝。其位置可列成Y字形或W字形。管料可採用瓦管。管徑至少6吋。先在坡面上挖出明溝，安妥水管後，填以碎石。溝之斷面，不必大于18"×18"。

(二)路堤 與洩水有關之設計頗多。(一)路床中部須高于兩邊。(二)如基面不寬，必須培寬時，培寬土料，最好透水者。(三)所培土肩，不得高過渣床之底，以免障水。(四)堤下裙堤，爲防護堤脚滲水之用，須注意保持，不可由此取土，以培堤肩。(五)取土坑逼近路基，須有排水設備，以洩存水。其洩水溝管，大致與路塹相似。

(甲)明溝

(子)邊溝或擋溝 凡路堤位在一面山坡脚者，其靠山之一邊須在山坡相當高度處設一邊溝，即擋溝，以擋山坡流下之水使之不冲路堤○或路線，經過低溼澤地，亦須用擋溝，以截住兩邊地面之水，不使流近路堤，滲入坡脚○溝心距堤脚至少3呎○溝底横坡面，須向外傾斜，不得向堤傾斜○

(丑)横溝 凡路堤內層藏有水窩，或鬆質渣料，被堤肩包住，不能外洩者，須用横溝○其最有效之洩溝，爲法式溝○(French Drain,)填基藏有水窩，因路基沉陷無定，不宜用水管，最好用法式水溝○由堤坡面，挖一明溝，斜向上升，伸入軌下水窩，約2呎至3呎寬，至少5呎深，用一人可搬以蠻石填之，並用碎石包圍此蠻石，以排斥泥土○此溝之坡度，須斜陡足以洩水○如水量甚大，須用石製水溝，引水下坡，流入邊溝○

(乙)暗溝

(一)凡極高路堤，內部藏有水窩，或有泉水滲入，無法宣洩者，明溝宣量不足，須用水管暗溝，如鑄鐵管或有孔瓦角鐵管，(Armco Pipe)埋在路基下層○一端與水窩底相接，一端引至邊溝○如係單軌路基，只須安設横溝，左右相錯○其圓徑與相距，視土質及水窩而異○

(二)如單軌路改成雙軌後，路基發生水窩，應在兩軌間挖一寬30吋深6吋之中溝，填以蠻石破碎，並於每50呎處，左右均安6吋有孔瓦角鐵管，坡度20%，在雙軌下，引水流入中溝○此溝亦有相當坡度，引水至出口管○此管係横置於軌下，一端與中溝相連，一端位于坡脚○管徑8吋每500呎一個○

(三)站場

(甲)明溝　在兩岔道間挖一縱溝，填以碎石，並用支溝，埋在軌下，洩入縱溝，或在梯道傍安一縱溝。

(乙)暗溝　站場地層太濕，明溝不足宣洩者，須地下洩水法，安設瓦管或鐵管，引水入附近下水溝渠。

(丙)井洞　如附近無下水道可資宣洩，只有鑽掘井洞，(Sump Hole)穿過不透水地層，引水入鬆質地層，以作出路。

(四)平交路　整理此處排水法不外

(甲)公路與鐵路路基相交處，如公路坡向鐵路，可將公路面中部突高，使雨水由兩傍流下，引入軌道兩邊邊溝。

(乙)公路與鐵路相交點，在軌條外設一混凝土盒溝。溝上覆以軌條三根，軌底向上，以便行駛車輛。軌條不可密排，須相隔數寸，並在軌腰上相連。如是上面漏空，以便接受公路面流下之水，由盒溝引至邊溝。

(五)水管　採用何種水管，須視土質水量經濟及供給情形而異，通用者為瓦鐵管兩種。

(甲)瓦管：此管較鐵管為賤。凡挖溝甚深，土質堅硬，水內帶有硫性物質，有妨鐵管者，可用此管。管係燒泥琉化者，有時亦用洋灰管。燒泥管接口為鐘式。管徑6 吋，管長每節12吋至18吋。水從接口處流入管內，最平坡每100 呎落下3 吋。管上及周圍須覆稻草。再上可覆爐灰，或礫石，或以其他透水材料。沙子切不可用，恐冲入管內。管之軸線，須距軌條5 呎。距邊坡脚亦須5 呎。管底距軌底最好亦5 呎。管接口處須鬆開以受水。安管時先將管頭塞入鐘口，至底，再拉出 1/2吋。安設瓦管挖溝之底，寬自18吋至30吋。靠山坡一面，及靠軌道一面，均係垂直的。或靠軌道一邊之溝牆照1：1坡度引長與枕端相遇。管上覆以爐灰。溝底須挖至管腹下2吋至4吋，以便在管腹下，墊以上好透水料。溝內挖出之土，須運至遠處，不得堆于附近。

(乙)鐵管　此管較瓦管爲貴。凡溝內覆物不深，土質甚軟，如用瓦管，恐被行車壓折，或易被推移之處，可用鐵管。此管除鑄鐵外，通用者爲瓦角式鍍鋅鐵管，有1/4吋小孔在瓦角凹槽內，每孔相距11/2吋，佔圓周之120°部份，其餘部份並無小孔。其每節長度，自2呎至30呎。其安管挖溝，大致與瓦管相同。惟管上不可覆以爐灰。帶孔部份之圓周須作管腹向下。據稱可得最大流量，沉澱物亦最少。

(一)路塹

(甲)防護土崩　凡逼窄路塹，爲地勢限制，不能放寬，而邊坡有崩塌之威脅者，及依山坡挖塹，山坡甚高，如令邊坡不平，土工太鉅者，必須有防護土崩設備，以助洩水，設備之不及。蓋邊坡鬆土，在春季化凍時，及夏季大雨時，着水軟化，不能在坡上停住，勢必下溜，堆于坡脚，阻塞邊溝，極爲可厭。如用鍬鏟去，反令上部泥土，失去承托。更往下流，如水溝堵塞，水滯坡脚，勢必令坡脚軟化，致滑下泥土，更必向外溜瀉，甚至覆蓋軌道。故一面保持水溝清潔，流水暢通，坡脚不致軟化。一面須設法使坡土得一安全角度，不再崩瀉。

(一)如霜解後，坡脚發生孔洞，在邊溝靠山一邊，打入木樁。如木樁傾斜，可用木條撑于軌枕之端，並于木樁後用木椿，或舊枕以攔住鬆土。

(二)如邊坡下溜泥土，稀薄如漿，爲保持水溝清潔，可在溝上覆以木板，以承溜下泥土，使水在下流，不致被阻。

(三)如有鉅量土崩之威脅，須在邊溝之靠山一面或在山坡之脚，打一行排樁。每樁相距5呎。樁後用木板或舊枕掩護。如恐木樁被土壓擠向軌道一面傾側，可用長條木頭，由軌下穿過，撐住軌道左右兩排木樁，互相維繫，使成整個，以抵土壓。如情形嚴重，可在此排樁外，再打一排樁，相距8呎，每樁相距3呎。樁後用圓木維繫，兩排樁間用，粗礫石塡塞，使坡水由此濾出，流入邊溝。

(四)如土坡太陡，坡脚打樁，仍嫌太矮，安全角不能保持者，可砌擋土牆邊坡脚由牆頂上升，則坡度自平，必可小于安全角矣。

(五)清除崩土之最快辦法，如為環境所許，可以用炸藥炸散空中，使之遠飛。

(六)大塊懸石在山坡上最易溜下，堵塞軌道。大雨之前，應詳細檢查，如有不穩之處，須設法墊托，使之不動，或用鍊繫住于石根上。

(乙)防護冲刷

(一)鋪草皮 凡邊坡係膠泥，受水卽軟化冲塌者，可鋪草皮，以護土面。

(二)砌石坡 經雨水冲成之溝槽，鋪以蠻石。

(三)撒草子 在邊坡上撒以草子，令其繁殖。草葉可以蔽雨，草根可以團土。

(二)路堤

(甲)防護土崩

(一)凡極高路堤，中部產生裂面，堤之邊，向下滑瀉者，可在堤腰或堤脚，打板椿，以阻其下陷。

(二)凡經過湖沼土質極劣者，可放寬堤底，改緩兩邊坡度，或用階級式堤裙，以符其安全角度。

(三)堤坡佔地太多者，可在堤脚，建擋土墻。

(乙)防護冲刷

路線沿水道而行，路基邊坡，伸入河者，尤其河道轉彎，正衝堤岸者，遇大水時期，堤脚堤坡，極易被冲，危及軌道。須防護設備，以保安全。

(1)橋翼及涵洞前後之路基，須充分護以蠻石。

(2)如涵洞內有冰塊木頭堵塞，應速清除 ，免阻水流。

(3)水溝有刻深槽底情形，應立即處置，以免擴大。

(4)堤坡向有冲塌情形，應即塡以蠻石或沙袋。

(5)如水平高過軌道，有流過軌道冲空下部之威脅，應在上游堤肩，護以沙袋，或用木椿木板，圍護渣床，以禦橫流。

(6)如有水被軌道擋阻，數量並不多者，可擇穩妥地點，將渣床扒開，令水流過。

(7)如路堤兩邊存儲洪水，雖無水流，但一遇大風，激起巨浪，恐將渣床捲走。須用沙袋或蠻石堆于堤肩，擁護石渣，並用柳條稻草，撒于水面，以破水浪。

(8)山澗陡彎，直衝堤坡者，須建石堰，或木椿內，塡以亂石之橫壩，斜向下游，伸入河中，使水溜改向，不衝堤岸。壩之上下游之堤脚，均須嚴密鋪砌石坡，以禦水冲。

(9)最貴之防護工程，爲砌石堤坡。在河底之堅實部份建立基脚，乃向上鋪砌蠻石，並使坡面平整。

(10)較上項較賤之防護工程，爲堆石堤坡。將亂石堆于坡上，並不鋪砌，亦不必注意基工，只須將堆石厚度，逐漸向下加厚。如坡脚被冲，上部亂石自能滾下填實，此項石坡，坡度最好2:1，以保安全。

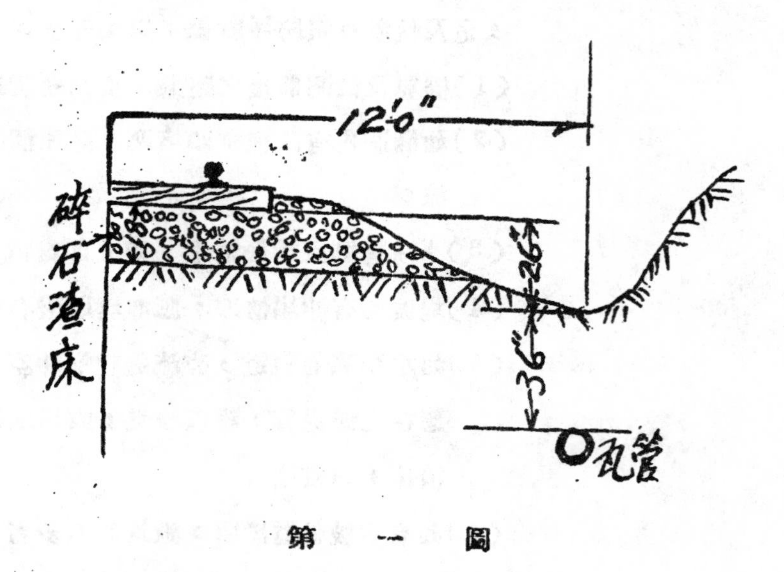

第一圖

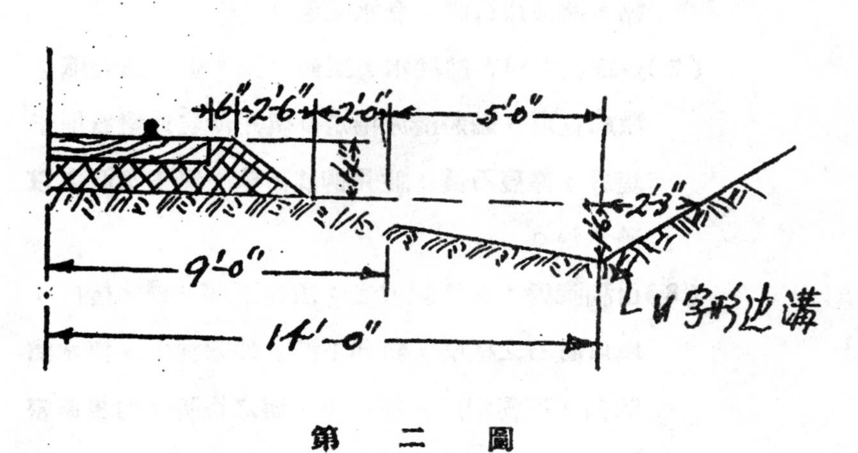

第二圖

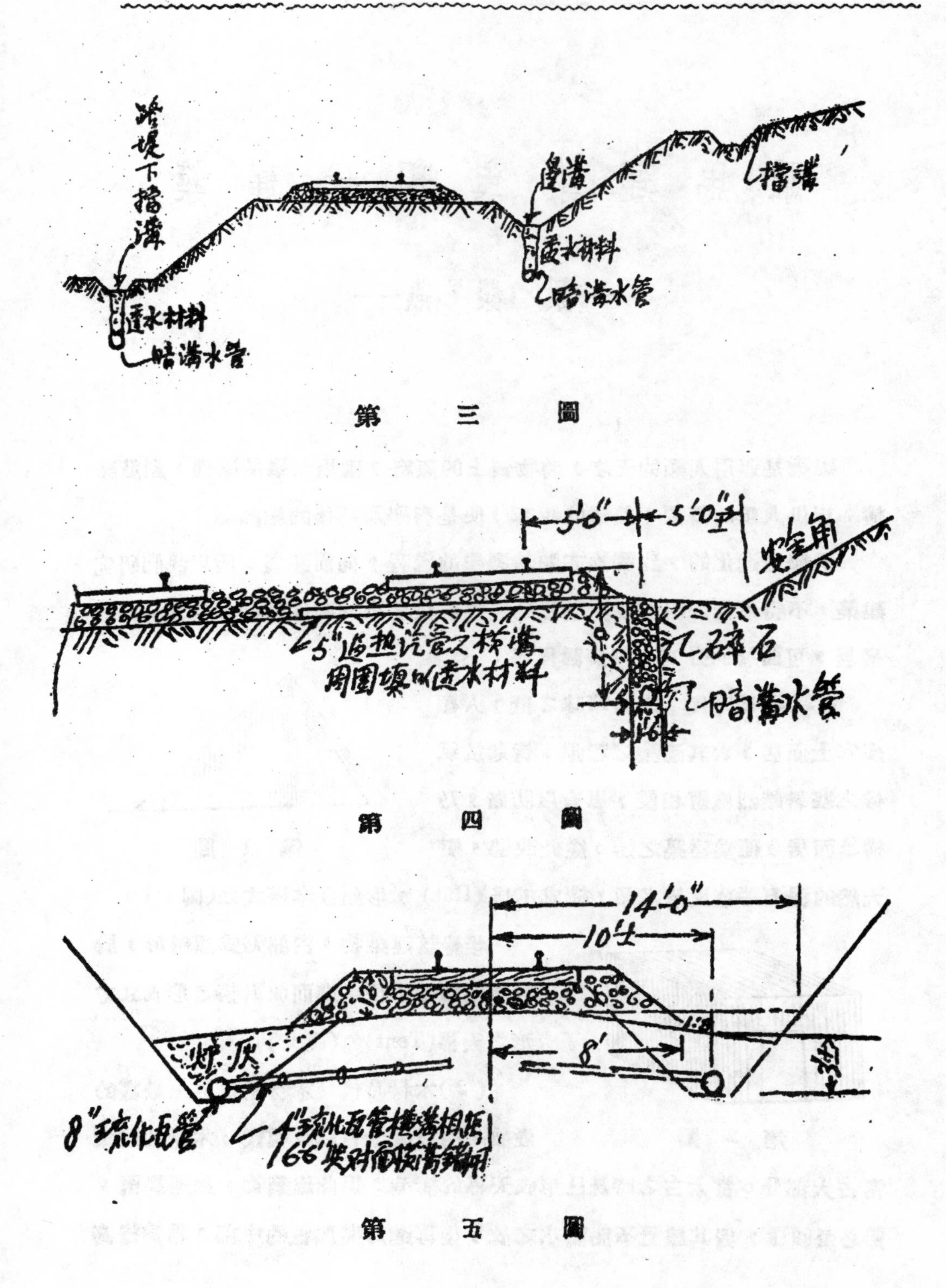
路堤下擋溝
透水材料
暗溝水管
邊溝
透水材料
暗溝水管
擋溝
5'0"
5'-0"±
安全角
碎石
暗溝水管
14'-0"
10'±
8'
爐灰
8" 琉化瓦管

第三圖

第四圖

第五圖

羅馬建築與現代建築

—梁榮燕—

建築是運用人類的天才，將物質上的原料，應用科學的原理，創造結構，以供人類的需要，簡單的說來，便是科學及藝術的結晶品。

科學是進化的，建築物亦順着科學的過程，向前進展。所以我們研究建築，不得不先行研究建築進化的過程；在建築的進化程途，就其材料的發展，可簡畧的分爲下列幾個程序：

(1)原始時代　上古草昧之世，人類多穴土而居，求其建築之起源，皆起於氣候之寒暑酷烈風雨相侵，思有以防衛，乃構巢而居，便爲建築之始。從此改進，使天然的泥石茅草皮革之類，構成小居(Hut)，形如金字塔式如(圖1)。

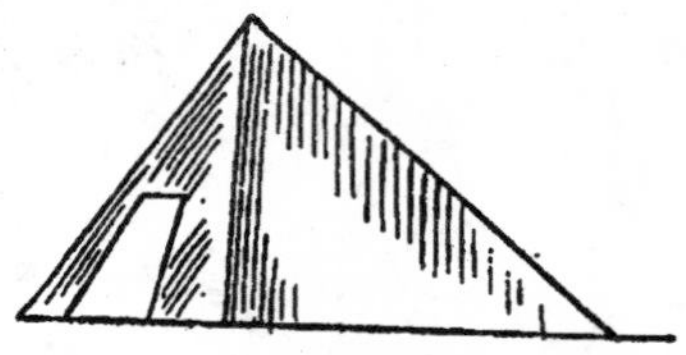

第 1 圖

後覺該建築物，內部乃爲傾斜形，於居者則常感不便，進而改其構造形式立方形之天幕(Tent)如(圖2)。

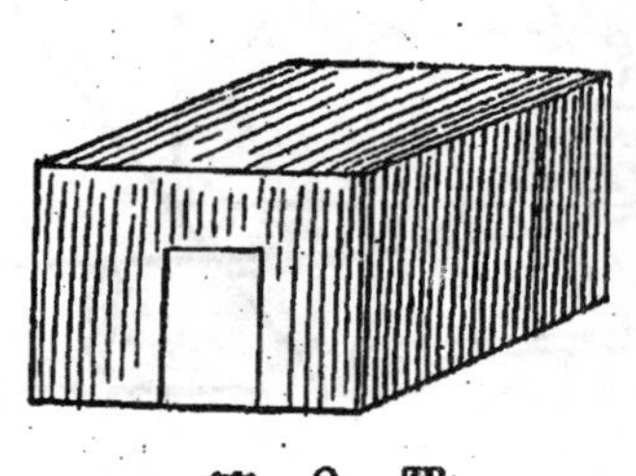

第 2 圖

(2)木材時代　木材是世界上最富的產物，所以從太古以至現代，木材的建築常占大部分。當太古之時旣已形成天幕的構造，但此建築物，如遇暴雨，勢必至傾覆，因其屋蓋不能瀉水之故，後再進乃將屋蓋的中部，稍爲提高，使兩旁斜下，以便瀉水，不至再爲劇雨的傾覆，如(圖 3)的家屋，由此建築史上，遂立相當的基礎。

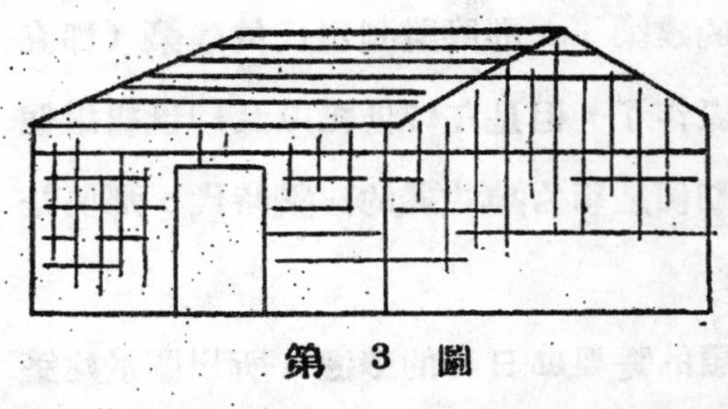

第 3 圖

(3.石器時代　這個時代，在建築史上，已有相當的位置，我們翻開建築史的第一頁，首先看到的，就是那大石建成的金字塔(Pyramid)，相沿到現代，歐洲的偉大建築物，可以說大部分仍屬這個時代。

(4)鐵材時代　是現代的建築，尚在進程中，美國最爲發達。

建築物的完成，是在乎意匠不在乎材料，是敢斷言；且把牠式樣互相錯綜的關係以下表明之：

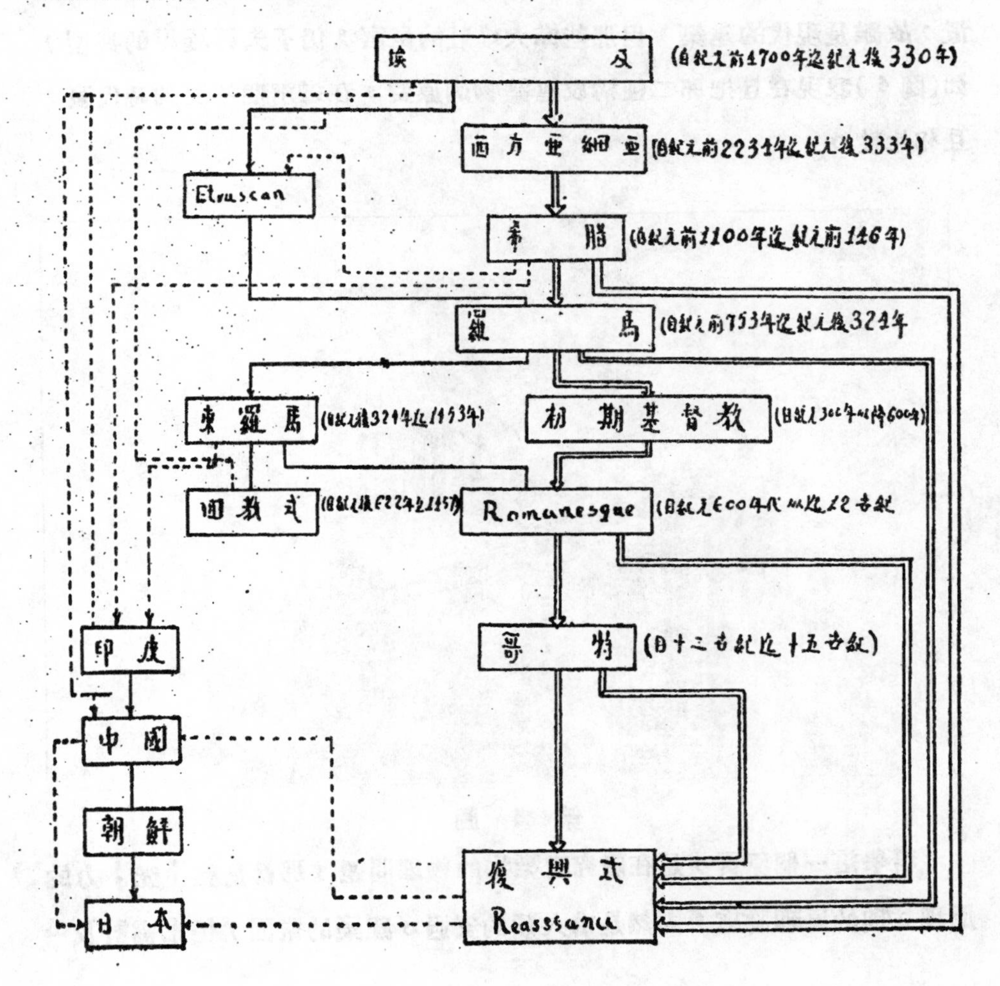

14383

在這個表裡，我們便也知道：自紀元前753年以迄文藝復興時期，這一時代的建築，都是可以代表羅馬的建築了，那麼說到現代的建築（即直線式建築）自然是在19世紀後的代表作了，但是在17世紀以至19世紀這個時代有一個轉變中的時期，這個時期便是新古典主義的建築時代，那便是表現科學及藝術進化的途徑了。

科學及藝術固是日趨進步，人類的需要也日日的變遷，所以關於建築的構造；也是在自然中改變，建築既是科學及藝術的結晶品，那麼我們當然認爲現代建築的改變；較羅馬時代優良了，但這個理解是否對啊？也成了一個問題！因爲羅馬的建築典型，在現在的建築學中，仍佔有相當的位置，故雖是現代的建築，但那些偉大雄壯的皇宮，仍不失那羅馬的典型，如(圖4)我現在且把那二種構成建築物的原質，在這兩個不同的時代裏，互相比較。

第 4 圖

科學這一個原質，是在研究建築物的物理問題，那就是聲；光；力的原理。牠的原理設施，固然是求人類的安適，建築的鞏固，但也需計及一切土地；人工；與時間上的經濟問題。這些問題，在不同的時代裏面，也當然受着不同的影響，在17世紀以前的羅馬時代，人口是沒有現代的繁多，土地自然是沒有這麼高貴了，且在那個奴隸制度的當中，生活程度的低微，人工自然也是易得，原料多用那天然的大石，祗需多用人工及時間轉運罷。所以現在返觀那羅馬石器建築的偉大，任意縱橫盡量設施，牠的神秘構造，實是現代所難作，從此可知當時，對於經濟的原則，是全不顧慮，為求造宏偉的建築，對於聲；光；力的計劃，只盡牠的可能來施用以達

美滿；如(圖5)的神殿及(圖6)的神殿全部；Constantive 裁判所的全部；浴場(7-8圖)；劇場(9-10圖)；及(11圖)的競馬場及凱旋門等的建築，莫不可以代表羅馬一代的偉大傑作，可知當時力學的研究已有相當的價值，但聲；光兩問題，似不大注意罷。現代的建築，對於力學的計算固是日求精進，聲；光兩學尤爲重要，若數十層之高樓，其爲求材料之經濟，對於鋼筋混凝土之力學計算，固爲中心之計劃，但若光之收取及使內層的空氣充足，與聲的傳播及吸收，也不能少有輕息，故科學的增進，實是現代建築的大進化。

藝術這是客觀的名詞，是在外觀構造上，表現一種美化的特殊印象及誘感性，在內部是一種神秘而安適的感覺。好似一幅畫圖，在構圖上也有牠的自然比例，所謂黃金定律(Golden law)，公式便是 $a:b=(a+b):a$ $a>b$ 在建築上欲得美的觀感，也如畫的構圖，須合比例的原則，次則有賴於彫刻，及圖案等的修飾，與光綫空氣的採取合宜，都也歸於藝術的觀感，這比例的問題，也非有正當確定，非嚴格地研究數學，極微的數目的相差，在肉眼上是辨別不出的，但是這種比例底要求，究以具備怎樣條件的爲最好呢？這也成爲一種問題，雖或自然地現於種種的事物上，或由藝術家無意識地現於種種作品上；或尙剛健，或尙優雅，或尙華貴，各有不同，建築物各部底比例自然也就不能沒有種種的差異，同一時代經有此差，在不同的時代裏面，便不在言。所以羅馬時代的建築，可謂藝術的中心，如上數圖，牠那種華貴而優雅的誘惑，巳極印於吾們的腦根了，在羅馬時代的建築典型，故爲現代的標準，所以牠的比例，在文藝復興的時期，經受多數藝術家的考查，把牠的範式(order)柱拱等，巳加以正確的比例了。現代建築多從數條線條及形體，分配整齊，牠的藝術雖偏尙於優雅或剛健方面，但萬不及於羅馬那種華貴而合于優雅的美性；及那種偉大而莊嚴的神秘氣慨，有神聖不侵的感想如(圖12-13)的 Notre Dame 大禮拜堂，牠外部嚴肅不在說，牠長形的內部，更感覺得一種神秘而肅穆的，所以羅馬時代的建築，便說是藝術的代表作。

時代的進化是有一定的軌跡，建築也是依從的，但是從歷史上和現代的實驗來立論，在功用及地位的不同，也因此而異。羅馬時代建築的典型，固爲藝術的代表作，考建築進化的原則，是由式樣產出式樣，式樣不是無緣無故，忽然發生，忽然消滅的。乃由材料；意匠；及受自然界的或强制的影嚮，而發生科學上的變化，故現代的建築，在科學上既有演進的表現，且於藝術的彫刻、圖案更形發達，若保持羅馬的典型，加以科學的計劃，那麼不是更覺偉大莊嚴而經濟的麼？卽如那些直線式的建築，是由羅馬的式樣產生，但他的功用、經濟、及科學上的一切，遠非羅馬時代所能及了，至藝術的誘惑，那直線美的觀念充滿人類，且那採光的得宜，另具那純潔優雅的外觀，安適而優凈的內室，也不是羅馬時的建築所能及，故欲探建築的典型，是存于需要之所尙而定，若就時代以談，則現代的進步是沒有止境。

鋼筋混凝土拱橋設計

—王 文 郁—

目　次

第一章 總論

鋼筋混凝土拱橋之利益，在以鋼筋抵抗拱上之張力，使拱之厚度減少，故其拱可以較輕，建築費用亦可相當減少。

在樓宇建築，亦屢有用拱者，在樓宇上之拱，所受之重量，多屬死壓重；故於拱上之壓力線，少生動搖，而常處於拱厚之中央，當無因動搖而生一方應張力之慮，故在此種拱上使用鋼筋混凝土，并無特殊利益。然如在橋梁及別項工程，拱上所生壓重極大，亦間有重量不均等者，陷於此項情形時，拱上壓力線之位置，常常變換，在拱之斷面上常於一方產生大應壓力，在他方生大應張力，此時即感到鋼筋混凝土之特殊利益。即如使用鋼筋混凝土則可以強固之鋼筋抵抗張力，以強固之混凝土抵抗壓力。

當設計拱時，或依據從來已作成之同様狀態之實例，假定拱之厚度及鋼筋之量者，或依據由實例導出之公式，或依準備計算假定拱厚及鋼筋之量，以檢定此假定拱對於今所欲設計之壓重，是否安全；換言之，即檢定由此種假定拱計算出之應力，是否在容許數量以內。若所生應力，超出於容許數量以上時，再行增加拱之厚度或鋼筋數量，或用增加二者，再爲計算，務求應力不致超出於容許數量。本編即依照上述次序及方法，而敘述設計上所必要之「拱之安定理論」也。

關於鋼筋混凝土拱厚度之實驗公式F.F. Wedd氏於1915年12月之Engineering Record, 就種種徑間，重量而爲設計，而創出下列公式：

$$d = \sqrt{S} + 0.1S + 0.005W + 0.0025W' \cdots\cdots\cdots\cdots (1)$$

此式上之d＝ 拱頂之厚度 （吋）

S＝拱之徑間 （呎）

W＝全拱搖動時，以長度除分佈壓重之商，即平均壓重（#/□'）

又W. J. Douglas 公式則如下列：

A. 在公路橋樑時 S ＝ 20'以下 d ＝0.03 (6＋S)
B. ,, S ＝ 20'至 50' d ＝0.015 (30＋S)
C. ,, S ＝ 50'至150' d ＝ .0001(11000＋S^2)
D. ,, S ＝150'以上 d ＝ .016 (75＋S) } (2)

如爲鐵路橋樑，徑間S如A時 增加25%

,, ,, ,, ,, B時 ,, ,, 25%

,, ,, ,, ,, C時 ,, ,, 20%

,, ,, ,, ,, D時 ,, ,, 15%

其次則爲D.B. Luten公式，此公式乃適用於側構拱(Spandrel Arch)

$$d=4+\frac{3S^2(r+3F)}{4000r-S^2}+\left\{\frac{WS^2}{300000r}\text{或}\frac{Wc(+15.r)}{150.r}\right\}\cdots\cdots\cdots(3)$$

r ＝從起拱線以至拱腹線頂之拱高 (呎)

F ＝從拱脊線頂直至橋之表面之高度 (呎)

W＝平均壓重(#/□')

Wc＝在單線鐵道上，活動於徑間一半之上之最大活壓重 (噸)

第一圖

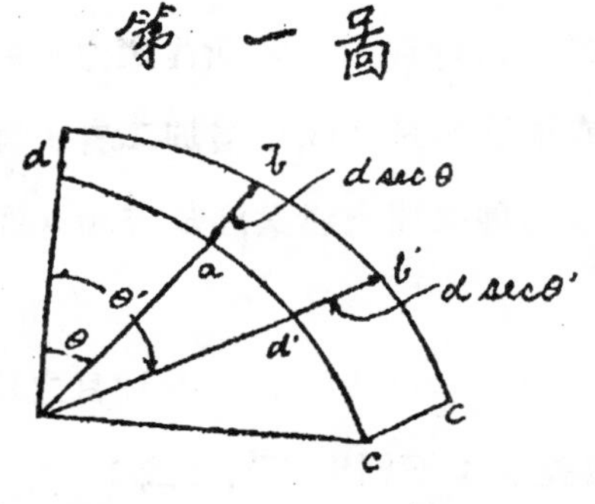

在一般情形，拱頂厚度d與起拱點厚度cc不同，從頂至起拱點，多係漸次增厚。有人謂頂部與起拱點中央應有1.33d之厚度者，亦有人謂任意拱之向心斷面ab上應以d sec θ爲其厚度ab者。然通常起拱點之厚度約爲2.5d。但如鉸接拱(Hinged arch)則不在此限。

在欠圓拱及三心拱，其起拱點厚度cc約爲d之弍倍或三倍。其次鋼筋數量，在普通拱之頂部，約爲拱幅.07%至2%，一半係接近拱腹線，一半係接近拱脊線以組成。又拱之由頂部以至起拱點，其壓力漸次增加，故應依據同方向以增加鋼筋之數量。

如是，即假定拱厚及鋼筋數量，檢定是否對拱上所受外力，得到安全支持。而外力則依拱之使用目的，及地方狀況定之。例如拱爲鐵路橋或爲公路橋，或祇就電車汽車而設計，或僅就平均壓重而設計者，此一切皆應各別定之○在鐵路橋，可由火車重量以明其外力大小或以迴轉動壓重計算，或變換爲平均壓重而計算○此際約爲500#/□'至700#/□'之平均壓重○在電車或汽車之情形，迴轉動壓重生於拱上，而計算「將此壓重放在發生最大應力處之時」之應力，或換算爲平均活壓重，而就平均活壓重計算之○

在市街公路橋，除以電車及汽車檢查應力外，尙須以路面每平方呎受125#考察之；如各縣街路則以受100#爲標準而考察其平均活壓重○在以平均活重計算於拱上所生之應力時，如其拱之徑間不大，且非重要地方所用之拱，則應力應就二種情形計算之○（一）平均活重在拱之徑間全部；(二)在拱之徑間之半部○但在重要拱橋尙應詳細檢查卽分：

1. 平均活重，在徑間之 2/5 者○
2. .. .. 1/2 者
3. .. .. 3/5 者
4. .. .. 全部者

各種情形計算之，以求出「所生之最大應力，而檢定其是否在混凝土及鋼筋之「容許應力」以內，但此爲求出計算之最大應力之近似値，發生最大應力之壓重之位置，可由感線 (Influence line) 正確求得○此點在後詳述之○在橋樑設計時，由動負重所生衝擊重，亦須察及○此衝擊重係對於動負重所生應力之增加率，如下三式所示○

蒸汽鐵路橋樑所用之衝擊重

$$I=S\frac{300}{L+300}$$

電力鐵路橋樑所用之衝擊重○

$$I=S\frac{200}{L+300} \quad \cdots\cdots\cdots\cdots(4)$$

市街公路橋樑所用之衝擊重○

$$I=S\frac{150}{L+300}$$

I＝衝擊應力。

S＝最大動負重應力。

L＝支距（呎）

然如拱橋，其拱上有土砂及其他塡充材料，此一切皆爲動負重與拱之中間物，故非直接加衝擊重於動負重之拱上。是以加算衝擊應力之率，雖減其半數亦無妨碍。

由風所生之横壓力，在拱之計算上，並不重視，蓋其影响殆等於零也。

拱高普通爲徑間S之四分之一至六分之一。

拱有多種，有對稱拱不對稱拱及斜拱；然再可分爲無鉸及鉸接拱，無鉸拱係有固着端之拱，鉸接拱乃在中央有一鉸，或於各端各有一鉸者，或於中央有一鉸而於各端各有一鉸共有三鉸者。有一個或二個鉸之拱，通常不作成混凝土拱，但如有三個鉸者，則因容易正確決定壓力線之位置，又於用材方面，亦有多少利益，故多作成混凝土拱。但就鉸之物，須加注意，復需製造費用，而關於鉸之摩擦，亦須留意。是以普通混凝土拱以無鉸拱爲多。

第二章 對稱無鉸拱

第一節 拱上之應力

在拱之任意斷面，欲求出平行於拱之重心軸(拱軸)之壓力卽垂直壓於斷面之壓力N，斷面上所起之彎率M及垂直於拱之重心軸之剪斷力卽平行於於斷面之剪斷力V三者。其中之N乃壓於斷面者，又斷面上之應力因M而生變動。其次V則爲斷面上之剪斷力，知其大小，卽可求出單位剪力。

在供應力之計算，假定拱長卽曲徑爲一呎，於計算上較爲便利。

先就一般情形述之，卽應用於鋼筋混凝土拱者。在一般樑之彎曲考察，如2圖之AB爲曲樑 Curved beam 之任意部分。假定此樑受外力結果，

第二圖

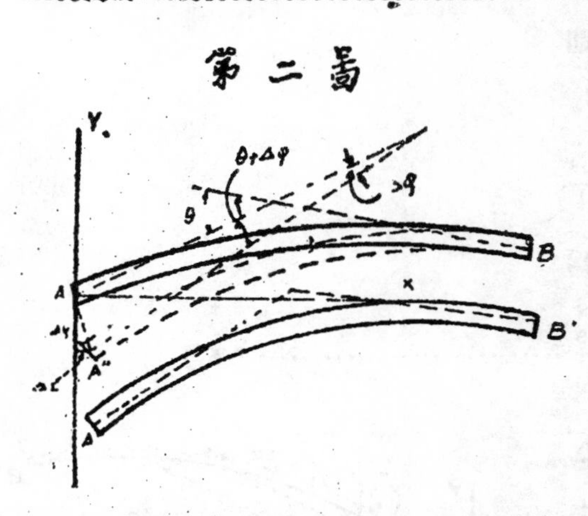

變爲A' B'。A與 B 爲樑中任意點，於此先看出A對B之變動；及A上中立線之延線對B點上中立線延線之變動。即主要看出 A點之變動，在觀察此變動時，使B'與B一致又使B'上中立線之延線與在B上中立線之延線一致，則 A之變動，更爲明瞭。如是得到一致時，卽成爲點線所示之A"B形矣。延線在 A 上中立線移動角爲$\triangle\phi$，又以A與B上中立線之延線相互做成之角爲θ，欲A移動至A"則將與B點上延線做成$\theta+\triangle\phi$角矣。又A點移到A"點，則僅AA" 移動；如以A爲起點，而表示其至A"之距離者，其縱距爲$\triangle y$,橫距爲$\triangle x$。

又在3圖 以 CEFD爲拱之任意部分，而以沿於拱軸線之長 MN 爲ds。此兩端之面CE,DF 係垂直於ds。在CE 及DF面，拱軸上延線相互造成之角爲 $d\theta$。其拱因外力而致彎曲者，則DF面移於F'D'因而接延線發生變動，$d\phi$角亦有變化。如是中立線下y 距離上纖維長度之變化得以$yd\phi$表之，對於此長度變化之壓力依照

第三圖

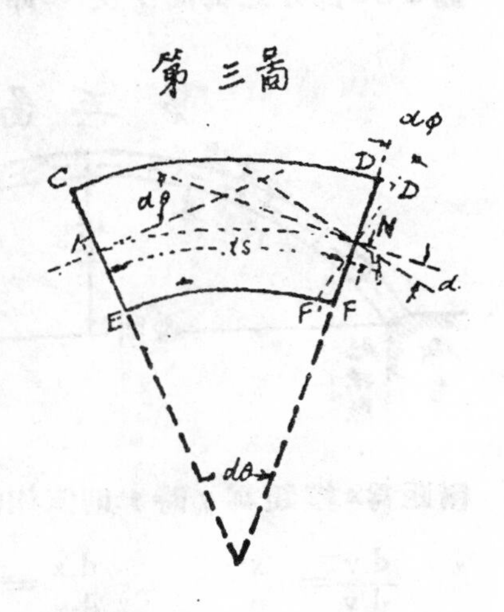

$$\frac{\text{應力}}{\text{變形}}=E\text{之理論，其應力}(f)=E\frac{yd\phi}{ds}$$

此式上之E表示彈率，ds則爲無外力時之MN長度故如以da爲斷面單位面積，則拱之抵抗力率爲

$$\sum_F^D f\,day=\sum_F^D Ey^2\,da\frac{d\phi}{ds}$$

14393

如M等於N點上之彎曲率，則

I ＝斷面之隋率

故 $M=EI\frac{d\phi}{ds}$　　$d\phi=\frac{Mds}{EI}$

如依第2圖，其全體之變動爲

$$\triangle\phi=\sum_{A}^{B}d\phi=\sum_{A}^{B}\frac{M\,ds}{EI}\cdots\cdots\cdots\cdots(5)$$

其次欲求得A之變動之縱距△y及橫距△x。以AEDCB爲拱中立線之形狀如4圖，因受外力而變爲A"E"D'CB，即成爲第2圖之A"B形。拱於ds間，做成d〇之變動。BC部分之彎曲，使AC部分以C爲中心而彎曲幷做成dφ角。半徑爲u,

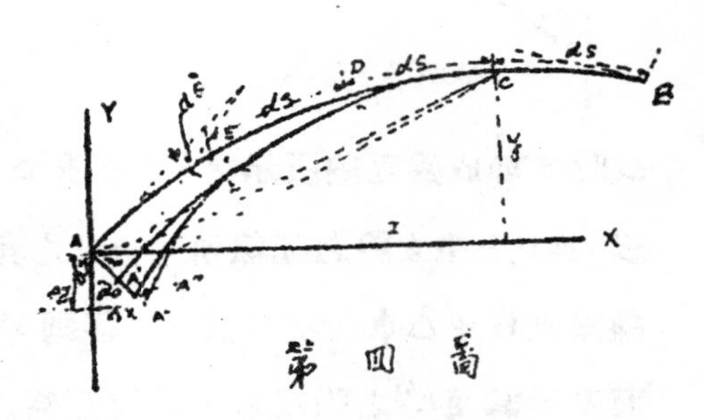
第四圖

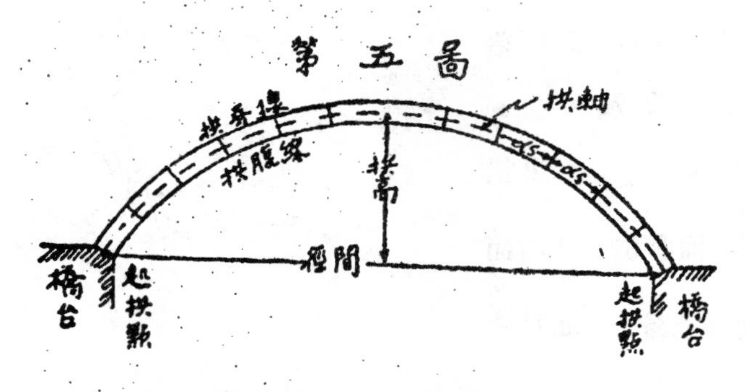

第五圖

A移於A',其長　爲AA"即dv,此dv之縱距爲dy,橫距爲dx。又因DC部受外力之彎曲，A'移至A'如是以次第移動A點。中立線中任意點C之

橫距爲x縱距爲y時，則依相似三角形

$\frac{dy}{dv}=\frac{x}{u}$　　$\frac{dx}{dv}=\frac{y}{u}$

$dv=ud\phi$

故 $dy=xd\phi$

$dx=yd\phi$

然如上所述 $d\phi=\frac{Mds}{EI}$

故　$\Delta y=\sum dy=\sum_{A} x\,d\,\phi=\sum_{A}^{B} x\,\frac{Mds}{EI}$ ……………………(6)

$\Delta x=\sum dx=\sum_{A}^{B} y\,d\,\phi=\sum_{A}^{B} y\,\frac{Mds}{EI}$ ……………………(7)

拱自其頂部起左右對稱，故可從拱頂部之左部分考察之。於此即得以次式表之：

$$\left.\begin{aligned}\Delta y&=\sum_{A}^{B} Mx\frac{ds}{EI}\\ \Delta x&=\sum_{A}^{B} My\frac{ds}{EI}\\ \Delta\phi&=\sum_{A}^{B} M\frac{ds}{EI}\end{aligned}\right\} \cdots\cdots\cdots\cdots(8)$$

拱之右半部以$\Delta y'$,$\Delta x'$,$\Delta\phi'$,表示上式時則

$$\left.\begin{aligned}\Delta y&=\Delta y'\\ \Delta x&=-\Delta x'\\ \Delta\phi&=-\Delta\phi'\end{aligned}\right\} \cdots\cdots\cdots\cdots(9)$$

故在此拱上，如$\frac{ds}{I}$爲常數，則可使其出於$\sum$之外，又E對所給予之材料，就其爲不變數並無妨碍。故亦得出於$\sum$之外，因此第8式可列爲

$$\left.\begin{aligned}\Delta y&=\frac{ds}{EI}\sum_{A}^{B} Mx\\ \Delta x&=\frac{ds}{EI}\sum_{A}^{B} My\\ \Delta\phi&=\frac{ds}{EI}\sum_{A}^{B} M\end{aligned}\right\} \cdots\cdots\cdots\cdots(10)$$

拱頂部以左之部分，其彎曲率爲M_L右部分者爲M_R，則在拱頂左右概須相等，故

$$\Delta y=\frac{ds}{EI}\sum_{A}^{B} M_{LX}=\Delta y'=\frac{ds}{EI}\sum_{A}^{B} M_{E}X$$

$$\left.\begin{aligned}&\text{故}\quad \sum M_L x=-\sum M_R x\\ &\text{同樣}\quad \sum M_L y=-\sum M_R y\\ &\qquad \sum M_L=-\sum M_R\end{aligned}\right\} \cdots\cdots\cdots\cdots(11)$$

在第6圖

No＝頂部之壓力。

Vo＝頂部之剪斷力。

Mo＝頂部上之彎曲率。　如在拱脊線生應壓力時則爲（＋Mo），在拱脊線生應張力時則爲（—Mo），如爲圖上形者則爲（＋）

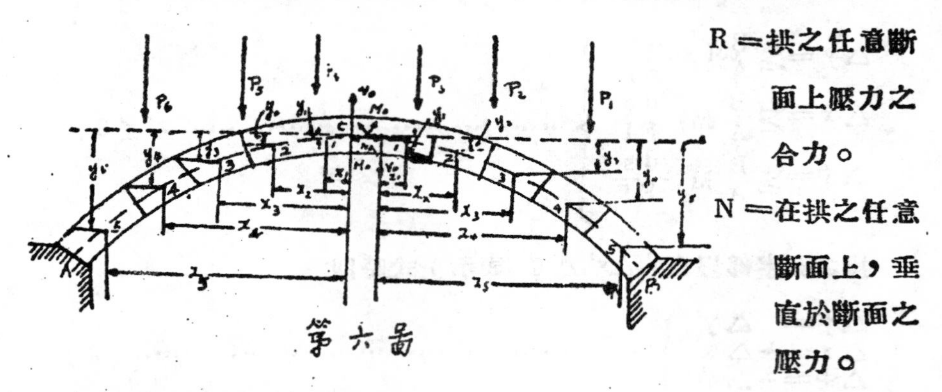

第六圖

R＝拱之任意斷面上壓力之合力。

N＝在拱之任意斷面上，垂直於斷面之壓力。

即垂直於R斷面之分力。

V＝拱之任意斷面上之剪斷力，即在拱軸上垂直分解R之分力。

又N與Y之合力爲R。

ds＝沿着拱軸，將拱分爲數部時之任意，一部分之長度。

m＝拱頂之左邊與右邊之區分部分（或段數）。

第七圖

2m＝全拱之區分段數。

I＝鋼筋混凝土之斷面之惰率（如爲普通混凝土拱，則爲I）。

p＝拱上所受外力。

y＝以拱頂部中點爲起點，而由此以至拱軸中之任意點之縱距。

x ＝以拱頂部中點爲起點而由此以至拱軸中之任意點之橫距。

如是拱之任意斷面上之彎曲率

在拱頂以左之部分則爲

$$M = M_L + M_0 + N_0 y + V_0 x$$

在拱頂以右之部分則爲

$$M = M_R + M_0 + N_0 y - V_0 x \qquad \cdots\cdots(12)$$

M_L 爲僅受外力而起之彎曲率　（拱頂C以左）

M_R 爲僅受外力而起之彎曲率　（拱　C以右）

$$\text{故}\ \Sigma Mx = \Sigma M_L x + \Sigma M_0 x + \Sigma N_0 yx + \Lambda_0 \Sigma x^2$$

$$\Sigma Mx = \Sigma M_R x + \Sigma M_0 x + \Sigma N_0 yx - V_0 \Sigma x^2$$

故從11式　$\Sigma M_L x - \Sigma M_R x + 2V_0 \Sigma x^2 = 0$

$$\therefore V_0 = \frac{\Sigma (M_R - M_L) x}{2\Sigma x2} \qquad \cdots\cdots(13)$$

又從11式

$$\Sigma M_L y + \Sigma Moy + \Sigma No^2 y + \Sigma Voyx = -\Sigma M_R y - \Sigma Moy - \Sigma Noy^2 + \Sigma V oxy$$

$$\therefore \Sigma M_L y + \Sigma M_R y + 2Mo\Sigma y + 2No\Sigma y^2 = 0$$

然又依11式

$$\Sigma(M_L + Mo + Noy + Vox) = \Sigma(-M_R - Mo - Noy + Vox)$$

$$\Sigma l + \Sigma M_R + 2\Sigma Mo + 2No\Sigma y = 0$$

$\Sigma Mo = mM$。

$$\therefore \Sigma M_L + \Sigma M_R + 2mMo + 2No\Sigma y = 0$$

$$\therefore Mo = -\frac{\Sigma M_L + \Sigma M_R + 2No\Sigma y}{2m}$$

$$\text{或}\ Mo = -\frac{\Sigma(M_L + M_R) + 2No\Sigma y}{2m} \qquad \cdots\cdots(14)$$

$$\text{或}\ Mo = -\frac{\Sigma Me + 2No\Sigma y}{2m}$$

$$\text{又}\ No = -\frac{\Sigma(M_L + M_R)y + 2Mo\Sigma y}{2\Sigma y2}$$

$$=-\frac{\Sigma(M_L+M_R)y-\frac{\Sigma(M_L+M_R)+2N_o\Sigma y}{m}\Sigma y}{2\Sigma y^2}$$

$$=-\frac{m\Sigma(M_L+M_R)y-\Sigma(M_L+M_R)\Sigma y}{2M\Sigma y^2}+\frac{2N_o(\Sigma y)^2}{2m\Sigma y^2}$$

因 $N_o\left(1-\frac{(\Sigma y)^2}{m\Sigma y^2}\right)=N_o\frac{m\Sigma y^2-(\Sigma y)}{m\Sigma y^2}$

$$\left.\begin{aligned}\therefore N_o&=-\frac{m\Sigma(M_L+M_R)y-\Sigma(M_L+M_R)\Sigma y}{2m\Sigma y^2}\cdot\frac{m\Sigma y^2}{m\Sigma y^2-(\Sigma y)^2}\\&=\frac{m\Sigma(M_L+M_R)y-\Sigma(M_L+M_R)\Sigma y}{2[(\Sigma y)^2-m\Sigma y^2]}\\&=\frac{m\Sigma M_ey-\Sigma M_e\Sigma y}{2[(\Sigma y)^2-m\Sigma y^2]}\end{aligned}\right\}\quad(15)$$

從上列13,14,15式卽可求出拱頂部斷面所生之V_o,M_o及N_o.

在第6圖 $P_1P_2P_3$等爲外力，無論爲垂直抑爲傾斜皆可，又將拱分爲任意偶數○通常將全拱分爲10至12段，半拱分爲5至10段○卽於「$\frac{ds}{I}$爲不變」之限制下而區分之○如拱厚相同，又鋼筋數量於各部分同一時，則I,爲不變，故ds於各段上亦必同一○不過由頂部至起拱點其厚度增大時，則I之値卽生變化，ds之長度亦隨之而變○今假定僅爲混凝土則其隋率約比諸厚度之三倍，故爲欲保持$\frac{ds}{I}$不變，則ds應由頂部至起拱點漸次增大○此區分爲整數而非分數○S_1爲拱軸長度之一半○卽爲頂部至起拱點之拱軸長度又爲

$$i=\frac{1}{I'},\qquad i\,m=i\ 之平均値○$$

玆先沿着拱軸就每個任意等間隔之斷面，計算I'之値○此種計算就拱之半部爲之卽可○而由此卽求出$\frac{1}{I,}$，之平均値○如是則

$$\frac{ds}{I,}=\frac{S_1 im}{m}\cdots\cdots\cdots\cdots\cdots\cdots(16)$$

S_1＝全拱軸長度之一半○

由此卽求得$\frac{ds}{I'}$之値，故ds亦能明瞭○計算頂部下所假定之第一段ds中点上之I'後，以之除其假想之ds，如其商等於第16式$\frac{S_1 \, im}{m}$之値時，則假想之ds爲正確，不然則應再下適當判斷，另定ds，使與第16式計算之結果一致○如是照同一方法以向拱座方向計算之○至各段長度之總和，須等於拱軸之長，如所生之誤差爲極微，則應平均分與各段○如是以定各段長度也，至其中点則爲第6圖所示之1,2,3,4,5○

於$\frac{ds}{I'}$不變之條件下以求ds之別種方法，卽係在第7圖，以AC爲拱半部拱軸之長度，以任意距離平行引線，計算從拱点C点至各處距離之I'，卽在其点上之縱距，而連結其各縱距之頂点者爲EF○假定AD之一長度，又從其中點設一垂線，爲GH○聯結HA及HD,又以D點爲始終點，引出平行於HA及HD之各線，以做成第7圖點線所示之三角形○經三四次之嘗試後，則AC大抵得分成所需段數，而三角形之底邊，卽相當於ds或其高I'○又各三角形皆爲相似形，故$\frac{ds}{I'}$在任何三角形俱屬不變○

在前第6圖上，在拱之頂部垂直割拱爲二部，假定各部份爲肱木，則於此肱木上活動者爲P_1 P_2等之外力，拱座之反力及頂部上之No，Vo，Mo；No於頂部上之重心軸活動，若頂部之拱斷面上下爲等勢時，則係於第6圖上所示中點而活動○

第八圖

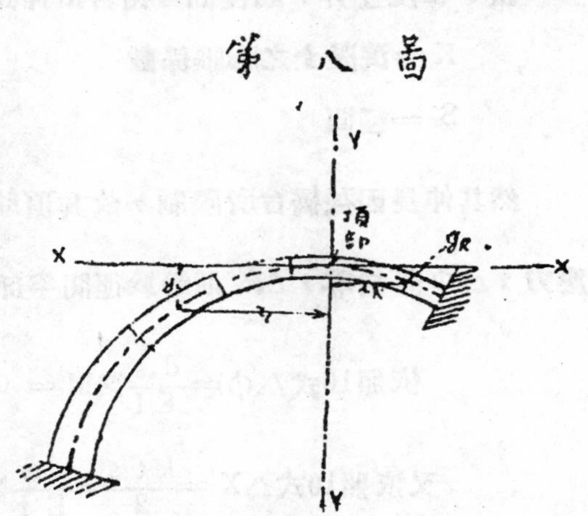

在前第13,14,15式上，Σy，Σy^2,Σz^2僅係就之半部求得之○又ΣM_c係在拱之全徑間者，$\Sigma M_c = \Sigma M_R + \Sigma M_L$也○

又$\Sigma (M_R - M_L)x$爲$(M_R - M_L)x$之總和，M_R與M_L在C點之左與右，同爲橫距x之彎

曲率。又 Me y係在全徑間，而非在拱之半部者。然 C點左右同距離之處，y 值係相同，故此值可就$M(M_R+M_L)y$計算得之。$(+V_0)$ 如第 6 圖所示之形狀，又 x 及 y 以寸法求其值。

由以上求出No,Wo,Vo, 之值，則在任意斷面 1,2,3,4,5 等上之彎曲率係依第12式即

$$M=M_L+M_o+N_o y+V_o x \qquad C\text{之左方}$$

$$M=M_R+M_o+N_o y-V_o x \qquad C\text{之右方}$$

求得之。

其次在拱之任意斷面上之合力R，係與其所考察之斷面與頂部間之外力P及No 與Vo之合力相等，故此合力R，得依圖式法立時觀出之，故在其斷面上活動之N 爲平行於R 拱軸之分力，V 爲垂直於拱軸之分力；此一切皆可容易觀出之。

從上求出拱頂所生之 No,Vo,Mo 則亦得求出任意斷面上之 N,V,Mo 在拱頂部之左右，其外力相等而全然以等勢而活動時則

$$V_o=0 \quad\cdots\cdots\cdots\cdots(17)$$

此乃從13式而來之當然結果。

第二節　因溫度變化而生之應力

僅 t° 溫度上昇，如徑間可得自由伸長者，則其伸長數爲 kts

K＝混凝土之膨脹係數

S ＝徑間

然其伸長因被橋台所限制，故其頂部即生N_0應力。對於由溫度而生之應力，$\triangle\phi$ 等於零，$\triangle X$ 則等於徑間半部之伸長，即 $\triangle X=\frac{kts}{2}$

$$\text{依照10式}\triangle\phi=\frac{ds}{EI}\Sigma M=0$$

$$\text{又依照10式}\triangle X=\frac{kts}{2}=\frac{ds}{EI}\Sigma My$$

此時因無外力故：$M_L=0$， $M_R=0$.

又拱之頂部以左及右之部分係相對稱，故依第17式　$V_o=0$

$$\therefore M=Mo'+No'y$$

$$\therefore \frac{kts}{2}=\frac{ds}{EI}\left(\Sigma Mo'y+\Sigma No'y^2\right)$$

$$=\frac{ds}{EI}\left(Mo'\Sigma y+No'\Sigma y^2\right)$$

又　$m\,Mo'=-No'\Sigma y$

$$\therefore \frac{kts}{2}=\frac{ds}{EI}\left(\frac{-No'}{m}(\Sigma y)^2+No'\Sigma y^2\right)$$

$$=\frac{ds}{EI}No'\left(\frac{m\Sigma y^2-(\Sigma y)^2}{m}\right)$$

$$\therefore No'=\frac{EI}{ds}\;\frac{ktsm}{2\left\{m\Sigma y^2-(\Sigma y)^2\right\}}\cdots\cdots\cdots\cdots(18)$$

此 No' 卽係因溫度上昇而在頂部所生之壓力，此Σ則爲拱之半部○

E ＝混凝土之彈率＝2000000#/□"

k ＝0.000006

$$既知No'則Mo'=-\frac{No'\Sigma y}{m}\cdots\cdots\cdots\cdots(19)$$

此 Mo' 卽爲因溫度上昇而在頂部所生之彎曲率也○故拱軸中任意點上之彎曲率爲

$$M=Mo'+No'y\cdots\cdots\cdots\cdots(20)$$

在18式 t 對於溫度上昇，則用其(十)之數量，對於溫度下降，卽用其(一)之數量○又在我求溫度昇降而生之應力時所必要考察之外力，因係等於零，故拱軸中任意點上之壓力N'及剪力 V', 可在該點上拱之斷面各別分No'爲垂直及平行之二分力以求得之○又在18式上所見，如S爲一定時，則No'(卽溫度而生之水平壓力)依$m\Sigma y^2-(\Sigma y)^2$而變化○因此如拱高愈少，則No' 將非常增大也○

由上述方法計算拱上因溫度變化而生之應力時，須先知混凝土體內平均溫度 t，單用表面溫度昇降度數者實不可也。鐵路公路等之拱橋，其拱頂上係有土砂覆蓋，在下面大抵爲河水，故僅側面始受日光直接照射，至於家屋內之拱，則更少受極端溫度之變化。以是混凝土內之溫度與外界空氣不同，並無極度昇降，又因其不善於熱之傳導，故幾常常保持同一溫度，而一般情形，其昇降度數必少也。在空氣溫度之昇降由 $+100^{\circ}F$ 與 $-20^{\circ}F$ 間，如發生 $\pm 15^{\circ}F$ 至 $\pm 20^{\circ}F$ 之變化時，並無妨碍，換言之，爲使其拱充分安存起見，則就 $t = 30^{\circ}F$ 至 $40^{\circ}F$ 用以計算對於溫度變化之應力卽足矣。至於法令之規定及諸家意見，亦殆同此。然爲防止混凝土因特種狀態致生龜裂，因而察及此溫度以上之變化者亦有之，但此多係就其地方情形由技術家判斷之。

第三節　因拱之短縮而生之應力

拱環上有壓力存在，拱一受壓力，其徑間卽行縮短。今以 Ca 爲拱環 (Arch ring) 上因受壓力而生之平均單位應壓力，則拱徑間祇短 $\frac{Ca\,S}{E}$，但因拱端橋台固着，故生因溫度下降之情形相等之應力。故拱頂部所生應力，以 $-\frac{Ca\,S}{E}$ 代替18式之 $k\,t\,s$ 卽可。卽

$$\left.\begin{aligned} No'' &= -\frac{I}{ds}\,\frac{Ca\,Sm}{2\left\{m\Sigma y^2-(\Sigma y)^2\right\}} \\ \text{又}\quad Mo'' &= -\frac{No''\Sigma y}{m} \\ M &= Mo''+No''y \end{aligned}\right\}\cdots\cdots\cdots\cdots\cdots(21)$$

No''爲因徑間短縮（拱環受壓力而生）而於頂部所生之應力。

Mo''則爲其彎曲率。　依據21式之應力極少，但在徑間較長之扁平拱，則其值稍大。

第四節　因混凝土硬化而生之應力。

拱之係用縱肋(Longitudinal rib) 作成時，因混凝土硬化致混凝土收縮

，其對於拱之作用，恰與溫度之下降相同。溫度下降時，混凝土及鋼筋二者收縮，但在硬化時，則僅混凝土收縮而已。在鋼筋上之應壓力與混凝土上之應張力間未保持平衡之前，鋼筋即受壓迫，如至保持平衡狀態時，則鋼筋必生出欲以防止混凝土收縮之能力。此種因硬化而生之混凝土收縮，拱上遂生撓度，由之拱上遂生彎曲度。因此在拱環之一側，發生張力，他側即起壓力。故在一側張力雖與因收縮而生之鋼筋壓力相銷；但在他側鋼筋上之壓力則加倍增大。因是有求出混凝土與鋼筋因收縮而生之應力之必要。如鋼筋單位長度之收縮（變形）爲 $\frac{Sc}{Es}$ ，又混凝土之單位長度之收縮爲 $C-\frac{Ct}{Ec}$ 。混凝土與鋼之間之附着力，爲充分時，二者可得相等，故

$$C-\frac{Ct}{Ec}=\frac{Sc}{Es}$$

又爲使互相保持平衡，須

$Ct=PSc$ ，故

$$\frac{Ct}{Ec}=C-\frac{Sc}{Es}$$

$$Ct=CEc-Sc\frac{Ec}{Es}=CEc-\frac{1}{n}\frac{Ct}{P}$$

$$Ct\left(1+\frac{1}{np}\right)=CEc$$

$$\left.\begin{aligned}\therefore\ Ct&=\frac{CEc}{1+\frac{1}{np}}=\frac{np}{1+np}CEc\\ Sc&=\frac{Ct}{P}\end{aligned}\right\}\cdots\cdots\cdots\cdots(22)$$

Sc＝鋼筋單位面積上之應壓力

Ct＝混凝土單位面積上之應張力

Es＝鋼筋之彈率

Ec＝混凝土之彈率

C=混凝土之收縮率 (0.0003至0.005)

p=鋼筋之比

$n=\frac{Es}{Ec}$

又斷面之收縮，以$\frac{Sc}{Es}$或$\frac{C}{1+np}$表之。由上觀察，則可知因有鋼筋使用，故其收縮較之普通單純混凝土爲少。拱環因此收縮，遂於下方稍曲，而起下方之撓度，致生彎曲率。

對此彎曲率所生之壓力及剪力等，可與第二章第二節同樣以求得之。如前第22式可知鋼筋上所生大壓力而生危險。幸而在拱環上之鋼筋，因活死荷重，温度變化及拱之縮短而生之應壓力常係微少；如果一切之總和，不接近於鋼筋之容許應壓力者，則硬化結果，並無深慮必要。雖然在鋼筋數量不多之拱上，則因硬化而致在鋼筋及混凝土上所生之應壓力，必須察及。不過鋼筋及混凝土因硬化是否有照上項計算上之初應力？亦一疑問。Considire 氏根據許多實驗結果以爲一切硬化，並非突然而生 .0003 之收縮率，而係徐徐產生；故在鋼筋混凝土中乃對之起調節作用，而生少於上項計算之初應力也。在實際之構造物上，極難相信有大量之初應力，如果確有此量做成收縮之初應力，則對大構造物，將生非常之影响。

要之，如欲求得使鋼筋混凝土拱因硬化而生之應力與實際符合之正確公式，則須正確檢定拱橋因硬化而生之收縮爲如何也。

第五節 拱之撓度

拱頂部之撓度，係依於其壓重者依10式則

$$\triangle y=-\frac{ds}{EI}\Sigma Mx$$

M爲頂部以左或以右各點上之彎曲率，如以12式代M則

$$\triangle y=-\frac{ds}{EI}(\Sigma M_L x+M_0\Sigma x+N_0\Sigma yx+V_0\Sigma x^2)\cdots\cdots\cdots\cdots(23)$$

Σ係就拱之半部做成者。

其次欲求出因溫度昇降而於頂部所生撓度者，則先依18，19式得到No，及Mo'之值後，用於此式即可，即：

$$\Delta y=-\frac{ds}{EI}\left\{-\frac{EI}{ds}\frac{ktsm\Sigma y\Sigma K}{2[m\Sigma y^2-(\Sigma y)^2]m}+\frac{EI}{ds}\frac{ktsm\Sigma xy}{2[m\Sigma y^2-(\Sigma y)^2]}\right.$$

$$\Delta y=-\frac{KtS}{2}\frac{m\Sigma xy-\Sigma x\Sigma y}{m\Sigma y^2-(\Sigma y)^2}\cdots\cdots\cdots\cdots\cdots(24)$$

t於溫度上昇時用(＋)下降時用(－)

第三章 不對稱無鉸拱

在第二章所述者爲對稱拱，拱頂部之左右，係有對稱形狀。故本章另就不對稱拱述之。

不對稱拱，通常係在連造數個拱時爲減少橋臺之用材，或爲得到較大之水流面積，或在橋臺附近需要較大之交通空積之情形用之。

不對稱拱上應力之計算，與對稱拱無大差異，於$\frac{ds}{I}$，不變之條件下將拱環區分爲適當數目。以頂部中心，爲縱横距之基點，計算x及y。即X軸及y軸，係引爲平行及垂直於頂部上拱軸而成，如前第8圖所示。在不對稱拱亦係首先得出在頂部斷面所活動之Vo,No,Mo；由此以計算拱軸中任意點上之應力。Vo,No,Mo,係依下列第25式中之頭三式，按實際情形插入x及y等數，再解此方程式，以求得之。即對於壓重。

$$\left.\begin{array}{l}
No\Sigma y^2+Vo(\Sigma x_L y_L-\Sigma x_R y_R)+Mo\Sigma y-\Sigma Mey=0\\
No(\Sigma x_L y_L-\Sigma x_R y_R)+Vo\Sigma X^2+Mo(\Sigma x_L-\Sigma x_R)\\
\quad -E\Sigma_L x_L+\Sigma M_R x_R=0\\
No\Sigma y+Vo(\Sigma x_L-\Sigma x_R)+2mMo-\Sigma Me=0\\
\text{在軸中任意點上之彎曲率爲}\\
M=Mo+Noy_L+Vo\,x_L-M_L\quad(\text{頂部以左})\\
M=Mo+Noy_R-Vo\,x_R-M_R\quad(\text{頂部以右})
\end{array}\right\}(25)$$

在使用25式時，M_L,M_R,x_L,x_R,y_L及y_R等概係用(＋)，附記L及R者，係指示頂部以左或以右之各部份之和，附記e者，即表示全拱之和。又Mo

之爲(十)者，卽係Mo在拱軸以上活動或係垂直於頂部之斷面；No之爲(十)者，表示No對頂部左方，傾上活動，爲(一)者卽表示對頂部右方，傾下活動。對於溫度昇降所生之應力，可依次26式得之。

$$No'\Sigma y^2+Vo'(\Sigma x_L y_L-\Sigma x_R y_R)+Mo'\Sigma y-\frac{I'}{ds}ktsEc=0$$

$$No'(\Sigma x_L y_L-\Sigma x_R y_R)+Vo'\Sigma x^2+Mo'(\Sigma x_L-\Sigma x_R)=0$$

$$No'\Sigma y+Vo(\Sigma x_L-\Sigma x_R)+2m\ Mo'=0 \quad (26)$$

溫度上昇 t 爲（+）下降則爲（—）。拱軸中任意點上之彎曲率

$M=Mo'+No'y_L+Vo'x_L$ （左方）

$M=Mo'+No'y_R-Vo'x_R$ （右方）

S ＝平行於 x 軸之徑間

對於因拱之短縮而生之應力

$$t=\frac{Ca}{EcK} \quad \cdots\cdots(27)$$

因拱之縮短而生之應力，與因溫度下降所生者發生相同結果，故從27式取出 t 以用於26式，則得求出因拱之縮短而生之應力。

第四章　三鉸拱

三鉸拱指拱之頂部及其兩端各有一鉸而共有三鉸之拱。在此三鉸拱之應力，得容易計出之，且因得以鉸自由活動，故不致發生溫度昇降而致之應力，故因溫度昇降而生之應力，並無考察必要。故其拱厚理論上應比無鉸拱爲少。雖然，其缺點則需鉸之費用，故在小徑間拱，殆無利益；但對於長徑間之拱，則混凝土節約之費用較之用鉸之支出更大，故在此長徑間拱之用鉸，並非不利益者也，一般情形三鉸拱在外觀上劣於無鉸拱，故祗有增拱厚以補救外觀上之缺點，然此則至於不經濟矣。在

第9圖示一般不對稱之三鉸拱。

第九圖

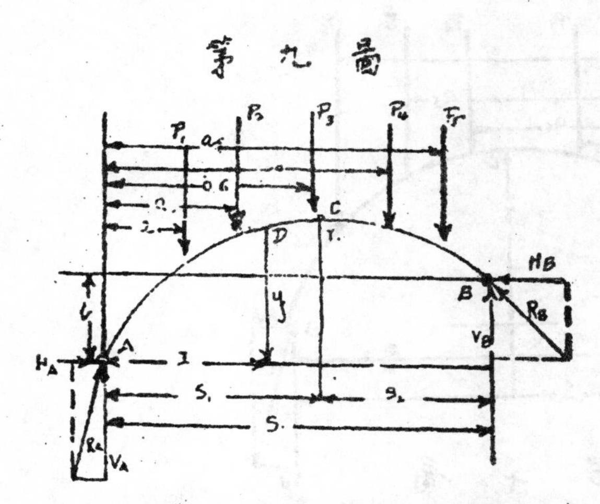

A及B點上，因 P_1P_2 等之壓重，而生水平及垂直之反力。依照力學，爲保持平衡則：

水平分力之總和爲零即

$$\Sigma H=0$$

垂直分力之總和爲零即

$$\Sigma V=0$$

從任意點上一切力而生之彎曲率之總和爲零。

$$\Sigma M=0$$

又在頂部鉸處，因得以鉸移動，故彎曲率爲零。依照上述，則得

$$V_A+V_B-\Sigma P=0$$

$$H_A-H_B=0$$

在左鉸取彎曲率則

$$-H_B B+\Sigma Pa-V_B S=0$$

在頂鉸取彎曲率則

$$V_A S_I-H_A r_1-\sum_{o}^{S_1} p(S_I-a)=0 \quad \cdots\cdots\cdots\cdots(28)$$

依此四方程式，即得求出 V_A, V_B, H_A, H_B 矣。

又 $R_A=\sqrt{H_A{}^2+V_A{}^2}$

$R_B=\sqrt{H_B{}^2+V_B{}^2}$

任意點上之彎曲率M爲

$$M=V_A x-H_A y-\sum_{o}^{x} P(x-a) \cdots\cdots\cdots\cdots(29)$$

在對稱拱10圖，$b=0$, $S_1=\frac{S}{2}$

14407

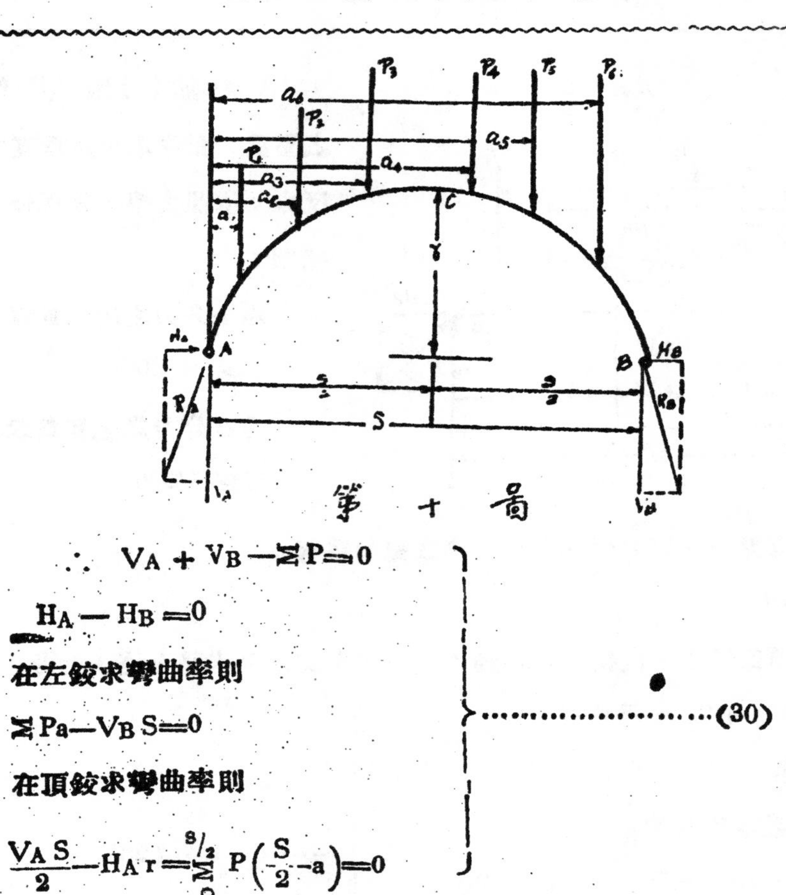

第十圖

$$\left.\begin{aligned}
&\therefore\ V_A + V_B - \Sigma P = 0 \\
&H_A - H_B = 0 \\
&\text{在左鉸求彎曲率則} \\
&\Sigma Pa - V_B S = 0 \\
&\text{在頂鉸求彎曲率則} \\
&\frac{V_A S}{2} - H_A r = \sum_{0}^{S/2} P\left(\frac{S}{2} - a\right) = 0
\end{aligned}\right\} \cdots\cdots(30)$$

例如若在對稱三鉸拱，徑間一呎上有W井之均等壓重，活動於全拱時則：

$\Sigma P = w S \quad \therefore\ V_A + V_B = w S \quad H_A = H_B$

在左鉸取彎曲率，則

$$\frac{w S^2}{2} - V_B S = 0$$

在頂鉸之彎曲率則爲

$$\frac{V_A S}{2} - H_A r - \frac{w S}{2}\frac{S}{4} = 0$$

故

$$\left.\begin{aligned}
&V_B = \frac{wS}{2} \qquad V_A = \frac{wS}{2} \\
&\frac{w S}{4} - H_A r = \frac{w S^2}{8} \\
&H_A = \frac{wS^2}{8}\frac{I}{r} = H_B
\end{aligned}\right\} \cdots\cdots(31)$$

依据以上方法，即得容易看出垂直及水平分力，已求出之時，即可立時求出拱上壓力線之位置○在第11圖，力圖以適當方法，引ab使等於ΣP而平行於壓重P；其次從a點引ac等於V_A，從c點向左引水平線Co使等於H_A，再從即定O點○如是Oa即表示Ra之量及其活動方向○又Cb等於V_B，

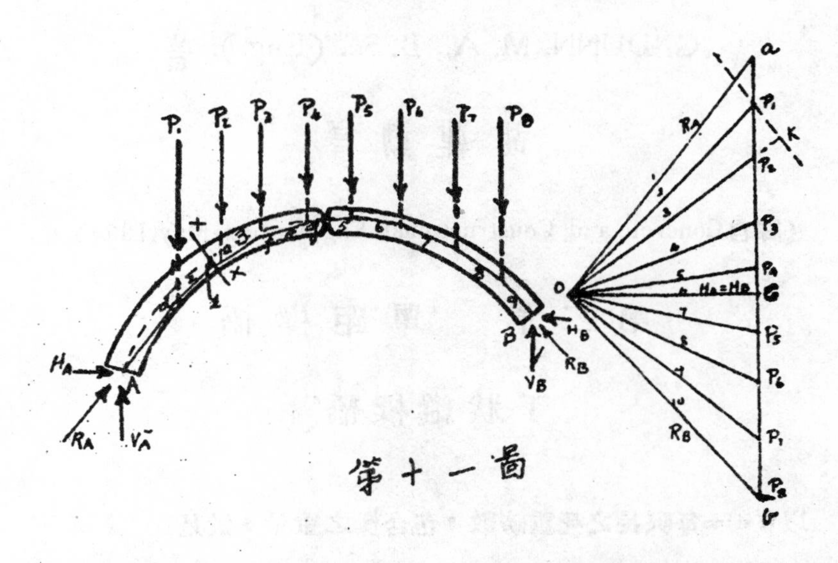

第十一圖

Ob示Rb活動方向及表示其量○故通A點，而平行於力圖(1)之線交P_1之點爲d；由d而平行於力圖(2)之線交P_2之點，爲e；從e而平行於力圖(3)之線交P_3之點，爲f○又從f點平行於力圖之(4)之線交P_4之點爲gc如是順次作成平行線時，則Adefg·B，即表示在拱上活動之壓力之方向，稱之爲壓力線○因此在任意斷面xx上，垂直壓於斷面之壓力N,係$0P_1$之平行於xx之線上之垂直分力0K，剪力V則爲P_1K○又如以xx中心至壓力線之距離爲x，則得以寸法計之○即垂直壓力N及偏心距離x已明白，則得以寸法求出xx之拱厚，故如支柱一樣得求出混凝土及鋼筋上之應力○

在無鉸亦然，得於拱上記入壓力線○

第五章 斜拱 (Skew Arch)

斜拱與上章所述之正拱(Right arch)可以同樣計算其壓力，但在斜拱則徑間係使用其平行於拱上道路之中心線所計出者，即徑間並非如正拱之係垂直於拱之起拱線也○(Springing Line)

橋樑計劃靜力學

（續）

G. DUNN, M. A., B. Sc. (Eng.). 著

胡鼎勳譯

（譯自Concrete and Constructional Engineering May,1934）

第二章　單距樑橋

丁狀縱樑橋

死重：

以W_d＝每呎長之死重磅數，包含樑之重量，於是

$M_d = 1.5 W_d \ell^2$ 吋磅 ……………………………………………………（1）

$S_d = W_d X$ ……………………………………………………………（2）

式中X＝點與支距中央之距離。

活重：

依照交通部規程計劃，活重包含兩部份：

（a）第八表所列之均佈重及一刀口重。

第八表

載重長度 呎	吋	每方呎活重
8	0	444
8	6	374
9	0	314
9	6	265
10　0　至	75　0	220
100	0	208

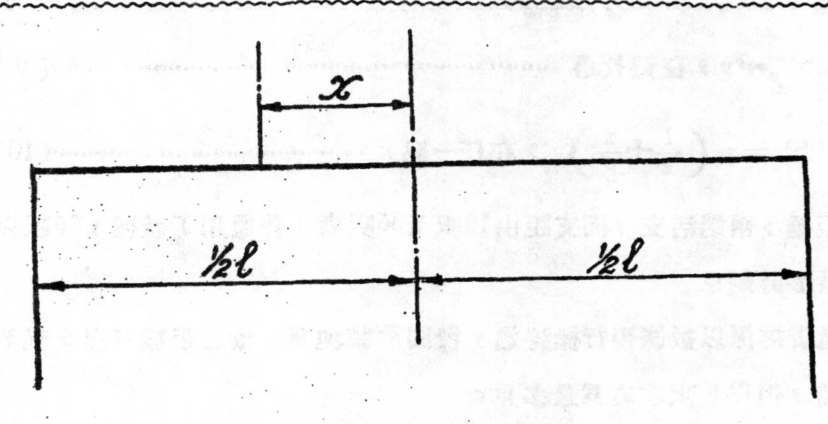

第二十六圖

關於前者之中央灣率及尾端剪力爲

$M\ell = 1.5W\ell\ \ell^2$ 吋磅 ……………………(3)

$S\ell = \frac{1}{2}W\ell\ \ell$ ……………………(4)

此處$W\ell$ ＝220b至444b隨支距而定，b爲樑之距離。

又時常需要計算中央之剪力；由下式計之：

$S\ell c = \frac{1}{8}W'\ell\ \ell$ ……………………(5)

此處$W'\ell$ ＝b×半支距之活重(依表比算)

倘若需要計算支距內各點之剪力，(第二十六圖)則

$$Sx = \frac{Wx\left(X+\frac{1}{2}\right)^2}{2\ell} \quad \cdots\cdots(6)$$

此處　$W_x = \frac{\ell}{2} + x$ 之支距之活重(依表比算)，x＝點與樑中央之距離，

(b)加重W＝2700磅每呎。

此重當作與支距成正交，　p＝總重＝Wb＝2700 b.

$M'\ell = \frac{p\ell}{4}$ 呎磅＝3p　ℓ 吋磅，在中央 ……………………(7)

$M'_x = 3p\ell\left(\ell - \frac{4x^2}{\ell^2}\right)$，在任一點x ……………………(8)

14411

$$S'_{\ell}=p\text{，在墊托邊} \qquad (9)$$

$$S'=p\left(\frac{1}{2}+\frac{x}{\ell}\right)\text{，在任一點 }x \qquad (10)$$

單距橋，兩端活支，而支距由16呎至65呎者，普通用丁狀樑，65呎以上宜用拱形計劃。

普通安排係以數條平行樑跨過，樑間承裝塊面，樑之距離可以5呎至10呎之間，但以8呎左右爲最多見。

若果橋底高度問題關係重要，可用兩條主要邊樑承裝横樑，横樑之距離大可以取8呎，主要邊樑突出塊面之上成爲邊欄。此式最可採用於20呎寬之橋，逾此則横樑變大不適合而耗費，然寬度雖大，而仍必要用如此建築者有之。

介於橋墩間之簡單橋樑，一端宜有伸縮滑動關節。此關節包含兩塊4分至5分厚光滑鋼板，以柏油紙墊隔之，此板以埋頭釘釘於橋墩及樑，此釘計劃至能抵抗尾端反力三分一之剪力。

樑橋普通無需傾斜或輾輥膨脹承座，鋼板不應伸至墩面，但應縮後離墩面約等於鋼板寬度之一半(第二十七圖)，庶免刮爛墩之邊緣。

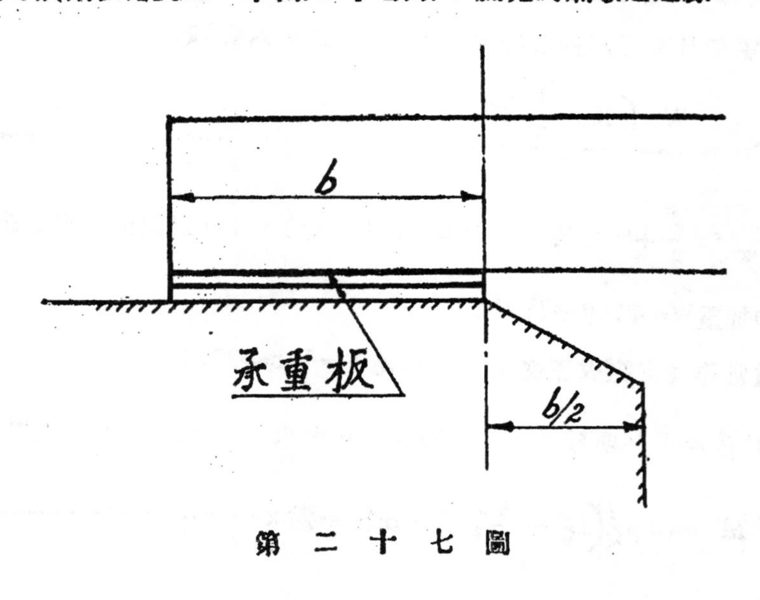

第二十七圖

外便之樑或僅承載人行路，然計劃上必使與內便之樑一致，留爲將來增加橋寬之準備。

樑之普通剖面

以M＝總死重＋活重彎率

S＝總死重＋活重剪力

上翼之寬度爲（第二十八圖）

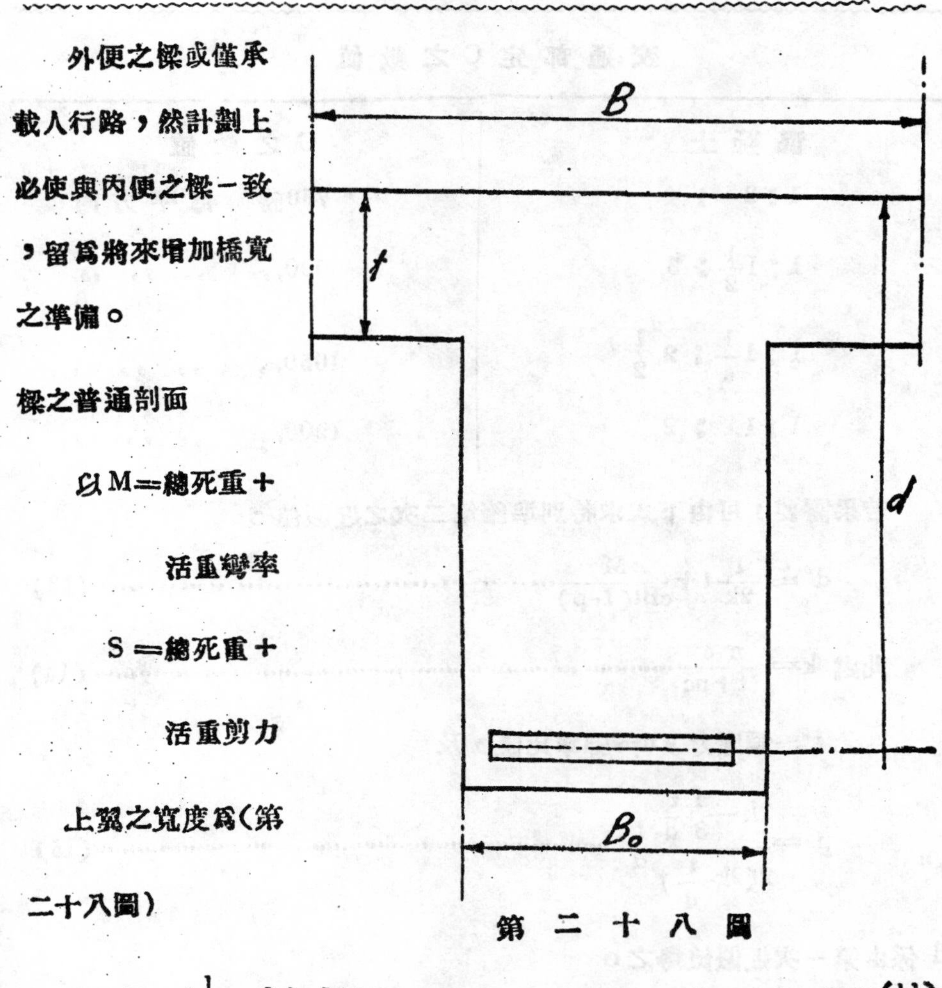

第二十八圖

$B=<\frac{l}{4}$，或b或12 t ……………………………………(11)

以最小者爲合

（註：b爲樑中至中距離）

第一類——不用壓力鋼筋——對於橋之樑，因壓應力關係，須選擇d之最小許可數值，第一次近似値由下式求之。

若k＞λ　　$d=\frac{5}{3}t+\frac{M}{CBt}$……………………………(12)

此處$λ=\frac{t}{d}$，k見後便各種情形，C＝最大許可應力。

（若k＜λ，則d之正確數値與λ無關，可立刻由下諸方程式得之）

交通部定C之數值

混凝土	C之數值
$1:2:4$	750磅 每平方吋
$1:1\frac{1}{2}:3$	900,, ,, ,, ,,
$1:1\frac{1}{4}:2\frac{1}{2}$	1050,, ,, ,, ,,
$1:1:2$	1200,, ,, ,, ,,

若果需要，可由下式求特別準確第二次之近似值。

$$d' = \frac{1}{2k}t + \frac{M}{cBt(1-p)} \cdots\cdots (13)$$

此處 $k = \frac{nc}{f+nc} \cdots\cdots (14)$

f =鋼應力，n =彈率比值，及

$$p = \frac{2k - \frac{4}{3}\frac{t}{d}}{2(2k - \frac{t}{d})}\frac{t}{d} \cdots\cdots (15)$$

d 係由第一次近似值得之。

依照交通部規定應力將此數式伸算如下：

1：3：6混凝土，C=600, f=16,000, n=15……(方程式13a)

$d' = 1.39t + \frac{M}{600Bt(1-p)}$，　此處 $p = \frac{(0.72-1.33\alpha)\alpha}{2(0.72-\alpha)}$，　$k=0.36>\alpha$，

$\alpha = \frac{t}{d}$　　或，若 $k=0.36<\alpha$　$d' = \sqrt{M/95B}$

1：3：6混凝土，C=600, f=18,000, n=15……(方程式13b)

$d' = 1.5t + \frac{M}{600Bt(1-P)}$，　此處 $P = \frac{(0.667-1.33\alpha)\alpha}{2(0.667-\alpha)}$，　$\alpha = \frac{t}{d}$，

$k = .0331 > \alpha$　　或，若 $k=0.334<\alpha$　$d' = \sqrt{M/89B}$

1：2：4混凝土，C=750, f=16,000, n=15……………(方程式13c)

$d'=1.21t+\frac{M}{750Bt(1-P)}$，　此處$P=\frac{(0.826-1.33\alpha)\alpha}{2(0.826-\alpha)}$，　$\alpha=\frac{t}{d}$，

k=0.413>α　或，若k=0.413<α　$d'=\sqrt{M/133B}$

1：2：4混凝土，C=750，f=18.000，n=15……………(方程式13d)

$d'=1.30t+\frac{M}{750Bt(1-P)}$，　此處$P=\frac{(0.77-1.33\alpha)\alpha}{2(0.77-\alpha)}$，　$\alpha=\frac{t}{d}$，

k=0.385>α　或，若k=0.385<α　$d'=\sqrt{M/126B}$

1：$1\frac{1}{2}$：3混凝土，C=900, f=16,000　n=15…………(方程式13e)

$d'=1.09t+\frac{M}{900Bt(1-q)}$，　此處$P=\frac{(0.915-1,33\alpha)\alpha}{2.(0915-\alpha)}$，$\alpha=\frac{t}{d}$，

k=0.458>α　或，若k=0.457<α　$d'=\sqrt{M/174B}$

1：$1\frac{1}{2}$：3混凝土，C=900，f=18,000，n=15…………(方程式13f)

$d'=1.17t+\frac{M}{900Bt(1-P)}$，　此處$P=\frac{(0.857-1.33\alpha)\alpha}{2(0.857-\alpha)}$，　$\alpha=\frac{t}{d}$，

k=0.429>α　或，若k=0.428<α　$d'=\sqrt{M/165B}$

1：$1\frac{1}{4}$：$2\frac{1}{2}$混凝土，C=1050. f=16,000, n=12……(方程式13g)

$d'=1.14t+\frac{M}{1050Bt(1-P)}$，　此處$P=\frac{(0.881-1.33\alpha)\alpha}{2(0.881-\alpha)}$，　$\alpha=\frac{t}{d}$，

k=0.441>α　或，若k=0.44<α　$d'=\sqrt{M/197B}$

1：$1\frac{1}{4}$：$2\frac{1}{2}$混凝土，C=1050, f=18,000, n=12…………(方程式13h)

$d'=1.21t+\frac{M}{105Bt(1-P)}$，　此處$P=\frac{(0.824-1.33\alpha)\alpha}{2(0.824-\alpha)}$，　$\alpha=\frac{t}{d}$，

k=0.412>α　或，若k=0.411<α　$d'=\sqrt{M/187B}$

1：1：2混凝土，C=1200, f=16,000, n=10…………（方程式13i）

$d'=1.17\,t+\frac{M}{1200Bt(1-p)}$，　此處 $p=\frac{(0.857-1.33\alpha)\alpha}{2(0.857-\alpha)}$，$\alpha=\frac{t}{d}$，

$k=0.429>\alpha$　或，若 $k=0.429<\alpha$　$d'=\sqrt{M/221B}$

1：1：2混凝土，C=1200, f=16,000, n=10…………（方程式13j）

$d'=1.25\,t+\frac{M}{1200Bt(1-p)}$，　此處 $p=\frac{(0.80-1.33\alpha)\alpha}{2(0.80-\alpha)}$，$\alpha=\frac{t}{d}$，

$k=0.40>\alpha$　或，若 $k=0.40<\alpha$　$d'=\sqrt{M/209B}$

由此等方程式中之一個或其他一個可能決定d之最小數值，或因構造理由上可以選擇較大之數值。

對于某一剖面，若要覆核其混凝土及鋼筋之應力，近似的由

$$C=\frac{M}{\left(d-\frac{5}{3}t\right)Bt}\quad\cdots\cdots(16)$$

$$S=\frac{M}{A\left(d-\frac{t}{2}\right)}\quad\cdots\cdots(16)$$

正確的由 $$C=\frac{M}{\left(1-\frac{t}{2kd}\right)Bt(d-Z)}\quad\cdots\cdots(17)$$

此處 $$Z=\frac{\left(2k-\frac{4}{3}\frac{t}{d}\right)t}{2\left(2k-\frac{t}{d}\right)}\quad\cdots\cdots(18)$$

$$k=\frac{Pn+\frac{1}{2}\left(\frac{t}{d}\right)^2}{Pn+\frac{t}{d}}\quad\cdots\cdots(19)$$

$$P=\text{鋼比}=\frac{\text{拉力鋼面積}}{Bd}\quad\cdots\cdots(20)$$

$$S=\text{鋼應力}=\frac{M}{A(d-z)}\quad\cdots\cdots(21)$$

由下列諸方程式，求拉力鋼筋所需面積，頗爲準確：

1：3：6混凝土　$C=600$, $f=16,000$, $A=M/14,100d$ ……（21a）

1：3：6 „ „ „　$C=600$, $f=18,000$, $A=M/16,000d$ ……（21b）

1：2：4 „ „ „　$C=750$, $f=16,000$, $A=M/13,800d$ ……（21c）

1：2：4 „ „ „　$C=750$, $f=18,000$, $A=M/15,700d$ ……（21d）

$1:1\frac{1}{2}:3$ „ „ „　$C=900$, $f=16,000$, $A=M/13,600d$ ……（21e）

$1:1\frac{1}{2}:3$ „ „ „　$C=900$, $f=18,000$, $A=M/15,400d$ ……（21f）

$1:1\frac{1}{4}:2\frac{1}{2}$ „ „ „　$C=1050$, $f=16,000$, $A=M/13,600d$ ……（21g）

$1:1\frac{1}{4}:2\frac{1}{2}$ „ „ „　$C=1050$, $f=18,000$, $A=M/15,500d$ ……（21h）

1：1：2 „ „ „　$C=1200$, $f=16,000$, $A=M/13,700d$ ……（21 i）

1：1：2 „ „ „　$C=1200$, $f=18,000$, $A=M/15,600d$ ……（21 j）

鋼筋之直徑m普通不能大過支距之$\frac{1}{150}$至$\frac{1}{200}$，於是條數可定。

以N爲一排鋼筋之條數，於是容納此排鋼條之樑寬度必不得少過$b=(2N+1)m$或$Nm+3$吋$+\frac{3}{4}(N-1)$兩者中之較大者。

樑之寬度尙須滿足使剪力V之總率不過額之條件，即

$b=>\frac{S}{Vd}$ 此處 S＝樑之最大剪力。

通常V之數值如下：

1：3：6	混凝土	$V=120$ 磅	每平方吋
1：2：4	„	$V=180$ „	„ „ „ „
$1:1\frac{1}{2}:3$	„	$V=195$ „	„ „ „ „
$1:1\frac{1}{4}:2\frac{1}{2}$	„	$V=210$ „	„ „ „ „
1：1：2	„	$V=225$ „	„ „ „ „

此等數值爲混凝土之工作應剪力之三倍。

通常屈起鋼筋之一半至三分二以負担斜拉應力

對於均佈載重，以N'爲距離樑中央某剖面屈起條數，N爲在樑中央之總條數，若x由中央至此剖面之距離，則(第二十九圖)

$$X =>\frac{1}{2}\sqrt{\frac{N'}{N}} \cdots\cdots (22)$$

$$\text{或 } X =>\frac{1}{2}\sqrt{\frac{A'}{A}} \cdots\cdots (22a)$$

此處A'爲屈起之面積，A爲在中央部份之面積。

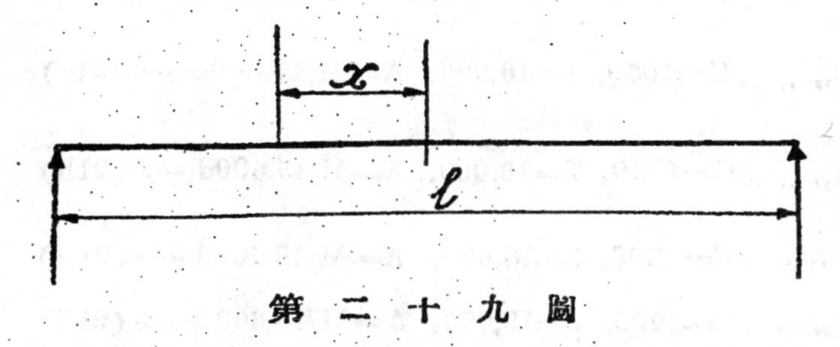

第二十九圖

若係均佈載重加一移動刀口載重，其灣率圖仍爲拋物線狀，而上述條件適用。在於普通情形，可以用數點之載重來決定正確許可屈起點，情形重要者，需要畫一準確之撓曲及灣率圖。

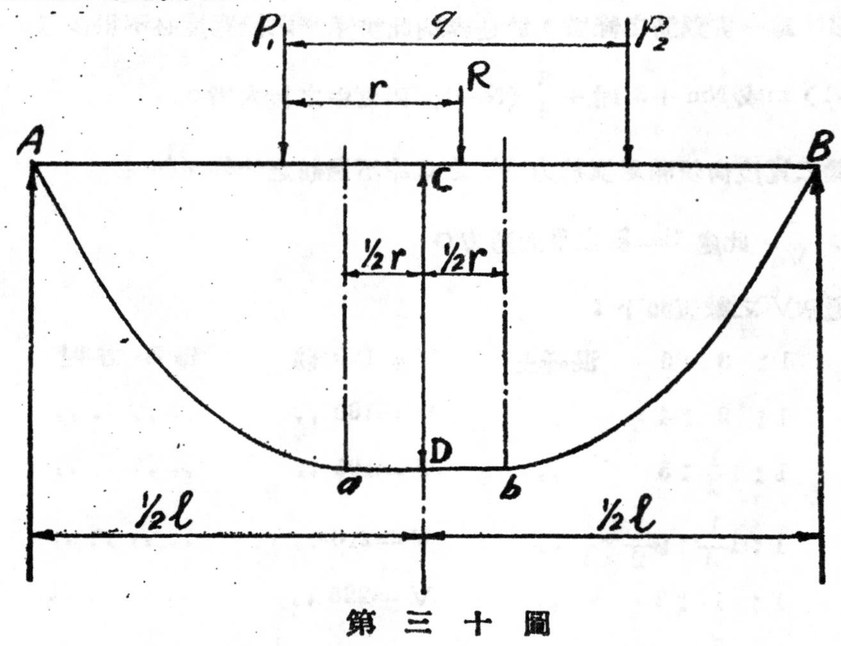

第三十圖

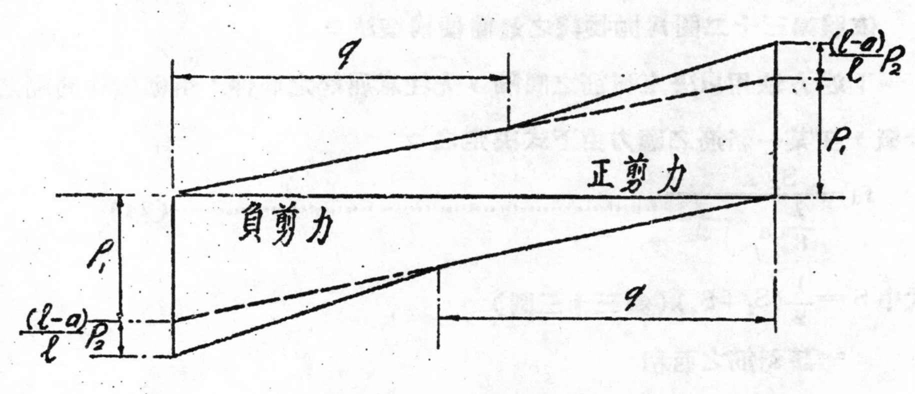

第三十一圖

事實上惟有兩集中重者不能化作均布重加一刀口集中重而已。此種圖解由下述得之，(參觀第三十，三十一圖)

以r＝兩載重P_1及P_2之合力與較大之載重之距離最大彎率M爲

$$M=\frac{R(l-r)^2}{4l}\quad\cdots\cdots(23)$$

將CD＝M及Da＝Db＝$\frac{1}{2}$r

作兩半邊抛物綫，以a及b爲頂點，AabB是爲最大彎率圖，ab視作一直綫

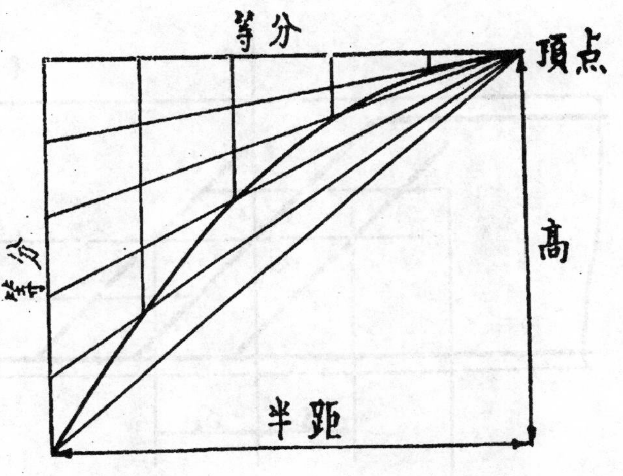

兩載重中之較重者之抛物綫亦應畫出，以視其趨近支距中央之處是否低跌在AabB之下，若然，則以低跌之部份爲眞正撓曲灣率圖之一部份。

剪力表示於第三十一圖，當作載重兩頭來往於支距之上。

第三十二圖

凡關於均佈重及活重之灣率力圖均可由上法計算及構述之。

依照第三十二圖爲拋物綫之最簡便構造法○

下述方法用以決定斜筋之間隔，先注意屈起之條件：由觀察作間隔之大概，在某一斜筋之應力由下式決定之○

$$f_d = \frac{S_x \, s}{\frac{7}{8} d a \sqrt{2}} \cdots\cdots (24)$$

式中 $S = \frac{1}{2}(S_1 + S_2)$（第三十三圖）

a＝該斜筋之面積

Sx＝相當於死重加活重在該剖面之最大剪力，該處無綹筋接駁斜筋)

或Sx＝在綹筋之剪力抵抗Rx缺少之剖面剪力，樑中有綹筋○

應力f_d 當然不得超過鋼之工作應力，且通常少過許多，S不應大過$\frac{3}{4}$ d,故常使斜筋之條數充足及充分接近墊托等○

爲使斜筋有充分之黏結力，常當作鋼條發揮其力量於樑之上半截之混凝土中○

若 ℓ 爲在樑上半截之斜筋長度吋數○則

$$\ell \geqq \frac{f_d}{400} \times d, \cdots\cdots (25)$$

斜筋之尾屈成鈎形

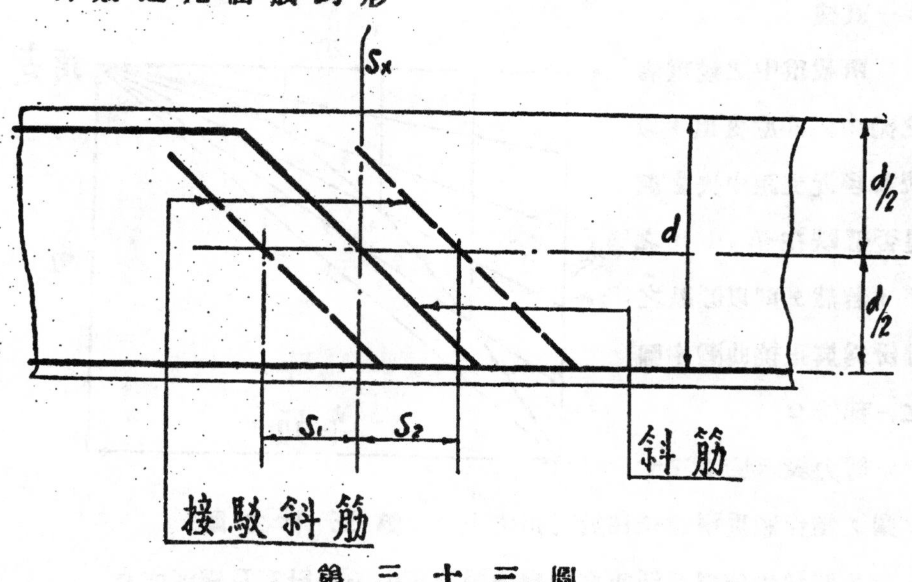

第三十三圖

若極近樑中央之斜筋，S_2可等於d,因此筋可視作保護向中央$\frac{1}{2}$d距離之混凝土○

絡筋之剪力抵抗可由下列公式計之：

$$R_x = na \times 16,000 \times \frac{\frac{7}{8}d}{e} = \frac{14000nad}{e} \cdots\cdots\cdots\cdots(26)$$

此處n＝枝數，a＝絡筋一剖面之面積，e＝絡筋之間隔○

將斜筋之間隔畧加調整，便易得斜筋之均等應力，絡筋可以變化相就尤佳，故此，有時將斜應力圖等分之，又將諸斜筋安置於諸面積之中心等煩瑣工作，似可以不必矣○

凡混凝土之剪割應力已超過淨混凝土之許可數值者，則總應力全歸斜筋及璉負担，混凝土不許負担此項應力，在斜筋足負全部剪力外，復加璉以負担四分一至三分一之總應力，以策安全○

淨混凝土之剪割應力許可數值如下：

1：3：6	混凝土 40磅	每平方吋
1：2：4	,,,,,, 60,,	,,,,,,,,
1：$1\frac{1}{2}$：3	,,,,,, 65,,	,,,,,,,,
1：$1\frac{1}{4}$：$2\frac{1}{2}$	,,,,,, 70,,	,,,,,,,,
1：1：2	,,,,,, 75,,	,,,,,,,,

在情形重要者，底部直筋之黏結力，亦要計算，計法如下：

以x＝中線與最近墊托邊之斜筋之距離(第三十四圖)

p＝諸直筋之週長(吋數)

e＝最後斜筋至直筋尾之長度(吋數)

Mx＝在最後斜筋屈起點之灣率(吋磅)

Mc＝在中央之灣率(吋磅)

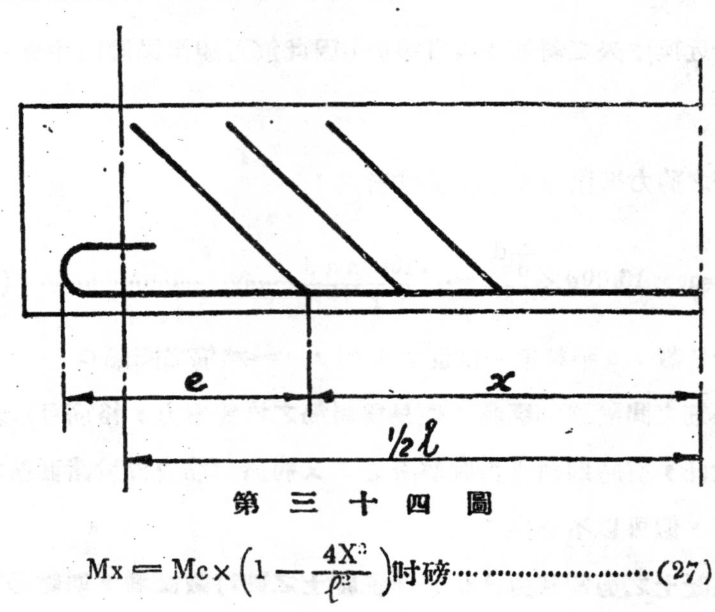

第三十四圖

$$Mx = Mc \times \left(1 - \frac{4X^2}{\ell^2}\right) \text{吋磅} \cdots\cdots (27)$$

$$\text{黏結應力} = \frac{Mx}{\frac{7}{8}dpe} \cdots\cdots (28)$$

此應力要少過100，尾端要屈鈎○

第二類——加用壓力鋼筋——計算縱樑之壓力鋼筋殆少用普通書本上之公式，凡最大樑深度上翼之應力過額者，需樑底及頂用相等鋼筋，宜用倫敦州參議會第 62 節所定之簡便公式○

第三十五圖

$$A = M/16,000d \text{ 或 } M/18,000d \cdots\cdots (29)$$

此處（第三十五圖）A＝受壓力或拉力之鋼面積，依照許可應力而定，混凝土之應力不算○

其餘斜筋，鏈及黏結力等計算，一如前述應壓力未過額之普通類一樣宜留意壓力鋼筋在絡筋之外塊面之內，安置得法，庶免鋼筋集沓頂部之弊，因此可增產黏結之抵抗力，頂上鋼筋下之混凝土沉陷最爲危險，應特別注意此點。

兩縱樑及橫支樑橋

對於兩條縱樑，常將諸集中重改作均佈重，殊爲準確；即是，若R＝一條橫樑之總反支力（死重加均佈活重）及e＝橫支樑之距離則$W=\frac{R}{e}$，此法已應用於許多簡單縱樑橋其刀口重當作一活動集中重辦，上翼不是直接

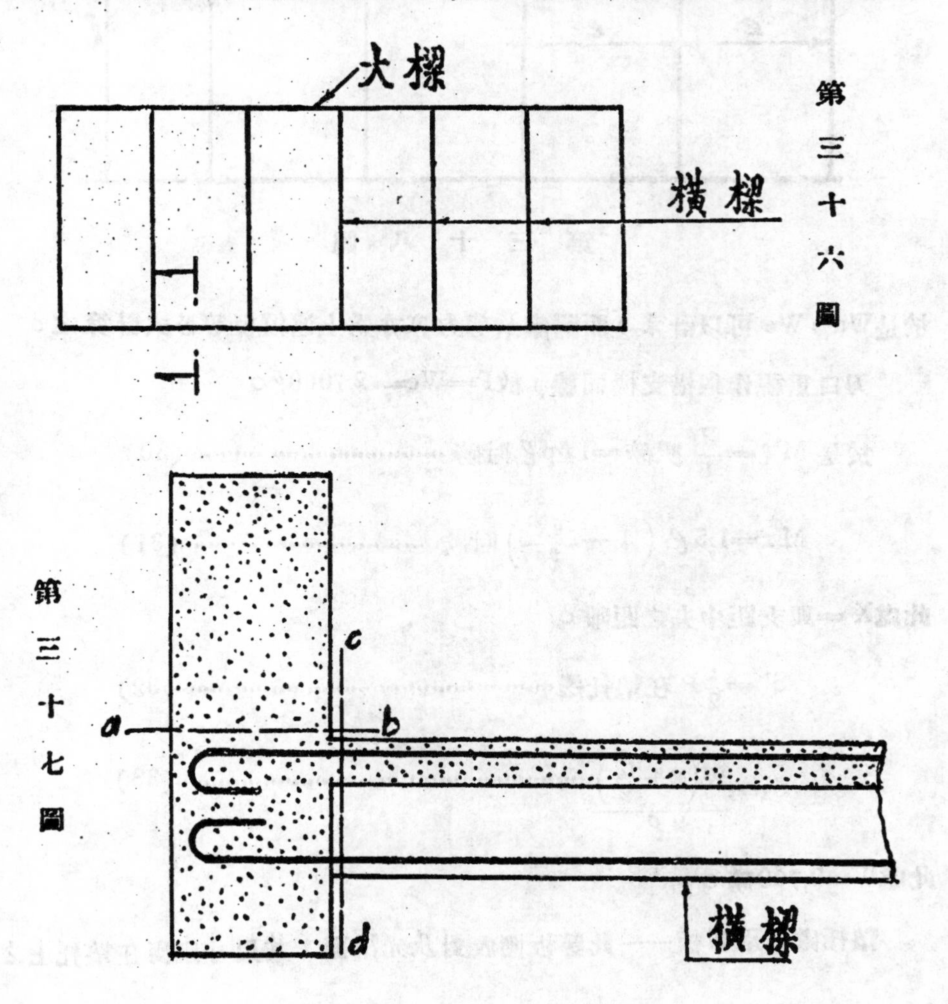

第三十六圖

第三十七圖

旁支，此點應注意，橫支樑之鋼筋應上下相等同連於縱樑，在ab線之剖面要與在cd線剖面之強度一致，在計算ab剖面時，自然要記得絡筋受等於剪力之應力。

由諸橫樑之載重係近縱樑之底部，而總反支力應變移至縱樑之頂部，故用吊子經過橫樑底筋之下吊上受壓力部份：

橫支樑 ——以 l ＝橫支樑之支距，e ＝橫支樑之距離（第三十八圖）

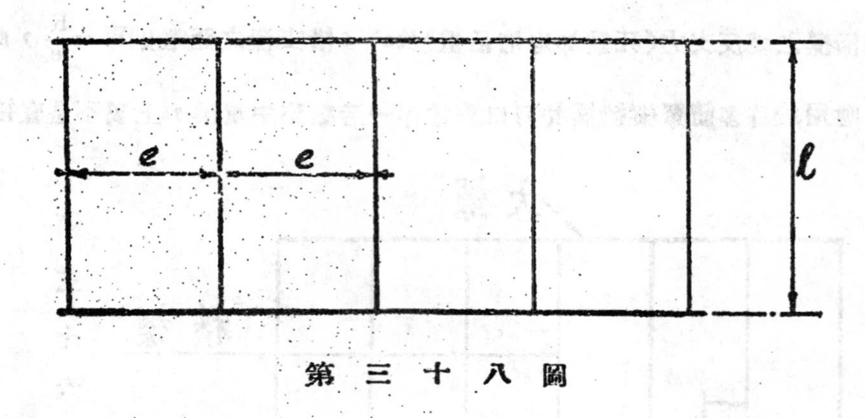

第三十八圖

於是Wd，We 可以計算，而彎率及剪力等亦爲上述縱樑等公式計算之。

刀口重視作與橫支樑同線，故$P=We=2.7000\ell$。

於是 $M'\ell=\frac{P\ell}{8}$ 呎磅$=1.5p\ell$ 吋磅 ……………………(30)

$M'x=1.5\ell\left(1-\frac{4x^2}{\ell^2}\right)$ 吋磅……………………(31)

此處X ＝與支距中央之距離。

$S'=\frac{1}{2}P$ 在墊托邊……………………(32)

$Sx=\frac{W\left(x+\frac{\ell}{2}\right)^2}{2\ell}$……………………(33)

此處W＝2,700磅。

墊托處之承重板——此等板應成對及光滑面，其尺寸應使在墊托上之壓力不超過下列數值：

硬土敏七磚……………………………………350磅每平方吋

良好砂石……………………………………200,, ,, ,, ,, ,,

良好石灰石…………………………………400,, ,, ,, ,, ,,

1：2：4混凝土………………………………500,, ,, ,, ,, ,,

釘板落樑及墊托之釘，應能承受尾端反力三分一之剪力。

——(待續)——

八角形柱及樁之複幾

THE MOMENT OF MERTIA OF ACTAGONAL COLUMNS AND PILES.

(From Concrete Construction Engineering. January. 1936.)

馬天驥譯

八角形柱及樁，其複幾值暨中軸之深度，每不能於普通公式中求得之○茲述其方法如次：

第一：先假定中軸之位置；及求出其混凝土之初幾值；該值之十五倍，卽假定中軸下之鋼筋面積也○若此兩初幾值之數相等，則所假定中軸之深度位置，自當正確；但此乃偶然相合而已，不可以爲常法也○

當假設第二條軸時，倘其壓力小於拉力，則第二軸之位置須低於第一軸；如第二軸之壓力大於拉力，則無須假設矣○不然，則第二軸之假設，自不能免；至其拉力大於壓力時，則比較此第一第二兩軸之相差，在此相差值中，互變換其符號，則正確之中軸位置，必求得之○至中軸之位置與假定軸之位置，距離在半吋以內者，得用之○

中軸位置一經求得，則將其面積以其所用之單位劃分之○由此中軸與重心之距離，平方其值而乘其面積，再加重心與中軸平行之綫之單位面積之複幾；其總值卽全圖之複幾也○

例如

設有一八角柱，其平面濶度爲 15";用$1\frac{1"}{8}$鋼筋八條，包皮$1\frac{1"}{2}$○其指數及常數，在 Hand Book 中不常見者，當先列出之；

f＝平面之濶度

八角形面積＝0.82843 f^2

BCDE 面之積＝0.20711 f^2 (等於全面積之$\frac{1}{4}$)

每邊之半＝$\frac{AB}{2}$

＝K

＝0.20711 f

設 G＝BCDE 面之重心

O＝八角形之中心

則 GO＝$\frac{1}{3}$ f

g＝0.12622 f (BE線與G點之距離)

b_1＝八角中軸AOF與上(或下)鋼筋中心之距離

b_2＝內鋼筋與中軸中心之距離

＝0.41422 b_1

BCDE 面之複幾，在其重心G點與BE線平行之橫軸上。

＝0.0013959 f^4

因平面濶度爲15"，鋼筋爲$1\frac{1}{8}$"包皮爲$\frac{1}{2}$"，

故

14 ×兩條$1\frac{1}{8}$"鋼筋面積＝27.83ㅁ"

15 ×兩條$1\frac{1}{8}$"鋼筋面積＝29.82ㅁ"

BCDE 面積＝0.2071×15^2＝46.60ㅁ"

g＝0.1262×15＝1.893"

k＝0.2071×15＝3.107"

總值＝5.000" 或$\frac{1}{3}$×15"(＝GO)

$b_1 = 7\frac{1''}{2} - 1\frac{1''}{2} - \frac{9''}{16} = 5\frac{7''}{16} = 5.437''$

$b_2 = 0.4142 b_1 \qquad = 2.252''$

$b_2 + k \qquad = 5.359''$

$b_1 + k \qquad = 8.544''$

$b_1 - k \qquad = 2.330''$

$k - b_2 \qquad = 0.855''$

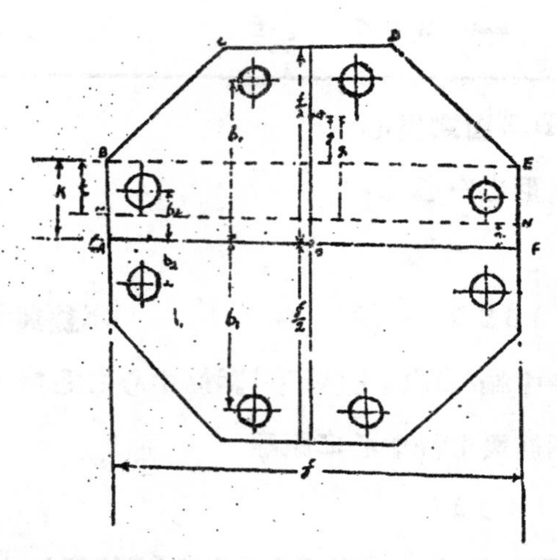

計算中軸之深度位置

在BE綫下$1\frac{1}{2}''$處定一假設MN,則BM$= t = \frac{1}{2}''$再設計中軸，則其位置當在BM下$\frac{1}{2}''$之處，下表爲第一假設軸之力距表：

面　　積	力　　距
BCDE	$g_1 = g + t = 1.893 + 1.5 = 3.39$
MBEN	$\frac{t}{2} = 0.75$
上部壓力鋼筋	$b_1 - k - t = 3.83$
下部壓力鋼筋	$t - (k - d_2) = 0.65$
下部拉力鋼筋	$b_1 + k - t = 7.04$
上部拉力鋼筋	$b_2 + k - t = 3.86$

第二假設軸表

項　目	面積	力距	結果
B C D E	46.6	3.89	181.4
假定中軸	30.0	1.00	30.0
$14\times\left(2\times1\frac{1}{8}"\right)$	27.8	4.33	120.4
$14\times\left(2\times1\frac{1}{8}"\right)$	27.8	1.15	32.0
			總值=363.8
			−295.0
			在壓力鋼筋邊=68.8

項　目	面積	力距	結果
$15\times\left(2\times1\frac{1}{8}"\right)$	29.8	6.54	194.9
$15\times\left(2\times1\frac{1}{8}"\right)$	29.8	3.36	100.1
			總值=295.0

所以中軸MN在BE綫下t之距雖處

$$=\frac{1}{2}+\frac{25.2}{25.2+68.8}\times\frac{1}{2}=1.63"$$

$$加\frac{1}{2}f-k=7.5-3.11=4.39"$$

$$\therefore n=6.02"$$

複幾之計算

力距爲

$$g_1=t+g=1.63+1.89=3.52"$$

$$n_1=\frac{1}{2}f-n=7.50-6.02=1.48"$$

$$b_1=n_1\quad=5.44+1.48=6,92"$$

$$b_2=n_2\quad=2.25+1.48=3.75"$$

$$b_1-n_1\quad=3.96"$$

$$b_2-n_1\quad=0.77"$$

中軸深度位置表

鋼筋直徑（''）		3/4	7/8	1	1 1/8	1 1/4
橫跨平面濶度（''）	12	4.52	4.78	4.98	5.14	
	14	4.95	5.28	5.54	5.76	
	15		5.49	5.79	6, 63	6.23
	16		5.71	6.03	6.29	6.52
	17		5.91	6.25	6.54	6.79
	18		6.10	6.47	6.78	7.05

普通樑複幾表（單位''）

鋼筋直徑（''）		3/4		7/8			1			1 1/8			1 1/4	
	包皮（''）	1 1/2	1	2	1 1/2	1	2	1 1/2	1	2	1/2	1	2	1/2
橫跨平面濶度（''）	12	868	996		1640	1244		1279	1533		1438	1786		
	14	1366	1530		1700	1919		2051	2335		2419	2773		
	15			1861	2081		2233	2517		2619	2974		3018	3450
	16			2265	2506		2726	3036		3205	3594		3767	4176
	17			2715	2478		3275	3613		3859	4282		4466	4682
	18			3209	3492		3886	4247		4579	5041		5312	5871

混凝土拉力複幾表（單位''）

鋼筋直徑（''）		3/4		7/8			1			1 1/8			1 1/4	
	包皮（''）	1/2	1	2	1 1/2	1	2	1 1/2	1	2	1/2	1	2	1/2
橫跨平面濶度（''）	12	1630	1757		1790	1960		1965	2184		2155	2428		
	14	2866	3022		3117	3293		3396	3667		3701	4040		
	15			3785	3995		4065	4335		4370	4708		4698	5111
	16			4811	5040		5125	5448		5524	5895		5927	6380
	17			6024	6273		6432	6754		6879	7283		7364	7857
	18			7449	7717		7929	8277		8458	8894		9032	9565

複幾之值等於八項之總和如下：

1. 0.001396×15^4 $=70.7$

2. 46.6×3.52^2 $=574.7$

3. $\frac{1}{3}\times15\times1.63^3$ $=21.7$

4. 29.82×6.92^2 $=1428.0$

5. 29.82×373^2 $=414.9$

6. 27.83×0.77^2 $=16.5$

7. 27.83×3.96^2 $=436.4$

8. $\left(\overline{4\times15}+\overline{4\times14}\right)\frac{\Pi d^4}{64}=9.1$

$I=2974.7$

1. 爲BCDE面之重心G點之複幾

2. 爲BCDE之面積×g

3. 爲MBEN之複幾

4. 至 7 爲鋼筋面積乘其距離中軸之數之平方

4. 爲下部鋼筋之全拉力

7. 爲上部鋼筋之全壓力

8. 爲混凝土之複幾值

廣東省出產木材略述

彭光鑾

吾人試觀任何一建築物，木材莫不佔有工程上一重要位置。房屋、橋樑、船艇、鐵路、此其著者，而其他種種工程建築尙難一一枚舉。吾人旣知木材爲工程上之主要材料，則亦應加以硏究。作者爰就最近調查所得本地各種木材之情況，作一單簡之報告，以爲各同學作一參考，文字之優劣不計也。

本省出產之木材，皆集中於廣州市發售，其來源俱由本省之東西北三江，出產之種類可分爲二(1)土杉，(2)土雜，此種木材之銷售頗遜於外來之木材，故素不爲吾人所重視，木質是否優良亦無人加以深刻之認識，其實土產木材之木質，實堪與外來者並美。惟以種種原因，至使金錢外溢，大好國貨亦不見用，良可慨也！此種情形，尤以土雜爲甚；其原因可分爲三點：

(1)木身太細：本地經營植林者甚少，辦木者多採自天然之深山大嶺，故對於木身之大小皆不揀擇伐而沽之。蓋此等採木之人之目的，祇視其所採之木材作爲燃料之用，對於木身之大細能否適合爲有用之材不計也。

(2)運輸不便：吾國交通素感不便，各地木材之運至本市者，全賴東西北三江水道，惟是路阻且長，河身狹窄，細小之木，亦時不能在河上轉灣，故多逼不得已將木身鋸短，以就河身，細小之木運輸已如此困難，稍大之木，則其困難更可知也。

(3)外貨侵略：外來之木材，如法屬安南山打根等，無論方徑圓徑，皆足勝任各大工程而有餘，蓋其擁有巨大之資本，藉航行之利便，及專心一意經營植林爲事業，有此數種之優先權，則雖價格較本土之木材爲昂，亦足以盡將土杉土雜打倒也。

以上之原因，實爲土木在本市不能銷售原因，苟設法解决此等困難，則土木亦不失其市場也。

茲將雜木之來源、價格、密度、用途表列如下：

雜木

此種雜木，名稱甚多，該行中人，亦不能一一盡識，現就市面最通行者採列如下：

名稱	來源	木色	木質	密度（以一立方英尺爲單位）	價格（以一立方英尺爲單位）	用途
松木	東西北三江	白	易折撓	42.07磅	9分	箱板，肉枱，砧板
樟木	同上	淺黃	多紋，有辣味	36.76磅	2.1毫	衣箱
梧桐	同上	白	木紋直，雅潔	21.93磅	2.0毫	樂器
棉木	同上	白	軟而輕	25.28磅	1.2毫	紙床
柏香	同上	黃	味香，幼潔，	45.26磅	3.0毫	神主，棺木，
荷木	同上	白	幼而堅	36.4磅	1.1毫	傢私，燃料，
椽木	同上	白	粗而堅韌	37.34磅	1.7毫	轎槓，傢私，
紅桃	同上	橙黃	體輕	31.75磅	2.0毫	傢私
紅花森	同上	紅而帶黃	堅韌	40.00磅	2.0毫	槍托，傢私，樂器
椆木	同上	深紅	堅韌	45.50磅	1.9毫	犂鋤，轎槓，
楹木	同上	白	輕，紋黑如雲形	25.53磅	1.0毫	傢私
桔柤	同上	暑紅	結實	45.38磅	2.9毫	鎗托，農具，

此外尙有多種，惟在市面不多見，故未列入。

以上價格，密度爲最近調查試驗所得至於各種應力容後彙報。

實用測量問題一束

温 炳 文

(A) 測鏈測量(Chaining)

(I) 兩點距離過長不能以測鏈或卷尺一次量度者之測法

如圖1，設欲求A及B兩點屋角之距離，若兩屋角之距離逾30公尺，則不能用普通卷尺量度，因尺之長不足也。玆將其測量方法分述如次：——

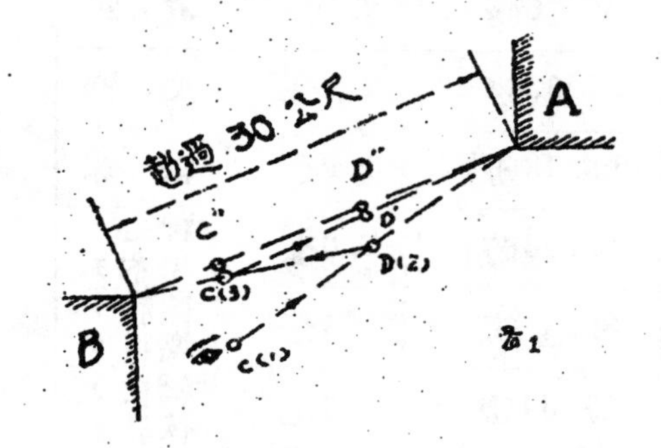

1. 先使一人持測桿任擇一點約在AB線中，設為C點，同時令一人持測桿左右移動使C之人瞄視之，使D桿在CA直線中。

2. 此時在C點持桿者聽D點持桿者之指揮依左右移動之由D者瞄視，使桿確在D B直線中如圖C'，如是反覆施行之，而得C"及D"兩點。至量度之法可按A D"，D"C"及C"B分段量之，如遇距離不甚長時或可量A C"及C"B兩段，或A D"及D"B亦可。如此可以避免差誤。此法對於求二建築物之平距離時多用之。

「註」除上述之法外，尚有一法較為簡便，不過須用麻繩等物，法使一人持繩之一端放於B屋角。又使一人持該繩放於A屋角，兩人牽直之，此時可任令一人持測針在繩任一適宜部份，註記之，若距離過長時，則用多測針，惟在郊外之地麻繩未便携帶仍改用上法行之。

(2)線中諸點之插入法：

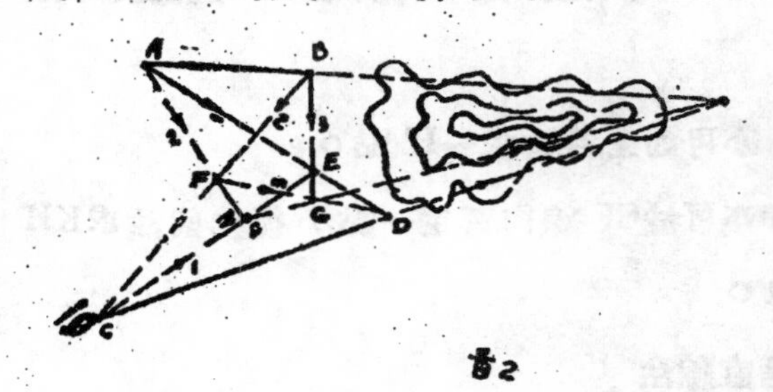

圖2

如圖2，AB爲既定線，兩點均能通視，惟前方有樹林障碍不能依普通方法延長之，欲於AB之延長線中插入測點其法如次：——

1. 任意定C,D兩點，其CD方向線以能超越障碍物爲宜，又於CD線附近能通視之處，定一P點，各置木樁。
2. 聯AD及延長CP線得交點E，又立一樁。
3. 聯AP及BC兩方向線得交點F，又立一樁。
4. 聯BE更延長之與聯FD線得交點G又立一樁。
5. 使一人立於P點之後，瞄視PG之方向線，同時又使一人立於C點之後，瞄視CD之方向線，另使一人持桿於障碍物前聽兩描視者之指揮左右移動之，則得Z點，故此Z點卽爲所求AB之延長線中之一點也。

(3)線之延長法

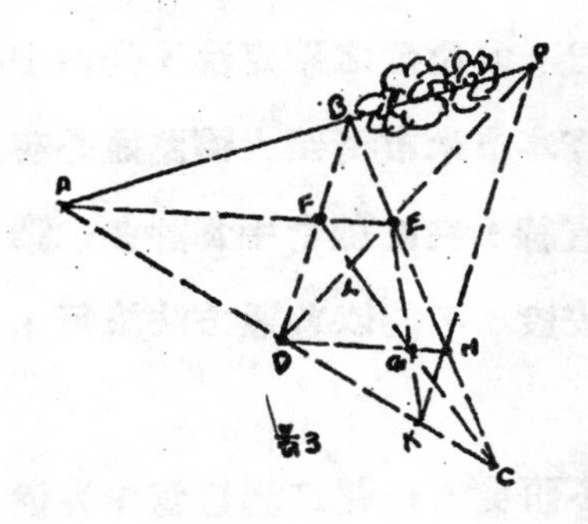

圖3

如圖3，AB爲既定之線，欲求AB之延長線其法如次：——

1. 先於適宜地點定C點，並立一樁。
2. 於CA線中任意定D點，又於CB線中任定E點，各立一樁，但須注意DE之方向須能超越障碍物爲合。
3. 又AE與DB線相交得F點，又立一樁。

14435

4. 又在C F線中任定一點G又立一樁。

5. 使CB及DG延長得交點H,又立一樁，又CA及EG延長得交點k又立一樁。

6. DE及KH線延長得交點P,，故此P點，乃所求AB延長線中之點也。

「註1」如欲量距離時，亦可如上法再求一P'點。

「註2」如欲作一檢線時亦可於CF線內再定一點，復如前法求KH則可作檢點線也。

（4）由不可至之定點安設垂直線法

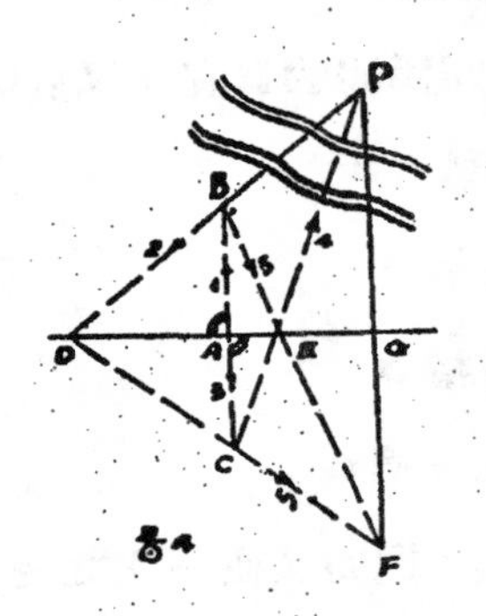

如圖4,設P爲旣定點，欲求對岸P點垂直已知線時其法如次：——

1. 先於DG旣定線內任定一點A,並於A點作一垂線與DP線相交得B點。

2. 聯PB線向後延長與DG線相交得D點。

3. 延長BA線並使AC與AB等距。

4. 聯CP線與DG線相交得E點。

5. 延長BE線與DC延長線相交得F點。

6. 聯FP線與旣知線相交得G點，故PG乃所求之垂直線也。

（B）馬路中線爲障碍物阻隔之中間點之安設法：

如圖5. A及B二點乃先在地上確定其位置，其位置之確定法，先由中線計劃圖中按照原圖之比例尺實地安設之。查本市米市街至大德路通心巷附近經確定路，由白薇巷至大德路一段乃屬直線，在直線當中爲許多建築物所障碍，不能互相通視，故直線中之點之安設，不能依普通方法施行，因此乃有本問題之安設法之討論。

此法屬於測量難題之一，吾人不可不研究，在闢路測量當中嘗遇此問題之發見。對於實施方面用之，常感得精密之結果。此法不外利

14436

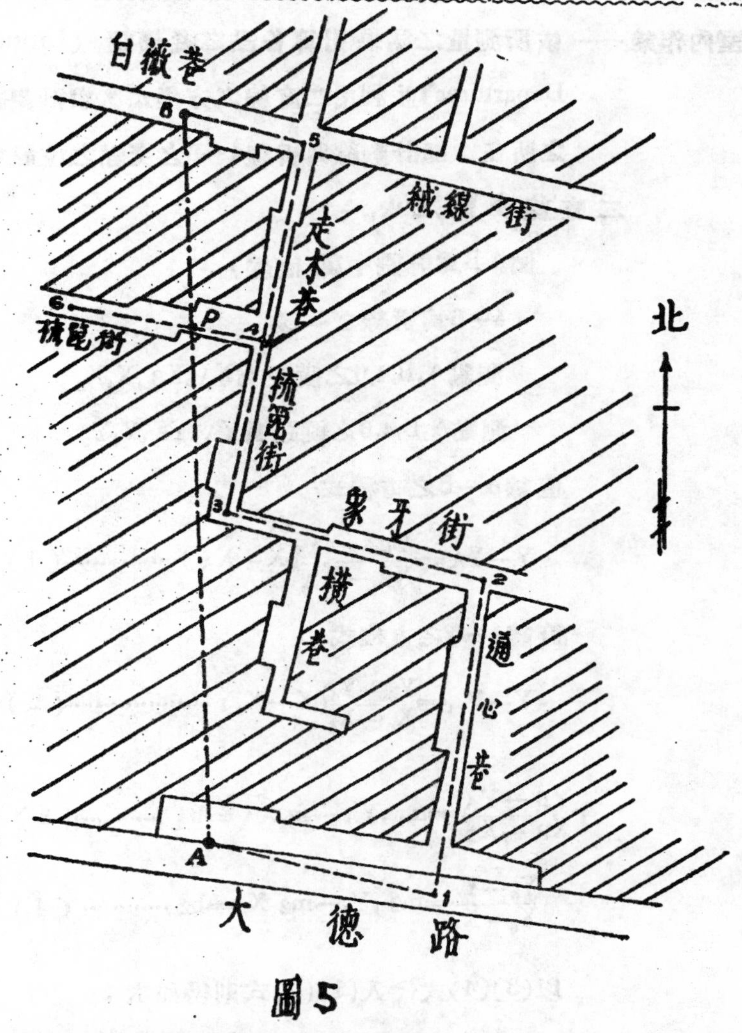

圖5

用解析幾何學之方法解之。茲分述如次！——

如圖5.AB爲馬路之線(AB均已先定)。P爲所求之點。

實地測量——先用經緯儀(Transit)測定導線

(Traverse)A.1,2,3,4,5,6,及B各點。圖中第6點之定法乃參看馬路計劃圖之梳篦街，察其中線，大約所經之處，距第四點若干尺，可用原圖之比例尺度之。並酌量延長十尺或二十尺以定第6點。因所計算4—P之距離或超出由圖量度之數。

14437

室內作業——依所測量之結果計算各點之縱橫距 (Latitudes and Departures)並利用二直線之方程式，求計劃線上P_1點之所在，即計劃線與折線4—6之交點之位置。

二直線交點之求法：

圖AB為計劃中線(直線)

4—6為折線之一邊

測點A,B,4,6之橫距為X_A, X_B, X_4 X_6。

測點A,B,4,6之縱距為Y_A, Y_B, Y_4 Y_6

直線A—B之方程式

$$Y-Y_A=\frac{Y_B-Y_A}{X_B-X_A}(X-X_A)\cdots\cdots(1)$$

直線4—6之方程式

$$Y-Y_4=\frac{Y_6-Y_4}{X_6-X_4}(X-X_4)\cdots\cdots(2)$$

令 $$\frac{Y_B-Y_A}{X_B-X_A}=m_1,\ Y_A-m_1X_A=b_1\cdots\cdots(3)$$

$$\frac{Y_6-Y_4}{X_6-X_4}=m_2,\ Y_4-m_2X_4=b_2\cdots\cdots(4)$$

以(3)(4)式代入(1)(2)式則得如次：

$$Y=m_1X+b_1\cdots\cdots(5)$$

$$Y=m_2X+b_2\cdots\cdots(6)$$

故直線A—B及4—6之交點P之橫距x，及縱距Y，由(5)及(6)式聯立方程式解之得下列二式。

$$x=\frac{b_2-b_1}{m_1-m_2}\cdots\cdots(7)$$

$$y=\frac{m_1b_2-m_2b_1}{m_1-m_2}\cdots\cdots(8)$$

既由上式求出P點之位置，則4-P之距離可由下式計算之：

$$d=\sqrt{(x-x_4)^2+(y-y_4)^2}\cdots\cdots\cdots\cdots(9)$$

此時4－P之距離計算後，再復實地安設P之位置於4－6線上。其法先置經緯儀於第4點以望遠鏡對準實地之第6點上，沿直線度4－P之距離則得一點P在實地之位置，即中間點之安設。

茲舉一例使學者易於明瞭更知各公式之運用。

「例題」($x_A=+3.521$,　$y_A=+2.630$)

($x_B=+23.456$,　$y_B=+58.418$)

($x_4=+20.302$,　$y_4=+26.801$)

($x_6=-5.216$,　$y_6=+33.541$)

試求直線A—B及4—6之交點P之坐標(x,y)，及4－P之距離d參看圖2。

圖6

$$x_B=+23.456 \qquad y_B=+58.418$$

$$\frac{x_A=+3.521}{x_B-x_A=+19.935}(- \qquad \frac{y_A=+2.630}{y_B-y_A=+55.788}(-$$

$$m_1=\frac{y_B-y_A}{x_B-x_A}=\frac{+55.788}{+19.935}=+2.799$$

$$y_A=\cdots\cdots\cdots\cdots+2.630$$

$$m_1x_A=(+2.799)\times(+3.521)=\underline{+9.855}(-$$

$$y_A-m_1x_A=\cdots\cdots\cdots\cdots b_1=-7.225$$

$$x_6=-5.216 \qquad y_6=+33.541$$

$$\frac{x_4=+20.302}{x_6-x_4=-25.518}(- \qquad \frac{y_4=+26.801}{y_6-y_4=+6.740}(-$$

$$m_2=\frac{y_6-y_4}{x_6-x_4}=\frac{+6.740}{-25.518}=-0.264$$

$y_4 = \cdots\cdots\cdots\cdots\cdots\cdots\cdots\cdots +26.801$

$m2\ x_4 = (-0.264) \times (+20.302) = -5.360\ (-$

$y_4 - m2\ x_4 = \cdots\cdots\cdots\cdots\cdots\cdots\cdots\cdots b_2 = +32.161$

$m_1 = +2.799 \qquad\qquad b2 = +32.161$

$m2 = -0.264 \qquad\qquad b_1 = -\ 7.225\ (-$

$m_1 - m2 = +3.063 \qquad\qquad b2 - b_1 = +39.386$

$m_1 b2 = (+2.799) \times (+32.161) = +90.019$

$m_2 b_1 = (-0.264) \times (-\ 7.225) = +\ 1.907\ (-$

$n_1 b2 - m_2 b_1 = \cdots\cdots\cdots\cdots\cdots\cdots\cdots\cdots +88.112$

$$x = \frac{b2 - b_1}{m_1 - m2} = \frac{+39.386}{+\ 3.063} = +12.859$$

$$y = \frac{m_1 b2 - m2\ b_1}{m_1 - m2} = \frac{+88.112}{+\ 3.063} = +28.767$$

$x = +12.859 \qquad\qquad y = +28.767$

$x_4 = +20.302\ (- \qquad\qquad y_4 = +26.801\ (-$

$x - x_4 = -\ 7.443 \qquad\qquad y - y_4 = +\ 1.966$

$(x - x_4)^2 = 55.398249 \qquad\qquad (y - y_4)^2 = 3.865156$

$$d = \sqrt{(x - x_4)^2 + (y - y_4)^2}$$

$$= \sqrt{55.398249 + 3.865156}$$

$$= 7.699$$

由上結果卽交點 P 之坐標爲$(+12.859, +28.767)$

4—P之距離d=7.699公尺

(C) 障碍地之單曲線測設法：

大凡測設曲線每有遇障碍物所碍隔者○故不能依普通方法解之○茲述其法如次：——

設如圖 7.

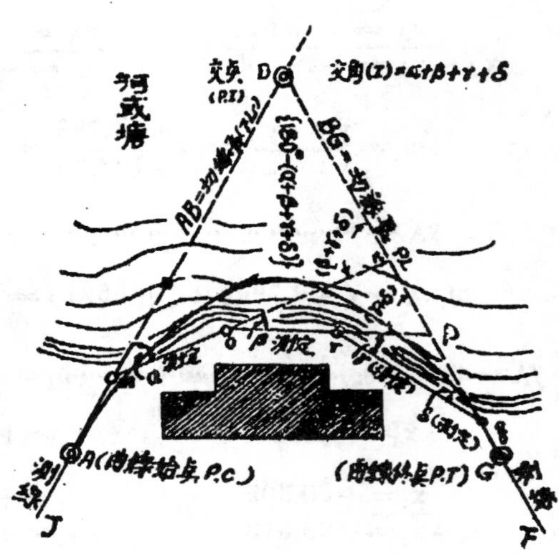

圖7.

1. 設m q二點之距離不能量度故以折測法卽導線法(Traverse)連絡m o，o r,rq 之距離。

2. 測定α，β，γ，δ，之諸角，Am=AB(切線長)—Bm(如圖7)。

3. AB=(切線長)之距離。$I=\alpha+\beta+\gamma+\delta$。先定R，由表求切線長或由公式$T=R\tan\frac{I}{2}$。

4. Bm之長在△Bmn內

$$Bm=\frac{mn\times \sin(\beta+\gamma+\delta)}{\sin\left\{180^{\circ}-(\alpha+\beta+\gamma+\delta)\right\}}$$

5. 又m n=m o(測定)+o n，在△o n p內

$$on=\frac{op\times \sin(\gamma-\delta)}{\sin\left\{180^{\circ}-(\beta+\gamma+\delta)\right\}}$$

6. o p=o r(測定)+r p，在△rpq內。

$$rp=\frac{rq\times \sin\delta}{\sin\left[180^{\circ}-(r+\delta)\right]}$$

7. 同樣Gq=BG(切線長)—(Bn+np+pq)

由△B m n 內

$$Bn=\frac{Bm\times \sin\alpha}{\sin(\beta+\gamma+\delta)}$$

8. 由△o n p 內

$$np=\frac{op\times \sin B}{\sin\left[180^{\circ}-(\beta+\gamma+\delta)\right]}$$

9. 由△rpq內

$$pq=\frac{rq\times \sin\gamma}{\sin\left[180^{\circ}-(\gamma+\delta)\right]}$$

A m 及G q既由計算而得，曲線起點P.C.(卽A 點)及終點P.T.(卽G 點)已決定此時可置儀於起點依轉角法定之。

拖運表(Havling Chart)之簡易圖

何鑾浩 程子雲 合譯

譯自Roads and Streets

道路工程每每失敗於無適當準備拖運車之供給，並非無拖運車之供給，實因未能測定其所需要之數目故也。承建者每用拖運表以補救之，而以圖解化簡便得其需要數目。下列 z—type 表專爲瀝青士敏土而設計。轉載自"Public Roads"爲美國公路局副工程師C.E. Rogers之計劃。

此表根據之公式爲

$$N=\frac{Q}{60W}\left(\frac{10.560L}{S}+T\right)$$

符號解釋如下。用法說明則列在表後而演算步驟亦同時列出。應用此表於某一問題以虛線表明之。欲解決此種工作，則須明瞭下列各綫之符號。

L 爲拖運之距離。

S 爲進行間之平均速度

T 爲時間常數。(乃指消耗於工作而言，並非用於移運。)

W 爲拖運車之容量。

Q 爲器械之容量。

在十七英里以內之拖運路程所需拖運車之數目，可由此表求出之，既知拖運車之數目，則費用自可由此而得矣。

用 法 說 明

1. 以拖運車所行距離之數目及進行間平均速度之數目各標誌在表之L線及S線上之規定數目，然後聯此兩點使延長截A線於 a 點○

2. 以時間常數之數目放在T線上之規定數目並聯 a 點使截B線於b點○

3. 以拖運車每次所載之重量數目放在W線上之規定數目並聯 b 點截 c 於 c 點○

4. 以器械容量之數目放在Q 線上之規定數目聯C點而截N線於一點，則此點之數目卽所求拖運車之數目也○

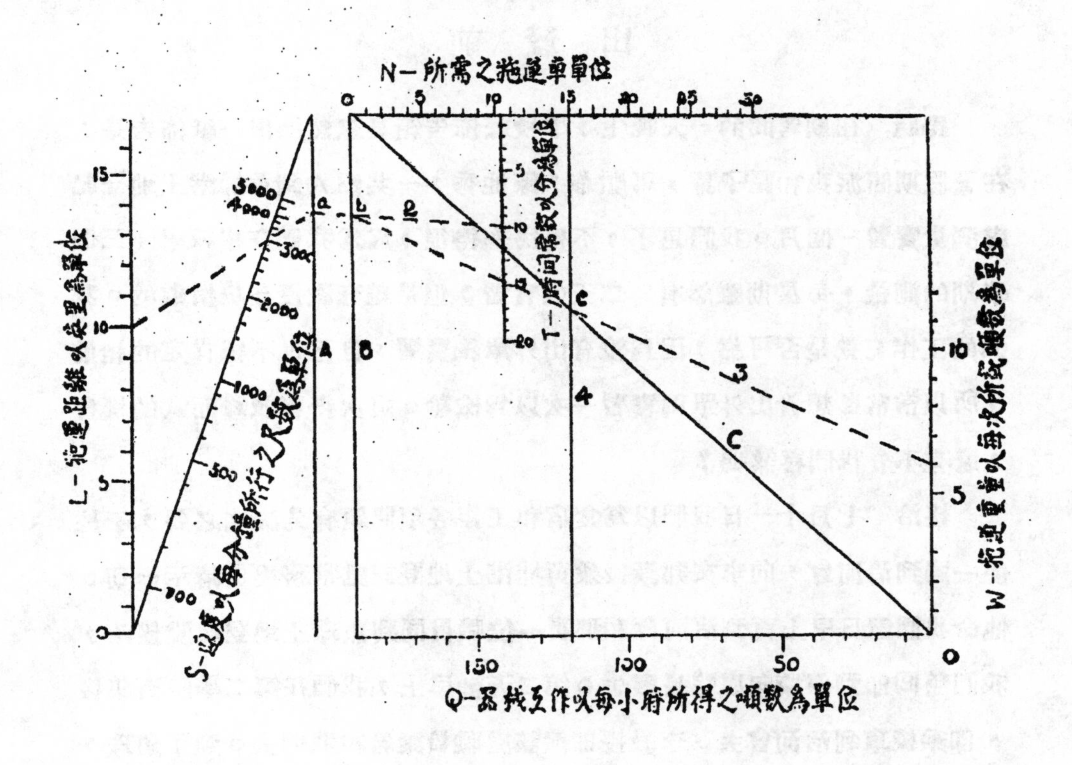

黄埔港測量實習一月之鱗爪

黄　恒　道

出　發　前

得訊　在期考間的一天晚上，學校底佈告箱裏忽然標出一紙佈告是：在暑假期間派我和區子謙，馬順華，陳池秀，一共四人到黄埔港土地登記處測量實習一個月。我們見了，不覺快樂得很，因爲我們在學校學了三個學期的測量，每星期雖然有一二天的實習，但是總有教授在場指導的。我們的工作究竟是否可靠，因爲沒有出外單獨實習，自己也不很肯定的相信。所以常常也想着出外單獨實習一次以爲檢驗。這次得着及鋒而試的機會，還有不令我們喜煞嗎？

接洽　七月十一日我們以爲食宿和工作各項問題有先決之必要，于是便一同到治河會，向李文邦教授兼黄埔港土地登記處常務委員請示一切。他命我們翌日早上再到治河會和那裏一位職員同到魚珠土地登記股接洽，我們隨即到學校向盧院長報告。第二天的早上，我們在第二學院齊集後，即乘校車到治河會去。李教授即派該處職員梁君和我們去。到了魚珠，步行約廿餘分鐘便到了石岡書院，也就是黄埔港土地登記處登記股辦事處。該書院雄據了小小的石崗。前面一條石岡涌像玉帶般的環繞着，這涌深約數丈，水色澄清，過了涌便是青青的一片果園和稻田，遠望還有一座迷濛的高山拱衞着，風景清幽，眞是一個避暑的好所在。我們得到這裏來住，確是意想不到的幸運了。見了那處的登記股潘主任，和他磋商妥後，即乘校車返廣州。

起程　七月十六日清晨，各人把行李運到第二學院後，即同到荔枝灣第一學院領取儀器：計有經緯儀，平台儀，導線板，水平儀各一副。盧院長更派吳民康助敎及校車送我們去。先到治河會見李教授，他把實習的工作計劃給了我們後，復到魚珠去。到了石岡書院，把行李放下，才一同到魚珠墟吃早飯，這時已經是十一點鐘了。飯後把行李床鋪安置妥當，休息一會，晚膳時間又到了。

組織　在一個團體裏必要有組織才能團結一致，辦事才有條不紊；我們雖然是少少的四個人，但也可算是一個團體了。所以我們也要有組織。于是在到了石岡書院的第一晚上，便公推陳灿秀君爲財政委員，馬順華君爲交際委員，區子謙君爲儀器保管委員，我則負責草這篇稿子。至于測量工作便依次輪流的分工合作。

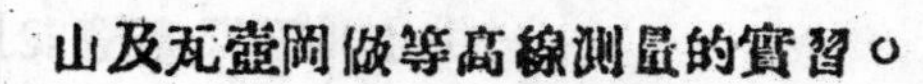

工作概況

計劃　李敎授給我們的實習工作計劃是：「第一、二兩星期，測量石岡書院斜對面的稻田和果園，做面積測量的實習。第三、四兩星期測量盤山及瓦壺岡做等高線測量的實習。

首日　七月十七日上午十一點鐘的時候，吃飽了早飯，潘主任命那裏的測量員何其潤君和一名測伕同我們到測量底目的地。由何君把各測點指示給我們，并把開端的一部實測給我們看，他那誠懇殷勤的態度，我們是永遠不會忘記的。這時正是烈日當空，光線非常強烈，更兼炎威肆虐，令汗珠像泉湧般不絕的從我們底皮膚裏走出來，想是經驗缺乏的緣故罷，我們覺得很難抵受，大約做了個半鐘頭的時光，便停止工作。

作息　因爲第一天底教訓，我們便把以後的工作時間編定：每天早上五時起床，六時至十一時出外測量，十一時半吃早飯，下午便計算測得的紀錄和製圖，晚飯後，或到江濱乘凉，或到田野散步，到了八點鐘後，才回石岡書院洗澡就寢，因爲燈光不足，晚上雖然想作工也很困難；所以索性早睡早起，養足精神以便明天工作。每星期底星期六和星期日那裏是例定休息的。到了那兩日，職員們差不多全都到廣州市來的。所以我們也不能例外；每星期五下午返廣州，星期一下午才到魚涂去，因此每星期實在只有四天的工作。

過程　在第一、二兩星期裏，因爲天雨的緣故，實在只做了三天的工作。又因爲果基、果園底果樹障碍視線，要屢屢遷站的緣故，我們只測得百多畝的面積便了。第三星期天氣較爲好些。第四星期天氣又壞了，只得一日天晴便又連綿的下雨。實是討厭得很，在這兩星期裏實得六天工作，幸喜還能勉強完成。我們因爲初出茅廬的緣故，工作未免遲頓。幸得一位經驗豐富的測伕，他是黃埔港土地登記處登記股的潘主任特命他隨我們工作的。他所選的測點，不用我們費神，而能恰到好處。卽使我們自己揀選，恐怕也未必能像他咧，我們之能如期完工，實是得他的幫助不少。

冒雨工作　八月七日晨光微曦的時候，我們起床見有一線的曙光從天際出來，不覺雀躍三百。因爲實習期間只有二天，而工作還未完成，若是繼續的下雨，豈不有誤歸期嗎？於是連忙拿儀器到蟹山及瓦壺岡去工作，誰知做了不夠兩個鐘頭的工作，那天公偏不造美的竟紛紛下雨。但是我們都想到今日工作若不完成，明日仍然下雨，豈不糟透了嗎？因此不顧一切，誓要完成這工作，便一面把我們預備着的法寶，數把藍布傘子，全都開了，來抗拒這不仁的雨；一面繼續幹下去，到了工作完竣時，我們已是狼狽不堪了。這是天公也像是慶賀我們成功般笑逐顏開的放出陽光來了。

生活片斷

黃埔艇之風味　一向在廣州已經聽到黃埔艇製的黃埔蛋，豉油鷄是可口不過的了。常常都因着沒有機緣享此口福，視爲憾事了。今次天從人願的機會來了。故到了魚珠沒有多天，便想嘗嘗個中異味。但是人地生疎，怎知那裏是此中能手呢？幸得登記處職員，本校舊同學馮君錦心做我們的嚮導。他在魚珠有數年之久，堪作識途之老馬。在月明星稀的一天晚上，他便導我們到泊在魚珠墟埗頭的一隻精緻的小艇上。這便是所謂黃埔艇了。到了艇裏便命艇家製她的著名首本，黃埔蛋和豉油雞，各物購備後，卽命她把艇渡至石岡書院前灣泊。因這裏較爲幽靜而且安穩的原故。於是我們時則縱情談笑，各盡其突梯滑稽之能事，來博彼此的一粲。時則引吭高歌以暢其樂，或流連風月以曠其懷。可謂樂以忘形之至了。到九點多鐘才舉行牙齒運動。看見那碟白色的黃埔蛋，拿箸夾牠，牠竟像是會動的，在碟子裏團團的滑走著。很吃力的才能把牠送到嘴裏，牠的滋味堪稱甘、香、滑三者兼備，那碟棕色的豉油鷄捧到了桌面上時，牠那一般肉香，竟一陣陣的向我們底鼻孔裏進攻，令得我們饞涎欲滴，於是一同衝鋒便把牠消滅得白骨滿桌了。但是牠底美味仍然把我們的齒頰佔領着哩！到了碗碟全空，腸胃飽滿時，已是十一時了。我們于是上岸就寢。

江濱乘凉　每天晚飯後，若是天晴，我們多是到黃埔港的江濱乘凉的，坐在那裏向東遠望看着小舟三五往來碧波裏，疎落有緻。蓮花山那裏，從港輪烟突裏噴出的黑烟和天上的浮雲一同飛着，自成風趣。向西遐睇，見了彩雲，落日相映成趣，波光、桅影宛若游龍，這時幾疑自己已經是在一幅美麗底圖畫裏哩！而且清風陣陣從遠遠的江面緩緩吹來，把我們底暑氣滌蕩淨盡，珠娘喚渡的聲音，像鶯聲般清脆悅耳，處此境地，眞是天府不啻啊！直到天已晦冥，萬家燈火的時候，到了魚珠墟吃了兩碗紅豆粥或杏仁茶才回石岡書院睡覺。

盤山名勝　盤山就是我們底測量目的地，這裏有一座砲台，在陳烱明背叛孫中山先生的時候，他便用這砲台的砲來轟擊孫先生底坐艦永豐(現在改名中山艦)。到了陳烱明失敗後，當局便把這砲台廢了，把這山改做中山公園來作紀念，并把這砲底撞針折去，更築一座亭子蓋著牠，讓到來遊玩的人參觀憑吊，砲台裏雖然是蕪穢不堪，但規模還在，見了牠也可知舊式砲台的建築法，山上還有新建大小亭子數座和一間古香古色的天后廟來做點綴。現在因沒人整理，以致花草不繁，樹木稀疏，令人有荒涼的感想，眞是可惜了！

工餘遠遊　八月八日我們因爲工作經已是完成，且聞說黃埔村底蝦餃很是馳名。于是相約到那裏一遊，早飯後便到魚珠墟埗頭僱了一葉小舟渡我們到新洲去，上了岸，但見一條三合土的馬路由南到北直直的挺着，兩旁排列着些商店和住戶。商塲也不覺得繁盛。我們由北到南行盡了這條馬路，便轉到一條生滿青草的公路上去。因爲不認路徑的緣故。以爲公路西段旁邊底文塔便是到黃埔村的去處。那知將近到塔時才覺得不像。這時恰巧有一個牧牛的和一個士人在路旁閒談着。我們便向他們問路。那士人說：「我也要到那裏去的了，你們隨我去罷。」他卽帶領我們向後行了十數丈，然後轉入一條羊腸小道上去。到了黃埔村，繞行一週，便上到茶樓去享受那馳名的蝦餃。這時已是正午，茶樓裏的伙伴正作午睡，見了我們到，才慌忙起來招待。我們很詫異的問伙伴：「爲甚麼這時還沒有客人來品茗」他說：「這裏的人這時正在起床哩！他們到了兩點鐘才到茶樓品茗的」我們聽了，才恍然嘆惜，議論一囘，蝦餃已端到桌上了，一隻一隻的咀嚼着，覺得牠鮮美可口，果是名不虛傳。後來覺得時候已是不早，且那裏也沒有別樣可口的東西了。便卽忽忽下樓囘到新洲去。再坐原舟到長洲一行，瞻仰　孫中山先生的銅像一囘卽返魚珠了。

餘　言

我們這次實習測量，僅成圖二幅；自問確無成績可言。但是經過了這次實習後，所得經驗是非書本裏可以得到的。且實習了一囘，手術自然純熟些，自信力也可增加些。也不算虛此一行哩！

——黃恒道草於東山——

附圖二幅

(一)

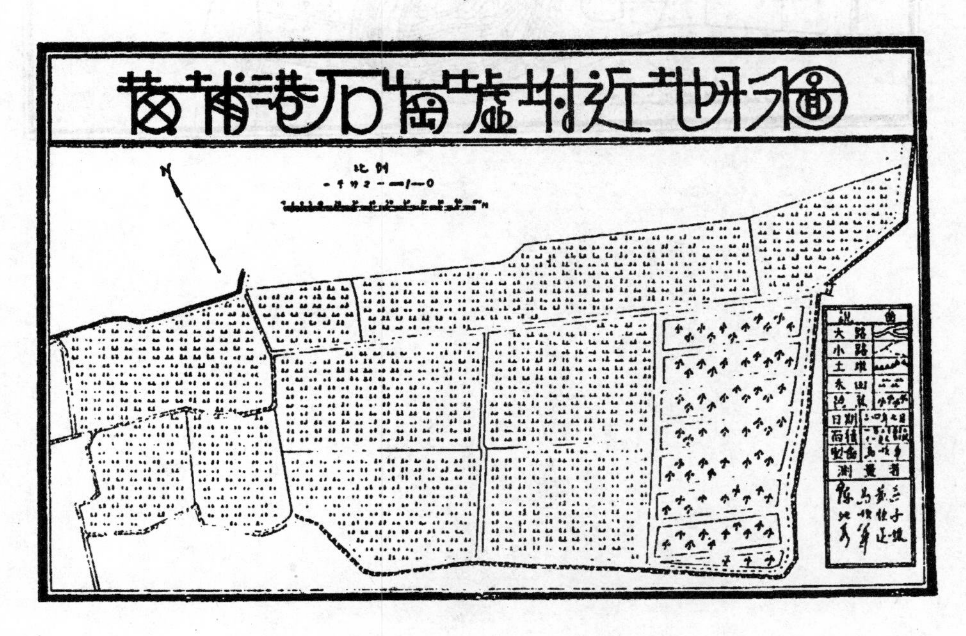

(二)

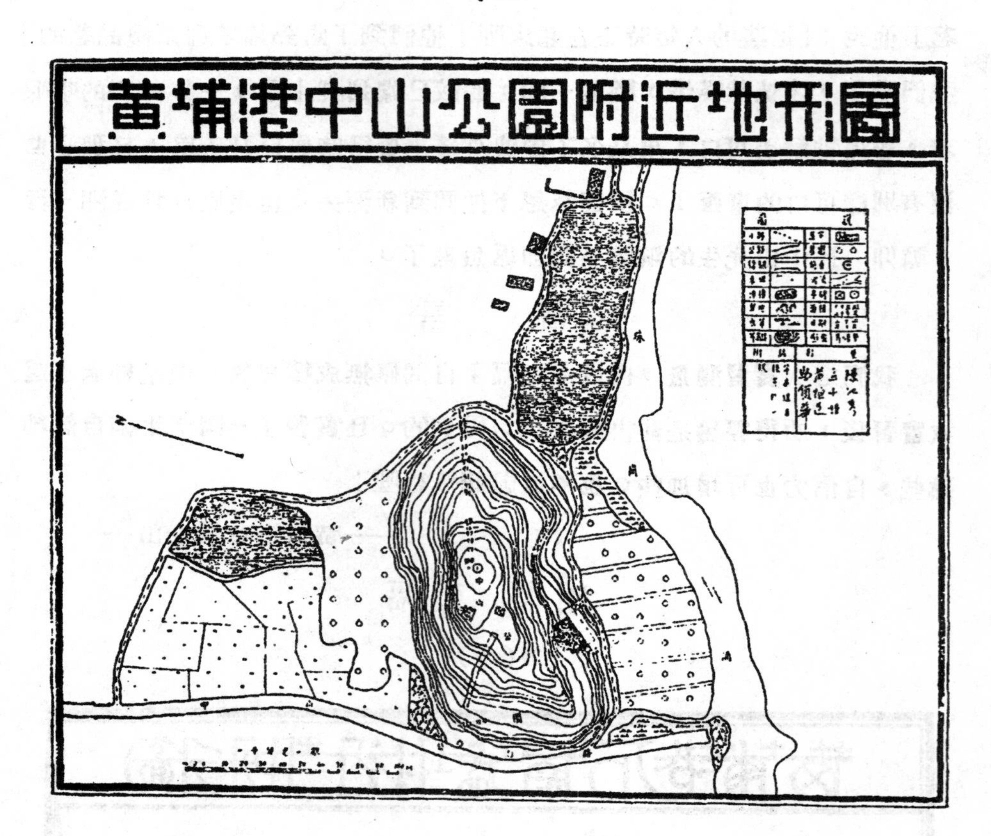

黃埔港中山公園附近地形圖

土木工程研究會第四屆會員大會盛況紀

陳沃鈞

沿革概述　我校之有土木工程研究會，實濫觴於民國二十一年，乃民二三年班畢業會員吳民康莫朝豪等數君所剏立者也。維時百粵土木工程人員不多，而研究土木工程之刋物，亦屬厥如。吳君等本嚶鳴求友之旨，借攻錯他山之助，遂組斯會。而會務精神之表現，乃爲刋物，計發印月刋叢書學報等，篳路藍褸，慘淡經營，歷五載於斯，會員凡百五十餘人，我儕今日得於課餘之暇，共研究於一堂，通聲欵於兩地者，實諸畢業會員努力經始之功也。

大會之前夕　民國二十四年秋，會長吳民康君以原有會員既畢所業，多已就職他處，動定殊情，浮沉畢致；會內情形，自感隔膜。而在學會員人數不多，會務進行，形同廢弛；且一二年級新同學均未加入，揆諸共同研究之旨，不無向隅之憾。加以舊日會章，亦間有絡累之處，是則廣徵會員，修訂會章，發展會務爲刻不容緩之舉矣。

初，上屆幹事委員以本會之設，原爲同學研究學術而設，自應學生與學校當局共同組織，而以會長一席歸諸工學院院長，法至善也。唯各會員或勞形於職業，或潛心於功課，久未能召集會員開會，其後莫朝豪呂敬事二君先行修訂會章，定期開全體會員大會以期收集思廣益之效焉。

大會開始莊嚴肅穆　二十四年十二月十五日正午十二時，本會開會員大會於荔灣本校，工科全體同學出席參加計凡一百餘人，一時荔枝灣畔，車馬喧闐，會場氣象壯穆，秩序整齊，當場公推吳民康君爲臨時主席。馬華順君爲紀錄。計修訂會章凡數條（詳本報附錄欄）自較前爲賅備，席間各人嚴守秩序，悉心研究；對於各議決案均注重精神，幷不多費時間於條文上之推敲，普通議而不決，決而不行之病當可鏟除也。

改選職員秩序整齊　會章修訂之後，卽行選舉，結果以吳民康君爲正會長，莫朝豪君爲副會長；馬順華、呂敬事、司徒健、吳魯歡、黃恆道、陳沃鈞、沈寶麟等爲幹事委員；工作按各部互相分配。此次選舉結果，各人均深慶會長之得人，蓋吳君爲本會之發起人，數年來經盡幾許艱辛，經過幾回奮鬥，前者會務不絕如縷，幾至停頓，而能作砥柱於中流，挽狂瀾於旣倒，實歸功此公也。此次復膺斯職，自能駕輕就熟，本其已往光榮歷史而發揚之矣。抑更有可喜者，各職員之分配，不偏不倚，佈於各班，將來各人對於會內情形，當能澈底明瞭，而且對於會務，自生興趣，自可收以手使臂，以臂使指之効，此吾人所當引以爲快者也。

杯酒聯懽融融洩洩　選舉之後，時已四野炊烟，萬家燈火，稍事休息繼以聚餐，適有人倡議表演音樂、跳舞、國術等游藝以助慶，善舞者卒囚未偕舞侶而止；某拳術大家又以地狹人稠爲詞，後由某君表演音樂助慶，一時大絃嘈嘈，小絃切切，綺麗之音，令人神往。前此莊嚴肅穆之氣象，一變而爲融融洩洩，濟濟一堂，觥籌交錯，雖前無墜珥，後無遺簪，而握手無罰，目眙不禁，無怪乎一斗逕醉者，亦能盡一石也。

今後之希望　在此次大會中，各會員於生活史上，平添一頁濃厚親蜜之紀載，新與進之力，足以促其勇邁無前，黽勉將事也。抑更有言者，吾人緬懷往蹟，策勵來玆，當體開拓之艱辛，知創業之功績，當思有以發揚光大，使與我民大同垂不朽，是所馨香祝禱者也。

書報介紹

——吳民康——

(一)四川考察團報告書

編輯者　中國工程師學會
出版期　民國廿五年三月
定　價　非賣品

查該書爲四川省主席劉氏於廿三年五月，召開全川生產建設會議時邀請中國工程師學會，推選專家二十餘人，組織考察團赴川實地考察，歷時數月，始克蕆事；東旋後，再經數月之研究，始將該報告書編成，對於該省之公路、鐵道、水利、水力、電力、電訊、紡織、糖業、藥物製造、地質煤鐵煤礦、石油、火井、鹽業、銅鐵、鋼礦、水泥、及油漆等，均有詳細之報告，並附圖表數十，其價值不言而喻。四川古有天府之稱，全省面積約四十餘萬方里，人口達七千餘萬；除新疆外，面積之廣，首推該省；其蘊藏之豐厚與物產之富饒，甲於全國。中央與該省當局均認四川爲我國民族復興之根據地；往昔外人多秘密入川調查，所得甚多；最關心者尤以日本爲甚。故該書編輯者最三叮嚀，妥實保藏，切勿落於外人之手，蓋以國家寶藏，不輕易爲敵人所認識故也。查該書乃由本會通知圖書館略備印刷費專函中國工程師會索取，現已到校，存於第一學院圖書館內，關心該省建設者，請到該館借閱(限於館內，不能外借)。

(二) 水利論文索引

編輯者　南京全國經濟委員會水利處

出版期　民國二十四年十二月初版

定　價　每冊大洋壹元

本書內容共分水利行政、水文氣景、測量、水工試驗、河工、渠工、海港、水電、給水工程、排水工程、下水道工程、水力學、鋼筋混凝土、基礎、地質、機械、土工、圬工及其他等各類。該索引所採用之期刊雜誌屬於中央機關者有太湖流域水利季刊，建設，建設小叢刊，建設委員會公報，黃河水利月刊，華北水利月刊，揚子江水道月刊，揚子江水道季刊，農村復興委員會會報等共九種；屬於各省機關者有山東建設月刊，山東河務特刊，江蘇建設月刊，江蘇建設季刊，江蘇水利月刊，河北月刊，浙江建設月刊，陝西水利月刊，陝西建設月刊，陝西建設公報，湖南建設月刊，經濟旬刊，廣東水利月刊，廣西建設特刊等共十四種；屬於學術團體者有工程，水利月刊，中國建設，地學雜誌，地學季刊，地理學報，地政月刊，建築月刊，禹貢半月刊，等共九種；其餘屬普通者亦有八種，合共四十種。對於每一類之文章均註明其出版處，出版年月，出版期數，並將其內容列舉綱要，讀者可以按圖索驥，一目了然，誠為學者研究水利不可多得之耳目也。(該書本校圖書館備有)

(三) 居濟一得

著者　張伯行

張伯行，清儀封人，字孝先，晚號敬庵，康熙進士，累官禮部尚書，歷官二十餘年，以清廉剛直稱。其政績可紀甚多，門人數千，著述豐富，本書卽爲其受命治河山東時所作，名曰「居濟一得」全書共分八卷，合訂四册，中述治河方法，每多獨到之處，與明潘季馴全有治河能手之稱(潘季馴，明萬歷年間人，著有「防河一覽」一書，極爲今人所稱道)。

本書於原序云：「……余自庚辰歲奉命效力河工，日夕奔馳於淮揚徐泗數百里之間。考古人之製度，驗今日之情形，源流分合，高下險夷，亦既悉其大概矣。閱四載而膺山東治河之命……數年以來，越阡貫陌，相度經營，爰詢之故老，考之傳記，凡蓄瀉啓閉之方，宜沿宜革，或創或因，偶有所得，筆之於書，以備他日參考，積久成帙，分爲若干卷……」其末云：「……若徒汲汲於補苴罅漏，防護堙塞，歲糜國家無窮之帑，徼倖於旦夕之無事，謂可藉手告無罪於古人，適足貽笑後人而已矣，是烏足與言治河之術哉」此言深切時弊。

此外値得一讀者爲卷六治河議及卷七治河總論等篇，議論甚爲的當，方法多有可取；如治河議篇內有云：「善治水者，爲其水大而能治之使小，水小而能治之使大也。水大而能治之使小，所以除水之害也。水小而能治之使大者，所以資水之利也。」凡此皆爲言治水者所必讀。

(四)城市土地重分之將來

"THE FUTURE OF LAND SUBDIVISION"

原著者 HARLAND BARTHOLOMEW

原文載 "CIVIL ENGINEERING" MARCH 1936.

本文爲市政論文之一，作者首述美國過去人口與現在人口之比較及增進率，與乎土地再加劃分之重要性及其理由；次述新地重分所需之數量；繼述某地應予重分之必要及城市重分之方式。最後列舉將來土地重分時應採之步驟：

1. 調查市民比較準確之最高限。
2. 調查獨立住戶之數量。
3. 估計每一區內應有寄生之住戶。
4. 估計一種對於住宅區域內有利之住戶。
5. 探求市民密度分布之情狀。
6. 研究現有房屋之展佈，其便利是否滿足與合理。

7. 假定適合新家庭住居需要之土地重分總量。

8. 假定適合於集團住居之土地可重分或再重分之總量。

9. 假定每年需要之建築容積而預留可供長時間展拓之土地。

10 草擬一个地方計劃與房屋管轄權做成前述之各項假定以爲設計時之根據。

(五)雨量與洪水之關係

"RELATION OF RAINFALL TO FLOOD RUN-OFF"

原著者 C. R. PEITIS

原文載 "THE MILITARY ENGINEERING" 3-4, 1936

本文分述，大雨之預測，流量之馭制，流域之截貯，雨水集中之時間，水流之坡度，流域之大小，洪水之波濤，雨路之測繪，雨水流放之測繪，及有效水量之流速等等，並設多數公式，以利計算，將雨量與洪水之關係條析無遺，研究水利者，不可不讀。

(六)三合土樓面圖譜

"TYPES OF CONCRETE FLOOR"

原文載 "Concrete and Constructional Engineering" Jan. 1936.

本文採列不同樣式之三合土樓面多種，詳繪其結構方法，幷加說明。計有 The British Reinforced Concrete Engineering Co. floor; The Broadmead Products Co. floor; The "Caxton" hollow-tile reinforced Concrete floor; The "Bison" floor; A Special type of Beam floor; The "Corite" floor; The "Economic" floor; The "Evan stone" floor; A hollow-black self-centered floor; A floor with a ribbed soffit; The "A_1" and "A_2" hollow tile floor; The "Triangular" hollow tile floor; The "Hollocast" dry floor; The "Hollocast" wet floor; The "King" Center less floor; The "Glascrete" floor;…………………等凡二十有八種，容日再詳細譯出，以供參攷。

——完——

土木工程研究會簡章

第一條　本會定名爲：「私立廣東國民大學工學院土木工程研究會」簡稱：「民大工研會」。

第二條　以團結工學院同學間永久感情，研究學術，以謀促進建設，發揚校譽爲宗旨。

第三條　會址暫設本校第一學院。

第四條　本會組織之系統如下：

全體會員大會——由全體會員共同組織之。

正副會長——由全體會員大會中直接選出。

幹事會——設七人至十一人，分任文書。出版，理財，考察，研究，庶務等事項，均由全體會員大會選任。

特項委員會——除日常事務外，關於特種工作，認爲有辦理之必要者，隨時由幹事會組織之。

第五條　正會長，副會長暨幹事等，任期均爲一年，但得連任。

第六條　全體會員大會，定每年召集二次，四月及十月舉行，遇必要時，得由過半會員提出臨時召集之。幹事會定每月至少開會一次，討論會務進行，開會時由會長召集並由正會長任主席。

第七條　凡屬本校工學院同學，無論在校或畢業如贊同本會宗旨。遵守本會會規者，均得加入爲會員，入會後，得享有本會一切權利與履行應有之義務。

第八條　每年徵收常費弍元，分兩期繳納，除畢業會員直接繳交本會理財外，其餘在校會員則由存校按金內扣除，其他費用，如有特別需要時，由幹事會議决徵收之。

第九條　本會章程，經學校批准備案後始發生效力，如有未盡事宜，得隨時提出會員大會修改。

本 屆 職 員 表

會 長：吳民康

副會長：莫朝豪

研究幹事：黃恆道 呂敬事　　財政幹事：吳魯歡

文書幹事：沈寶麟　　出版幹事：陳沃鈞

庶務幹事：司徒健　　考察幹事：馬順華

出版委員會委員

吳民康　莫朝豪

陳沃鈞　吳魯歡　呂敬事

材料調查委員會委員

馬天驥　區子謙　彭光鑾　勞漳浦

江昭傑　高維駒　周起麟　鄭紹河

體育委員會委員

司徒健　羅巧兒　吳厚基　吳魯歡

呂敬事　趙德榮　岑灼垣　俞鴻勳

游藝委員會委員

梁偉民　陳華英　沈寶麟　趙德榮

郭佑慈　詠澄東　馮素行　羅巧兒

本報歷期文章索引

三合土柱的簡易計算法	莫朝豪	2
鋼筋三合土水池之設計	莫朝豪	2
受彎力及牽力複筋建築件的設計	胡鼎勳	2
水壩計劃	莫朝豪	3
橋梁計劃靜力學	胡鼎勳	4-5
杆梁撓度基本公式之証明及其應用	廖安德	4
圓形張力蓄水池的計劃	吳民康	5
各種樁條之計算法	莫朝豪	5
樑及塊面之簡易設計	溫炳文	5

(丙)調查及報告：

廣州市之土木工人問題	莫朝豪	2
廣州市建築商店調查	黄德明	2
廣州市建築材料調查	莫朝豪	1
建築材料的研究	廖安德	4
羅浮山一個月測量的回憶	陳福齊	5

(丁)工程常識：

平面測量問答	吳民康	1-5
用皮尺作圓形曲線	胡鼎勳	1
量法述要	吳民康	1
業主與承建人之規約章程	馮錦心	1
試驗鋼鐵便法	黄德明	1
土工計算簡法	逖錫培	1
力與彎率	吳民康	2
十字路路角面積之計算法	吳民康	4
面積與周界之研究	陳華英	5
真空中物體體積之研究	陳崇灝	5
方形地基設計簡法	溫爾匯	5

本會出版之工學叢書

『實用水學力』

編著者： 吳 民 康

定 價： 每册大洋八角

內 容

國民大學

工程學報投稿簡章

一、本報以發表關於工學之作品爲主旨(詩詞文藝不登)校外投稿亦所歡迎

二、本報暫定每年出版兩次

三、本報所載文字文體及內容不拘一格惟文責要由作者自負格式一律橫行並用新式標點

四、翻譯文字有學術價值者得壹並採用惟須註明由來原作者姓名及出版日期

五、來稿如有插圖須另紙繪妥(白紙黑字)

六、刊登之稿酌酬本報如有特殊價值經審查認可者得另印單行本

七、截稿期限在出版前一個月

八、來稿請寄交廣州市荔枝灣國民大學土木工程研究會收

工程學報 第六號

編輯者：廣東國民大學工程學報社

出版發行者：廣州荔枝灣國民大學工學院土木工程研究會

經售者：本省及國內各大書局

印刷者：廣州市惠愛中路大馬站中山印務局

出版期：民國廿五年壹月

報　價：每册肆角　寄費加一(郵票十足通用)

工程學報

吳鼎新題

廣東國民大學
土木工程研究會
編印

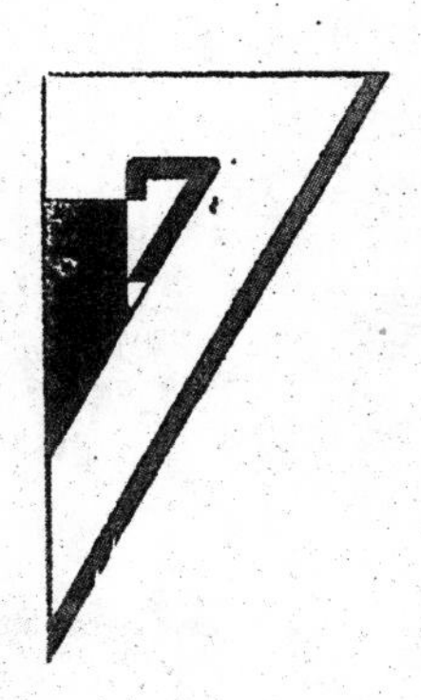

第七號

中華郵政特准掛號認爲新聞紙類　西南出版物審查會發給審字一一五號許可證

本届職員表

會　長：吳民康

副會長：莫朝豪

研究幹事：黃恆道　呂敬事　財政幹事：吳魯歡

文書幹事：沈寶麟　出版幹事：陳沃鈞

庶務幹事：司徒健　考察幹事：馬順華

出版委員會委員

吳民康　莫朝豪

陳沃鈞　吳魯歡　呂敬事

材料調查委員會委員

馬順華　區子謙　彭光鑾　勞漳浦

江昭傑　高維駒　周起麟　鄭紹河

體育委員會委員

司徒健　羅巧兒　吳厚基　吳魯歡

呂敬事　趙德榮　岑灼垣　俞鴻勳

游藝委員會委員

梁偉民　陳華英　沈寶麟　趙德榮

郭佑慈　諸澄　　　衍　羅巧

工程學報第七號目錄

插　圖

特　載

專門論文

工程設計

工程常識

書報介紹

篇前話

爲着依期完成我們的原定計劃，第七號工程學報終於提前在本月內實現了！

盡我們能力之所及，在本學期內先後完成工程學報兩號，工程月刊四期，內容如何，自有公論；在我們自己，總算得是可無愧于我心，告無罪於大衆！

照老例，每一號內容，總得忠實地介紹一番。其實，在讀者的立塲來說，每一篇價值的評論，各有各的見解，所謂仁者見仁，智者見智，用不着編者多費筆墨。不過在編者的立塲來說，這是編者應有的責任而不是多餘的廢話，說來也不見得討厭罷！

除了特載欄內一篇「廣東省營工業建設的科學管理問題」經已在該篇篇首早加介紹外，其餘專門論文欄內各篇，都是值得我們注意的；如戰時道路工事與戰時鐵道工事兩篇，是作者本其平日教學經驗和研究所得寫出來的結晶物，可以當作道路學和鐵道學兩科的通俗講義讀。此外兩篇關於建築學的文章，都是作者本其十多年來建築經驗寫出來的好作品，這類稿件，相信大家必定很歡迎。還有小三角網測量實施一篇，也是充滿丰富經驗成份的，希望讀者千萬別要走馬看花般讀過了才好！工程設計欄內幾篇，不用說，都是費精神攪腦汁的好東西，如果是歡喜研究這一類文章的話，就請特別加以留意！還有一篇不能錯過的，那就是書報介紹欄的一篇，研究水利的人們，看看作者的讀書報告罷！

如可能，以後准備編印幾種專號，完了！

——編者——

——特　載——

廣東省營工業建設之科學管理問題

——張仲新——

本省當局自年前推行三年施政計劃以來，對於各種偉大之生產建設，均已先後實施，成效卓著○本會爲宣揚　政府之三年施行計劃及對於省營工業作整個的介紹起見，特恭請廣東省政府第五科科長兼廣東省營工業審核委員會委員張仲新先生專爲本會寫成此「廣東省營工業建設之科學管理問題」一文○查張先生對於工業之科學管理，甚具心得，今蒙慨將本文發表，於此謹誌謝忱○

——編者附誌——

我粤自民廿二年春省政府施行三年施政計劃之後，屈指計算，已屆期滿，關於民政財政司法教育建設諸方面，皆能按照原定計劃，逐步實施，間或因環境之變遷，未得盡行完成；然重要之建設計劃，已具卓著成績，今僅就建設中省營工業之部，畧述其概要，以告關心於新興建設者○

查我國自與列强通商之後，國內閉關自守之幼稚手工業，已爲外來之有系統的經濟侵畧政策所冲擊而崩壞，本國固有之出品，逐年減少，而入超之數額，與時俱增，更自一九二九年世界經濟發生恐慌之後，我國市場全陷於衰落之境，本國各地之產品，久已陷於絕望之路，即外貨不斷施行傾銷政策，以互相爭奪，而其結果只見銷路遲滯，金融枯竭，農民終歲勞苦所得，猶未能供衣食之需求，若長此放任，致金錢不斷外溢，非但農村破產，無由復興，即國家民生之經濟，亦將永陷於歷刼不振之地。

革命策源地之廣東，因與外國通商最早，則其受害比其他諸省尤甚。據海關之統計，民廿二年間，粵省入超數額約爲一萬七千萬元，若以本省人口三千萬計，則每人每年輸出外國之金錢幾爲五元七角，雖然民廿三年入超數額減爲八千萬元，但國貨之出口未見增加，足見國民經濟之活力，猶未見有復活之機。故本省當局爲挽此已破之狂瀾起見，經已深切認識我國之經濟破產，除受世界經濟不景氣影响之外，其重要之原因爲生產不足，因此於民國二十二年間由　陳總司令擬定三年施政計劃提出西南政務委員會修正通過，交由省政府依照原計劃中所訂建設方案逐項實施以期達到改良幼稚之手工業。復活市塲之銷路，救濟農村破產於水深火熱中之目的。同時可減少人民失業，亦爲保護社會安全之良好方法。

本省工業建設，自民二十一年省政府　林主席雲陔兼長建設廳時，即慘淡經營，施行建築工廠，訂購機器，訓練技術人材，督促各廠製品，在省庫支絀與農村破產之中，民二十三年直至何秘書長啓澧接任建廳廳長，亦能繼續原定計劃，按序施行，故屆三年計劃最後之一年遂得完成基本重要之工廠，凡十餘所，使我粵漸入科學工業化之境，是爲百粵人民引爲欣慰，而對政府建設實業，爲民造福之心，抱無窮之希望也。

省營工廠，皆就本省環境之財力原料等條件而籌設，遵照　孫總理實業計劃施行，有紡織廠之棉織部，絲織部，毛織部，絹絲蔴紗紡織部等各分廠，建築主要材料之西村士敏土廠及硫酸廠，苛性鈉廠，飲料廠，製紙廠，肥料廠中之淡肥部，鉀肥部，磷部肥，各分廠，西村省營第一工業區新電廠，廣東蔗糖營造塲，市頭糖廠及酒精廠，新造糖廠及酒精廠，順德糖廠，揭陽糖廠及酒精廠，交通實業主要原料之燃料廠，又梅錄市之蔗織廠籌備中者有滃江水電廠鋼鉄廠廣南造船廠等。以上各廠總計規定預定總資本九千三百餘萬元，除籌備中之水電鋼鉄等廠，尚須時日估价勘明建築外，其餘各廠之基金機器價欵，多已付清。

吾人試一檢閱數年來已成立之省營各工廠之製成品，其售價每年平均在二千萬元以上；此即爲直接堵塞外溢之漏巵，間接增進社會經濟國民生計之明証。今謹將省營產品之售價及各工廠之概況，製成簡表，說明如下：——

廣東省營工業產品兩年來之售價表

（民國廿三年五月一日至民國廿四年十二月底止）

產品類別	售價金額
糖品	一六，五三八，五一〇·四三
士敏士	一〇，四〇七，九六四·一五
鎢鑛	八，三三三，三五七·三三
肥田料	一，三八二，七四四·八四
枯水	一一六二，三〇七·五七
紡織品	五三三，五六一·〇〇
硫酸	二〇四，八八七·七五
合計	三八，五六三，三三三·〇七

總計兩年來售價爲三千八百五十六萬三千三百三十三元零七仙

平均每年售價約二千萬元

廣東省營各工廠概況表

（民廿五年六月一日）

廠名	資本總額	產額	廠址所在地	備考
西村士敏士廠		每月 6,000公噸	西村第一工業區	
第一套機	4,000,074 00			
第二套機	2,327,158 00			
第三套機				
硫酸梳打廠			西村第一工業區	
硫酸部	940,337 00	每月 450 噸		（原稱硫酸廠）
梳打部	1,400,000 00	每月 180 噸		（原稱苛性納廠）
肥田料廠			西村第一工業區	
燐肥部	167,000 00	每月 1,500 噸		
淡肥部	3,423,680 00	每月 600 噸		
鉀肥部				
飲料廠	1,021,600 00		西村第一工業區	
紡織廠			河南第二工業區	
絲織部	465,928 36	每月30,000 碼		
製絲部	170,800 00	每月 20 担		
蔴紗水結部	646,288 30	每月 5,000 磅		
棉紗部	2,916,060 00	每月360,000 磅		
毛織部	948,000 00	每月 1,000 噸		
製紙廠	8,225,440 00	每月 1,500公噸	河南第二工業區	
蔗糖營造場				
新造製糖廠	2,201,385 00	每月 2,250噸糖	番禺新造鄉	
附設酒精廠	404,784 00	每月 2,000 担	番禺新造鄉	
市頭製糖廠	4,035,320 00	每月 3,000噸糖	番禺市頭鄉	
附設酒精廠	316,660 00	每月 2,680 担	番禺市頭鄉	
揭陽製糖廠	2,019,750 00	每月 2,250噸糖	揭陽曲溪鄉	燃料廠現由平濟軍製糖廠撥借製醚機等，故預計資本未定。
附設酒精廠	412,784 00	每月 2,000 担	揭陽曲溪鄉	
順德製糖廠	4,000,000 00	每月 3,000噸糖	順德霞村	
蔴織廠	900,000 00	每月300,000 個包	海浃市	
燃料廠		每月30,000 罐油	廣州南石頭	

觀上表所示，則知各工廠雖未可稱爲盡善盡美，然可當爲規模已具，頗堪告慰。惟欲求各工廠皆入繁榮完善之途，勢必有待於數個計劃與管理爲之改造。即爲如何利用科學的方法，以減輕製品之成本，增高生產效率？近世英美德法比捷日本各國皆用科學方法以爲管理工業之唯一利器，無一不獲優良之成績，即以勞農主義標榜之蘇聯，自施行五年計劃以來，重輕工業亦日見發展，於第二期五年計劃中所獎勵全國工廠採用之「塔拉哈諾夫運動」，亦即資本主義國家所用科學管理方法中之一部，所謂技術上分工合作增加產量之方法也。故科學的管理法之利用與實施，實爲目前我省營工廠之重要問題，今以管見所及，畧言其大慨以就教於高明。

從歷史進化之軌跡，足証世界文明之進步，視人類所用之生產等器具爲斷。過去石器銅器鉄器時代之生產方法，已成爲歷史的陳跡。

近代工業發達，機械物質的生產器具，已成普遍的適用，故現世最文明之工業先進國，已由採用機械問題，進而於研究組織與管理之問題。換言之，即從物質之改造進步到利用智力之增進爲改造生產之工具。

近世機械之發明，致生產方法與組織發生重大的變動，而成工業革命後最重大之目前問題，爲如何合到工業組織與管理勞工機械建築原料及製造方法得獲最大之效果，因此建設執政者，乃從生產方法改進上努力之結果，感覺仍有未能解決之問題，即爲如何採用一種能對於工業建設造福爲民的方法，以應目前之需求？於是科學的管理(Scientific Management)制度與方法便應運而生。

科學管理之理論，自美人太樂氏 F.W.Taylor 於一九〇一年著行工場管理一書(Shop management)之後，科學管理之理論與方法始得到正確之見地，此種科學在工業史上至今只三十餘年，然而已超出國界，已由美法英日德比捷，而推至我國，而素稱勞農國家之蘇俄，近年推行此種科學管理制度，尤爲努力，故彼國施行五年計劃以來，能漸由農業國變爲工業國，決非偶然之意外收獲，故採用合理的科學管理方法，實爲增加生產，節省消費，減輕成本之唯一良好制度。

綜上所述，則我省工業建設，正當創行努力前進之時，似更宜於採取此種合理化之方法，先行改良各省營工廠而增高生產效率。

現在歸納科學管理各種理論而說明其目的及所負使命，換言之，即科學管理，應合乎左列各種法則。

(一)吾人應如何注意及改善人工與機械之勞働效率，以收穫最大之生產量。

(二)人工材料，應無絲毫之耗費，使物與力皆各盡其能，節省人力與物質之損失，以減少生產費用。

(三)廠方利益，應使增加盈利，然同時亦須顧慮工人之工資，使利益得在合理化下適宜均沾，而增高其精神與生活之安慰，俾安心於服務，直接可提高其工作能率。間接即增加生產。

科學管理之目的既如上述，然對于科學管理本身之意義與原理，實非高深與玄妙，現在以簡明之名詞說明之，科學管理之基本原則如次：

(一)科學管理應基於動作考察(Motion Study)時間之考察(Time Study)材料物具，營業等之統計與分析勞働者之身體與心理試驗等項各方面之考察結果而成正確之認識，以此正確之認識，作廠務進行之南針。

(二)產品之標準化 (Standardization) 此種標準化者，即是規定標準為增加產量，減少生產費之主要方法，亦即科學管理之基礎。簡言之，製造品應減少至最少式樣，原料應限制最少種類，在精不在多，總之一切應用物件方法皆使之整齊劃一符合於規定標準而已。

(三)選擇人材，應量才為用，僱任與撤換，基於客觀之事實的考察結果，不能留存片面的成見。

(四)職權簡明化：科學管理對於選擇人材則量才為用，因此上如經理下至工人，必須分工合作，所管事務，應劃分清楚，俾各盡其責。組織務求顯明，人材與職務必須皆供應付廠務，毫無彼此輕重之分。

（五）工作之考績公平：科學管理卽應用合理化之標準推動廠務前進對于員工之勤惰皆依照工作之成績與規定標準而給獎或懲罰，換言之，科學的管理總合乎賞罰分明之原則。

（六）推行成本會計：成本會計爲科學管理制度中最佔重要之一部，蓋關於工廠產量之多寡，工人工資製造原料用料之是否昂貴，機器房屋之折舊，撥除貨物品質之優劣，以至銷路之暢滯等等，皆與成本有關，必須有成本之精確計算，乃能推算工業本身之是否盈虧，使其工廠幹部人員作擴充或減縮之準備，故成本計算未能精確之工廠，其本身之營業，莫有不受重大之影響者。

以上爲科學管理簡要之理論其詳細之探討，當另文申述之，吾人若能重視此最切要之科學方法，應用于實際切要之現代最近工業上努力施行，非但工業建設前途之幸，國計民生亦皆獲益不淺矣。

工程月刊創刊號目錄

——專門論文——

戰時土木工事之研究

——吳民康——

第三篇 道路工事

道路建築之目的有二：一爲謀地方上交通運輸之發達，一爲供軍事上安內攘外之便利。年來政府剿匪工作之順利，有賴於道路者實多；以故行軍所至，築路隨之，收效之宏，固非一般常人之所能預料。目前國勢阽危，抗日戰爭，勢所難免，國防上之建設，實爲當前之唯一急務，軍用道路之構築，此其一也。

第一章：軍用道路之要素

無論爲永久道路或軍用道路，必須具備三要素：一曰中心線，二曰縱斷面，三曰橫斷面，其他附屬之件則爲排水設備。玆分別而演述之：

第一節 中心線

連結路面中央諸點之線，謂之中心線。道路之方向及灣曲之形狀，均可依此線而决定之。

道路中心線之聯成，固以直線爲最好，然往往因地勢或其他關係，中心線非改變其方向不可，此種改變方向之部份，謂之道路曲線。道路曲線最常用者爲弧形，弧形之半徑不宜太小，愈小則車輛之廻旋得愈困難，故弧形之半徑，以愈大爲愈妙。在軍用道路，其曲線普通多用圓弧，圓弧之半徑最小須在三十公尺以上。圓弧曲線之中，因其配置之不同，又有種種區別：有所謂單曲線，複曲線，豎曲線，反向曲線與複反向曲線種種。反曲向線往往加倍危險，故其半徑最小應在五十公尺以上。然在急造之道路，有時因地勢與時間之關係，其曲線之半徑，自不能依據通常之限制爲準則，常有減小其半徑之長度以謀遷就，茲將急造道路半徑之最低限表列如下：

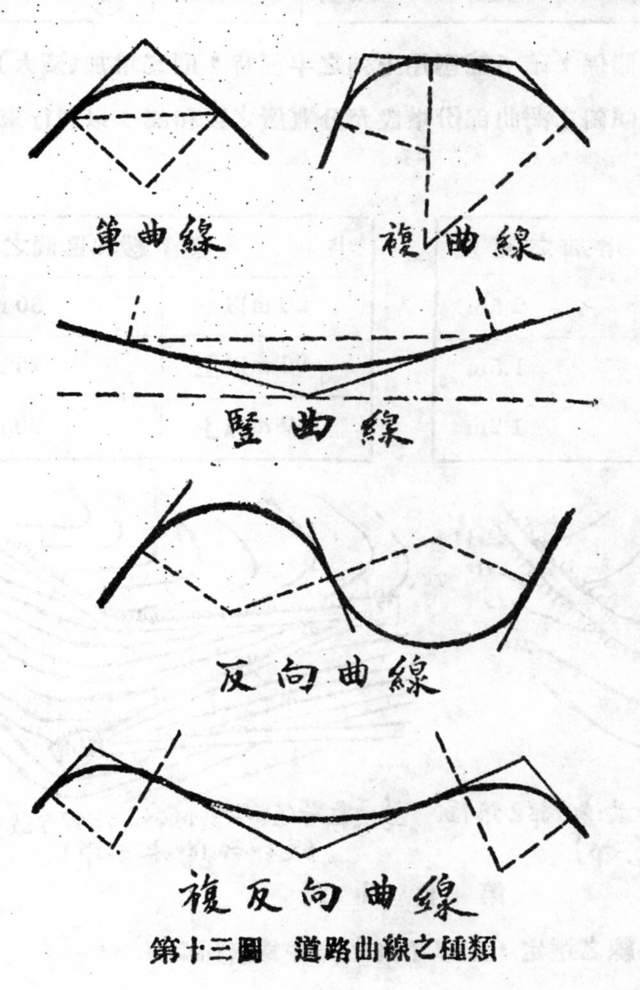

第十三圖 道路曲線之種類

急造道路半徑之最低限

通過部隊之種類	半徑			附註
	平地	高原	山陵	
野砲兵	8 m以上	15 m以上	20 m以上	如爲之字曲線（Sharp Curve）之半徑，得減少至10m
駄載 繫駕 山砲兵	6 m以上	10 m以上	15 m以上	
野戰重砲兵	15 m以上	20 m以上	25 m以上	
車輛 駄馬 輜重兵	6 m以上	10 m以上	15 m以上	
自動車	15 m以上	20 m以上	25 m以上	
裝軌式自動車	10 m以上	12 m以上	15 m以上	

又有時因地形關係，確不能應用上列之半徑時，則宜增加（擴大）灣曲部份之路幅，或於傾斜之灣曲部份增設充分寬廣之緩和部，以利行車（第十四圖）

半徑	增加之寬度
15 m以上	2.5m
20 m以上	1.5m
30 m以上	1.2m

半徑	緩和區間之長
20 m以下	30 m
20 m以上	25 m
50 m以上	20 m

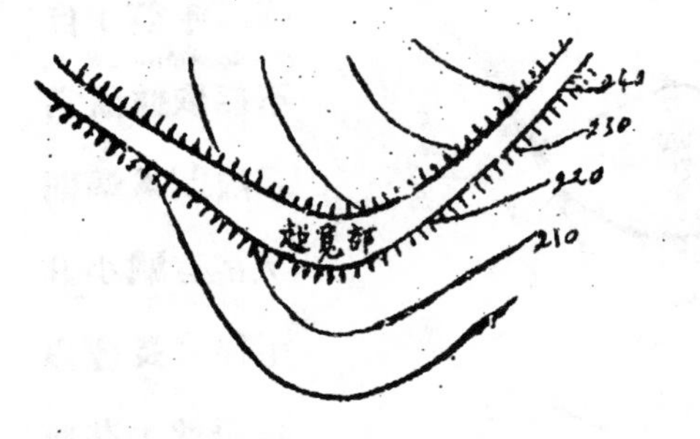

爲通過野砲而擴大其灣曲部之路幅（即超寬部）

爲通過野砲而於其傾斜之灣曲部設置緩和部（即水平部）

第十四圖

關於道路中心線之選定，宜以下列之條件爲依歸：

a. 宜極力遮蔽敵人敵機之視線，並使避免敵人炮火炸彈之襲擊。

b. 道路坡度不宜太急，若在長距離之斜坡，宜處處設置緩和部，以調劑來往車輛。

c. 在急亟之下降斜坡，萬不宜立卽接續設置上升斜坡，可於其中間加以若干緩和部，或安設竪立曲線，否則車輛通過時，必生危險。

d 曲線之半徑宜大，對於灣曲處不可使有急亟之斜坡，如爲反向曲線之灣曲處，則其間宜安設直線部。

e. 選擇路線宜適應原有地形，以避免除土積土(塡挖)及架橋等工事。

f. 又土地之選擇以地質良好者爲佳，且宜依據地形，使路面之排水容易與便利，藉此減少排水工事。

第二節　縱斷面

縱斷面者，乃依中心線縱截道路之斷面也。依此斷面，可探知道路縱方向之斜坡及路面與自然地之關係。

縱斷面上之斜坡謂之坡度，普通平野上之自然坡度多在 5 % 以下，其距離甚短之坡度，不能超過 1.5 % ，築造軍用道路，無儘量減少坡度之必要，但在山坡起伏之處，遇坡度距離長者，則宜減少至 3.5 % 以內，距離短者亦須不使其超出 7 % 以上。

普通道路其最小坡度之規定爲 0.5 % ，然在無排水必要之地，或特殊情形時，可不必以上述者爲限。

軍用道路之坡度，應依次列之規定：

道路之種類		坡度		
		平坦	高原	山陵
急造道路	野砲兵	8%以下	10%以下	12%以下
	山砲兵 繫駕 馱載	12%以下	14%以下	16%以下
	重砲兵	5%以下	6%以下	7%以下
	自動車	6%以下	8%以下	10%以下
長時日使用之道路		4%以下	5%以下	6%以下

又如坡度變換其所在時，則宜依次列之標準長度，設置豎曲線○（縱曲線）

坡度之代數差		縱斷曲線之長		
		平地	高原	山陵
0.5%以上	3%以下	20 m以上	15 m以上	10 m以上
3%以上	5%以下	40 m以上	30 m以上	20 m以上
5%以上	7%以下	90 m以上	50 m以上	20 m以上
7%以上	10%以下	90 m以上	70 m以上	30 m以上
10%以上	13%以下	100 m以上	90 m以上	40 m以上
13%以上	16%以下	…………	…………	50 m以上
19%以上	20%以下	…………	…………	70 m以上

縱斷面之要件除坡度外，則爲土方計算，然土方之計算，非單祗從縱斷面之長度可以計算得來，必加以橫斷面之面積合算而後可○在行軍時築造道路，對於土方計算，自無求十分精確之必要，祇求簡單迅速，畧加估計急行施工爲要○玆將築造縱斷面圖舉例繪列如下：

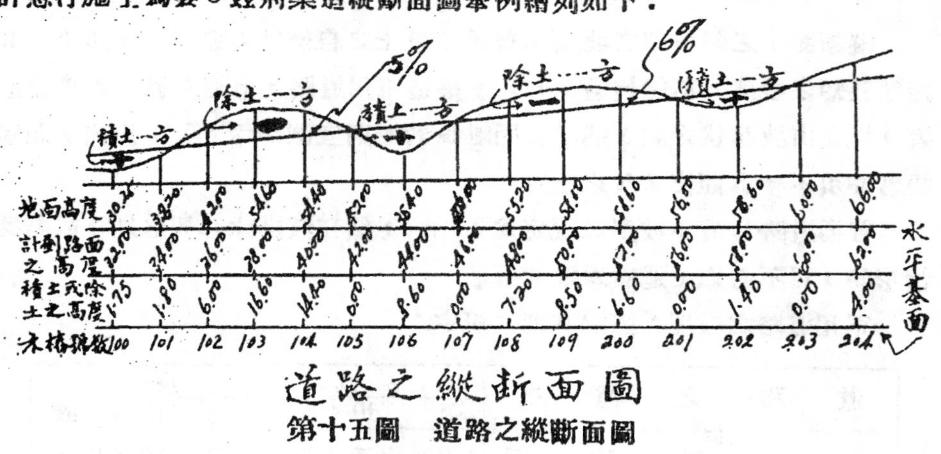

道路之縱斷面圖

第十五圖　道路之縱斷面圖

第三節　橫斷面

橫斷面者，乃直交中心線方向橫截道路之斷面也○依此斷面，可探知道路之構造，及路面與自然地之關係○

路幅：　此處之所謂路幅，卽爲道路之有效寬度○爲使途中遭遇軍隊及車輛不生障碍而能通過，且爲減少車輛通過路面所生之破壞起見，其寬度至少須達五公尺以上（兩汽車相遇而通過之路，須達七公尺），若只由一方向通過，亦不可少於四公尺，然在急造之道路可以變通辦理，玆將道路路幅之最低限表列如下：

各種道路路幅之最低限

	道路之種類	路幅
急造道路	四列側面縱隊之徒步兵 二列縱隊之騎兵	2.5 m
	野砲兵	2.5 m
	山砲兵 繫駕 馱載	1.5 m 1.0 m
	野戰重砲兵	3.0 m
	輜重 車輛 馱馬	2.0 m 1.0 m
	自動車	3.5 m
	裝軌式自動車	4.0 m
	長時日使用之道路	5m—7m

第十六圖　道路之橫斷面圖

路面坡度：　路面坡度卽道路之橫斷坡度，此種坡度之規定，根據路面之種類而異。在軍用道路，其路面之構築，非土壤路卽砂礫碎石路，通常最多由4%至6%止。

排水設備：　欲使道路之保存良好，須特別注意排水，免致爲路面及自路外流下之雨水滲入，破壞路基。排水之法，除選擇良好地質之土地，依地形使便於排水，以減少排水工事外，通常於道路之兩側設置排水溝，其下埋設瓦管，此項瓦管，一端稍大，須向上坡，以備與他管銜接，瓦管之外，堆置碎石，以使管外之水易於流通。有時在行軍上，無法找求瓦管，或不便搬運瓦管，亦可以其他方法代之，如用木板製成溝渠，或利用碎石，柴束，樹枝等，敷設溝下，使水流易於通過。惟利用碎石，柴枝等物，宜注意渣滓之積留阻塞，可加用草皮稻草或麻袋等，夾於土石之間，上面尤宜蓋護，以防泥滓下沉（如用草皮，宜以草面向內，土面向外）。

關於道路排水之設備，除於路幅兩側設置排水溝（透溝）外，有時經過低濕或小川流通過之地，各種排水溝又宜安設涵洞，以利排水，關於涵洞之討論，詳於鐵道工事一篇，此間不另述及。

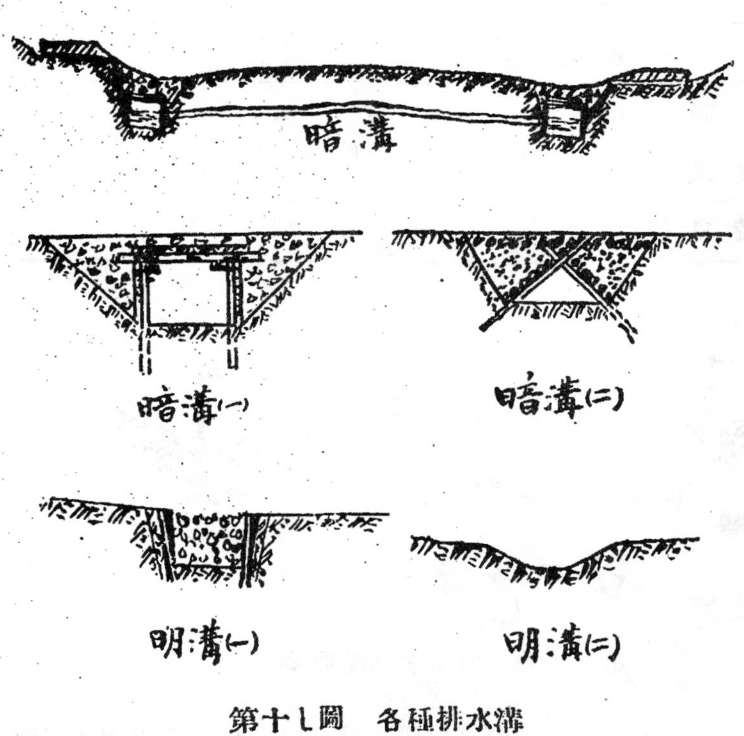

第十七圖 各種排水溝

第二章：軍用道路之利用

行軍之第一要義，在乎神速，故軍事上之各項設備，總以簡單，迅速而又強固者方合。軍用道路尤以不必從新開設，而利用(或畧加修造)野外之現成道路爲好。

利用道路時，可依據地圖，諜報及土民之談話以判斷其價值，仍須遣派軍官，實地偵察現地之狀況，然後根據下述各事項加以考慮而決定之：

一、軍隊啓行時，如有多數道路可供選擇，則爲徒步兵者可選最近路；繫架之砲兵及其他車輛者，可選堅硬路；如爲騎兵，必要時，則雖取多少迂迴路，亦無妨碍。

二、高速度之車輛，務宜選擇平坦堅硬之道路，或使用專用道路。然在戰場其他附近，易爲敵人察覺轟擊，此時則宜選定遮蔽之道路，或利用多數道路爲好。如爲夜間行軍，則又以交通便利爲主，大可選擇優良之捷徑，不必講求秘匿。

三、行軍每因欲求迅捷起見，往往不必依據道路而行，然砲兵及其他車輛，自不能任之長時間進行於路外，而增加其疲乏，如遇天雨或不良之氣候，尤爲不可，故寧取不良之道路，較爲上策。

第一節　可供利用道路之　斷

可供利用道路之判斷，雖因行軍之目的而異，然單祗爲軍隊之通過，則概以下述各項爲依歸：

一、　通過是否容易，有無影响進行之速率。

二、　是否受天氣及季節之限制。

三、　有無代替不良部份之迂廻路。

四、　土質及沿路之地形是否良好。

五、　是否適宜於天空之遮蔽。

關於偵察可供利用之道路時，所遣派之軍官，宜具有充分之工程學識，與銳利之眼光，於出發前預先携備地圖，研究應取之道路及注意之要點，如道路之全長及路幅，路面及基礎之種類及其性質，坡度及灣曲部之狀態等。如可能，則宜携帶偵察所需之儀器（如軍用測斜儀——又名偵探器

——其用法詳後」，務期以短少之時間，收得良好之效果○如為大規模之道路工事，尤應附以詳細之報告及要圖，以為判斷時之資料○

第二節　已經採用道路之標示

可供利用之道路既經判斷後，則宜處處設置標示，以免軍隊因錯進他路而誤却路程○標示之法有多種，如屬臨時或短時間使用者，則於進行方向與可疑之歧路，配置標兵已足○此種標兵宜由偵察軍官或先遣部隊分別配置之○該標兵之責任，在任指示必要之事項或嚮導之責，須俟續到部隊先頭抵達交換配置後，方可撤去○

長時日使用之道路，可設置永久道標，於道旁容易認識之處，堅固設置，道標上標示以進行之方向，地點，及距離○如在森林內之縱隊路，可削去樹皮以作標示；容易積雪之地，則以捆有束藁之樹枝或長木，堆置適當距離內土堆之上；如為主要道路或橋樑入口等處，如在夜間得以灯火標示之，有灯火之標示，宜加以上空遮蔽，並設專員監視其燃滅○

第三章：軍用路之構築

野戰時道路之構築與普通永久應用者有別，雖其作業之層序大致相同，然一者以長久之時間為強固耐久之構築，一為以短少之時間為應急迅速之構築，方法畧有不同，而實施工作亦頗有差異○

構築野外軍用道路時，不能利用機器，材料運輸，亦常困難，務須利用沿路原有或易得之材料○築路者宜富有築路之學識與經驗，方能應付裕如，且須能儘量利用材料人工，在當時環境下，可能範圍內，以築成滿意適用之道路○

道路構築之先，宜於圖上加以研究，或直接查踏現地地形，以決定中心線，根據工事之程序及方法，分別配置工程隊以便實施工事○

軍用道路，依其目的，可大別為急造道路與長時日使用道路二種○急造道路祗供軍隊一時之通行，通常以短小時間，就地材料購築之○如陣地內之交通路，縱隊之行進路，與砲兵之進入路等是也○長時日使用之道路其目的，在使通過步隊之進行，得以繼續無阻，構築時，必須顧及其保固耐久之性能，如駐軍間使用之道路，要塞內設置之道路，及兵站之線路等是也。

第一節 急造道路之構築

工事之規劃： 規劃軍用道路，尤其是急造道路，負責者可無須加以一重紙上之設計，可卽行實地觀察，由預想中心線之一端起，一面踏查現地，一面於應施以除土積土之處，彎曲處及其他中間必要之諸點上，施以簡單之標識，或打下木樁，以至他端後，更復行檢查，如發覺中心線有不妥當之處，再行改正。

中心線之決定，通常概用目測，有時宜使用簡易之測量器，以謀準確。最新之簡易測量器，莫如德國普來夏公司之袖珍羅盤儀！或簡稱之爲偵探器(Breithaupt Universal Pocket Compass)。此器之用途頗廣，細小之體積內而具備有方位計(卽指南計)，量圖計，附尺，距離估定器，斜度計及定向標誌各一，對於軍用測量，最爲便利，軍事工程師最多用之。玆將其用法分別說明如下：

一、使地圖方位與地面適合法：

將全儀展開，轉動旋盤，使盤上之「N」與儀內三角形之定向標誌相對。

置儀於地圖上，使斜邊與圖上經線平行，轉動地圖，儀器亦隨而轉動，待磁針之北極與盤上磁偏向度標誌相對而止，於是圖上之南北亦卽地上之南北矣。

二、定圖上某一未知點及其與所在地之距離法：

展開儀器，使器傍之圓環下垂，用左手大姆指持之，幷以第二指架之，使成水平之狀(如圖)。然後使圓鏡與方位計約成四十五度角，幷用準星與準由向前方目標(如房屋、塔、山頂等)瞄準。此時在金屬鏡中可見方位計旋盤之影。

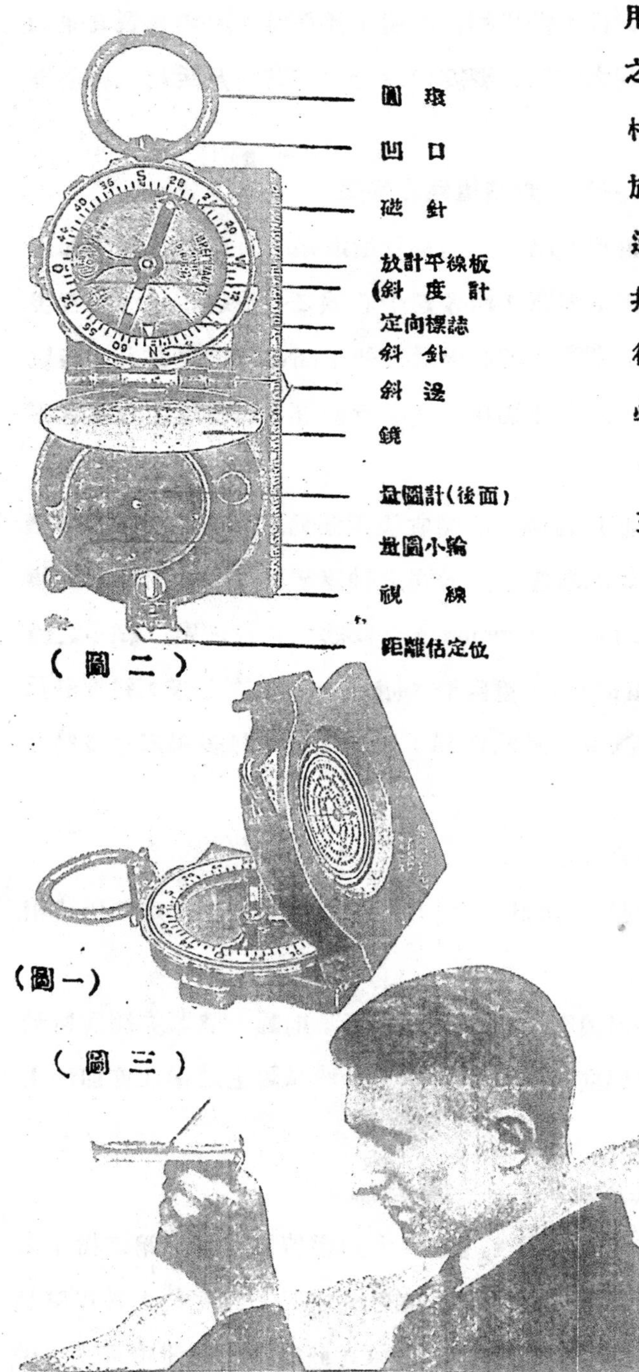

第十八圖 軍用羅盤儀

用右手轉動旋盤，使磁針之北極與磁針偏向度標誌相對，於是放下儀器，置於圖上，使器傍之斜邊經過吾人之所在地(圖上)，并使NS與地圖上經線平行。則所求之地(即目標)必在斜邊或其延長線之上。

三、定求得之地與所在地之距離法：

將儀器合起，使一傍之輪立置圖上，由所在地之點起推至求得之點止，(注意：推動小輪時，儀器須側立於紙上，使儀器之平面與前進之方向在一平面內。開始時幷須使指針正指紅色零點。)若已知地圖之比例尺，則兩點間距離即可自指針移動之多少讀得之。(讀得之數爲一千公尺數(Kilo-metre)；以1.6除之，即得英里數)。

四、定進行方向法——若

有一處，眼不可見，而欲向前進行，可以下法決定進行之方向：

展開方位計，放在地圖上，使劃有尺度之一邊，與連接吾人所在地及目的地之一線相并。於是三角形方向標誌所示之方向即爲正確之方向。轉動旋盤，使盤上NS線與地圖上之NS線相同。讀出盤上方位數字，牢記之。再依第二項中所述之方向，持器如前，並轉動身體，目注圓鏡，待磁針之北極與磁偏向標誌相對而止。然後依此新視線，向前探望，尋一相當之目標（如樹木，房舍，色彩特異之地面等，）即向此目標進行，待行達該點後，再依法尋一新目標繼續前進，直至尋得目的地而止，沿途固無需變動轉盤也。若視線上無相當目標，或在夜間無從獲得目標時，可依三角方向標誌，與量圖計背面之二塗鐳短線相連之一直線進行，惟須注意，磁針之北極必須與磁偏向標誌常保持相對之位置。

五、定遠方兩點內距離法——若遠處有二點，其距吾人立足點大致相等而距離已知時，其二點間相互之距離可以下法求之：

將儀器展開，依前法持之，近於眼下，利用準戥瞄準位置。於是在100公尺遠之處，準星兩端二尖及間之距離，即代表地上十公尺之距離；在200公尺處，即代表二十公尺之距離；在500公尺處，即代表五十公尺之距離；餘可依此類推。

再如各種高度（如樹高，塔高，山高）亦可利用此器求之。法諲須將儀器之位置由平放而變爲垂直即可，其唯一之條件，即須先知該目標與吾人立足點之距離耳。

道路曲線之規劃，本屬必要，然在急造道路，大可不必十分精密，祇須順乎地形，畧加改變，並擴大其灣曲部，以減少摧車之危險便可。

工事之實施：　道路中心線既經決定，隨後即爲工事實施之開始，工事實施開始之先，宜配備工程隊兵，分區担任，命令開始時，一齊動手，各依中心線之標誌（木樁或其他記號）施行積除，築成路基，塡舖路面，再於兩側設置排水溝。如某段須行積土時，務必十分踏固之，在供車輛通過者，尤須利用所在材料，構成堅固路面。有時中心適在山腹經過，則宜構築山腹道，如所在地適爲岩石地，不便構築山腹道，此時又須改變爲架設棧道(第十九圖)。又有時中心線所經過適爲低濕之砂地，而一時又未及施行積土，則宜舖設柴枝敗葉及蓆類於砂上，再於其上舖置編織成塊之鉄網以堅固之。

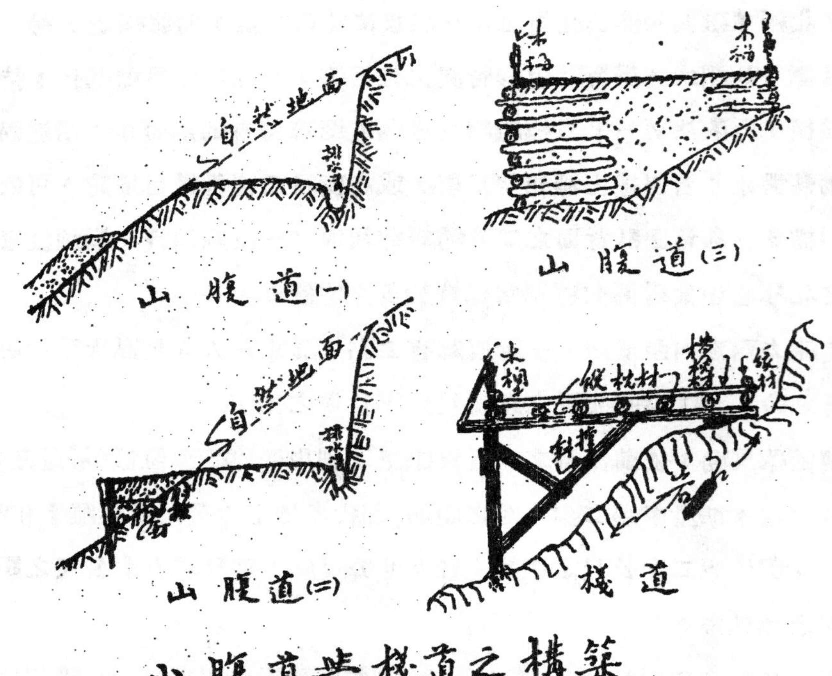

第十九圖 山腹道與棧道之構築

第二節 長時日使用道路之構築

工事之規劃： 構築長時日使用之軍用道路，較之急造者宜稍加注意，先於地圖上加以約畧之規劃，次乃實地査勘，根據地圖，於地面坡度變換點，曲線招末點，及其間各要點打下木樁，以定全路之中心線，然後再用手提水平儀複測中心線上各樁之水平，而後加以改正，其他路線之距離，坡度，方向等，概用前述之袖珍方位計測得之。

普通灣曲部曲線之規劃，得應用下列幾個簡易方法：

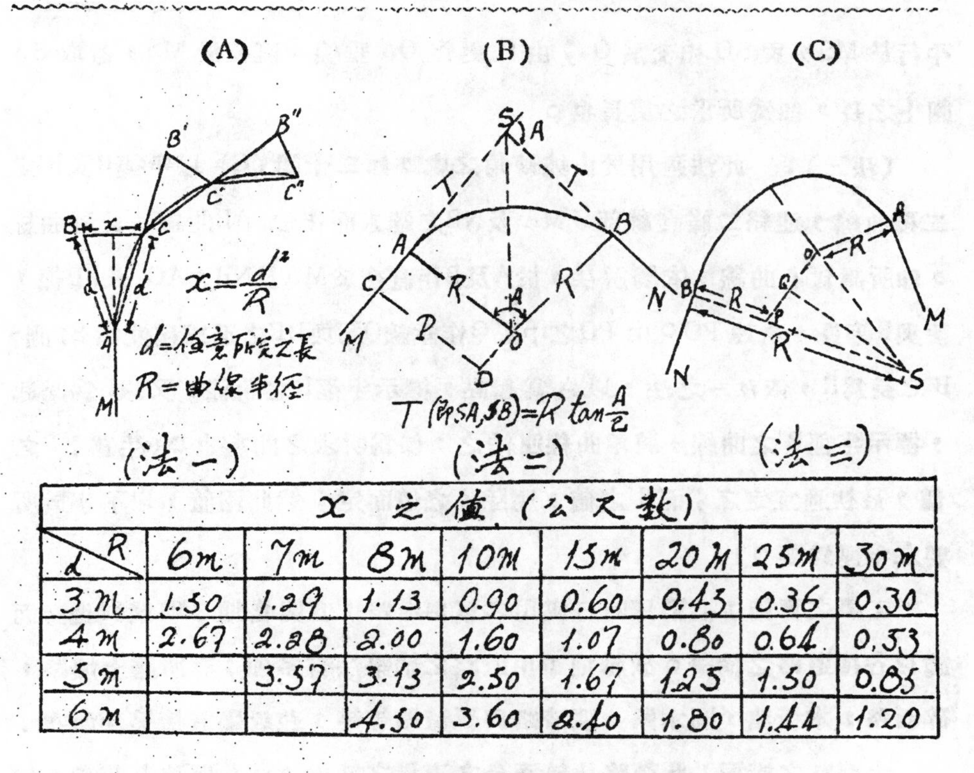

x 之值(公尺數)								
d \ R	6m	7m	8m	10m	15m	20m	25m	30m
3m	1.50	1.29	1.13	0.90	0.60	0.43	0.36	0.30
4m	2.67	2.28	2.00	1.60	1.07	0.80	0.64	0.53
5m		3.57	3.13	2.50	1.67	1.25	1.50	0.85
6m			4.50	3.60	2.40	1.80	1.44	1.20

第二十圖　簡易曲線之規劃

（法一）：　如第二十圖(A)由道路之直線部MA，以A爲起點，如欲規劃一有半徑R之中心線時，法用細繩，先以任意之長D爲二邊，X爲底邊，作成二等邊三角形，使其頂角在A，其底邊之中央在MA之延長線上，以定A點。其次使三角形之AB邊在AC之延長線CB'上，而定C'點，同法逐次求C'以下諸點，連結各點，卽爲所求之曲線。（如地面傾斜，可用細繩，畧爲水平求其影而標示之）。

（法二）：　如第二十圖(B)以半徑R之曲線連結二條直線MA與NB，法先求得兩直線之交點S.用測角器測其交角A.依(B)圖之式算出SA與SB之長(卽切線之長)定A點及B點，以此爲起點，依法一之法，再表示半徑R之曲線。兩切線之長，亦可依圖法求得之：將MA及NB化爲適宜之比例尺，畫於圖紙上，求得兩直線之交點S，作成交角之平分線SO,又於MS線上，作成與化爲比例尺之R之長相等之垂線CD，由D引DO直線，平行於MS，與SO相交於O；由O更作OA垂線，直交於MS，截取SA圖上之長，即爲所求之眞長也。

（法三）：此法適用於山坡轉角之處，如二十圖（C）以半徑R及R'之二種曲線，連絡二條直線部，MA及NB之端末而作成AB曲線，此種曲線，即所謂複心曲線，依圖解法，於A及B作直交於MA及NB之AO及BP線，使與R等長，次連PO。由PO之中點Q作垂線QS，與BP之延線相交於S；測SB之長爲R，依法一之法，以A爲起點，標示半徑R之曲線，又以B爲點起，標示半徑R'之曲線，將兩曲線連結之，即爲所求之曲線也。（注意：R之值，最初適宜定之；而R'之值，應隨R之值而定；然此兩值，以不小於所要之半徑爲要。）

工事之實施：構築長時日使用之軍用道路，宜因當地之環境與地勢而施以各種道路之構築。攷戰地軍用道路之構築法有多種：有所謂土壤路，碎石路，木板路，圓木路，鑛渣路與煤渣路等等，玆畧舉其構築法如次：

土壤路之構築：此種路比較適合之車馬之通過，法先將路基築妥，然後將石碎砂礫等材料運自路面中央，堆成錐形，再將應與砂礫石碎配合之粘土料運至道路之兩旁，亦堆成錐形，以便計算。然後將兩旁粘土散鋪路基之上，任其風乾，並用人工將坭團搗碎，掃歸原來位置。又將路中之石碎砂礫散鋪兩旁粘土堆之間，已搗碎之粘土平均撒佈其上。然後將全部路料充份拌和，以備應用。路料既經拌和妥當，其次乃將路基用水洒濕，將兩旁之路料薄舖 層，亦洒水使濕，滾壓數遍，然後再舖第二層，又復洒水，再加壓緊，每層不宜過厚，直至預定之路料用完爲止，工作既妥，即可通車矣。至於路面之橫坡度，宜使之約爲4%，並於路旁開設排水溝以便排水。

碎石路之構築： 先整理路基，用車輛壓實，用徑大六公分之石子，舖厚十五公分，作爲底層，加以搗壓，其厚約縮至十二公分左右，使其表面平坦，並與路線坡度相符。又於其上面再舖 公分半至四公分之石子，厚十公分，加搗壓後，厚約八公分，其表面亦如底層一樣使其坦平，然後再以同種石料之石屑蓋舖路面，塡滿石子空隙，洒水搗壓之，使路面平坦堅實，表面材料不致脫落，高亦與原定相符。此種路與上述之土壤路，對於駐軍間使用與要塞內設置之道路，甚爲適合。

木板路之構築：　此種木板路適宜於木材繁殖之地，法乃於路中隔若干距離，設置縱枕材多條，於其上舖以厚四至八公分之木板，釘固於枕材之上，再設緣材於兩側（如第二十一圖A.）。枕材下方，有時須設置橫枕材，然枕材之下，切勿使有空隙，如土地不平，可於枕材之下以土塡塞之。有時土質不甚柔軟，則僅設置橫枕材，而於車轍之部分縱向排置厚板卽可。

圓木路之構築：　如爲木材衆多而適爲低溼泥濘之地，以圓木構築道路，甚爲上算。如二十一圖（B）依道路之方向排列圓木於地面之上，空隙之處塡以三角形木材，其上舖束枝一層，再將泥土蓋上，卽可成路。

鑛渣路之構築：　鑛渣道適宜於鑛場附近之地。鑛渣之負荷力甚大，而且耐久，如於泥濘低濕之地，尤爲合用。築路時祗將適宜厚度之鑛渣鋪上路基掃平壓實之卽可，如慊其容易磨損，有時亦可將石灰參入。

煤渣路之構築：煤渣到處均有，以之構築道路，甚爲經濟。法將煤渣中之雜物檢出後，再將大者搗碎，鋪上已築妥之路基之上，厚約二十五公分。將之滾壓搗實後卽可。煤渣道較之普通鑛渣道於行走時尤爲爽快，如慊鬆散不易結實，可用粘土參入。再加洒水卽能生強固之結合力。

第廿一圖　木板路與圓木路

——道路工事完——

戰時土木工事之研究

—吳民康—

第四篇　鐵道工事

鐵道之價值，在平時旣爲交通運輸之重要工具，在戰時能使動員集中迅速，兵站業務敏活整齊，其他軍用品之供給，材料之輸送，均有賴於鐵道之補助，故一國鐵道之建設，除供給一般交通與運輸外，尤須使其滿足軍事上之需求。然在普通鐵道之新設，所須時日甚大。故在戰地宜極力利用旣設之鐵道，依其需要，修理而補充之，使與諸般器材相輔運用，以爲適切周到之運行。必要時，建設比較作業簡單而迅速之輕便鐵道，使作戰容易而收效。

鐵道之類別，可依其軌距，動力，位置，及特別設置等而異其名稱○依軌距而分者：有普通鐵道與輕便鐵道兩種○而普通鐵道又可區分爲廣軌道，標準軌道與狹軌道（其軌距詳後）○依動力而分者：有蒸氣鐵道，電氣鐵道，馬車鐵道與手押鐵道等四種○依其位置而分者：有高架鐵道，地下鐵道與臨港鐵道等三種○又依其特別之設置而分者：有所謂爬山鐵道與空中鐵道（詳本號常識欄）○茲再表列如次，以明眉目○

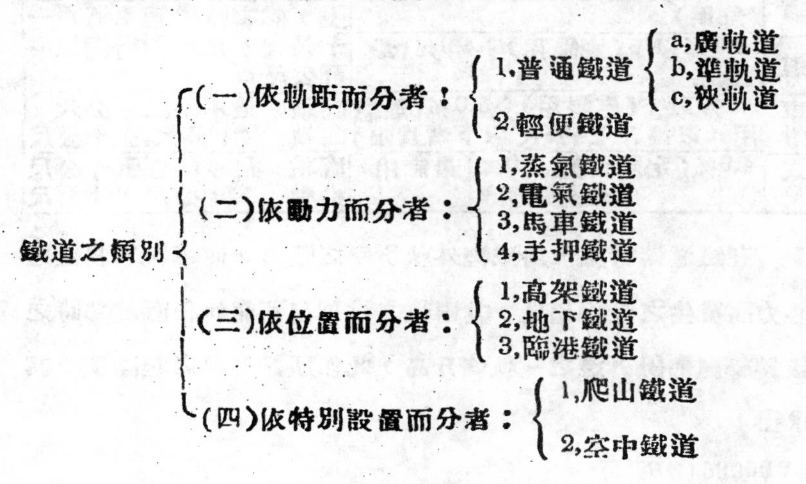

第一章　軍用鐵部之要素

鐵道本無所謂軍用與常用之別，所謂軍用鐵道，大抵多指輕便鐵道而言○有時戰事發生，普通鐵道立刻變爲軍用鐵道，而短距離或鑛場之運輸，亦往往使用輕便鉄道○考一般鉄道之要素有下述各項：

第一節：路　線

所謂路線，乃指一鐵道兩軌條間之中心線而言，鐵道之中心線亦爲直線，曲線及螺旋線所聯接而成○中心綫在平面既有彎曲，而在縱面亦有高低，所謂高低者，即坡度是也○

坡度：　路線之上升或下降之坡度，通常以百分數表示之○上升之符號爲（十），下降之符號爲（一）○例如十0.6％，即爲每百公尺上升0.6公尺；又—0,6％，即爲每百公尺下降0,6公尺○

曲線：　鐵道曲線，又名彎道，(其種類與道路者同)應以長二十公尺之弦線所承中心角之度數表之。即角度愈大，曲度亦大，此法歐洲諸國多用之。本國所定制度，亦以此爲準。此外亦有以半徑之長度表示之者，即半徑愈小，曲度愈大是也。玆將軍用鐵道之坡度及曲線半徑之極限表示如下

種類 區分	坡度	曲度半徑
準軌道	1.0%以下(定限用)；1.6%(最急用)	本線路上務用三百公尺以上，然有時得縮至五百一十公尺，車站內得縮至一百公尺。
窄軌道	2.5%以下(定限用)；4.0%(最急用)	
軍用機關車式輕便鐵道	2.5%以下(定限用)；5.0%(最急用)(以長在七十公尺以下者爲限)	直軌　最小限二百公尺 曲軌　六十公尺，三十公尺
軍用手押式輕便鐵道	4.0%(定限用)；1.0%(最急用)(最短距離)	直軌　最小限百五十公尺 曲軌　二十公尺，十公尺

超高度：　在鐵道轉彎處，爲減輕外軌所受之壓力，使車輛容易通過而免因受向心力而發生之危險起見，其兩軌之排列自不能如在直線部時之平列，宜將該轉彎處部份外邊之一軌條升高，此即所謂外軌之超高度。其法可由下式求得！

$$E = 0.009864DV^2$$

式中E爲外軌超高度之公厘數，D爲弦長20公尺之中心角度數，V爲車輛速度每小時之公里數。

超寬度：　在普通準軌道之軌距爲1.435公尺(4英尺$8\frac{1}{2}$英寸)，廣軌道之軌距爲1.524公尺(5英尺)或1.678公尺(5英尺6英吋)前者俄國用之，後者英美多用之。至於狹軌道之軌距爲1.067公尺(3呎6吋)日本多用之。然此乃指在直線部而言。如曲線部時，爲防止軌條及車輛之磨損，其寬度宜使其較在直線內者略大。增大之法，爲將內側軌條畧加放寬即可，此種畧加放寬之處，即所謂路之超寬度。超寬度最大限不能過三十公厘，然最小亦要二公厘。玆將各種軌道之高超度及超寬度表列之如下：

種類 \ 半徑		公尺 1000	800	600	500	400	300	200	100
超高度	準軌	公厘 15	19	25	30	40	50	75	
	窄軌				20	25	35	50	70
超寬度	準軌				500公尺之半徑以上者不必	6	10	15	
	窄軌						100公尺以上者不必	4	7

注意：無論超高度或超寬度，切勿於曲線起點驟然增大。如爲超高度，宜由其超高之全量約三百倍之距離起，使之漸次增加，至曲線起點處始可應用超高之全量。如爲超寬度，亦宜由其超寬之全量約一千倍之距離起，使之漸次增加，直至曲線起點處，始可應用其超寬度之全量。

分道义： 軌道由一線分支而出者，稱爲分道义(Turnout)分道义有單分道义與双分道义兩種。其組織之主要部分，爲轉轍器(Switch)，轍义(Frog)，及護軌(Guard rail)三項。如爲單分道义，其所用者爲銳形轉轍器(Point Switch)，双分道义則須用鈍形轉轍器(Stub switch)。統見廿二圖。

交道义： 當一路線與其他一路線在同一平面上相交 ， 須用交道义(Crossing)，並須用轍义四副，若兩線相交成直角時，則轍义之角度均爲90度。如非以直角相交，則兩轍义爲銳角，兩轍义爲鈍角。設兩線兩交，一爲直線，一爲弧線，或兩皆弧線，則四副轍皆不相等，(見廿二圖)。

交分道义： 兩軌道交义處，同時復能移動車輛而轉變方向者，此種設備稱爲交分道义(Slip switch)。如第二十二圖，無論由A或C均可至B或D由B或D亦可至A或C。但兩軌道之交角度不宜太大或太小，當在4度至9度間爲最妥當。

双軌互交道义： 在双軌鐵道，如欲聯絡兩平行軌道，可用分道义兩副，短接軌一對，組成双軌互交道义(Cross-over)，見二十二圖。

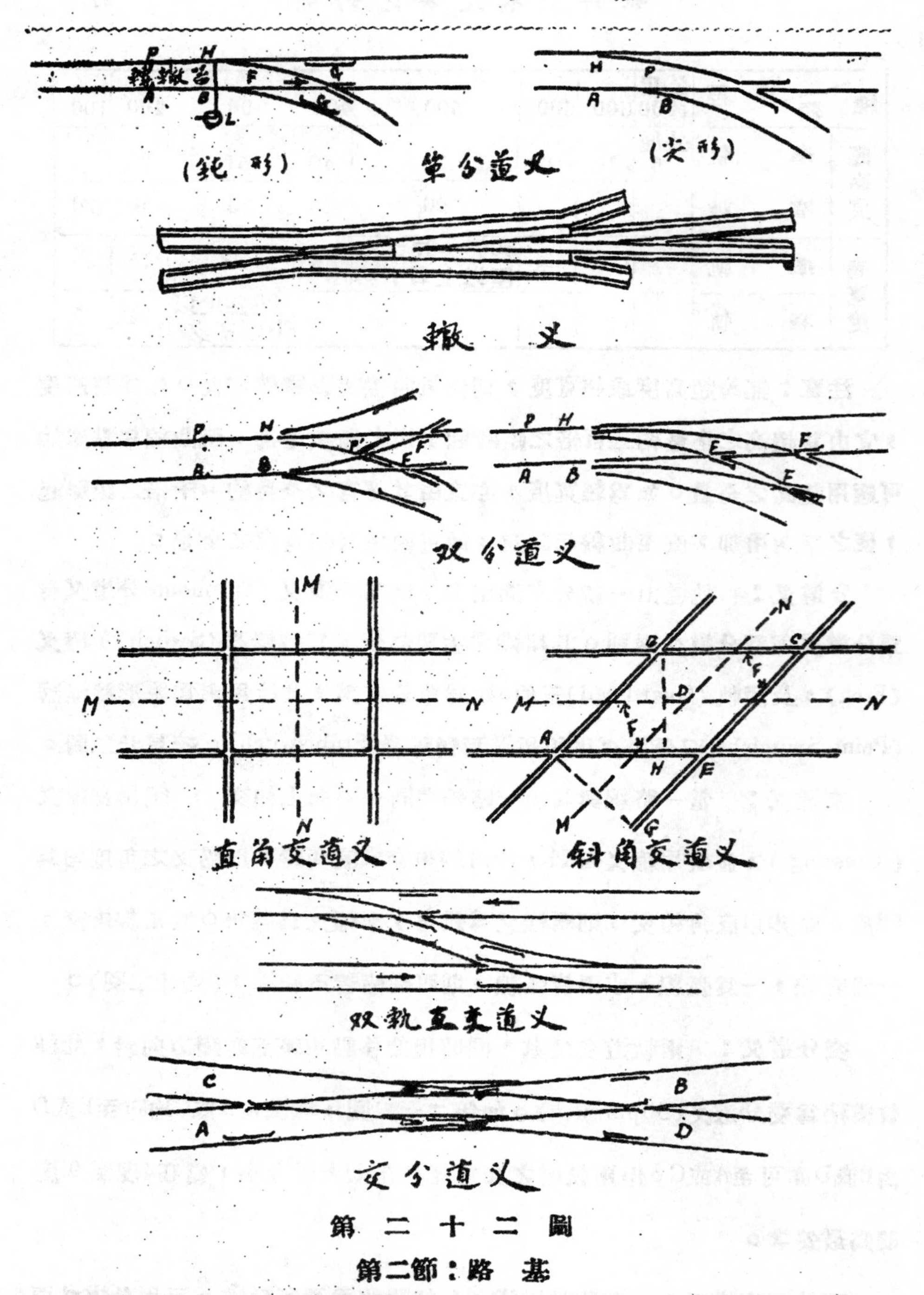

第　二　十　二　圖

第二節：路　基

路基之形式：　鐵道路線經過高地須挖掘而成者曰路坎，如經過者爲地低，須填築而成者，曰路堤。兩者中以路堤爲好用　，以其比較路坎排

水時爲容易故也○

路基之寬度！ 欲使鐵道之路基堅固，宜常令其乾潔整齊○在路坎之路基，其寬度常較路堤者爲寬○軍用鐵道路基之寬度有如下列：

種類 / 路線	準軌道	窄軌道	軍用機關車式輕便鐵路	軍用手押式輕便鐵道	附註
單線	4.00	3.60	2.50	3.00	以公尺爲單位
双線	8.00	7.60	5.50	——	

路基之排水： 路基最感受威挾者，厥爲雨水，因雨水在地面上流卸，常向低處宣洩，路坎路堤每受其患，故必須於兩旁開設排水溝，藉以水，免致浸壞路床○路基之排水溝有多種○有時使用邊溝，暗溝，或中截溝；如路堤跨過者爲水道，則宜設置涵洞或架設木樁橋梁，下圖卽爲各種排水溝與涵洞之樣式：

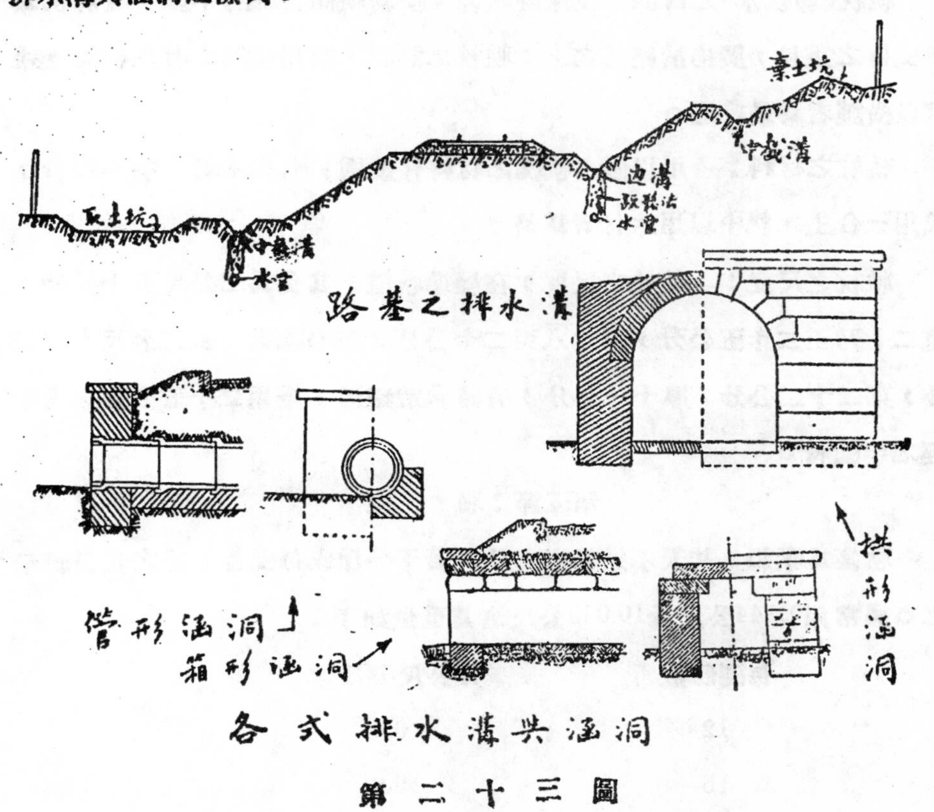

各式排水溝共涵洞

第二十三圖

第三節：道 碴

道碴，乃舖設放在路基上面之礫石層，此種道碴之作用，爲分佈車輛重量於路基之上。然在急造鐵道，除特要之部分外，通常多不舖設道碴。

道路之材料： 道碴之材料可用者甚多！有用石碎，有用磚碎，有用煤碴，有用石子，有用沙礫，又有使用泥質者。各依其環境之需要而採用適宜之材料。

道碴之厚度： 道碴之厚度與該路之運輸成極大關係。普通將運輸量分爲甲、乙、丙三類，關於甲類者，其道碴之厚自軌枕下面至路基上面爲三十公分，乙類爲二十三公分，丙類爲15公分。平均幹路以二十三公分者爲最妥；支路或次要之路，則宜採用二十公分之厚度。

第四節：軌 枕

軌枕(即枕木)之目的，在保持軌條，使其軌間(軌距)不變，且將軌條所支持之重量，廣佈於路基之上。軌枕之舖設，有用縱舖，有用橫舖，通常以橫舖者爲最普遍。

軌枕之材料： 用以做成軌枕之材料有幾種，有用木材，有用鐵材，或用三合土，就中以用木材者爲最多。

軌枕之尺度： 軌枕之尺度，在標準軌道，其長爲二公尺五十公分，寬二十乃至二十五公分，厚十八至二十公分。在窄軌道，長二公尺十三公分，寬二十二公分，厚十一公分，有時急造鐵道，得用二十五公分以上中徑之半圓材。

第五節：軌 條

軌條爲鋼製，其大小通常以每公尺若干公斤或每碼若干磅之重量表示之。通常用9.144公尺及10.058公尺者其重量如下：

每碼磅數	每公尺公斤數
12	6.0
18	9.0

20	10.0
60	29.8
75	37.2
80	39.7
100	49.7

第六節：附屬件

軌道除道渣，軌枕，軌條之外，其附屬之件，則爲魚尾鈑，螺栓釘，道釘，支撑及墊鈑種種。玆分別畧述之如下：

魚尾鈑：　魚尾鈑之功用，爲兩軌條之連接物；其目的在加强堅固，以抵禦在各種速度下機車輪重之衝擊；有短而容四釘者；有長而容六釘者；視乎軌條聯接之形而異。魚尾鈑上之孔多鑽爲長圓形，用以適合於螺栓釘中圓形之一部，以免螺栓釘鬆動。

螺栓釘：　螺栓釘之頭部爲橢圓形，所以緊扣魚尾鈑於軌條之上者也。螺栓釘宜有充份之耐力，其直徑及長度，則視接頭及軌條之重量而異。大抵其徑爲二至五公分，長度自九至十五公分不等。

道釘：　道釘之作用，爲使軌條與軌枕兩者間得堅固之密合，俾兩軌間合於標準之軌距。道釘普通用者爲狗頭釘(美國多用之)，其次爲螺旋釘(歐洲各國多用之)。兩者比較，狗頭釘較螺旋釘爲廉，螺旋釘較狗頭釘爲固，我國鐵道上應用道釘，應以使用螺旋釘爲好（因我國工价較廉，且可免被人盜竊之弊）。

支撑：　在鐵道彎線之處，其外軌常受一種特別之橫壓力，其結果常有使之向外傾倒，或將外端陷入枕木之內，以致枕木因之而破裂，道釘亦往往爲之震動鬆脫。補救之法，惟有於曲線外軌之側加以支撑，每隔若干枕木附以一枚，其彎度大者甚至每隔一枕木附以一枚，或每一枕木上裝置一枚。

墊鈑：　墊鈑乃係一種鋼鈑，墊於軌條之下，其功用可使較軟之枕木保固，增進其壽命，並可使道釘之磨蝕減少。

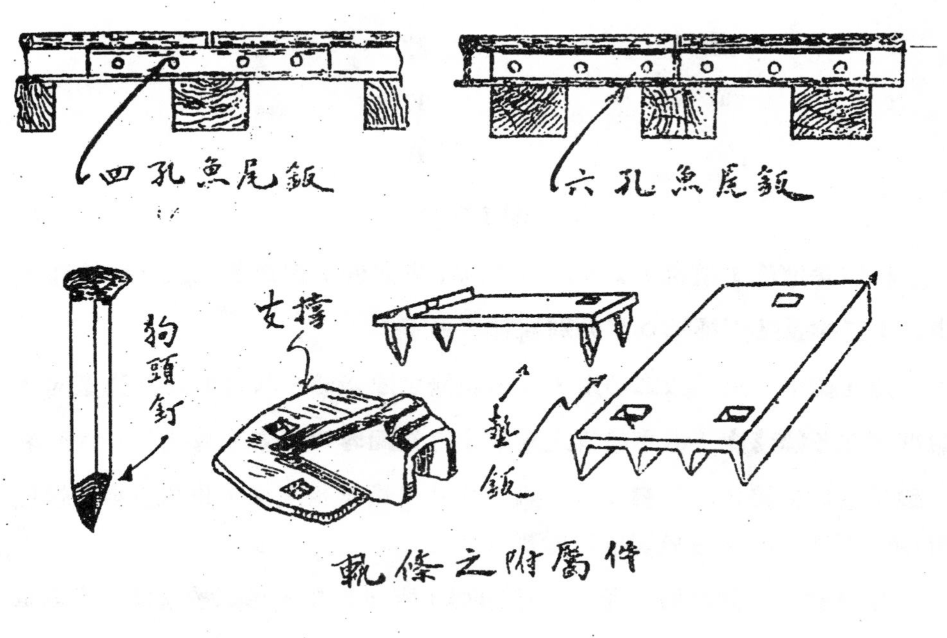

第 二 十 四 圖

第七節：停車場

停車場(即車站)有多種，依其任務之關係與位置，可分之爲發起停車場中途停車場，待避停車場，重要停車場及終站停車場五種。

發起停車場： 在輕便鐵道，其發起點每每與普通鐵道停車場相接續，或依港灣而設置者。此種發起停車場之設備，除設置直通接續之停車場與材料廠二條本線外，應有其他附屬軌道之分配，如建築列車與軍用品列車用之支線，準備列車之支線及修車場之支線等。

中途停車場： 設於運轉區之接續點者，謂之中途停車場。中途停車場之任務，如爲軍用輕便鐵道，專爲運輸軍隊，軍用品，及其他材料而設，故於該種停止場附近，宜建築積卸場(起貨落貨之場所)，軍需品堆積場及貯藏材料廠等之設備。

待避停車場： 待避停車場單爲列車之交錯行時及給水給炭而設備者

，有時特稱爲給水停車場，此種停車場通常祇設置一條待避支線，待避線之有效長度，爲使二列車得停止於同一線路上起見，最少亦須二百公尺。

重要停車場： 重要停車場之目的，爲使敵機視察困難而設者。此種停車場，在軍用輕便鐵道尤爲必要。

終站停車場： 終路停車場乃設於鐵道之終點者，其設置與發起停車場同。

第八節：修車場

修車場爲修理車輛及其機件之處，宜於一路之兩端或一端或於中途之適宜地點設置之。在軍用輕便鐵道，修車場內每每預備裝足煤水之機車多輛，生火待發，以備替待其他因損壞而待休息之車輛。

第二章 普通鐵道之修理

鐵道爲行軍上之重要交通設備；然於急切需要時然後開始構築，時間上與經濟上容或不許。又或軍事上之重要鐵道，不幸爲敵人破壞。故鐵道修理，實爲建築新鐵道前之先決問題。茲將鐵道修理之各方面，分別畧述如下：

第一節：枕木之配置

長三十呎之軌條，其枕木宜於一軌道節間用十二根，在廿三呎長之軌條時用十三根。其間隔宜常保持 0.80 公尺之等距離。在軌條接續處之枕木，其配置宜於距軌條端末 0.25 公尺之位置。配置枕木時，宜製定一種與軌條同長之規尺，應用時，將之標示於地上及軌條底，以定枕木之位置。

第二節：軌條之舖置與接續

舖置軌條時，宜使其接續處留有相當空隙，空隙之大小，與該地之氣候成比例。接續軌條之法，乃用一對魚尾鈑與四枚或六枚之螺栓釘釘固之。如在直線部，可將螺栓釘減少至四枚或二枚，或完全不用挾鈑，祇將軌道之接縫部釘固於枕木之上。然必須於該接續部軌條之外側，加置支撐以保護之。

第三節：軌條之釘固

先固定一側之軌條。次依軌距定規，正確保持軌距而固定他側之軌條。固定軌條時，所用者爲道釘（即狗頭釘或螺旋釘）。道釘之釘法與其緊力頗有關係，釘時宜交錯排列，如此可以不致於釘下時木質因之罅裂。又釘時不宜立即釘緊，宜將該段全部檢視其水平與軌距是否正確後，然後再用力加緊。

第四節：軌道方向及高低之修正

修正軌道之縱方向與高低時，宜依標橛（即標定路基之樁）於其接續部將軌道昇高或移低，依次以及其他鄰近之標橛。又於別處之接續部，同樣施法。各接續部之高度既經修正，再將各軌道節中央，加以同樣修正，直至全軌道面之高度，與規定者相符爲止。（工作施行後，宜以測斜水平儀檢視之）。

第五節：軌道之塡塞

軌道之道渣，因破壞後，損失必多，爲求通車之安全起見，必須加以塡塞，盡量將道渣補入，以穩定枕木而利行車。

第三章　輕便鐵道之建設

輕便鐵道建設之目的，在於該地既無現成鐵道以供應用，或已有而被破壞，如欲收理而恢復之，又須多費時日與經費，欲求即於此時迅速開發交通，則惟有建設輕便鐵道以補救之。如該地道路較少而又粗劣時，尤爲必要。

建設輕便鐵道，亦非指顧間事，必須經過如下之手續：

第一節：路線之測繪

軍用輕便鐵道之路線，務須依地形而利用之，以能避免敵方炮火之襲擊，敵機之窺察與容易偽裝爲要。在山陵起伏之地，爲使免除大量土方起見，尤必使路線與該地地形適合，雖屈曲迂迴，亦所不恤。又路線之選擇，務以直線爲宜，不得已而設置曲線，亦必以採用長半徑爲好。此外對沿路停車場設置之處，尤必有詳密周到之規劃。

測量路線宜配置測量隊三隊。第一中線隊，担任測出擬採用之鐵道中心線；第二水平隊，担任測出已經由中線隊標示該路中心線之縱坡度及橫坡度；第三地形隊，担任測出該路中心線附近（左右約一百公尺）之地形。最後乃由製圖隊將測得之材料製成路線要圖。關於繪劃路線要圖，宜注意其兩側地形，途中停車場之位置，直線部及曲線部之始終點并其中心距離，曲線及其半徑之長，路線之土方，設溝架橋，及給水之位置等。茲舉例如下：圖（第二十五圖）。

第二節：作業之層序

關於建築路作業之層序，宜事先預爲規定。如各種業之着手日期，進步之程度與完成日期等。此種作業之層序，宜以圖表示之。

第三節：工事之區分

開於舖設鐵道所需工事之種類，應規定區分之如次：（一）士方隊（二）材料運輸隊（三）路基隊（四）裝軌隊（五）撤收隊（六）接縫隊（七）舖道碴隊（八）覆勘隊（九）停車場，修車場及其他建築物之工程隊等。以上各隊宜由指揮官按其先後指定人員担任。

第四節：器材之收發

行軍上使用之輕便鐵道，無論爲機車式或手押式，每於應用時由舖設隊即行工事裝置，行軍他調，則由撤收隊速行撤收，分組担任。所有器材

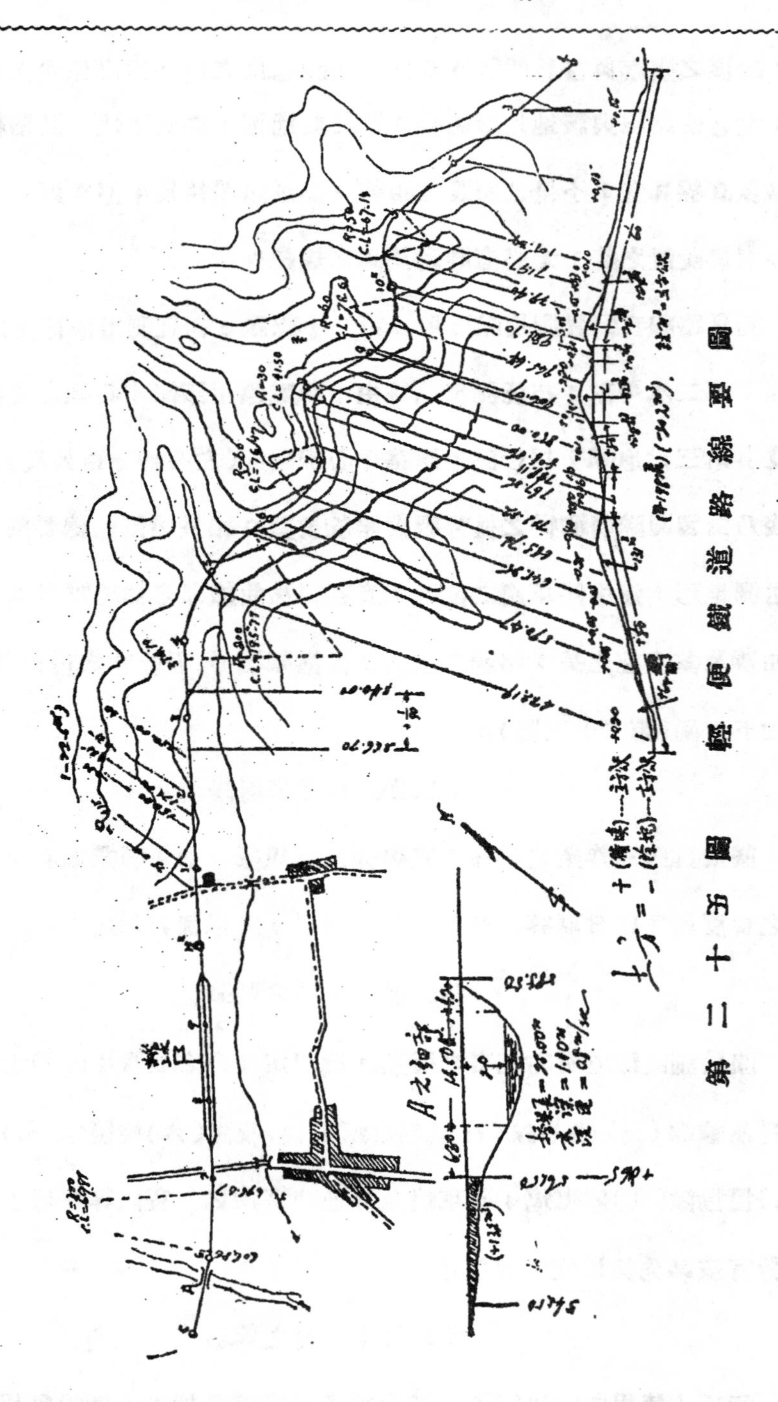

第二十五圖　輕便鐵道路線要圖

由專門部分貯藏。故輕便鐵道各種器材，一收一發，均宜特別注意，免致損壞，於補充上發生困難。

——鐵道工事完——

中國現代房屋建築談

——莫　朝　豪——

目　次

（一）房屋設計之重要

工程建築，必具設計，材料，與人工三種要素。無論任何的建築物，必不能缺少其某一個部份，此三者互相運用與改良，就推動着建築的輪軸向前發展，而顯示出各個時代的建築典型和痕跡了。

衣食住行樂育是人生所必需之要件，而房屋就是解決住居問題的歸宿地，所以房屋建築良歹就直接影响人生的安危，故我們對於房屋的設計，不可不特別的研究。

（二）設計之前的先決問題

設計爲建築之要素，然而設計之是否準確與經濟，實足關係房屋之安危，我們爲達到以最少之費用得獲最完滿之結果，必有待於未設計前先得明確實用之根據。此即設計前之先決問題：如建築地點之測量；建築經費之預定數目與來源及分發方法，建築工程之狀況等項就是。今再分別言之。

A. 建築地點之測量。爲建築房屋設計之根據，測量時宜先將該地交通運輸狀況等加以調查後，然後將該地的面積多少及高低等，一切繪於顯明的圖上，其建築地點前後左右之道路寬度，鄰屋門牌號數，地台高低，渠道流洩，窗戶之開閉等亦應測量完妥，合成爲建築地點之四至圖，並應晒出三份呈報工務局爲審核之用，另晒多份爲設計及建築時之參考和根據。

B. 建築經費之預定。我們未設計之先，應得到建築地點之形勢如何，俾有所根據，然倘未確定建築經費之標準數值多少，亦難望設計的圖則符合建築的需要。故必須於未計劃前，明悉建築費多少，其款項來源如何，俾于設計及決定合約分發工程費時得以適宜分配。

C. 建築工程狀況。建築每件工程，對於該地之建築法規，工人種類及工金，材料來源，質地，價值，居民生活，貿易習慣，該地四鄰情況等等，必須加以詳細之調查，爲建築或及設計時之應用。倘若設計之前毫無根據，那裏會得到合理的房屋呢？同時，建築之際更會受政府當局的取締或禁止興工之患。如做承建人估價建築工程，更應先做此種調查工作，因爲工程的建築是實用的營造事業，非富於社會常識和工程經驗的人是不會得到優良的設計和收穫的！

（三）我國現代房屋建築之現象

房屋設計之重要和應有的先決工作既如上述，進一步研究就是我國現在的房屋建築怎樣呢？我們在設計之前應該加以詳細的考察，就可以得到下列幾種現象：——

A. 只求建築費低廉，不顧房屋之安全。（在私人的建築，多屬此項。）

B. 專意注重外觀的美化，裝飾的華麗，而忽畧于房屋本身之需要，不能切於實際的應用。（此種設計，於公共建築物常犯此病。）

C. 房屋形式之參差不一。（此因無限制之弊。）

D. 對於材料力量之計算無精確之試驗，只效倣外國之成例爲標準，以至一切度量衡，皆採用外國制度，不論其爲米突尺或英尺，都未能普遍的切實應用，還是應急待改善的問題。因爲本國的材料未必與外國的性質相同。

E. 選擇材料之不當。在本國的建築物自應採用我國國貨，此爲凡屬國民應盡之天職；除本國確無此項材料能替代之時，不得已而用外貨者，當可例外。然而，一般的建築師或業主多不審某種建築材料本國有無，或應如何改善，皆無顧及，常以購用某國上等洋貨方能表示其華貴，然而這些現象在明眼人觀之，又何異將自己之缺乏常識，無愛國心，不事研究的種種醜態暴露于大衆之前呢！即以浴具，火爐，木料，磚石等等而言，本國皆有出品，雖或質地未能十二分完美，然而物以致用，它能夠合乎實用，就算合式了，又何須化一千數百元才配一兩件浴具或火爐呢！

F. 營造工匠工程常識之缺乏和無研究的向上意志，只有固守成法，不願受人指導，此爲建築退化之重因。

G. 工程缺乏監督與管理，故常發生偷工減料，工作錯誤，改變原有設計，估價不確，或攜欵私逃之事。

（四）房屋合理化之標準條件

我國現在的房屋，其建築的狀況既如上述，故吾人今後建築設計房屋之時，必須以前轍爲鑑，確定設計建築之合理條件，才能使工程得到美滿的成就。

設計房屋，應就建築的地域情形而定，並應適合於下列各個原則！

（A）房屋的建築應能使藝術與經濟二者得到適宜的配合

房屋的建築只求能切用于住居及合乎生活之需要便可，若只求美麗，色線間雜，實足以引起感覺之不快；反不如清秀簡潔，輪廓分明較爲可愛呢！

(B) 建築簡易化

從前的建築多有許多無用的間格，如我國舊式大屋，五廳十房每供行禮喜哀事情之需，平時則多未應用，或線角太多，或外觀差雜多不適宜。故現今及未來之建築必由立體線波的形式更進步到簡易秀雅的塊面運行之軌跡的圖案呢！因為這種建築形式既合美觀又合經濟原則，何況更易于營造呢！

(C) 務求建築之安全

安全為工程之第一個條件，因此設計房屋時應將所用之材料加以詳細之試驗，對於受力之材料如三合土，鋼鐵，木材等更應計算準確。牆基，柱墩地脚，樑柱，屋蓋等之設計，務須能抵禦風水之災與天空襲擊，並設防火之材料於惹火地方，以達到耐久與安全之目的。

(D) 形式宜劃一。

中西建築的形式各有專長，不可強言何種為最合理。我國往時之宮殿及貴族家園，皆是廻廊曲折，園林幽美，紅牆綠瓦，景緻清幽，實可表示我國東方藝術的和平之特徵。西洋房屋的形式有尖頂，圓錐，平頂等形狀。總之，我們設計房屋，自應求形式之劃一，不論其為東方之金字式或西方之尖，圓，平等式，必須能合乎色彩之調和與形式之調和二者均稱匀等，就是設計成功了。

(E) 應有健全之衛生設備

住居之適宜與否，關係人生至鉅，而衛生的設備，更為住居內必需之物品，小則影响一家之康健，大則波及於社會之安寧。故市政專家日夕所研究之衛生工程應如何普遍施於全市者，此即為增加市民福利之事業呵！因此房屋之建築，最低限度，應有厨房，浴室厠所各一所，光線空氣務求充足，其餘排水工程，如渠等之設計亦應加倍注意。房屋之方向，應以能四面通風爲妙，依本國習慣，房屋多向東南兩方，實在是很合宜的。

(F) 園林之布置

自田園市運動澎湃之後，世界各大都市無不重視園林之設計，以調劑機械的反自然的都市生活。故房屋之建築，亦應留剩一部面積以建庭園，栽花植樹；非但可以幽遊園內，娛養身心，更可清新空氣，調節温度，增加生活之康健、同時家有庭園以爲租貨，亦可多得租金。此實應於建築之前，預爲設計。

(G) 材料之國產化

房屋材料自應採用國貨爲主，且本地國產，運輸，時間，價值多較外貨爲經濟。故我們所用材料，非不得已時，實不宜全用洋貨，以助長利權之外溢！

(H) 施行工程管理制度。

從前我國工程之營造，全由承建工匠任意做作，對於安全，，力量之計算，施工方法多未能加以研究或注意，常有發生塌樓倒屋等不幸事件。我們今後建築房屋，自應聘請富有建築經驗之代爲監理，　　　　程得到安全與合理化的效用。

樓宇設計論

勞達補

導　言

現代世界樓宇之建築，是依據現在科學演進之精神，以適用堅固爲基調；而取决於美觀與經濟。從此基調，於是樹立適用上之設計，安全上之設計，衞生上之設計，和美觀與經濟之設計。彼此相輔而行。從此種種設計爲本，造成科學化之樓宇。然而此等設計之實現，足以表現世界富源之增大，與世界文化之進步。尤以建築式樣，爲一國文化精神之所寄。故各國建築，皆有表現國民性之特點。我國經濟落後，其建築工程，雖難與世界上偉大建築物頡頏；然吾國固有之建築式樣，有獨立偉大之精神，爲吾國文化精神之表徵。其觀瞻之壯麗，堪與世界各國建築物媲美。顧樓宇設計，非徒具外觀，須適合人民之需要。高瞻遠矚，以世界建築思潮爲旨歸。設計者如不明察社會生活之需要，與時代潮流之趨向，則必難設計盡善盡美之樓宇。近代世界各國，研究建築之設計多組織建築設計研究會。於一會之中集百數十專門人材，討論各種計設問題。人材旣多，可以收集思廣益之効。而近代世建築學術之改進，一日千里。返視吾國，樓宇設計之學，尙屬幼稚，非迎頭趕上，難免落後之譏矣！

第一章　適　用

第一節　一般之要旨

樓宇之意義甚廣，舉凡官署學校工廠圖書館，市塲，居塲，戲院，醫院，及其他公共塲所，以至於商店住宅，皆包括在內。玆篇所述，以通常之商店住宅爲主。然其間亦有不少關於其他之樓宇。夫樓宇爲吾人日常生活中四大需要之一。人生之起居飲食操作，以至於工商教育行政，無不在于是。凡作事業，必有完備之樓宇，然後可以蔽風雨禦寒暑。然因各種需要之不同，而建築設計，自有差別，例如公共塲所，如市塲或學校等，與通常之商店或住宅，其建築設計，固不相同，卽同爲市塲，同爲學校，亦因其應用之目的不同，而設計亦不一律。故凡在開始設計樓宇之前，須先明瞭其用途，然後按其所需要之各部，詳爲規劃。務使(一)各部之實用上有關係者，使之相連，或使之得以相互連絡使無呼應不靈之弊，(二)某部與他部要隔開為適宜者，務宜設計使之隔絕，或遠離使之不得通連，以防弊端發生，(三)各部所需要之深度與寬度，按其需要，務令適宜，使無過大過小之弊。

第二節 樓宇之方位

樓宇建築之設計，第一須定建築之方位。樓宇位置，影響於衛生者非鮮。以地勢高燥，空氣澄清，四周開展，無障礙物之存在者為適宜。反之，土地卑溼，空氣陰鬱，山岳森林，圍繞於四周者，即不宜于居住矣。故建築位置，宜擇空曠清爽。本乎此，則又不可不因東南西北之各方向而區别其界限也。(一)東位：東位宜於開廣，以受旭日之光。朝暾融和，陽氣清爽，能使天氣清淨高潔，自合衛生。且病菌毒物，最忌強光，東位開廣，並有殺滅病菌之効。(二)南位：南位亦宜開展而無遮阻，俾室內多得南風，無暑熱之患。(三)西位：西位與東位相反須防西斜反射，故宜於相當距離種樹築墻以防之。惟位置高爽，空氣流通，築造完全者，雖不設障蔽亦無大害。(四)北位：北位雖較西位為佳，而亞於東西。時值隆冬，北風凜冽，易致風寒。三十四卜公尺外能有林木遮蔽最佳。

樓宇之方向，由採向陽主義而以東南方為最合宜。因此方受陽光甚久，既得室溫均一，必致天氣晴朗，且無北風頻吹，又免夕陽直射。其室內四隅，各皆溫煖和籌則自適吾人之生活。其次正南方，冬季所受日光較東南方為少，而夏季午後，又微受夕陽，然能免北風之侵入，較之他向，尚稱為優。又其次為東西向。北向最為不宜。故方向當以東南為第一，此可由經驗而知也。

凡樓宇普通有南向，北向，東向，或西向者，有東北向，西北向，或西南向者，亦有幸而合宜向東南者，衛生之學未明，故皆任意建築，而各出一向，試與細細察驗，凡南向之屋，其背部近左側處之壁底，或地上，必生綠苔，前面則無之，北向之屋，冬天覺較南向之屋寒，夏則晨凉，而午後較熱，此可見北向不及南向，而南向亦非最善。又東向之屋其右側一間，常比左側一間乾燥，西向之屋，每當夏天，其左側一間，總不及右側一間凉爽，此可知東西向之屋中，左右互相異也，他如東北向，西北向，又西南向之屋，或燥濕不均，或明暗不同，弊固不一而足，特未施經驗者不之覺耳。故築室宜以東南向爲適宜，雖各地形勢不同，氣候互異，利害亦因之有差，不能以一概而論，然或不得已而處於不適當之方位，亦當依地勢如何，而以人力爲之，並設法補救之。

第三節 樓層之高低與實用

樓層之高低，與實用上有密切之關係，蓋每層相距過高者。應論多耗金錢，卽於樓梯所佔之位置，與梯級之數，亦較多也，以我國現在經濟落後，能於樓宇設備電梯者，尙屬少數，故雖樓高至三四層以上，亦多靠足脛之力，以資上落，故樓高一尺，而每日上落，亦艱難一尺，故樓層之高度，不宜過高，然樓層過低，則於光線與空氣，又嫌不足，蓋樓宇由窗口射入之光線之深度，等於或倍於樓層之高度，是樓層之高度，與該樓宇所需要光線之深度有因果關係，不容胡亂爲之。廣州市建築規則規定云「凡內街及不准建騎樓之馬路房屋，屋內由地面至樓面，第一層不得低過四公尺，餘層不得低過三、二公尺，如三面臨街，或三便臨自留花園，與廚房，廁所，當樓，及其他不住人者，不在此限，但仍不得低過二、五公尺」。又「凡准建騎樓之馬路，其騎樓高度，第一層最低以四、五公尺爲限，餘層不得低過三、二公尺，」又「舖內或屋內，如欲建小閣者，則小閣之上下高度，不得低過二、五公尺，」則樓宇之內，如欲建小閣，無論臨街或臨有騎樓之馬路，第一層不得低過五公尺，爲法規所明定，是亦因有小閣者，該小閣部份，非有二、五公尺以上之高度，其光線空氣實嫌不足也。其實普通樓宇，除有特別需要或因美術關係外，如係舖戶，第一層高度，以四、五公尺至五、五公尺如係住宅第一層高度以四公尺至四、五公尺爲最適宜。餘層以三、二公尺至四公尺爲最適宜。至於特別用途者，自有其計之。

第四節 關於聲浪之佈置

聲浪由演講者之口發出，其傳達之方向爲與講者之正面向前各成四十五度角而發射，由此發射之聲浪撞於墻壁或樓底，藉空氣之流動，而反覆放射，其放射之方向，互爲直角，以達聽者之耳門，故聽者在講者之前，則所聽之聲浪大，在講者之後則反是，又聽者在講者正面之兩旁，在四十五度以內時，所聽之聲音，不若在四十五度以外之清楚，蓋聽者，能直接吸收講者之聲音有限，其所吸收之聲浪，以反覆放射之間樓聲浪爲多也。由此可知，若爲演講室之用者，不宜過寬，及過高，因過寬與過高，則發射聲浪與樓底或墻壁所需之接觸時間長短不一，因而聲浪之反覆放射亦長短不一，不能同時而達聽者之耳門，遂令聽者常覺有廻聲之弊，不可不注意也，故會議廳或學校之敎室等，其高度宜在三、七至四公尺之間，且須採用長方形，設講壇於短邊之處，蓋欲令聲浪射出後，其反覆放射，所需之時間短，旣可免廻聲之弊，而聲浪因此而更爲清楚也，然若講堂之地而爲方形時，則宜設講壇於角邊之處，其理亦與上述相同。

空心磚之利用，空心磚可用作非受力之 墻或與鋼筋三合土連合建築而作樓層之塊面則可減少聲浪之嘈雜。

第五節 樓梯之佈置

樓梯，樓梯爲樓宇建築重要佈置之一，故設計時，宜先審定該樓宇應佈置樓梯若干度，大概尋常樓宇，有梯一度，而於公衆場所及高等住宅，恆佈置二度以上，除正式之樓梯外，應另設太平梯，或小樓梯，以供僕役上落之用。

梯之寬度，不得少過一公尺，踏脚板活度不得少過二十三公分，級之高度，不得高過二十公分，如學校及公共場所，其梯之濶度，每十人應佔有樓梯面積一平方公分，在通常樓宇，其樓梯之寬度，一公尺已定，如爲公衆場所，其主要樓梯，多在一、二公尺至一、五公尺之間，至於梯級踏足之深度，當以較深爲佳，然非愈深愈佳，又梯級起步之高度，當以較少爲佳，然亦非愈少愈佳，蓋樓梯踏步之深度過多，則吾人上落所須跨過之步履過長，易致疲倦，然不可過少，過少則跨過之步履短，因其短促之故，易致傾跌，殊爲危險也○至於梯級之高度，過高則上落疲倦，然過少則梯之級數必多，有頻頻踏步，而似未達到樓上之苦，亦足以令人疲倦也○故樓梯之梯級，最適宜之尺寸，爲兩梯級之高度，加上一級之活度，不能少過六十一公分不可多過六十三丶五公分最常用之梯級每級活度爲二十五公分，高度爲一十八公分，尙宜注意者，梯位部份必須設法使光線與空氣充足，此乃當然之事也○

第六節 門窗之佈置

門及窗，門窗之多寡，視樓宇之需要情形分配之，(見第三章第一節)其寬度與高度視樓宇之種類而異，若在公衆場所，其正門之高度，常在三公尺至四公尺之間，寬度自一丶五公尺至二丶五公尺之間，若普通住宅，其正門高度自二丶五公尺之間，寬度自一公尺至二公尺之間，至橫門或旁門，則此上述尺寸爲少，高度約爲二公尺，公共場所寬度約爲一丶五公尺，普通房屋寬度約爲八公寸，窗口本身之高度，常比門口爲短，因窗口之上設有窗檻，窗置於窗檻之上，而窗頂之高度，爲建築上利便與美觀計，通常係與門頂同一樣之高度，而寬度約可與門口無甚稍異，然門頂或窗頂，與樓底之距離，不宜過多，過多則該部份之空氣，不能流通也，故現在建築丶一方因視線關係，窗頂與門頂同高，然門口之高度，不宜過高，故在門頂及窗頂之上，易設小窗，該項小窗窗頂之高度，及於樓底蓋欲樓底部份之空氣得以流通，而於光線亦必增加也○窗檻之高度，不宜過低及過高，因窗檻過低，則窗口必須加高，否則一方窗頂與樓底之距離太多，於採光換氣均有妨碍二窗口過低光線之射入必淺，而上部空氣亦不易流通○然窗檻亦不可過高，過高則居室者固不能憑窗遠覽，而藉風流動之空氣，自吾人之頭頂以上經過，則居室者不能享受凉風而感空氣停滯之苦，不可不注

意也，通常窗檻之高度八公寸至一公尺爲合宜○

第七節　攔格之佈置

攔格，爲樓宇建築內部之重要裝置，係以攔格室內各部份之用途，在上等樓宇之攔格，必須由地板至樓底或瓦底，蓋所以防室內聲浪之外洩也，且攔格之材料，必須用磚，空心磚，或用鐵皮壁，碎板壁，竹壁，等爲心○兩便再用灰批擋，使之光滑而潔淨，及不惹火也，惟此種攔格，每一房間，必須有窗口向街或通天，否則空氣光線，均無從透入也○至中等以下之樓宇，其攔格由地板起攔高至二、二公尺至二、五公尺而止，則僅能分別室內各部之用途，而不能防止聲浪之外洩，此種攔格，可用鐵皮壁碎板壁竹壁爲心，兩便再用批擋之，此種攔格頗爲經濟而適用，然其造價仍較用普通木料攔格爲昂，木板間格合於通常適用而最經濟者莫如用長二、二八公尺寬一、四公寸厚一、三公分之杉板，蓋利用此較薄之板而能打成子口以爲攔格之用，縱使木料因天氣之變化而伸縮，仍不虞有疏裂之弊，如用單光板帳或双光板帳，旣易穿爛，復有疏裂之弊○尙有宜注意者，如用板料攔格，寧用較厚之板料，切不可用夾板，又或用空心磚作攔牆者，其樓口務須用士敏土沙漿封密，途至堅固，否則容易破爛，而爲蛇蟲鼠蟻等毒物之巢穴，於衛生及安適上殊爲防害也○

第二章　安全

第一節　樓面之活重

樓面之活重，樓宇建築不固，以致發生危險時，常有毁物及傷斃人命之事發生；故樓宇建築，必須穩固，夫人皆知之矣○然穩固究應達至何種程度方爲適當，則當視樓宇所受外力之多小以爲衡○凡樓宇在設計之先當先定其建築後作何種用途，然後始可論其穩固之程度○依廣州市建築規則規定云：房屋每平方公尺之活重不得少過下列之規定：

(一)住宅旅店內臥室寄宿舍醫院病房等　　二百五十公斤

(二)市房(樓下商店樓上居住而非存貯貨物者)辦公廳　　三百公斤

(三)酒樓俱樂部閱報室博物院學校教室等　　四佰公斤

(四)公共集合所戲院茶樓當押樓藏書樓商店等　　五佰公斤

(五)游戲塲運動室跳舞廳等　　六佰公斤

(六)貨倉及工場等　　八佰公斤

可知樓宇因其應用上之不同，而所受之外力(卽樓面活重)有大小之差別。若吾人設計建築爲住宅用者，每平方公尺預計受二佰五十磅之活重；則於住宅使用者，自可認爲穩固，不虞危險。若然建築爲貨倉及工塲使用者，必須依照規定之活重以爲準則。否則一經使用，危險堪虞，此載活重較重之樓宇不能以較輕之活重設計，所以防危險也。然樓面活重原屬微輕，亦無庸以較重之活重設計之。何則？蓋樓宇樓面所載之活重依其門類實綽有餘裕也。然則吾人建築一住宅，而竟設計之如貨倉或當押樓之用，其優點惟穩固，然而劣點則有三

(一)耗費金錢因，房屋受外力大者，則所需之材料必多，材料耗費旣多，自然多費金錢。

(二)礙地方，凡屋宇之受外力大者，所有一切牆壁柱樑棟等類，均要加大，墻柱旣大，則阻礙地方。

(三)礙光線與美觀，因墻柱樑棟太大的緣故，則於光線之射入室內時易被遮蔽，故於光線有礙，而於美觀上亦感不佳。

第二節　材料之耐久性

材料之性質，有耐久性者，有非耐久性者，故關於樓宇之安全與否，當視材料之性質是否屬於耐久性爲轉移，石料，磚料，瓦料，鐵料，士敏三合土，及鋼筋三合土等類，均屬於耐久之建築材料，因其性質堅硬，日光風雨不易剝蝕,而鼠類與白蟻更不能侵蝕之,故不易於變壞。木料雖亦可抵抗日光風雨，但易於變壞，且防鼠與白蟻之侵蝕，故建築上祗可用於非當日光風雨之部份，爲門槅欄格之類，故樓宇之安全設計當注意於材料之選用

，於日光風雨及受力者必要選用有耐久性之堅實建築材料，而於非日光風雨及非受力者，始可用非耐久性之建築材料。

第三節 防盜賊

樓宇之建築，四周必須堅固，以防盜賊之侵害，尤以天井，天台，窓口，門口，或其他空隙之處爲甚，蓋賊多乘隙而來，不能以小隙而忽之也。故樓宇建築，門欄及窗欄，必須堅固，於城市內或貼近城市之地方，因人口繁雜，良歹難分，盜賊反較鄉村爲多，故窗口，天井，或天面，上應加設鐵枝或鐵網，大門口或旁門口亦應設備鐵閘，或木閘以免疏虞。

第四節 防水災或火災

樓宇建築之地點，因處於地勢之低窪者，常有水浸之虞，此乃因潦水爲患，而每年中某一季節受水災者爲多，凡受水災之地，其建築必須特別穩固，觀於水災時，樓宇傾塌之多可知矣，故於此等低窪之地位建築時，至好當然填高地盤使地面高過最高時之水面，然有時因塡築過高，則工程過鉅，自屬不易，倘有因應用上之需要，不宜塡高者，則其防水部份之建築，應採用最堅固材料，如鋼筋三合土士敏三合土，石料或厚大磚之墻壁兼設鐵閘或厚木水閘，以防水力之侵入，而免傾陷之虞。

火災，於人烟稠密之城市，最易發生，故樓宇建築，應採用不能燃燒之物料爲之，如鐵料，士敏三合土，鋼筋三合土，或磚瓦等類，并須注意設備太平梯，及貯水池，水喉，滅火器等，以備發生事故時之應用，然樓宇建築，若全間採用鋼鐵及鋼筋三合土者，其價値較昂，故爲經濟及防火均有相當之顧慮者，乃通用樓宇，用磚墻壁架木樓陣及木樓面，上鋪以階磚，此種建築，如屬排立式者，則木樓陣不可入墻，因一磚墻頂之剖面積有限，若木樓陣入墻者，則木樓陣端互相連接，若遇火警，由木陣之兩端引火延燒，蔓延極速，故爲防止其引火起見，必須在墻邊飄出磚牙，以爲乘托樓陣之用，並在天面上砌結隔火牆，高度至少一公尺，以壓穩磚牙，一以隔離引火之弊，因木樓陣之兩端，旣已有磚墻分離，則不易牽連燃燒矣，對于窗口或門口應用鋼板遮閉，以免火力之侵入。

第五節 防風災或地震

近海洋之地，常有颶風，風力之大，時有毀壞房屋之可能，故通常樓宇，因四鄰皆有房屋，彼此之高度，不相上下，乃能互相維繫，阻減風力，然若樓宇建築至五層以上者，或雖未及五層，而該建築物係長形而狹小者，自宜計算風力，以增加樓宇之穩固，通常計算風力，爲水平方向，壓於樓宇之企面，每平方公尺，約爲一百五十公斤，至二百五十公斤。

地震以日本等地爲最多，其計算每層樓所受之震動力，等於該樓層共載重之十分一，地震之毀壞力，爲水平方向，故地震力，乃壓于樓宇之企面，其情形實與風力之水平方向而壓於樓宇之企面相同，且通常設計風力與地震力，假定爲非同時壓於樓宇之企面相同，且通常設計風力與地震力假定爲非同時壓於樓宇者云，我國尙少地震發生，故除偉大之建築物，應顧慮其發生而加以設計外，普通樓宇，尙少計算及之，關於抵抗地震之建築材料，以鋼筋三合土爲最良，此觀於一九二三年日本大地震後，東京全市共有鋼筋三合土之房屋五百九十二間，全間毀爛者共四間，部份毀爛者共十一間，小數毀爛可修復者共五十二間，小數毀爛無關重要者共六十間，全無毀爛者共四百六十二間，惟用鋼鐵架建築物共有十六間，祗餘六間全無毀爛，由此可知，鋼筋三合土之抵抗地震危險，實較鋼鐵爲良矣。

第六節 防 空

在都市之建築物，處於今日之非常時代，關於防空之設備，實爲最急切而重要之事實。房屋防空之設施，最普通者爲加建地窖，其次則爲屋頂改革，對於其顏色與光彩，尤以能避免敵機之注意爲原則；其次關於墻壁之構築，視其是否有強固之保障力與抵禦震動力之襲擊。關於房屋防空之詳細設計，有暇當另文發表。 未完

小三角測量之實施

—梁 㦤 齡—

陸地測量者，所以測定地球表面之種種形態，而描畫於一平面者也，然在較廣大之土地，因地形種種之情形，非但不能直接測量距離，且因測定多數邊與角累積之誤差，而致其計算之結果諸多錯誤，此種情形恒多發現於地勢傾斜及險阻之處，故行廣大土地測量時，須先選定可爲基準之諸點於地上，然後根據各點而施行三角測量。

在三角測量，往往因各小三角形互相連合之關係而成爲網，三角網之等級常繫乎其三角邊之長短，倘其級數愈低，則三角形之邊愈短，其精密情度，亦隨之而減，世界各國，以其所處之環境不同，其區分之等級因之微有差別，茲列舉如下：

A. 英 國

一等三角網之邊長 40—60英里

二等三角網之邊長 10－12英里

三等三角網之邊長 3 — 4 英里

B. 德 國

一等三角網之邊長 25—50公里

二等三角網之邊長 10—20公里

三等三角網之邊長 3 —10公里

四等三角網之邊長 1 — 3 公里

普通稱一二等爲大三角網，三四等爲小三角網。

C. 日 本

一等三角網之邊長	60公里
二等三角網之邊長	12公里
三等三角網之邊長	4公里
四等三角網之邊長	2公里

三角網之等級，既如上述，然欲於面積數十畝之山崗，行較精密之測量時，往往因山形起伏之關係，未能量得準確之距離，及多數邊與角累積之誤差，致不能以多角網測量法施行測量，唯一之法，則以幾近小三角測量法施行之，蓋此可免計算之複雜，及便於實施也。今謹將實施情形畧述如下：

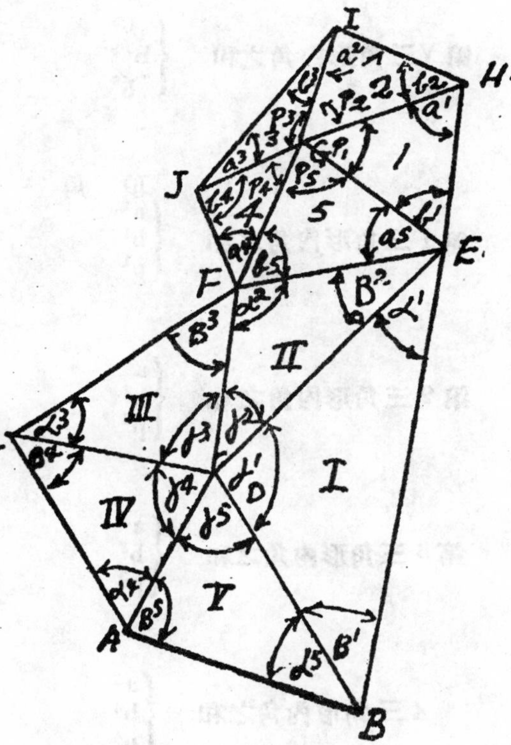

基綫爲三角測量之主要邊，故在未測量之前，須先精密勘定其位置，及以鋼尺量其長度，其後則以平板儀畧選三角網之各點位置，迨各點既定，則以經緯儀施行三角測量，其測得之結果如下列圖表：

	頂角	角度
第I三角形內角之和	α^1	34°56'30"
	B^1	42°59'10"
	γ^1	102°4'
		179°59'40"=-20"

第II三角形內角之和 { α^2 109°36'40"; B^2 32°10'40"; γ^2 38°13'; 180°00'20" = +20"

第III三角形內角之和 { α^3 45° 3'30"; B^3 49°11'40"; γ^3 85°44'20"; 179°59'30" = −30"

第IV三角形內角之和 { α^4 59° 5' 5"; B^4 48°32'30"; γ^4 72°22'20"; 179°59'55" = −5"

第V三角形內角之和 { α^5 38°16'; B^5 80° 8'10"; γ^5 61°36'20"; 180°00'30" = +30"

	頂角	角度
第1三角形內角之和	a^1	60°41'
	b^1	59°53'30"
	p^1	59°25'50"
		180°00'20" = +20"
第2三角形內角之和	a^2	85°51'40"
	b^2	41°32'
	p^2	52°36'50"
		180°00'30" = +30'
第3三角形內角之和	a^3	24°24'40"
	b^3	24°55'
	p^3	130°40'
		179°59'40" = −20"
4三角形內角之和	a^4	43°43'
	b^4	95°54'10"
	p^4	40°22'50"
		180°00'00" = 0
第5三角形內角之和	a^5	50°21'10"
	b^5	52°44'
	p^5	76°54'30"
		179°59'40' = −20"

三角網各角之值既得，於是先行修正中心角之值，(卽γ^1,γ^2……，$P^1 P^2$……)，然後用網內各三角形之差數，以推算中心角之分配數(II)

$$5II\gamma+\frac{-(\text{I之差數})-II\gamma}{3}+\frac{-(\text{II之差數})-II\gamma}{3}+\frac{-(\text{III之差數})-II\gamma}{3}$$

$$+\frac{-(\text{IV之差數})-II\gamma}{3}+\frac{-(\text{V之差數})-II\gamma}{3}=0$$

$$5II\gamma+\frac{-(-20)-II\gamma}{3}+\frac{-(20)-II\delta}{3}+\frac{-(-30)-II\delta}{3}+\frac{-(-5)-II\gamma}{3}$$

$$+\frac{-(30)-II\gamma}{3}=0$$

$$15II\gamma-5II\gamma+20-20+30+5-30=0$$

$$\therefore II\gamma=-.5''$$

$$5IIp+\frac{-(20)-IIp}{3}+\frac{-(30)-IIp}{3}+\frac{-(-20)-IIp}{3}$$

$$+\frac{-(0)-IIp}{3}+\frac{-(-20)-IIp}{3}=0$$

$$15IIp-5IIp-20-30+20-0+20=0$$

$$\therefore IIp=+1''$$

中心角之分配數(II)，旣由上式求得，於是再用(II)以推算每三角式誤差之分配數E.

$$E=\frac{-(\text{三角形內角和之差數})-(\text{II})}{3}$$

$$E_{I}=\frac{-(-20)-(-.5)}{3}=\frac{20.5}{3}=+6.8''$$

$$E_{II}=\frac{-(20)-(-.5)}{3}=\frac{-19.5}{3}=-6.5''$$

$$E_{III}=\frac{-(-30)-(-.5)}{3}=\frac{30.5}{3}=+10.2''$$

$$E_{IV}=\frac{-(-5)-(-.5)}{3}=\frac{5.5}{3}=+1.8''$$

$$E_V = \frac{-(30)-(-.5)}{3} = \frac{-29.5}{3} = -9.8''$$

$$E_1 = \frac{(20)-(1)}{3} = \frac{-21}{3} = -7''$$

$$E_2 = \frac{-(30)-(1)}{3} = \frac{-31}{3} = -10.3''$$

$$E_3 = \frac{-(-20)-(1)}{3} = \frac{19}{3} = +6.3''$$

$$E_4 = \frac{-(0)-(1)}{3} = \frac{-1}{3} = -.3''$$

$$E_5 = \frac{-(-20)-(1)}{3} = \frac{19}{3} = +6.3''$$

中心角及三角形內角誤差之分配值，旣可由上述二式求得，即可將各角度作第一次之修正，使

A.　$\gamma_1+\gamma_2+\gamma_3+\gamma_4+\gamma_5=360^0$ ……………………（測站方程式）

　　$P_1+P_2+P_3+P_4+P_5=360^0$ ……………………（,,　,,　,,

B.　$\gamma_1+B_1+\gamma^1=180^0$ ……………………………（三角形方程式）

　　$P_1+a^1+b_1=180^0$ ……………………………（,,　,,　,,）

此時之角度，祇充合於測站及三角形兩方程式，而對於邊之方程式，尙未能檢視其是否充合，故仍須計算其誤差數X，以爲第二次修正之用，其計算方程式如下列：

$$X = \frac{\Sigma \log \operatorname{Sin} B - \Sigma \log \operatorname{Sin} \alpha}{\Sigma \Delta B + \Sigma \Delta \alpha}$$

$$或X = \frac{\Sigma \log \operatorname{Sin} \alpha - \Sigma \log \operatorname{Sin} B}{\Sigma \Delta B + \Sigma \Delta \alpha}$$

邊方程式

$\mathrm{Sin}\,\angle^1+\mathrm{Sin}\,\angle^2+\mathrm{Sin}\,\angle^3+\mathrm{Sin}\,\angle^4+\mathrm{Sin}\,\angle^5=\mathrm{Sin}B^1+\mathrm{Sin}B^2+\mathrm{Sin}B^3+\mathrm{Sin}B^4+\mathrm{Sin}B^5$

角	角度	邊長或正弦對數	一秒表差	角	角度	邊長或正弦對數	一秒表差
$\angle^1$	34° 56'36.8"	9.757960	3.02	B1	42°59'16.8"	9.833686	2.25
$\angle^2$	109 36'33.5"	9.974052	.75	B2	32 10'33.5"	9.726337	3.35
$\angle^3$	45 3 '40.2"	9.849948	2.10	B3	49 11'50.2"	9.879075	1.82
$\angle^4$	59 5 '6 .8"	9.933454	1.25	B4	48 32'31.8"	9.874739	1.85
$\angle^5$	38 15'50.2"	8.791891	2.67	B5	80 8' .2"	9.993528	.87
	$\Sigma\log\mathrm{Sin}\,\angle=$	9.307325	$8.79=\Sigma\Delta\angle$		$\Sigma\log\mathrm{Sin}B=$	9.307365	$964\ \Sigma\Delta B$
						9.307335	

$$誤差配賦=\frac{40}{9.79+9.64}=\frac{40}{19.43}=2.06$$

邊方程式

$\mathrm{Sin}\,a^1+\mathrm{Sin}\,a^2+\mathrm{Sin}\,a^3+\mathrm{Sin}\,a^4+\mathrm{Sin}\,a^5=\mathrm{Sin}\,b^1+\mathrm{Sin}\,b^2+\mathrm{Sin}\,b^3\mathrm{Sin}\,b^4\mathrm{Sin}\,b^5$

角	角度	邊長或正弦對數	一秒表差	角	角度	邊長或正弦對數	一秒表差
a^1	60° 40' 53"	9.940472	1.18	b1	59°53'23"	9.937047	1.22
a^2	80 51'29.7"	9.998864	.15	b2	41 31'49.7"	9.821525	2.38
a^3	24 24'46.3"	9.616274	4.63	b3	24 55'6.3"	9.624620	4.53
a^4	43 42'59.7"	9.839536	2.20	b4	95 54'9.7"	9.997691	.22
a^5	50 21'16.3"	9.886495	1.75	b5	52 44'6.3"	9.900828	1.60
	$\Sigma\log\mathrm{Sin}a=$	9.281641	$9.91=\Sigma\Delta a$		$\Sigma\log\mathrm{Sin}b=$	9.281711	$9.95\ \Sigma\Delta a$
						9.281641	
						70	

$$誤差配賦=\frac{70}{9.91+9.95}=\frac{70}{19.89}=3.5$$

第一二次之改正數既得之後，則將其改正值分配於網內各角，而此分配法，謂之細小三角網修改法，此法祗合於配賦細小之三角網，蓋普通三角網之修改法（Adjusting of Triangulation）須用最小二乘方修改之Method of Least Squares）茲將誤差配賦之程序，列表如下：

誤 差 配 賦

角	角 度	誤差	第一改正 E	第一改正 H	第一改正角	第二改正	第二改正角
α^1	34°56'30"		+ 6.8		34°56'36.8"	+ 2"	34°56'38.8"
B^1	42 59'10"		+ 6.8		42 59'16.8"	− 2"	42 59'14.8"
α^1	102 04'00"		+ 6.8	−.5	102 4' 6.3"		102 4'6 .3"
	179°59'40"	−20"			179°59'59.9"		179° 59'59.9"
δ^2	109 36'40"		− 6.5		109 39'33.5"	+ 2"	109 36'35.5"
B^2	32 10'40"		− 6.5		32 10'33.5"	− 2"	32 10'31.5"
δ^2	28 13'00"		− 6.5	−.5	38 12'53 "		38 12'53 "
	180°00'20"	+20"			180°00'00 "		180° 00'00 "
α^3	45 03'30"		+10.2		45 03'40.2"	+ 2"	45 3'42.2"
ф^3	49 11'40"		+10.2		49 11'50.2"	− 2"	49 11'48.2"
δ^3	85 44'20"		+10.2	−.5	85 44'29.7"		85 44'29.7"
	179°59'30"	− 30"			180°00'00.1"		180° 00'00.1"
α^4	59 05'5"		+ 1.8		59 5'06.8"	+ 2"	59 5'8 .8"
B^4	48 32'30"		+ 1.8		48 32'31.8"	− 2"	48 32'29.8"
α^4	72 22'20"		+ 1.8	−.5	72 22'21.3"		72 22'21.3"
	179° 59'55"	− 5"			179°59'59.9"		179° 59'59.9"
ф^5	38 16'00"		− 98		38 15'50.2"	+ 2"	38 15'52.2"
B^5	80 8'10"		− 98		80 8'10.2"	− 2"	80 7'58.2"
α^5	61 36'20"		− 9.8	−.5	61 36' 9.7"		61 36' 9.7"
	180°00'30"	−30"			180°00'00.1"		180° 00'00.1"

誤差配賦

角	角　度	誤差	第一改正 E	第一改正 II	第一改正角	第二改正	第二改正角
a1	60°41'00"		−7		60°40'53"	+3.5"	60°40'56.5"
b1	59 53 30		−7		59 53 23	−3.5"	59 53'19.5
p1	59 25 50		−7	+1	59 26 44		59 25'44
	180°00'20"	−20"			189°00'00"		18°000'00"
a2	85°51'40"		−10.3		85° 51'29.7"	+3.5	85° 51'33.2"
b2	41 32		−10.3		41 31 49.7	−3.5	41 31 46.2
p2	52 36 50		−10.3	+1	52 36 40.7		52 36 40.7
	180° 00'30"	+30"			180°00'00.1"		180° 00'00.1"
a3	24° 24'40"		+ 6.3		24° 24'46.3"	+3.5	24° 24'49.8"
b3	24 25		+ 6.3		24 55 6.3	−3.5	24 55 2.8
p3	130 40		+ 9.3	+1	130 40 7.3		130 40 7.3
	179° 59'40"	−20"			179° 59'59.9"		179° 59'59.9"
a4	43 43'		− .3		43° 42'59.7"	+3.5	43°43' 3.2"
b4	95 54 10		− .3		95 54 9.7	−3.5	95 54 6.2
p4	40 22 50		− .3	+1	40 22 50.7		40 22 50.7
	180° 00'00"	0			180° 00'00.1"		180° 00'00.1"
a5	50°21'10"		+ 6.3		50° 21'16.3"	+3.5	50°21'19.8"
b5	52 44		+ 6.3		52 44 6.3	−3.5	52 44 2.8
p5	76 5430		+ 6.3	+1	76 54 37.3		76 54 37.3
	179° 59'40"	−20"			179°59'59.9"		1775 9'5 9.9"

修改三角網，為普通三角網測量之初步工作，迨經分配之後，則進行第二步工作，如

(A)計算三角邊長

(B)計算方向角

三角網之邊長，恒利用正弦定律之理以求之。

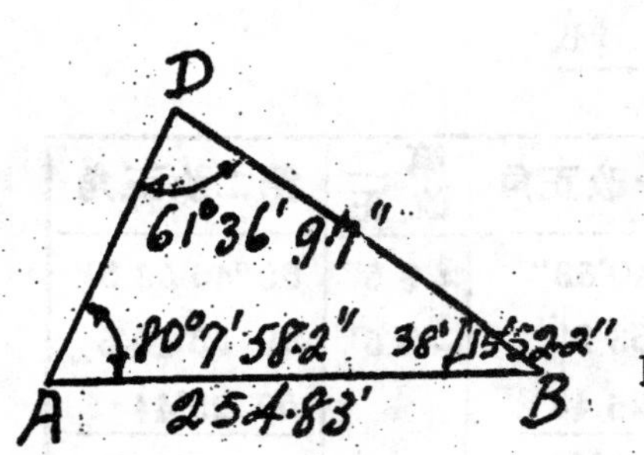

如$\frac{AD}{AB}=\frac{\text{Sin}38°15'52.2''}{\text{Sin}61°36'9.7''}$

$\therefore AD=\frac{254.83\text{Sin}38°15'52.2''}{\text{Sin}61°36'9.7''}$

log254.83=2.406250

log Sin38°15'52.2"=$\frac{9.791896}{2.198146}$

log Sin 61°36'9.7"=$\frac{9.944320}{2.253826}$=179.4'

各綫之長度及方向角旣算妥之後，於是繼續其餘之工作，如(A)計算經緯距，(B)展圖根點。

	N	
－＋ IV		＋＋ I
W		E
－－ III		＋－ II
	S	

經距者，間於兩點之東西距離也。而南北方向相隔之距離，則稱爲緯距。通常經距向東爲正，向西爲負，緯距向北爲正，向南爲負，而在基點(即原點)之經緯距皆零，如圖NS爲爲基點零之子午綫，WE爲過基點而直交於子午綫之直綫，則WE爲經軸，NS爲緯軸，若在第一象限時，經緯距皆爲正，在期二象限時，經距爲正，緯距爲負，在第三象限時經距爲負，緯距爲負，在第四象限時，經距爲負，緯距爲正，普通計算經緯距之公式如下。

經距=線長×Sin方向

緯距=線長×Cos方向

玆將計算上述二三角網內各點經緯距之結果，列表如下。

（A）經緯距圖根計算表

點	測線	夾角 D	方位角 R	距離 S	Log S. Sin R.	Log S. Cos R.	S. Sin R. +	S. Sin R. −	S. Cos R. +	S. Cos R. −	改正數 S. Sin R. +	改正數 S. Sin R. −	改正數 S.Cos R. +	改正數 S.Cos R. −	横坐標 Y	縱坐標 X	點
I	I-H	110°46'36"	S69°45'E	144.1'	2.158590	2.158590											
					9.973291	9.539223								.007			
					2.130881	1.697813	135.2			49.87	.003			.006	+235.203	+50.136	H
H	H-E	102 12'42.7"	S8 2'17.3"W	180.0	2.255301	2.255301											
					9.145607	9.995712											
					1.400908	2.251013		25.17		178.3		.004		.008	+210.037	−128.156	E
E	E-F	110 14'36.3"	S77 47'38"W	223.1	2.348520	2.348520											
					9.990069	9.325164											
					2.338589	1.673684		218.1		47.17		.005		.010	− 8.058	−175.316	F
F	F-J	96 17' 6"	N18 35'28"W	114.9	2.060247	2.060247											
					9.505034	9.976554											
					1.565281	2.036801		36.75	108.9			.002	.004		− 44.809	−66.412	J
J	J-I	120 16'56"	N41 1'36"E	220.0	2.343652	2.343652											
				882.7	9.817175	9.877604											
					2.160827	2.221256	144.8		166.4		.005		.010		+100	+100	I
							280.0	280.02	275.3	275.34							

(B) 經緯距圖根計算表

點	測線	夾角 D	方位角 R	距離 S	Log S. Sin R.	Log S. Cos R.	S. Sin R. +	S. Sin R. −	R. Cos R. +	R. Cos R. −	改正數 S. Sin R. +	改正數 S. Sin R. −	改正數 S. Cos R. +	改正數 S. Cos R. −	橫坐標 Y	縱坐標 X	點
E	E–G	59°53'19.5"	N51°51' 2.2"W	182.3	2.260775	2.260775											
					9.895644	9.790788											
					2.156419	2.051563		143.4	112.6						+ 66.637	−15.556	G
B	B–D	381°5'52.2"	N32°18'47.1"W	285.4	2.455457	2.455457											
					9.727984	9.926929											
					2.183441	2.382386		152.6	241.2						− 32.813	−365.856	D
F	F–C	158°48'23.7"	S56°36' 1.7"W	270.6	2.432280	2.432280											
					9.921609	9.740737											
					2.353889	2.173017		225.9		149.0	.023			0	− 233.981	−324.316	C
C	C–A	93°36'12"	S29°47'36.3"E	228.1	2.358211	2.358211											
					9.696283	9.938419											
					2.054494	2.296630	113.4			198.0		.012		0	−120.593	−522.316	A
A	A–B	139°13'7"	S70°34'39.3"E	254.83	2.406250	2.406250											
					9.974554	9.521816											
					2.380804	1.928066	240.4			84.74		.02		0	+119.787	−607.056	B
B	B–E	81°15'7"	N10°40'17.7'.E	487.3	2.687771	2.687771											
					9.267704	9.992415											
					1.955475	2.680186	90.26		478.0			.01	0		+210.037	−128.156	

在測量時，因地勢起伏之關係，儀器之錯誤，及在觀測時之忽畧，致所計算得之經緯距代數和，往往未能等於零，故各點經緯距之數值尚須改正；而在未改正之前，須先行檢視其閉塞誤差之距離值 f，是否超過一定之限制。倘其誤差數未能超過其所適合之限制，則所測得之結果爲有效；否則須重新複測也。至普通之許可限制，大可分爲三種：

(1)平坦地 $f = 0.01\sqrt{4(S)+0.006(S)^2}$

(2)丘陵地 $f = 0.01\sqrt{6(S)+0.0075(S)^2}$

(3)山嶺地 $f = 0.01\sqrt{8(S)+0.01(S)}$

S 爲各邊長之總和

多邊形之閉塞誤差值，通常可按正負經緯距之差求得之。設正負經距之差爲$\pm\triangle y$，正負緯距之差爲$\triangle x$

則 $f = \sqrt{(\pm\triangle y)^2+(\pm\triangle X)^2}$

閉塞誤差之數值，既經檢定其爲有効後，卽行改正各點之經緯距值，使其經緯距代數和等於零。至普通改正導線之平差法，(Balance the traverse)有二：一曰計算法，一曰圖解法，然往往因施測時所用之儀器不同，故平差之理論亦各不一。而普通因簡便之關係，多按多邊形之經緯距比例而改正之。

卽 $某經距改正值=\frac{經距總差\times該線之長}{導線總距}$

$某緯距改正值=\frac{緯距總綫\times該綫之長}{導線總距}$

例如A表內

閉塞誤差之許可限制 $f = .01\sqrt{6(882.7)+.0075(882.7)^2}$

$=1.05$

計算得之閉塞誤差 $f=\sqrt{(-.02)^2+(-.04)^2}=.045$

H 点之經距正值 $=+\frac{.02\times144.1}{882.7}=+.003$

14533

$$H\text{ 点緯距改正値} = -\frac{.04 \times 144.1}{882.7} = -.006$$

至其餘各点之改正値，亦可按上列數式推算之

各綫之方向角，本須依南北之眞子午綫以定之，然因子午綫測定之緊難，及磁針與眞子午綫偏差之微小，故在與天文無甚關係之陸地測量，其方向角之値，恆由磁針定之，而普通計算方向角時，恆作略圖以便推算，玆舉例如下：

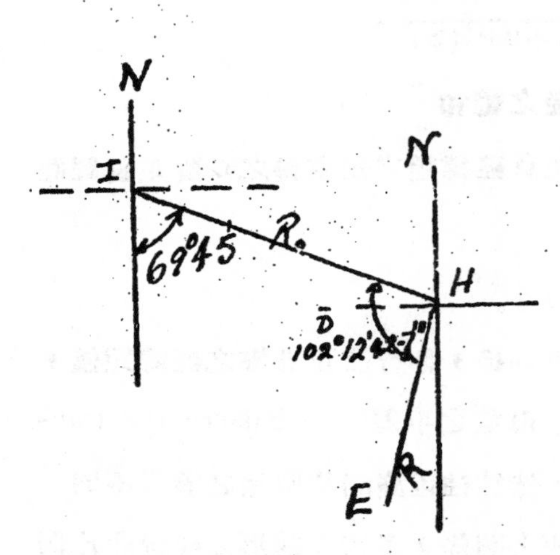

Ro＝I H之方向角

R ＝HE之方向角

D ＝夾角

R ＝180°－(69°45'＋120°12'42.7")

R ＝8°2'17.3"

　＝58°2'17.3"W

各點經緯距既經改正之後，於是將之展放於圖紙上，以爲平板儀測量地物之用，然往往因各圖根點在實地上所佔之面積較爲廣大，及所用之比例甚小，致普通之圖紙，恒不足以資展放，故在廣大陸地測量時，常利用座標之原理，分作多數之圖幅以便實施測量地物。

圖幅之大小，往往因各種環境之不同，故所標定之圖廓亦各不一，如在土地行政機關，則因便于計算面積之關係，故每一圖廓內所佔之面積，恒爲一整數，而在公路及工務行政機關，則因規劃街道及路線之關係，尙無劃一之規定，而本市工務局，因通常測量街道所用之比例。(還常之比例爲二百四十份一)及圖紙之關係，故所擬定之街道聯合圖圖廓爲500'×360;而此規定之圖幅，不獨於測繪及計劃人員極爲便利，且常可利用圖解方法以求實地遺失之圖根點位置，及畧算某區某段之面積爲若干，故在都市測

量，常採用縱橫座標法測量也 (Rectangular coordinate system of surveying)

通常圖幅之縱座標爲南北線，橫座標爲東西線，而在未展放之前，須先行任定其測站爲原點，至其餘各點之縱橫座標，用其互相連絡之關係，故可互相推算例如表內 I 點之縱座標，假定爲＋100'橫座標爲＋100'

I至H 之經距＝＋135.203

I至H 之緯距＝－49.864

則H之橫座標＝＋100＋(＋135.203)＝＋235.203

H之縱座標＝＋100＋(－49.864)＝＋50.136

H至E 之經距＝－25.166

H至E 之緯距＝－178.292

則E之橫座標＝＋235.203＋(－25.166)＝＋210.037

E之縱座標＝＋50.136＋(－178.292)＝－128.156

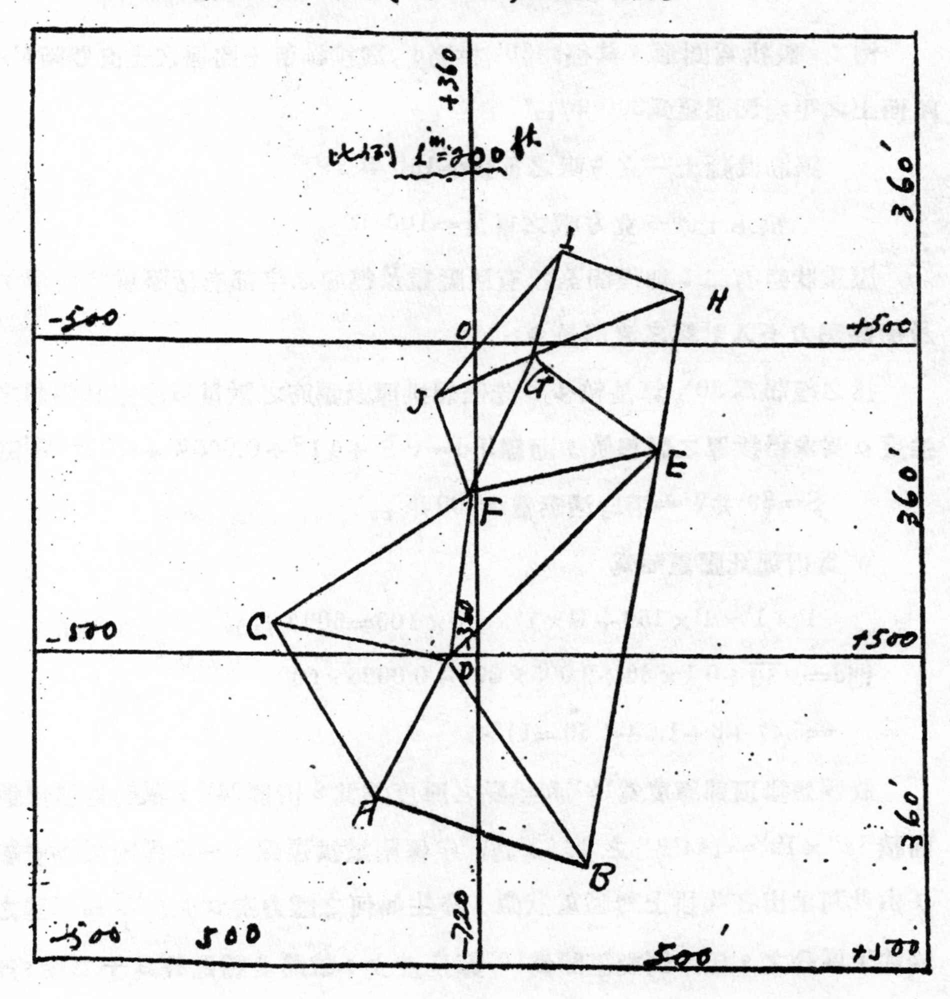

鋼筋混凝土拱橋設計

（續）

—王 文 郁—

第六章 拱設計例

例： 設拱爲圓形，其徑間30'，拱高6'，從拱軸至上路面之垂直距離5'，路面上之平均活壓重爲300井/口'

鋼筋混凝土一立方呎之重量=150 井

拱上土砂一立方呎之重量=100 井

壓重狀態有二：卽徑間全體有活壓重及徑間之半部有活壓重之情形，及衝擊應力不入計算之情形是○

拱之徑間爲30'，算是較少○先假想拱厚及鋼筋之數量以檢定其假想之強度○爲求得拱厚之假想值，而應用$d=\sqrt{S}+0.1S+0.005W+0.0025W'$時

S=30'井W=平均活壓重=300井/口'

W'爲頂部死壓重如爲

$1'\times1'\times1'\times150+1'\times1'\times4.5\times100=600$ 井/口'

則$d=\sqrt{30}+0.1\times30+0.005\times300+0.0025\times600$

$=5.47+3+1.5+1.50=11''47$

故假想拱頂部厚度爲12"起拱點之厚度爲其2倍卽24"，鋼筋爲頂部斷面積12"×12"=144口"之1%，其一半係附於拱腹線，一半係附於拱背線，由此可求出在此拱上對壓重狀態，發生如何之應力矣○先以$\frac{ds}{I}$爲不變之條件下區分之，因本例設徑間爲30'算是較少，故將全體區分爲十二段，卽

將拱之半部區分爲六，m=6　　（參照第12圖）

圓弧　　ACB=33'

半圓弧　　AC =16.'5

今將16'.5割成六等分，以計算各斷面之惰率I'。鋼筋在頂部爲1%故

As=12"×12"×0.01=1.44□"

故用$\frac{3"}{4}$圓鋼釬四枝。如是則

As=4×0.4418=1.77□"

如以呎爲單位則$\frac{1.77}{144}$=0.012□'

以二枝用於拱脊線附近，以二枝用於拱腹線。即於6"間隔上組成之。如是則各斷面之I'將各如次列（以呎爲單位）。

第十二圖

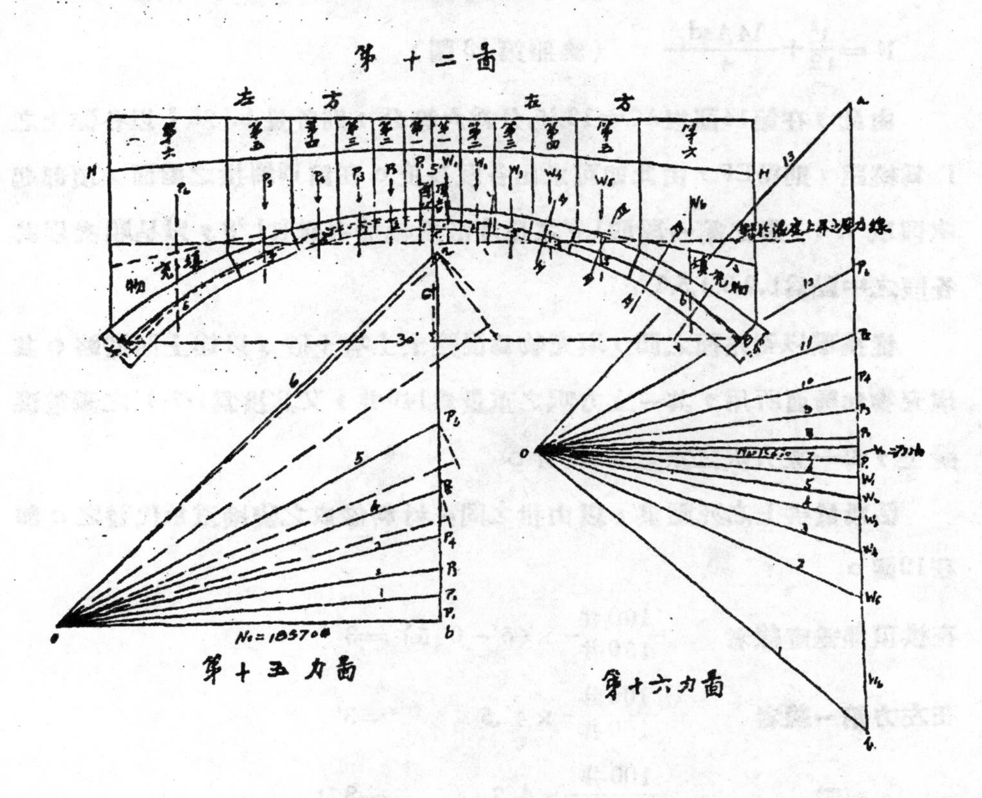

頂部 $I' = \frac{13}{12} + \frac{14 \times 0.012 \times \overline{0.67}^2}{4} = 0.083 + 0.019 = 0.102$

I I $I' = \frac{\overline{1.03}^3}{12} + \frac{14 \times 0.012 \times \overline{.7}^2}{4} = 0.091 + 0.021 = 0.112$

II II $I' = \frac{\overline{1.1}^3}{13} + \frac{14 \times 0.012 \times \overline{0.77}^2}{4} = 0.111 + 0.025 = 0.136$

III III $I' = \frac{\overline{1.25}}{12} + \frac{14 \times 0.012 \times \overline{0.92}^2}{4} = 0.163 + 0.036 = 0.199$

IV IV $I' = \frac{\overline{1.45}^3}{12} + \frac{14 \times 0.012 \times 1.12^2}{4} = 0.254 + 0.053 = 0.307$

V V $I' = \frac{\overline{1.7}^3}{12} + \frac{14 \times 0.012 \times \overline{1.37}^2}{4} = 0.41 + 0.079 = 0.489$

B $I' = \frac{2^3}{12} + \frac{14 \times 0.012 \times \overline{1.67}^2}{4} = 0.66 + 0.117 = 0.784$

$I' = \frac{t^3}{12} + \frac{14 Asd_1^2}{4}$ （參照第13圖）

由此，在第14圖以AC=16.'5,分爲六等分，則各長2.'75；以各點上之I'爲縱距，則得EF，由此即可求出各段長度。在第12圖拱之圖面，頂部起次段取1.'6；最之第一段取1.3'之長度沿拱軸於次則取1.'8，以是順次以其各段之中點爲1,2,3,4,5,6

從拱環以至路面之間，塡充物爲混凝土上有土砂，以達上面道路。其塡充物如圖面所用，其一立方呎之重量爲140井，又其拱爲1:2:4 之鋼筋混凝土，每一立方呎之重量爲150井。

活動於拱上之死壓重，以由拱之同一材料做成之變換重量代替之。即在12圖。

在拱頂部垂直線者　$\frac{100井}{150井} \times (5'-0'.5) = 3$

在左方第一線者　$\frac{100井}{150井} \times 4.5 = 3'$

，，，，二　$\frac{100井}{150井} \times 4.'7 = 3.'1$

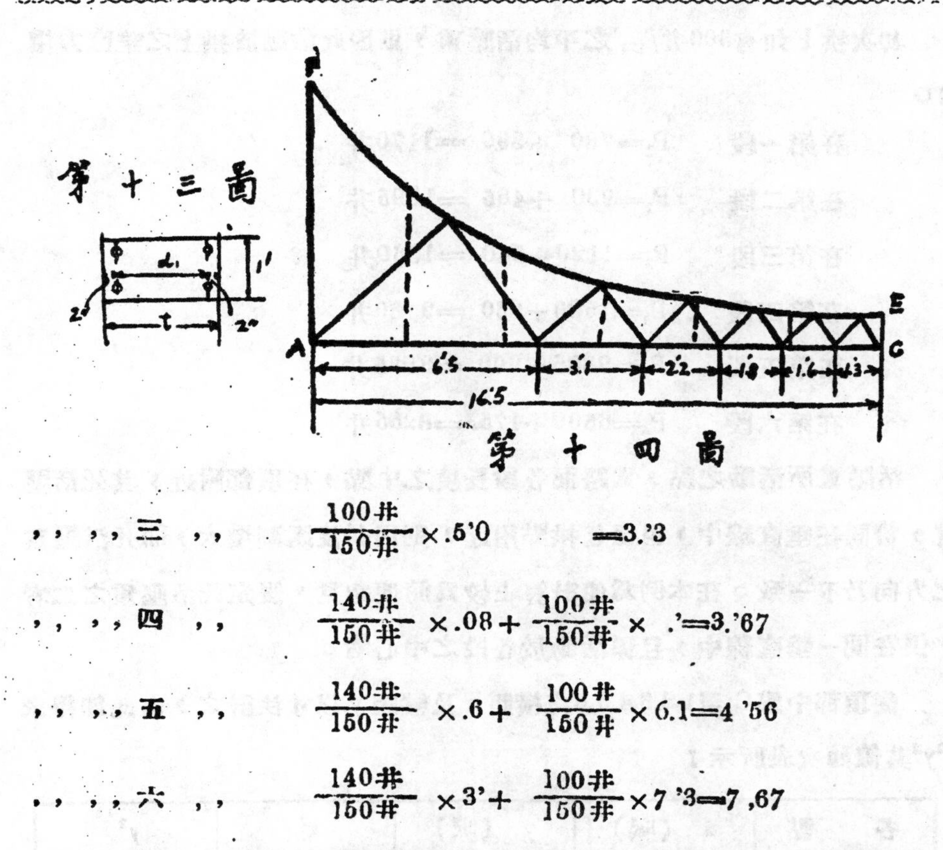

,, ,, 三 ,,　$\frac{100井}{150井}\times.5'0$　$=3.'3$

,, ,, 四 ,,　$\frac{140井}{150井}\times.08+\frac{100井}{150井}\times.'=3.'67$

,, ,, 五 ,,　$\frac{140井}{150井}\times.6+\frac{100井}{150井}\times6.1=4'56$

,, ,, 六 ,,　$\frac{140井}{150井}\times3'+\frac{100井}{150井}\times7'3=7,67$

故如從拱脊線取此種垂直點，將與拱相同之材料置放於拱上直至結其頂點之GH線時，因所及於拱之影响相等，故由此卽可得出各段上之死壓重○拱環係左右對稱者，故頂部以左及以右皆相同○

W_1= 第一段之重量=面積(口')×150			=780井
W_2= 第二	,,	,,	=930井
W_3= 第三	,,	,,	=1120井
W_4= 第四	,,	,,	=1500井
W_5= 第五	,,	,,	=2385井
W_6= 第六	,,	,,	=6500井

此一切W，皆係通過各段之重心而垂直壓下，其重心位置立時看出，此點已於前述○至土砂之横壓力在此際爲量不大，可以置之不理○重量係垂直者卽如圖所示○

其次拱上如有300磅/□'之平均活壓重，則因此活動於拱上之垂直力增加。

在第一段 $P_1=780+390=1170$磅

在第二段 $P_2=930+465=1395$磅

在第三段 $P_3=1120+540=1660$磅

在第四段 $P_4=1500+660=2160$磅

在第五段 $P_5=2385+900=3285$磅

在第六段 $P_6=6500+1755=8255$磅

活壓重所活動之點，為路面各段長度之中點，在頂部附近，其死活壓重，恰同在垂直線中，但至走拱點附近，則段長度逐漸增大，而死活壓重之方向乃不一致。在本例為使計算上較為簡便起見，假定死活壓重之二者，俱在同一垂直線中，且係活動於各段之中心者。

從頂部中點C至1,2,3,4,5,6之橫距x及縱距y，以呎法計之，由此即得求x^2y^2其值如次表所示：

各點	x (呎)	y (呎)	x^2	y^2
1	0.65	0.08	0.42	.0064
2	2.00	0.19	4.0	0.061
3	3.65	.40	13.32	.16
4	5.65	.80	31.92	.64
5	8.15	1.65	66.42	2.72
6	12.40	3.95	153.76	15.60
		$\Sigma y=7.07$	$\Sigma x^2=269.84$	$\Sigma y^2=19.16$
A或B	15.00	6.00		

第一 在全徑間有活壓重時

活壓重活動於全徑間者，則頂部以左及以右俱屬等勢，各斷面上所生應力，左右各各相等，故祇考察拱之半部即可。茲就左方之半部考察之。

在第一點，從外力所出之彎曲率 $M_L=0$

第二點

$M_L = -1170 \times (2,0-.65) = -1579.5'$井

第三點

$M_L = -1170 \times (3.65-.65) - 1395(3.65-2, = -5801.75'$井

第四點

$M_L = -1170 \times (5.65-.65) - 1395(5.65-2) - 1660(5.65-3.65) = -14216.75'$井

此即，各點之彎曲率。頂部左者以M_L表之，以右者以M_R表之，則可得次表，此彎曲率使拱脊線上產生張力，故以之爲(—)。

A 表

各區分點	M_L'井	M_R'井	$(M_L+M_R)y$	$(M_R-M_L)x$
1	0	0	0	0
2	— 1579.5	— 1579.5	— 600.21	0
3	— 5801.75	— 5801.75	— 4641.4	0
4	—14261.75	—14261.75	— 22818.8	0
5	- 30224.25	—30224.25	— 99740.03	0
6	—71555.75	—71555.75	- 565290.43	0
	$\Sigma=\Sigma M_e=-246846$		$\Sigma(M_L+M_R)_y=-693090.87$	
A	-117926.75	-117926.75		

故由 15 式

$$N_o = -\frac{6(-693090.87)-(-246846)(7.07)}{2\left\{(7.07)^2-6(19.16)\right\}}$$

$$= \frac{-4158545.22+1745201.22}{-129.96} = \frac{-2413344}{-129.96} = +18570\text{井}$$

依 13 式　$V_0=0$

依 14 式　$M_0 = -\frac{(-236846)+2\times18570\times7.07}{2\times6} = \frac{15733.8}{12}$

$= -1311'$井

M^0之(—)者，即如上記係使在拱脊線上產生應張力時用之。

由以上所述，即明頂部斷面上之N_0及M_0矣。

其次須看出在1.2.3.等點上之彎曲率壓力及剪斷力；彎曲率依照12式其右拱左半部者。

$M = M_L + M_0 + N_0 y + V_0 x$　在右半部者。

$M = M_R + M_0 + N_0 y - V_0 x$

此時 $V_0 x = 0$，故在左右兩半部，各為

$M = M_L + M_0 + N_0 y$（y係各點至N_0之垂直距離），壓力（N）及剪斷力（V）可容易由圖求得之，即在第155圖

$ab = \Sigma P = 1792$ 井

其在內取各壓重$P_1 P_2 P_3$等，而由b點左右部引水平線，使

$ab = N_0 = 18570$井

如是，0點為此力圖之極，由此向$P_2 P_3$等點引放射線如力圖上之1.2.3等線。因此即得如第11圖在拱上引入壓力線也。在作成此壓力線時，因頂部

$M_0 = 1311'$井　　　　$N0_4 = 18570$井

故 $\frac{-1311}{18570} = -0.'07 = -0.'80$，即為偏心距離。因其係從，拱頂部中點C為（一）者，故在下方取0.07，由此0.07點引一平行於力圖之0b之線；再從此線與P_1相交之點，引一平行於力圖上（1）之線；再則由此線與P_2相交之點，引一平行於力圖上（2）之線，如是次第為之，則得壓力線，第12圖拱左半部以點線所示者即此也。又在第15圖。將$0P_2$分成平行或垂直於通過拱之I點之向心斷面之二分力，則垂直者為活動於通過I點之向心斷面上之壓力N，平行者則為剪斷力V_0故依寸法即得求出其值，如次表（B表）。$\frac{M}{N}$則為各斷面上之偏心距離，其由計算所得，與以寸法由拱之壓力線計出者須互相一致。

B 表

活壓重活動於全徑間時，在各斷面上之 M,N 及 V.

各區分點	M_L	Mo	Moy	M井	N井	V井	$\frac{M}{N}=x$ 呎
C	0	−1311	0	−1311	18570	0	−0.07
1	0	−1311	+ 1485.6	+ 174.6	18550	+700	+0,009
2	− 1579.5	−1311	+ 3528.3	+ 637.8	18700	+800	+0.034
3	− 6801.75	−1311	+ 7428.0	+ 315.25	19000	+1100	−0.017
4	− 14261.75	−1311	+ 14ℓ5.6	− 716.75	19550	+1450	−0.037
5	− 30224.25	−1311	+ 30640.5	− 894.75	20800	+2000	−0.013
6	− 71555.75	−1311	+ 73351.5	+ 484.75	25430	+4300	+0.02
A	−117926.75	−1331	+111420.0	−7817.75	25800	+300	−0.30

(N及V係以寸法求得者)

第二 在拱左半部有活壓重之情形

在活壓重活動於拱之左半部時，則頂部之左右，其壓重狀態並不相同，故須就全徑間考察之。M_L 可照A表，但 M_R 則須另就死壓重求之。拱頂部以右。

在(1)點上 $M_R=0$

在(2)點上 $M_R=-780\times(2-0.65)=-1052'$#

在(3)點上 $M_R=-780\times(3.65-0.65)-930\times(3.65-2)=38745'$#

如是所求得者，即C表之 M_R

C表

各區分點	M_L	M_R	$(M_L+M_R)y$	$(M_R-M_L)X$
1	0	0	0	0
2	−1579.5	−1052.	−500.	+1055.
3	−5801.75	−3874.5	−3870.5	+7034.46
4	−14261.75	−9534.5	−19037.	+26708.96
5	−30224.25	−20439.5	−83595.2	+78930.71
6	−71555.75	−48878.25	−475714.3	+281201.
	$\Sigma=-207201.75$		$\Sigma=-582717$	$\Sigma=+394930.13$
A或B	−117926.75	−83257.26		

$$\therefore\ N_o=\frac{6(-582717)-(-207201.75)(7.07)}{-129.96}$$

$$=\frac{-2031385.6}{-129.95}=+15630\#$$

$$V_o=\frac{394930.13}{2(269.84)}=+732\#$$

$$M_o=-\frac{(-207201.75)+2\times15630\times7.07}{2\times6}=-1150'\#$$

由以上即可知 N_o, M_o, V_o, 而壓力綫在頂部所通過之點爲C點下

$$-\frac{1150}{15630}=-0.'074;$$ 故在第16力圖

$$ab=\Sigma P+\Sigma M=17925+13215=31140\#$$

分割之為各段上之壓重，離P_1與W_1之接觸點為 Vo=+732 #，故在上方取 732#，由此引水平線以求其極0 點。在各壓重線上引放射線如1,2,3,4等是。通過第12圖拱頂部 C點下之0.0'074點，引一平行於16力圖之 7之線；由其與P_1相交點引一線平行於力圖之 8者；又在右部從其與 W_1 相交點，引一平行於力圖之6 之平行線，如是引線則得記入以點線表示之壓力線於拱上。次 D 表即表示各點上之M, N 及V也。

D 表如右

D表

活壓重活動於拱左半部時之M, N 及V.

各分區點	M_L或M_R		Mo	Moy		Vox		M		N		V		偏心距離 (x)	
	左方	右方		左方	右方	左方(+)	右方(−)	左方	右方	左方	右方	左方	右方	左方	右方
C	0	0	−1150	0	0	0	0	−1150	−1150	15630	15630	+732	+732	−0.740	−0.074
1	0	0	−1150	+1250.4	+1250.4	+475.8	−475.8	+576.2	−375.4	15550	15500	+50	+110	+0.04	−0.02
2	−1579.5	−1052.	−1150	+2969.7	+2969.7	+1464	−1464	+1704.2	−696.3	15700	15600	+500	+900	+0.11	−0.05
3	−5801.75	−3874.5	−1150	+6262.	+6262.	+2671.8	−2671.8	+1972.05	−1444.3	16000	16000	+750	+850	+0.12	−0.09
4	−14261.75	−9534.5	−1150	+12504.	+12504.	+4135.8	−4135.8	+1228.05	−2316.3	16600	16400	+1400	+850	+0.07	−0.14
5	−13224.25	−20439.5	−1150	+25789.5	+25789.5	+5965.8	−5965.8	+381.05	−1765.8	17800	17200	+2500	+1200	+0.02	0.10
6	−71555.75	−48878.25	−1150	+61738.5	+61738.5	+9076.8	−9076.8	−1890.45	+2633.5	22500	20750	+5100	+2700	−0.08	+0.13
A或B	−117926.75	−83257.25	−1150	+93780.	+93780.	+1098.0	−10980	−14316.75	−1607.25	23050	21000	+1900	−500	−1.62	+0.07

（N與V係以寸法求之者）

其次求溫度之昇降所生應力，依第18式

$$No' = \frac{EcI'}{ds} \quad \frac{K+Sm}{2\left\{m\Sigma y^2-(\Sigma y)^2\right\}}$$

Ec ＝ 2000000 （吋）

＝ 288000000 （呎）

K ＝ 0.000006

t ＝ ±15°F 有變化時者。

t ＝ 30°F

溫度上昇時爲(＋30)，下降時爲(－30)，

$\frac{I'}{ds}$,依14圖爲0.06.如是

$$No' = 286000000 \times 0.06 \times \frac{30 \times 0.000006 \times 30 \times 6}{2\left\{6(19.16)-(7.07)^2\right\}}$$

$$= \frac{559872}{129.96} = +4308 \text{ 𠦜}$$

又依19式

$$Mo' = -\frac{4308 \times 7.07}{6} = -5076' \text{ 𠦜}$$

~~在各區分點1,2,3上之彎曲率得依20式~~

M＝Mo'＋No' y 求之。

又在此各點上之壓力N剪斷力V,可將No'分成平行於或垂直於該各點上向心斷面之二分力，以求之。拱頂部上之偏心距離(x)爲

$$-\frac{5076}{4308} = -1.'17,$$

由12圖C點下1.'17點所引之水平線，爲溫度昇至30°F時之壓力線。是此際祇看出伴於溫度上昇之壓力而非壓重也。

E表如次

E表

因溫度變化而生之應力

各區分點	M_0'	$N_0'y$	彎曲率（M）呎磅	壓力（N）磅	剪斷力 磅	偏心距離（X）呎
C	−5076	0	−5076	+4308	0	−1.17
1	−5066	+344.6	−4731.4	+4300	+120	−1.10
2	−5076	+818.5	−4257.5	+4300	+400	−0.99
3	−5076	+1723.	−3353.	+4280	+700	−0.78
4	−5076	+3446.	−1630.	+4200	+1100	−0.39
5	−5076	+7108.	−2032.	+4000	+1600	+0.51
6	−5076	+17016.6	−11940.6	+3600	+2100	+3.32
A或B	−5076	+20772.	+20772.	+3200	+3000	+6.5

E表，示溫度上昇30^0F之時；但溫度下降者爲(-30^0)；M,N等並不變其値祗(十)或(一)之符號變更而已○而拱頂左右俱屬同一○

次求因拱之短縮而生之壓力○此際須知混凝土上之平均壓力 Ca，在小徑間之拱，卽此上所例示之拱，就各段以求死壓重及活壓重活動於拱半部時之壓力，卽以通過各區分點之向心斷面積(混凝土之面積+(n−l)As)除之卽可○若在大拱，則於壓重之外，尙應加算因溫度及拱短縮而生之壓力，以求出平均値Ca；依此確實方法卽可求出平均單位面積之壓力，而壓重則爲死壓重及在拱之半部有活壓重者○

玆定Ca=100 井/口′　則依21式

$$No''=-\frac{I'}{ds}\cdot\frac{Ca\ Sm}{2\left\{m\Sigma y^2-(\Sigma y)^2\right\}}$$

$$=-0.06\ \frac{100\times144\times30\times6}{129.96}=-1200\ 井$$

在拱頂部斷面

$$Ca=\frac{15630+4308-1200}{1\times1'+14\times0.012}=16042\ 井/口'$$

在通過區分點 4 之向心斷面

$$Ca=\frac{16600+4200-\frac{4200}{4308}\times 1200}{1\times 1.09+14\times 0.012}=15407井/口''$$

在通過A之向心斷面。

$$Ca=\frac{23050+3200-\frac{3200}{4308}\times 1200}{1\times 2'+14\times 0.012}=11652井/口''$$

$$Ca之平均值=\frac{16042+15407+11652}{3}=16643井/口''$$

$$=\frac{14366}{144}=100井/口''$$

故可假定爲

$Ca=100井/口''$，而

$N_0''=-1200井$

$$M_0''=-\frac{(-1200)\times 7.07}{6}=1414'井$$

即爲温度變化所生應力之27.8%，而與温度下降時發生同樣結果。壓力線之位置在$\frac{+1414}{-1200}=-1.'17$，如從頂部C點下1.'17以引水平線，則此即爲壓力線也。

F表

因拱之短縮而生之應力。

各區分點	彎曲率 (M)呎磅	壓力 (N)磅	剪斷力 (V)磅
C	+1414	—1200	0
1	+1315	—1195	— 33
2	+1183	—1195	—111
3	+ 932	—1190	—195
4	+ 453	—1167	—306
5	— 565	—1112	—445
6	—3320	—1000	—667
A	—5775	— 889	—834

(拱頂部左右皆同一)

由以上B,D,E及F等表，可察出通過各區分點之向心斷面之最大應力。茲先就剪斷力述之。

G表

剪斷力 (V)

各區分點	在拱徑間半部有活壓重者		在拱全徑間有活壓重者	溫度上昇(+)下降(—)	拱短縮	所生之最大剪斷力(磅)
	左方	右方				
C	+ 732	+ 732	0	0	0	732
1	+ 50	+ 110	+ 700	+ 120	— 33	787
2	+ 500	+ 900	+ 800	+ 400	— 111	1189
3	+ 750	+ 850	+1100	+ 700	— 195	1605
4	+1400	+ 850	+1450	+1100	— 306	2244
5	+2400	+1200	+2000	+1600	— 445	3555
6	+5100	+2700	+4300	+2100	— 667	6833
A	+1900	— 500	+ 300	+3000	— 834	4066

H表

在各斷面所生之單位應剪力 (V)

各區分點	斷面積 (=bd) □"	$V=\frac{V}{bd}$ 井/□"
C	144	5.0
1	144	5.5
2	145	8.2
3	146	11.0
4	157	14.3
5	168	21.0
6	234	29.2
A	288	14.1

在普通拱上，極少檢查應剪力者，上H表計算，即示其近似值。其次須就各斷面所生之最大應力，計入應力(N)與彎曲率(M)；在普通檢查上，第一、如在溫度下降時，左半部有活壓重者，即考察其左半部；又如在全徑間有活壓重者，亦須考察。第二、在溫度上昇時，其左半部有活壓重者，即考察其右半部；又全徑間有活壓重之情形，亦須察及。又先將溫度昇降所生之M，及N'與拱短縮而生者合併，次則以之合併於由壓重發生之M及N，較爲利便。M,N 及x偏心距離之大者，在斷面上發生最大應力，M之大者，普通在頂部附近或N起拱點附近，常使斷面上產生大應力。

I表 彎曲率M及壓力N

各分區點	溫度昇降與拱短縮之合併值				在徑間半部之壓重				在全徑間之壓重	
	上昇		下降		左方		右方			
	M	N	M	N	M	N	M	N	M	N
C	−3661	+1108	+6395	−5508	−1150	+15630	−1150	+15630	−1311	+18570
1	−3416.4	+3105	+6046.4	−5495	+576.2	+15550	−375.4	+15500	+174.6	+18550
2	−3074.5	+3105	+5440.5	−5195	+1704.2	+15700	−696.3	+15600	+637.8	+18700
3	−2421	+3090	+4285	+5470	+1972.05	+16000	−1441.3	+16000	+315.25	+19000
4	−1177	+3033	+2083	+5367	+1228.05	+16600	−2316.3	+16100	−716.75	+19550
5	+1467	+2338	−2597	−5112	+381.05	+17800	−1765.8	+17200	−894.75	+20800
6	+8620.7	+2600	−15260.6	−4600	−1890.45	+22500	+2633.5	+20750	+484.75	+25430
A	+14097	+2311	−26547	−4089	−14316.75	+23050	−1607.25	+21000	−7817.75	+25800

J表（爲求出在各斷面所生最大應力而組合之M及N）

各分區點	溫度下降時在左半部有壓重者考察左半部		情形與上同而其壓重係在全徑間者		溫度上昇時在左半部有壓重者考察右半部		情形與上同但於全徑間有壓重者	
	M	N	N	N	M	N	M	N
C	+5245	+10122	+5084 ※	+12090	−4811 ※	+18733	−2350	+21678
1	+6622.6 ※	+10055	+6221	+13055	−3791.8	+18605	−3241.8	+21655
2	+71447 ※	+10205	+6078.3	+13205	−3770.8	+18705	−2436.7	+21805
3	+6257.05 ※	+21470	+4600.25	+24470	−3865.3	+19090	−2105.75	+22090
4	+3311.85 ※	+21967	+1386.25	+24917	−3403.3	+19433	−1893.75	+22583
5	−2215.95	+12688	−3486.75 ※	+15688	−298.8	+20038	+572.25	+23668
6	−17156.05 ※	+17900	−14775.85	+20830	+11255.2	+23350	+9105.45	+28030
A	−40863.75 ※	+18961	−34362.75	+21711	+13389.75	+23311	+7199.25	+38111

就以上各種情形計算，即得求出斷面所生之最大應力，如較熱練，且可立時判斷之C米之符號係表示使發生最大應力者。要之M，N及$\frac{M}{N}$偏心距離之大者，可以使發生最大應力於斷面上也。

$$I'=\frac{12''t^3}{12}+\frac{14\times As\times d_1^2}{4}\qquad P=\frac{As}{bd}$$

$$A'=bd+14As$$

K表

各斷面混凝土上所生之最大應壓力(C)

斷面向心	A' □"	I' ,,	t ,,	P	M 井'	N 井	x=M/N ,,	K A式	C 井/□"
C	168.78	2124.5	12	0.012	—4811	+18738	3.1	.55	278
1	168.78	2121.5	12	0.012	+6221	+13055	6.0	.49	354
2	169.28	2167.2	12.08	0.012	+7144.7	+10205	8.4	.475	374
3	170.78	2216	12.17	0.012	+6257.05	+21470	3.5	.460	325
4	181.78	2761	13.1	0.011	+3311.05	+21967	2.0	——	215
5	192.78	3363.5	14	0.010	—3486.75	+15688	2.7	.89	160
6	258.78	8903.2	19.5	0.008	—17151.05	+17900	11.5	.456	382
A	312.78	15902	24	0.006	—40865.75	+18961	26.9	.477	622

在各斷面之單位應壓力(C)，不生張力時，可依32式求得之。如生張力時，則依33式求之。鋼筋所生應力，通常比nc爲小。在斷面生張力時，則依34式即可容易求出鋼筋上之應力。

$$f_A=\frac{W}{A'}+\frac{Wx\frac{t}{2}}{I'}\ ;\quad f_B=\frac{W}{A'}-\frac{Wx\frac{t}{2}}{I'}\cdots\cdots(32)$$

$$\left.\begin{aligned}C&=\frac{M}{bt^2\left\{\frac{k(3-2k)}{12}+\frac{npd_1^2}{4kt^2}\right\}}\\M&=Wx=\frac{cbtx}{2}\left\{\frac{k^2+2npk-np}{k}\right\}\end{aligned}\right\}\cdots\cdots\cdots\cdots(33)$$

$$\left.\begin{aligned}Sc&=n\frac{c(kt-e)}{kt}=nc\left(1-\frac{e}{kt}\right)\\St&=n\frac{c(d-kt)}{kt}=nc\left(\frac{d}{kt}-1\right)\end{aligned}\right\}\cdots\cdots\cdots\cdots(34)$$

附求k式如下

$$k^3-3\left(\frac{1}{2}-\frac{x}{t}\right)K^2+6npk\frac{x}{t}-3np\left(\frac{x}{t}+\frac{d_1^2}{2l^2}\right)=0 \cdots\cdots\cdots (A)$$

在拱環上混凝土之應壓力，僅計算死活壓重則在1：2：4 混合之混凝土，須不超過 500井/□”又如加入計算死活壓重溫度昇降及拱短縮者，則不可超過600井/□”

從K表得出各斷面混凝土所生之最大臨壓力，即可看出是否不超過上記之容許數量，A斷面上爲 622井/□”，即超過 600井/□”。在其他斷面則皆較少於許容限度。故可多少變更拱之寸法，以頂部爲 10” 左右以起拱點爲 28” 左右，重覆計算以求經濟上較良好者。如就拱之情形，並未熟練者宜經一次以如上之試驗的寸法計算之，並以二次左右之寸法以求妥善。以上係爲使學者了解，例示超過容許數量之情形，（但對容許限度只有少許增減者，可以不理，又如對全拱無關係而祇少少變更局部之大小者亦無妨也。）在拱上組入鋼筋之方式俟第九章述之。　——未完——

14551

鋼鐵樓宇之風力計算法

WIND STRESSES IN STEEL FRAMES OF OFFICE BUILDINGS

BY W.M. WILSON AND G. A. MANEY

Bulletin No. 80

Engineering Experiment Station

University of Illinois.

譯者：吳絜平

綱　目

第一章　緒　言

(一)弁言——世界各大城市中，其土地價値之高昂，恒有寸金尺土之慨；是故各業主爲維持其土地之利益起見，自非有崇樓高宇之結搆不爲功。普通應用之建築方式，則鋼鐵骨架之建築物是也。在此種建築物中，關於活重淨重等力量之承載，吾人固習知其必由陣以達於樑，復由樑以達於柱，而及於地基。然倘建築物過高時，則空中之風力，將發生一極大之水平向剪力，以施於該建築物。故計劃高樓時，關於風力之大小及關係，必需加以計算。然平常應用之法，多以斜形支柱以支持於各柱之間，以搆成堅固之鋼架，而藉樑柱之剛性以抵抗此種水平向之剪力。惟精確計算方法，至今尙未能決定，仍在諸結搆工程專家之硏究中。至於本文下述之方法，雖亦不敢謂爲完全正確，較諸普通各法，當或能優於一切也。

第二章　計算高樓風力之現行諸法

(二)方法之類別——計算鋼架樓宇風力之方法，可分爲二(1)施於實用者(2)精確分析者。在此式法中，第一法則較爲簡便，而第二法則因分析較精密，故結果恒較第一法爲準確。吾人爲硏究便利起見，特就此二法之本能以名第一法爲約畧法，第二法爲準確法。

(三)約畧法——(a)法林明法 Fleming's Method。法林明先生曾於一九一三年三月十三日出版之工程消息雜誌 Engineering News 中將三法披露，而此法乃爲近日所流行應用者。此法分爲 I II III ，若將之應用於一層樓內之各柱均爲同樣剖面者，則此三法之計算，實基於下列之假設：

第一法之假設：

(1)設骨架之框架(bent)其作用如一飄樑。

(2)設每柱之反撓点 Contra-flexure 適在樓面高度之中央。

(3)設每樑之反撓點適在其本身中央。

(4)在每柱之直接應力與其由柱至框架中立軸Neutral-axis之距離成

正比例

第二法之假設：

(1)設每骨架之框架其作用與一串之門架 Portals 同。

(2)設每柱之反撓点適在樓面高度之中央。

(3)設每層各柱之剪力大小相同。

(4)在一框架中，其相隣之每二柱作用與門架 Portal同，而每內柱則為相隣二門架之枝件。當作內柱為門架一邊之枝件時，其直接應力之符號，適與當作其為門架對邊枝件同。柱中直接應力相反，而此直接應力之合力適為零。

第三法之假設：

(1)設一骨架之框架(Bent)其作用如一連續門架(Portal)。

(2)設每柱之反撓力點適在樓面高度之中央。

(3)設在一柱內之應力與其由柱至框架中立軸之距離成正比例。

(4)設一層樓內各柱之剪力大小相同。

(b)史密夫法(Smith's method)。史密夫教授曾於西方工程學會(Western Society of Engineer)一刋物中(Vol. XX NO. 4)，將其在普渡大學(Purdn University)結構工程科所應用之教授方法披述於此，特名之為第IV法。

第IV法之假設：

(1)每柱之反撓力點適在樓該面高度之中央。

(2)每樑之反撓力點適在其長度之中央。

(3)各內柱之剪力相等，每內柱之剪力等於內柱之剪力一半。

於此諸法中，倘任擇一法之各假設以計算一屋架，則此架之各應力，卽可應用靜力之基本方程式以求得之。然由此各假設觀之，則由此各法所求得之結果，當然有別。

(四)準確法一(a)美力法(Melick's method)。美力博士曾根據於柱陣之彈性曲線撓度及長度之變更以應用於一法。然此法頗煩複，是以在四層以下之樓宇，幾無人採用之。至於應用於二十層高之樓宇，於事實上亦往往不可能。

(b)約翰生法(Johnson's Method)。約翰先生根據柱之撓度及柱與樑彈性曲線之切線於其各交切點所成斜坡之變更以推出一法。然此法若見諸實用，所算得之各種應力，必不甚準確，惟以其含有不知數極夥，故於實際上之樓宇計劃中，亦必不能採用。

(c)簡捷法(Method of Least work)。亞耳拔史密夫教授Albert Smith曾用簡捷法(Method of Least work)以計算二跨度三跨度四跨度等對稱框架之風力，此法極爲正確，然計算手續亦頗冗長。

第三章　計劃解析之概略

(五)方法之概略——作者爲成立一應力之分解起見，特做成若干假設，及應用力學中之若干基本原理，而獲得諸方程，以爲計算於一骨架中之諸應力。其已成立之假設，詳第七章。而諸方程式之演算，則將於第五第六兩章見之。

一骨架之枝件於其末端之灣率，爲一枝件末端之彈性曲線，於其切線斜坡變動之涵數，及一枝件一端灣度之涵數，而該端乃與他一端有關係者(參看方程式A)。

所有各柱樑交切於一點於變形部份，而該柱樑均曾受同樣之斜坡變動(參看第六章第一假設)其所有各樑末端之垂直灣度均等於零，而其一層之所有各柱於其頂部之平向諸灣度均爲相等。

討論一框架之任一層取一柱及一樑中立之軸交切點，如一自由物體在交切於該點之諸柱樑於其末端灣率之作用下，則該點爲平衡，而每一灣率，可以該枝件末端之斜坡變動及該枝一端而有關係於他一端之灣度以表明之。是故於柱樑之交切處，其每點均可寫得一灣率方程式，而其唯一之諸不知數量，將爲於諸柱末端上之斜坡變動及於一層中其諸柱之平向灣度而已。

倘將所有各柱併合之爲一自由物體，則其所有各柱中，其兩末端之灣率之和，將爲其灣率與於該層上之總剪力，而乘以樓面高度相等之對力(Couple)所平衡，如該層之剪力及高度均知，則其於諸柱中之灣率，可以其末端之斜坡及灣度如同諸前方程式中以表明之。是以於該層中，有若干柱加一卽可寫得若干方程式，而於此等方程式中之諸不知數量，祇爲於各柱末端上之斜坡變動及於一層內所有各柱之灣度而已，故存若干不知數卽每層有若干方程式，若分解之，則斜坡灣度二者均可算得。如該二項已知，則可討論其諸灣率。

於一枝件上之剪力與該枝件長度之相乘積乃與於該枝件末端諸灣率之代數和相等，因該枝之灣率及長度皆知，則可討論其剪力。

於諸樑中之剪力既知，則在任何柱內之直接應力，可以取該柱爲一自由物體，及將其垂直諸力之和等於零以算得之。其於一樑中之直接應力，可於同等情形計算之。

上述之法，乃基於力學中之原理，而爲約翰生 (Mriohnson) 所應用者。惟作者所該述之法，乃與彼所用者有別。因於該法中其不知數量爲斜坡與灣度，而非直接應力與灣率，其四枝件二柱，及二樑交切於一點，而每一枝件受有不同之應力，及不同之灣率，該處所有各枝件，均受有同等之斜坡變化，而於一層中所有之柱，均受有同樣灣度，是故其斜坡及灣度之不知值，當顯見其較灣率及直接應力爲少，同時倘將多量之不知數加以變化，則於諸程式之分解，亦當更爲簡便。

第四章　解析上所憑藉之基本假設

（六）假設之演述——擬用之解析法，乃基於下列各假設：

（1）設柱與樑間之接連處完全堅定(rigid)。

(2)設於每枝件之長度，其因直接應力之變化，適等於零。

(3)設每樑之長度爲與其連接柱中立軸間之距離，而每柱之長，則爲與其連接樑中立間軸之距離。

(4)設每枝件之撓度(deflection)。倘其因內應剪力而發生者，適等於零。

(5)設風力完全由鋼架支抗。

此各假設將於十一章內詳論之。

第五章　基本方程式

(七)基本原理——本解析所用之基本方程式，乃根據下列原理得之：

當一枝件受撓曲時，其於彈性曲線任何他点之切線，而發生於中立軸中任何點之撓度，必等於$\frac{M}{EI}$圖面積之撓率，而此圖爲該枝件兩點間之部份而於撓度之量度點者

(八)上述定理之証明——在圖一之AB線，乃用以代表當一枝件受屈曲時之中立軸，然在此圖中爲使閱者易於明瞭起見，故特將撓度擴大，其眞正撓度實極微細，而其曲線之長度，可視作與其水平投影相等。

現需証明由AB線於O點之切線上任何點P之撓度與$\int_{\theta}^{P}\frac{M}{EI}dx.x$相等。

伸展各切線於曲線之端，直至與經過P點之垂直線相切爲止。

在二相連切線而截於P點，垂線之截面與$xd\theta$相等。

由θ點切線與P點間之完全撓度在P與θ點間於彈性曲線所成諸截面之代數和相等，即$y=\int_{\theta}^{p}xd\theta$該彈性曲線之方程式可表之如下

$\frac{d\theta}{dx}=\frac{M}{EI}$。由此方程式，以$d\theta$值代入上式中，則得$y=\int_{\theta}^{p}\frac{M}{EI}dx.x$，全時$\int_{\theta}^{p}\frac{M}{EI}dxx.$之量，可作$\frac{M}{EI}$圖之初步面積，故$\int_{\theta}^{p}\frac{M}{EI}dx.x$之量，可作爲$\frac{M}{EI}$於圖p點之撓率。

14558

（九）基本方程式之演算——設一枝件，除於其兩端外不受有諸外力或對力之作用，在圖2中之AB線，乃用以代表此等枝件之中立軸。於A點之灣率以M_{AB}表示之；於B點則以M_{BA}表之；於彈性曲線之A點，其因外力所發生之斜坡變動，則以θ_A代表之；如在B點時則代以θ_B由原位置A而生之A灣度為d以($d-l\theta_B$)代表由切線上B點之A灣度而以($d-l\theta_A$)代表由切線上A點之B灣度，其$\frac{M}{EI}$圖則示之如圖3。各數量之符號，可以下列各定則決定之：

當枝件彈性曲線之切線，倘其轉動方向與時計相同時，則其斜坡之變動，或其角度之變形，必為正號(十)

當諸距離及灣度均為正號斜坡，而全時又於基線以相同之方向量度之，則諸距離及斜坡，亦均為正號。凡一灣率當施於一枝件之某段，而該段乃用量度灣度者，倘其發生一同時針方向之轉動時，則此灣率為正(十)。

以由切線上B點之A灣度($d-l\theta_B$)代入下列方程式：

$$y=\int\frac{M}{EI}dx.x$$之y值則得

$$(d-\ell\theta_B)=\int_A^B\frac{M}{EI}dx.x$$

以下列方程式之M值代入

$$M=M_{AB}+\left(\frac{M_{BA}-M_{AB}}{\ell}\right)x$$則得

$$(d-\ell\theta_B)=\int_A^B\frac{M_{AB}}{EI}xdx+\left(\frac{M_{BA}-M_{AB}}{EI.\ell}\right)x^2dx$$

如材料相同，及斷面均等時，則E與I均為常數。

完成上列表示之積分式，則得

$$(d-\ell\theta_B)=\frac{M_{AB}}{EI}\frac{\ell^2}{1}+\frac{M_{BA}}{EI}\frac{\ell^2}{3}-\frac{M_{AB}}{EI}\frac{\ell^2}{3}$$

或
$$d=\ell\theta_B+\frac{\ell^2}{6EI}\left(2M_{BA}+M_{AB}\right)\cdots\cdots\cdots\cdots(1)$$

以由切線上A點之B灣度，代入下列方程式中之y值。

$$y = \int \frac{M}{EI} dx.\ x \text{則得}$$

$$(d - \ell\theta_A) = \int_A^B \frac{M}{EI} dx.\ x$$

凡在一枝件中，於其任何段之灣率倘作灣點在B時，則其符號乃與同段上而作灣點在A點之灣率相反(見前決定初幾符號之定則)。

由上方程式以M值代之

$$M = M_{BA}\left(\frac{M_{AB} - M_{BA}}{2}\right)x \text{ 則得}$$

$$(d - \ell\theta_B) = \int \frac{-M_{BA}}{EI} x dx - \left(\frac{M_{BA} - M_{BA}}{\ell}\right) x^2 dx$$

$$d = \ell\theta_A - \frac{M_{BA}\ell^2}{EI2} - \frac{M_{AB}\ell^2}{EI3} + \frac{M_{BA}\ell^2}{EI3}$$

$$d = \ell\theta_A + \frac{\ell^2}{6EI}\left(-M_{BA} - 2M_{AB}\right) \cdots\cdots\cdots\cdots (2)$$

以2乘方程式(2)得

$$2d = 2\ell\theta_A + \frac{\ell^2}{6EI}\left(-2M_{BA} - 4M_{AB}\right) \cdots\cdots\cdots\cdots (3)$$

方程式(1)與(3)相加得

$$3d = 2\ell\theta_A + \ell\theta_B + \frac{\ell^2}{6E2}\left(-3M_{AB}\right)$$

以K代$\frac{J}{\ell}$以R代$\frac{d}{\ell}$而分解M_{AB}得

$$M_{AB} = 2EK(2\theta_A + \theta_B - 3R) \cdots\cdots\cdots\cdots (A)$$

當d=o時，則方程式A變成下式

$$M_{AB} = 2EK(2\theta_A + \theta_B) \cdots\cdots\cdots\cdots (B)$$

方程式(A)可用應於任何長度之任何枝件以計算其灣曲 Bending 惟須作該長度之內無外力。按附此，即凡有一或多數之θ_A θ_B量，均可爲負數而方程式A，則仍將在A點所生灣率之大小符號表出。故方程式A，實爲一基本方程式。是以下列之解析法，亦根據之，如方程式B，亦只爲其變式而已，其中述之如下：

在任何枝件末端之灣率，必等於其量以2EK乘之以二乘近端之斜坡變化，加遠端之坡度變化，而減去其灣度三倍曲度而以長度除之。在上項中之E，爲材料彈性系數，而K則爲枝件長度與其惰性灣率(Moment of ineitia)之比值。

第六章　普通方程式之演算

（十）記號法—— 下列記號乃應用於下列各式中者

A B C 等＝一框架Bent之各柱，讀法由右至左

a b c 等＝一框架之各柱，讀法由右至左，其在a格(bay)之樑則以a樑表之，如在b格則以b表之等是也。

$A_1A_2A_3$等＝在第一第二第三等樓頂之樑與A柱中立軸之交切各點。

$B_1B_2B_3$等＝在第一第二第三等據頂諸樑之中立軸與B柱中立軸之交點。

d＝在每層高度內各柱之灣曲度。

E＝材料之彈性系數。

h＝由柱之中立軸而量度至各樑中立軸之長度。

I＝樑與柱斷面之惰性灣率。

$J=2\Sigma\left(\frac{I}{\ell}+\frac{I}{h}\right)$此式之應用專爲各柱各樑交切於一點時者

$K=\frac{I}{\ell}$此值專應用於樑$\frac{I}{h}$則應用於柱。

ℓ＝由一樑之中立軸而量度至各柱中立軸之長度。

M＝屈曲灣率(Bending Moment)

$N=2\Sigma\left(\frac{I}{h}\right)$此值應用於一層內之各種柱。

$R=\frac{d}{\ell}$

W—在任何層內於一框架之水平向總剪力。

w—在一層高度中於一框架內其水平向剪力之增加。

θ—彈性曲線上切線之斜坡變化。

凡於各英文字母附以符號或數字於右上角或下角者，則該字母乃用以指示一框架之特殊部份，如圖 4b，乃用以指示在第一層b柱頂端之樑，A，則如在第一層頂端之樑與 A 柱之交點 θ_A.則爲在彈性曲線上A點切線之坡度變化，d3爲第三層內各柱之灣度 J_{B4} 爲在 B_4 點上之 J 點，k_{A2} 爲在第二層內A柱之K值。在第二層頂端a柱內之樑，倘記其右端上灣率時，則以 M_2^{BA} 表之，如記其左端上之灣率，則以 M_2^{BA} 表之，故在第三層內B柱頂端之灣率，則記以 M_B^{32} 其部之灣率，則記以 M_B^{23}。

(十一)諸方程式演算 ——圖 4 乃指示一對稱之跨度框架其近底部之五層，現需將所有枝件之應力算得，設第三層內之各柱，互相發生作用，如一自由物體，在於各柱頂底部，其所發生灣率之和，與於該層內及樓面高度總剪力之積相加，則其結果等於零。

此卽

$$2(M_A^{32}+M_A^{23}+M_B^{32}+M_B^{23})+w_3b_3=0$$

將此灣率之值代入下列之方程式A及V斷面之B則得

$$2[2EK_{A3}(2\theta_{A3}+\theta_{A2}-3R_3)+2EK_{A3}(2\theta_{A2}+\theta_{A3}-3R_3)+$$

$$2EK_{B3}(2\theta_{B3}+\theta_{B2}-3R_3)+2EK_{B3}(2\theta_{B2}+\theta_{B3}-3R_3)+W_3h_3=0$$

設 $N=2\Sigma\left(\frac{I}{h}\right)$ 爲一層內所有各柱集合之則得

$$2K_{A3}\theta_{A2}+2K_{B3}\theta_{B2}-N_3R_3+2K_{A3}\theta_{A3}+2K_{B3}\theta_{B3}=-\frac{w_3h_3}{6E}\cdots(1)$$

設 A_3 点爲一自由物體，以 $\Sigma M=0$ 則得

$$M_A^{34}+M_A^{32}+M_3^{AB}$$

將此等灣率之值，代入上述之 A B 兩方程式中，則得

$$\theta_{A2}K_{A3}+\theta_{A3}(2K_{A4}+2K_{A3}+2K_{a3})+\theta_{A4}K_{A4}+\theta_{B3}K_{a3}-P_33K_{A3}-$$

14562

$R_4 3K_{A_4}=0$

以J_{A_3}代各枝件，交切於A_3点之$2\Sigma\left(\frac{I}{h}+\frac{I}{\ell}\right)$值，則方程式變成

$K_{A_3}\theta_{A_2}-3K_{A_3}R_3+J_{A_3}\theta_{A_3}+K_{a_3}\theta_{B_3}-3K_{A_4}R_4+K_{A_4}\theta_{A_4}=0\cdots(2)$

在於$M_3^{BA}M_3^{AB}M_{B^{34}}M_{B^{32}}$四灣率作用下，其$B_3$點爲平衡，設將此四灣率之和等於零，則得

$2EK_{a_3}(2\theta_{B_3}+\theta_{A_3})+2EK_{b_3}(2\theta_{B_3}+\theta_{B_3})+2EK_{B_4}(2\theta_{B_2}+\theta_{B_4}-3R_4)+2EK_{B_2}(2\theta_{B_3}+\theta_{B_2}-3R_3)=0$

聯合各不知數之系數，仝時將公因數2E消去，則得

$2\theta_{B_3}(K_{a_3}+K_{b_3}+K_{B_4}+K_{B_3})+\theta_{A_3}K_{a_3}+\theta_{B_3}K_{b_3}+\theta_{B_4}K_{B_4}+\theta_{B_2}K_{B_3}-3R_4K_{B_4}-3R_3K_{B_3}=0$

以J_{B_3}代入所有各交切於B_3各柱之$\Sigma\left(\frac{I}{h}+\frac{I}{2}\right)$式，則方程式變爲

$K_{B_3}\theta_{B_2}-3K_{B_3}R_3+K_{a_3}\theta_{A_3}+(K_{b_3}+J_{B_3})\theta_{B_3}'-3K_{B_4}R_4+K_{B_4}\theta_{B_4}=0\cdots(3)$

如於1 2 3三方程之附加文字(Subscripts)加以適宜之變，則該三式於任何層中，均可寫得○然於一框架所書得之諸方程式，其中每層只有三不知數θ_A θ_B R，其數與方程式數相等，故該各不知數量，可用代數法以分解此等方程式而求得之○惟若含有多量方程式時，則於工作上將極感困難其較簡便之法乃將諸系數之數字値以代入諸方程式中，而應用於第八章所詳之消去法，以求其諸不知數量之數值，然爲應用該消去法之利便起見，其諸方程式特表列之如第3表所示，於此表中，其不知數於斜坡之變動及灣度與樓面高度之比值，均書於各欄之頂，而該不知數之各系數，則書之於下例○如第3表中之A方程式爲：——

$-N_1R_1+2K_{A_1}\theta_{A_1}+2K_{B_1}\theta_{B_1}=-\frac{W_1h_1}{6E}-N$ 其R_1之系數，乃置於R_1之下一欄，θ_{A_1}之系數$2K_{A_1}$則置於θ_A之下一欄θ_{B_1}之系數$2K_{B_1}$則置於θ_{B_1}之下一欄而$\frac{-W_1h_1}{6E}$則置於題有「方程式之右方枝件」

(Righr Haud Member of Equation)之欄中當各方程式書如此格式後，

而應用14表用之法以消去諸方程式中之諸不知數時，則該數量等可不需重複書寫。第三表含諸有普通方程式該式等，乃應用於一對稱三跨度框架，無論諸樓面高度之數量若何，以計算其諸斜坡及灣角，而其數中附有123等字，乃用以表示第一第二第三層者；其附有xyz則各用以指示頂端之次層，頂端之隣層，及頂層者也。至於居中之各層，其計算方程式均與上同，其相異者僅附加之符號而已。

應用上文提示之普通方法，是即每一層寫出一與式(1)相同之方程式及每層中一柱樑交點之第二第三方程式，如有若干不知數即可書得若干方程式，由一至五跨度對稱框架之普通方程式。可於第1表至第5表求之，由一至五跨度不對稱之框架之相似方程式則可之於第六至第10表。

為查核第1至第10表起見，特製一框架之模型，以供試驗而將其量得之灣度及坡度之變化，以與由上列方程式計算所得之值，比較此整個模型，乃由一膠質片切出故聯接點，均完全堅定此試驗之結果，見於15圖。其實際情形與計算所得極相接近故是以指明上列解析方法稱正確。

在第七章中有一計算例題乃用以說明第3表中方程式之用法者

——(未完)——

煙突與水箱內熱應力的研究

H. Carpentre 原著　程子雲譯

(原文刊在Concrete and Constructional Engineering Feb.1936)

鋼筋混凝土煙突與熱水箱等物是需要抵受熱應力的，可惜牠的計算在課本上是不常見到。爲着要補救那些不能得到關於這一類問題的人們，所以下文便專門說及熱應力的計算。

在第一圖，假如在外牆的溫度是 To，在內牆的溫度是 Ti，因此溫度差便是 $\triangle T = Ti - To$。因爲溫度降低 $\frac{\triangle T}{2}$，所以在冷那一方面的牆便收縮；但在熱那一方面的牆便會因爲增加 $\frac{\triangle T}{2}$ 的溫度而膨脹。由這樣變形的關係，便發生一種撓彎(Bending Moment)；牠的計算可根據下列的方法求出來：

在外緣纖維(Extreme-fibre)的收縮和膨脹差(e)是

$e = d_s \times \triangle T \times \Xi$　(第二圖)

Ξ —膨脹系數

變形的角度(α)是

$$\alpha = \frac{e}{d_t} = \frac{d_s \triangle T \Xi}{d_t} = \frac{M d_s}{EI}$$

所以 $M = \frac{\triangle T \Xi EI}{d_t}$ ……………………………………(1)

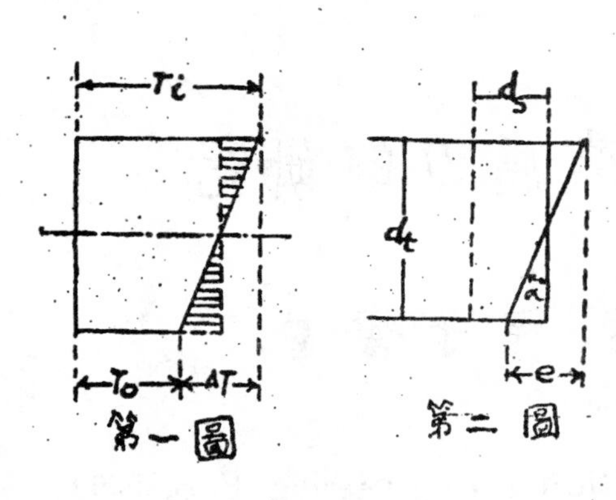

第一圖 第二圖

因爲熱力幾(Temperature Moment)是直接根據塊面的複幾(Moment Inertia)的數值來定的，所以便發生一個計算撓幾的問題，那就是根據全部混凝土剖面計算，或者是根據那一部不加入牽引力的混凝土剖面計算呢？由實驗結果 Morch 教授証實熱力幾是應根據在 60°F 的温度而不破裂的剖面來計算。第三圖表示觀察所得温度變化和力幾的關係；試驗時所用的是一12"×12"塊面。曲線所表示的是當p=.6%和p=1.5%的兩種極端情形。粗線是代表眞實的熱力幾。

實驗所得關於温度變化和力幾並不是成一直線的，而所得的却是一條曲線。此是根據(p)的數值而定的；就大部份來說，牠們全是一樣的。假

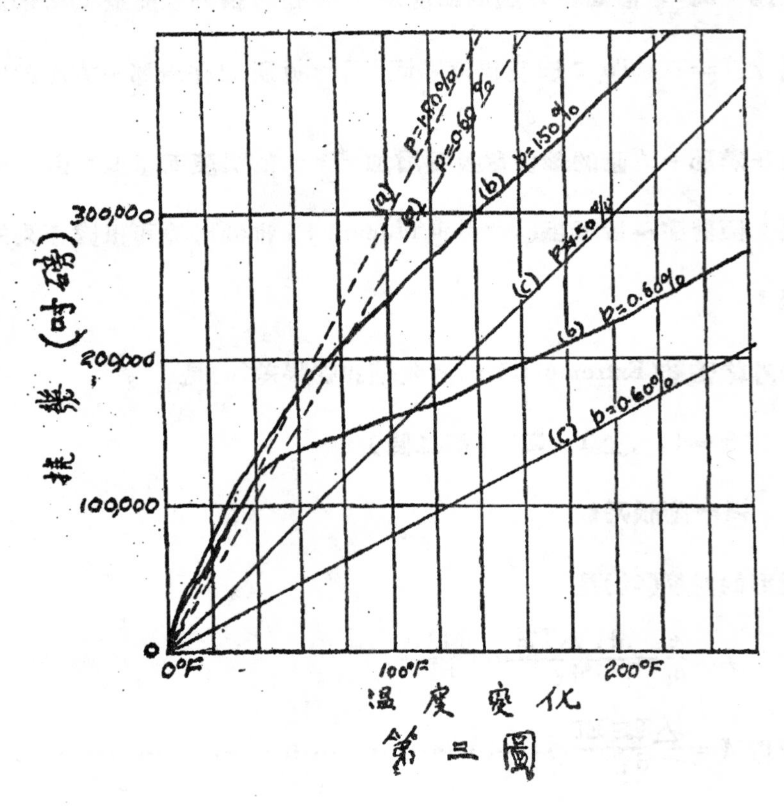

第三圖

14566

如溫度差是 60°F，則根據全部剖面來計算，那眞實的撓幾曲線（Bending Moment Curve）畧畧近於一直線（a）。稍稍增加$\triangle T$，破裂便可立刻見到，而混凝土的牽引抵抗力便慢慢地消滅了。普通煙突的溫度所產生的眞實力幾，如不計算混凝土抵受牽引力那部份，往往是大於（C）直線所代表的。

一塊面的復幾：若果牠的有効深度是厚度的 0.833 倍，便可由下式求得：

$$I = \alpha d_t^3$$

假如 $b = 12$吋，$m = 15$，牽引力鋼筋的$P = 1\%$，

則 $I = 1.15 d_t^3$ 吋^4

每1^0F$=0.0000066$；$E = 2{,}000{,}000$井/□"。

由（1）式

$$M = \frac{\triangle t \times 0.0000066 \times 2{,}000{,}000 \times 1.15 d_t^3}{dt};$$

或大約$M = 15 \triangle t d_t^2$　　吋磅……………………………（2）

假如溫度差超過60^0F，此式便可以變成相類於第三圖裡的眞實撓幾曲線。

假如熱量經過牆內是平均的，而在內外空氣的溫度 T_i 和 T_o 是一定（第四圖），則兩面牆的溫度差是 $T_1 - T_2$ 而小於$T_i - T_o$。

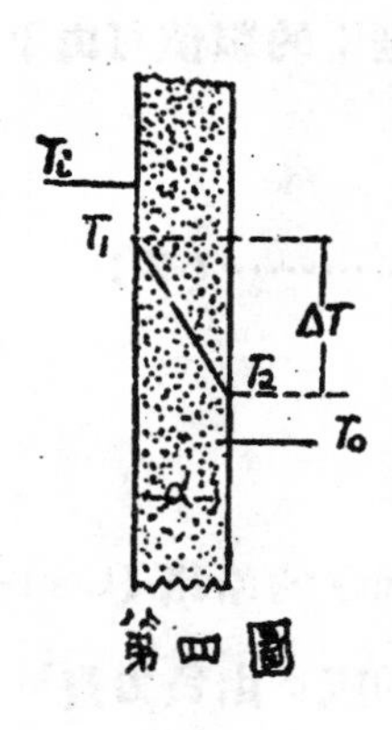

第四圖

熱量的總損失可由下式求得：

$Q = KA(Ti - To)$ ……………………………（1）

K ＝傳熱系數（Coefficient of heat transmission）

A ＝牆的面積

因爲離開牆的一面的熱量和走入對面的是一樣，

所以 $Q = \alpha iA(Ti - T_1)$ ……………………（2）

$Q = \alpha oA(T_2 - T_0)$ ……………………（3）

兩式相加，

$$Q = \frac{k}{d} A(T_1 - T_2) \quad \cdots\cdots (4)$$

k＝牆所用的建築材料的傳導系數(Coefficient of Conductivity)

d＝厚度；

由(2)，(3)和(4)式，

$$Q\left(\frac{1}{\alpha i} + \frac{d}{k} + \frac{1}{\alpha_0}\right) = A(Ti - To)$$

$$即Q = \frac{A(Ti - To)}{\frac{1}{\alpha i} + \frac{d}{k} + \frac{1}{\alpha o}}$$

由(1)式，

$$K\,A(Ti - To) = \frac{A(Ti - To)}{\frac{1}{\alpha i} + \frac{d}{k} + \frac{1}{\alpha o}}$$

$$即\frac{1}{\alpha i} + \frac{d}{k} + \frac{1}{\alpha o} = \frac{1}{K}$$

由(4)及(1)式得

$$\frac{k}{d}(T_1 - T_2) = K(Ti - To)$$

$$即\quad \triangle T = T_1 - T_2 = \frac{Ti - To}{\frac{1}{K}} \cdot \frac{d}{k} \quad \cdots\cdots (6)$$

若果那建築物是由各種材料造成如$d_1 d_2 d_3 \cdots\cdots d$ 則K的數值可由下列的公式計算：

$$1 = \frac{1}{\alpha} + \frac{d_1}{k_1} + \frac{d_2}{k_2} + \cdots\cdots + \frac{d_n}{k_n} + \frac{1}{\alpha n} \quad \cdots\cdots (7)$$

例 題

上列的公式的應用可由下列的例題說明。

(1) 第五圖表示一個需要抵受風力幾(Wind—Moment)的冷塔(Cooling Tower)的圓形剖面，剖面的軸爲6吋，冷塔的徑爲60呎。由負力幾M可以在其外面生有牽引力。

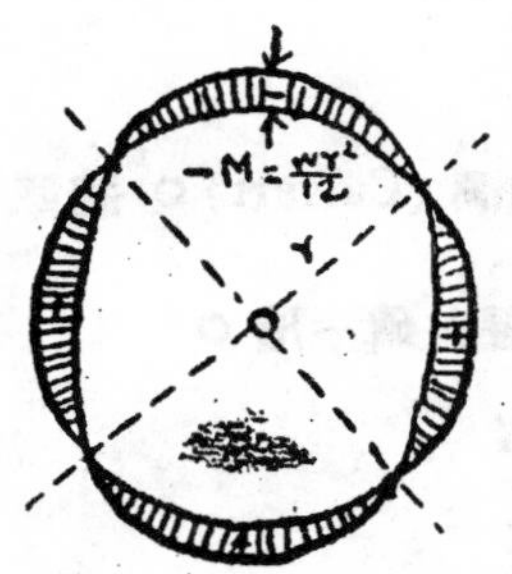

第伍圖

假如w＝20井/口'；r＝30呎；

則 $M=-20\times\frac{30^2}{12}\times12=-18,000$吋磅。

當塔內的熱空氣和外面的冷空氣的溫度不仝時，就由熱力幾（Mt）而生出一種相似的結果。假設塔內溫度Ti＝120⁰F；外面空氣的溫度$T_0=30_0F$。

又$\alpha_0=\delta i=2.0$B Th.U（華氏表每度每小時每平方呎算）。

K＝1.0B.Th.U.（華氏表每度每小時每呎算）。

由（7）式

$$\frac{1}{K}=\frac{1}{2.0}+\frac{0.5}{1.0}+\frac{1}{2.0}=1.5$$（看第四圖）；

由（6）式，

$$\triangle T=\frac{(120-30)\times0.5}{1.5\times1.0}=30^0F$$

熱力幾（Mt）可由（2）式求得

$$Mt=-15\times30\times\frac{2}{6.0}=-16,200$$吋磅，

總共撓幾爲

$$M+Mt=-18000+(-16200)=-34,200$$吋磅。

因此 $Q=\frac{34.200}{12\times5^2}=114$。

用$\frac{1}{2}$吋鋼筋，排列距爲5吋，

因此 $p=\frac{0.47}{12\times5}\times100=0.785\%$。

假如m＝15，則n'＝0.38而$t_1=24.4$。

結果c＝680井/口"，t＝24.4×680＝16,600井/口"。

因爲正風力幾在內牆發生牽引力，所以內部需要加入一種圓形鋼筋。又因爲要抵抗由軸和風應力（wind stresses）的死載重而起的直向力和熱力

撓，所以在直立剖面處也需要增加一些鋼筋才好。

（2）第六圖表示一個載有 120°F 熱水的8呎方形涵洞（Culvert）。牆厚八吋，內裡四圍鑲以四吋半厚避火磚一層。

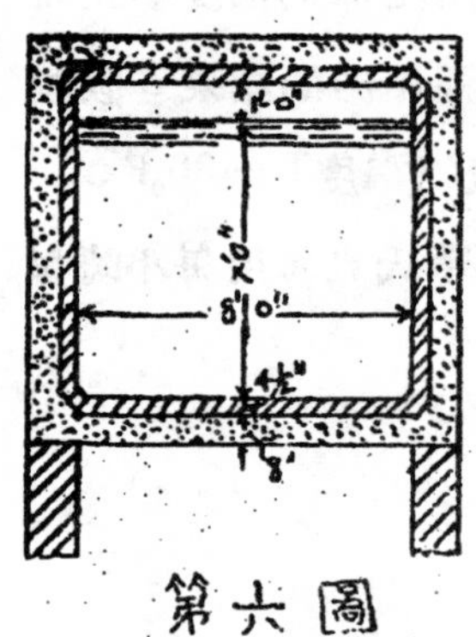

第六圖

最底的塊面所載的重量是：

水壓力7×62.5＝438井/口'

避火磚　　42井/口'

塊面　　96井/口'

總數 576井/口'

在中部的撓幾

$$M = 576 \times 9.42^2 \times \frac{12}{16} = 38,400\text{吋磅};$$

在牆上的三角壓力（Triangular Pressure）爲 $438 \times \frac{7\text{-}0}{2} = 1530$磅；

在底下塊面之直接牽引力 $T = 1530 \times \frac{6.385}{9.42} = 1040$磅；

水溫度 $T_i = 120°F$；

外面空氣溫度 $T_o = 30°F$；

傳熱系數：

$k = 1.0$（三合土）；

$k = 0.47$（避火磚）；

$\alpha_0 = 2.0$

由（7）式

$$\frac{1}{K} = \frac{0.667}{1.0} + \frac{0.375}{0.47} + \frac{1}{2.0} = 1.965$$

$$\Delta T = \frac{0.667(120-30)}{1. \times 1.965} = 30.5°F \text{（七圖）}$$

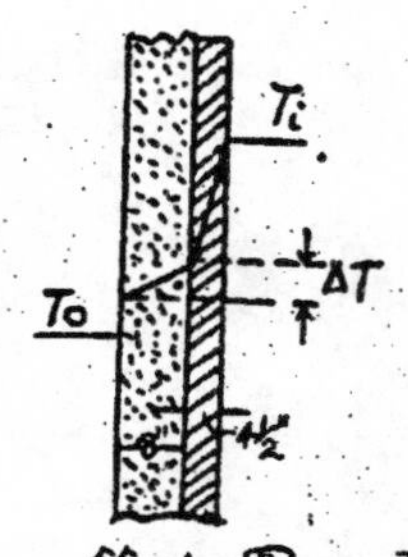

第七圖

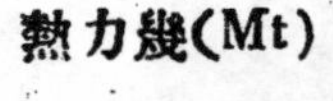

熱力幾(Mt)

$Mt=30.5\times15\times8^2=29,200$吋磅；

總共力幾

$M=29200+38,400=67600$吋磅。

假如$m=15, p=0.9\%$，由標準設計圖表，便可求得下列各項的數值：

$m=0.400$；$t=22$；

$n=0.400\times6.75=2.7$吋；

$c=\dfrac{2\times67600}{12\times2.7(6.75-0.9)}=715$井/□"；

$t=22\times715=15700$井/□"

鋼筋$A_t=0.9\times\dfrac{12\times6.75}{100}=0.73$平方吋。

用5/8吋鋼筋，排列距離爲5吋則$A_t=0.735$□"。

爲抵受直接牽引力起見，由下式增加t，

$\dfrac{T}{2A}=\dfrac{1040}{2\times0.73}=713$井/□"

所以t=16,413/井□"

c可由下式減低得，

$\dfrac{T}{bd}=\dfrac{1040}{12\times6.75}=13$井/□"

所以c=702井/□"

（3）14呎徑的煙突一個，牠的軸是9吋，在底部附有一列9吋磚和一列3吋的隔熱物；此煙突需抵抗內部溫度600°F，外面最低溫度是20°F。試求軸的應力。

在第八圖，取下列的傳熱系數：

$\alpha_0=\alpha_1=2.0$

$k=1.0$（混凝土）

k =0.47 避火磚）

k =0.08(羊毛灰）

$$\frac{1}{K}=\frac{1}{2.0}+\frac{0.75}{1.00}+\frac{0.25}{0.08}+\frac{0.75}{0.47}+\frac{1}{2.0}=6.47$$

$$而\triangle T=\frac{0.75}{1.0}\cdot\frac{(600-20)}{6'47}=67.3^{\circ}F$$

根據第三圖，可將所求得的熱力幾變爲

$$M=0.85\times 15\triangle t d t^{2}$$

$$=0.85\times 15\times 67.3\times 9^{2}=69.500 \quad 吋磅$$

煙突總死重約數P=975.000磅；

而總風力幾Mw=36,000,000吋磅；

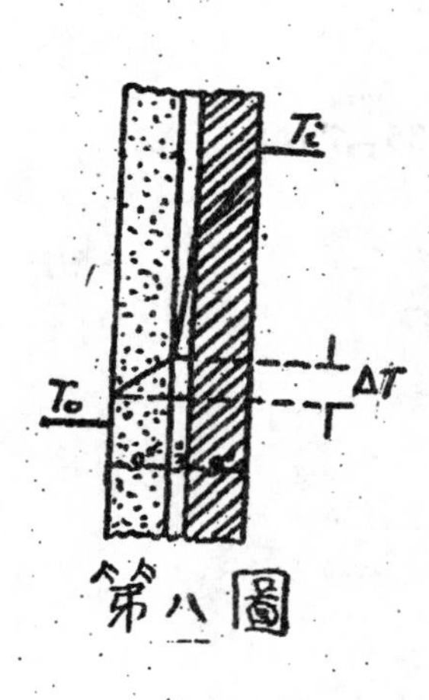

第八圖

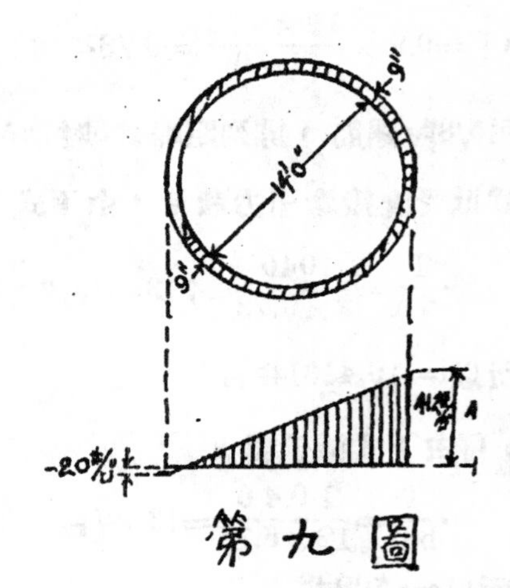

第九圖

若這軸是一同質剖面（Homogeneous Section），則牠的應力（第九圖）

$$c=\frac{975,000}{4997}+\frac{36,000,000}{167.000}=412井/□''或-20井/□''。$$

在牽引方面來說，直接拉力大約是

P=10×9×12=1080井；M=69,500呎磅。

$$因此e=\frac{69500}{1080}=64.5$$

$$\frac{e}{a}=\frac{64.5}{7.5}=8.6$$

$$\frac{a}{a}=\frac{1.5}{7.5}=0.2$$

$$e-f=64.5-3=61.5\text{吋}$$

用$p=0.7\%$在每一面，便得(參看Concrete and Constructional Engineering March 1933)

$K=0.178$而$n'=0.325$

故$C=\dfrac{1080\times 61.5}{0.178\times 12\times 7.5^2}=554$井/□"

$$t=15\times 554\left(\frac{1}{0.325}-1\right)=17{,}300\text{井/□"}$$

$$Ac=At=\frac{0.7\times 12\times 7.5}{100}=0.63\text{平方吋。}$$

用5/8"鋼筋，排列距爲$5\frac{1}{2}$吋，則鋼筋面積便等於0.67平方吋。

在相反方面，總壓力是

$C=402\times 9\times 12=43{,}500$磅

$M=69{,}500$吋磅

在這樣情形下，離心距(Eccentricity)是

$$e=\frac{69{,}500}{43{,}500}=1.6\text{吋}$$

$$\frac{e}{d}=\frac{1.5}{7.5}=0.213$$

$$d=\frac{1.5}{7.5}=0'20$$

$e+f=1.6+3=4.6$吋。

假如$p=0.7\%$，則K的數值是0.425，而

$$c=\frac{43{,}500\times 4.6}{0.425\times 12\times 7.5^2}=697\text{井/□"}，$$

在這樣情況下，t是太小，可以不用計算○

在水平方向，那軸受有風力幾，很相類於第一例題所發生的；假如 w=40井/口"，

$$則M_w=40\times\frac{7^2}{12}\times12=1960吋磅$$

$$M_t=69500吋磅○$$

$$總力幾=71,460吋磅○$$

若果在直立鋼筋內加上一種水平鋼筋，則得 d=6813吋○

假如m=15，而p=0.85%，由"Concrete and Constructional Engineering August 1935"所刊載的設計表內便可以求得

$$n'=0.394而t=22.7$$

$$Q=\frac{71460}{12\times6.81^2}=128$$

$$c=750井/口"$$

$$t=22.7\times750=17,000井/口"$$

$$A_t=\frac{0.85\times12\times6.81}{100}=0.695平方吋○$$

用3/4"鋼筋，排列距爲$7\frac{1}{2}$吋，則每呎的$A_t=0.705$平方吋

大部份的環繞鋼筋應放在軸的外面○因爲破裂痕的產生和空氣裡的化學作用，鋼筋的誘化作用往往會發生的，所以外層便要加以一層不能小過一吋的保護物○從理論上來說，經過很多的討論，假如鋼筋近於外面，則熱力幾便會增大，而應力也會增大○

避火磚最大的用意是避免在軸內過量的熱應力○鋼筋混凝土所能抵受最大溫度變化是120°F，所以那軸便要設法不使牠超過這數目○避火磚的厚度完全是根據氣體入內的溫度，軸的厚度，和其他關於氣體的化學作用○

若增加高度，則溫度變化率便可以減小○Kleinlogel教授確定"假如增

加高度 1 碼，溫度變化便可減少 1.00°至 1.50°F。有時那些避火磚行不能伸至煙突的高度，那最後放磚的位置應要特別地注意，因為最大應力常常是發生在這一點地方的哩。

關於保護方法，在每層的接口是需要封密，因為灰是很容易侵入避火磚和軸的空間。又因為要避免急雨所帶來的硫酸，所以在煙突的頂上也需加上一頂鐵帽。

多謝吳民康先生對于本譯文加以指導和修正

譯者附誌。

——工程常識——

爬山鐵道與空中鐵道

吳民康——

邇者，余因講授鐵路工學於新華職業學校土木工程科，諸生中嘗有以何謂爬山鐵道與空中鐵道爲詢。爰就所知，乘便草述其大概於此。

爬山鐵道

名山巨嶺風景優美之處，每當良辰佳節，遊者絡繹接踵而往。然山之高者，每逾千尺，有非人人所能盡登其極峯者。而遊人心理，莫不以一至絕頂以爲快。於是乃有爬山鐵道之設，藉以助長遊人登高之興味而增加名山之景色。

爬山之車，負荷重量不大，通常僅爲車箱一節，載客之數，約三十餘人。其軌道之設，因無重載且爲減省建造工程起見，較之普通軌道爲狹。在較爲平坦之道，可在兩軌之間設一齒軌，以機車上之齒輪旋轉，攀沿齒軌而上。然在軌道傾斜度較大者，則此法爲不適用，宜改用鋼索。一端繫車，一端繫於最高站之機輪上以牽車上行。通常鋼索之兩端各繫一車，一車由最下站上行，另一車同時由最高站下行，至中道交叉而過，鋼索則架設於最高站之一巨輪上，其作用有如滑車。其發動之力，有利用地心吸力法，有用蒸氣機，有用汽油機，又有用電機者：然以使用電機者爲最多。利用地心吸力法本爲最經濟，以其無須發動機，祇於各車置一水箱，由下行之車，滿貯清水，增加其重量而下行；上行之車，因水箱無水，載重減輕，受下行之車牽動而上行；至下行之車達於最低站，而上行之車亦已上升於最高站。貯水之車，於下行時徐洩其水，及至下站而盡洩，車身復輕。上行之車，於抵高站時卽納水於水箱，車身乃復重下行，如是更替不已。然此法必須其地之山頂有豐富之水源乃可，如其不能，則不如使用電力之為愈。

爬山鐵道最多者，首推瑞士，因其地風景優美之高山獨多，各國人士慕名往遊者，不可以數計。其重要者有台里鉄 (Territet) 上葛里虹(Glion) 由巴拉地蘇(Paradiso)上商沙發脫利 (San Salvatore)，由謬侖 (Murren) 上山，由聖彼敦堡 (St,Peatenbary) 上晨湖 (Lake Thun)，由蒲勒斯托(Buryenstock)上盧深(Lucerne)，及斯丹塞漢(Stanserhorn)上山諸線，就中以由斯丹塞漢上山之一線爲最長，計山高四千七百五十七呎，線長一萬二千一百八十六呎，分三段上落。我國南方英屬香港，亦有爬山鐵道之設，曾到其地者，無不知之。

空中鐵道

以鐵索架於空中，如電綫然，懸車於索上，復以索引之，循索而行，此卽所謂空中鐵道。此種鐵道，不能十分載重，路線亦不能過長。凡渡過高山深谷，因地勢過險，不宜敷設普通鐵道；或雖可造路，而必須蜿蜒曲折，致路線必須十分延長，工鉅費多，不合經濟條件之時，則宜架設空中鐵道，直過高山深谷，以利運輸。故此種鐵道，非不得已時，多不輕易架設，雖架設，其路線亦必不甚長。

攷世界最長之空中鐵道在南美洲哥侖比亞共和國南美著名之安達斯山脈(Andes)，乃於該國中央，山中高家河(Cauca)發源處盛產咖啡，爲哥侖比亞出口貨之大宗。咖啡市場乃成於山谷中之馬尼賽爾斯 (Manizales)城，由此至鐵路終點之馬里吉答 (Marduita)城，相距雖僅四十五英里有奇，而運輸須藉騾馬，跋涉高山峻嶺，曲折繞道而行，費時旣多，運費亦巨，爲發展咖啡生產事業計，乃於兩城之間，建設直線空中鐵道，專爲運載咖啡之用。此路調查計劃及建造工程，均由英國工程師林特賽(Sanies F Lindsay)主持。路線及建造計劃確定於一九一三年八月，同年十月開工，中因一九一四——一九一八大戰關係，畧受影响，至一九二二年始竣工。全線長四十五又四分之三英里，約一百三十八華里。支架鋼索之鐵塔凡三百七十八座。其建於底地者，平均高度爲十四英尺。其建於山谷中者，最高者達二百英尺。塔上架鋼索二道，一來一往。索之直徑爲〇・八二五英寸。爲四十八根鋼絲組成六大股而合成。載重極度三十噸。全綫分爲十五段，共有十四站，其中有八站爲發動站，專司附近二段間之引動鋼索職務。起點在馬里吉答，高出海面三千呎，終點在馬尼袞爾斯，高出海面六千一百二十七呎。中間須經過高出海面一萬二千二百五十呎之高嶺。全綫建築費共用四十萬磅，路成後專辦貨運，不辦客運。由起點至終點，須行十小時。其運載能力爲每日上下各二百噸。通車後運輸大便，咖啡之輸出，因以增加云。

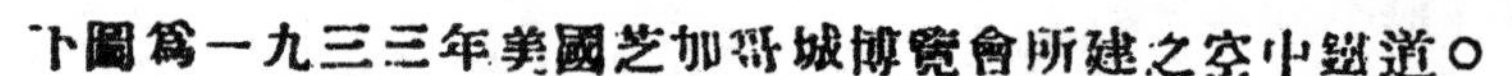
下圖爲一九三三年美國芝加哥城博覽會所建之空中鐵道。

井形基礎(WELL FOUNDATIONS)

(擇譯于CONCRETE CONSTRUCTION ENGINEERING MARCH, 1936)

譯者：黃恒

在有甚高承載能力之地層時，常有用三合土築成之井形基礎，建築此種基礎時，當先知地址下地層各點之情形，然後鑽一井形之孔，當鑽孔工作已完，即同時塡下三合土并樁實之，至水平爲止。

設計此種基礎時，當注意及在不均等地面上支持三合土柱之重量所生之井旁面阻力與地之負重力(Bearing Force).此負重力之值是假設由直接加重于井底之試驗所得者成比例，但因一方面在井和天然地中之黏着力對于試驗時載重之支持力，較對于三合土柱重量之支持力相差甚大。一方面試驗時載重之板之直徑小于井之直徑甚遠，故結果甚低，且試驗時坭在載重板下能自由流動，而實際則井之空隙皆是塡密，且上層之壓力甚大，皆能阻止坭之流動。

此動試驗曾在淨沙及有黏力之黏土內用各種不同直徑之井，其中一試驗是用十九英尺八英寸深三英尺十一英寸直徑之井，由壓搾機沈下于黏力甚高之坭內，(黏力7.1井/口",摩阻角=23°)抵抗350噸之總重(=20井/口'旁面的)，在各種情形內之試驗，可得如下之結論：用一桿件投于地內，其堅固足以使其孔在內切線力 (internal tangential force) 下開；拔出三合土柱則使柱旁之坭受剪力，抗剪力之值與一試板 (test piece) 被在坭上三合土柱所生之水靜壓力(hydrostatic pressure) 壓下之力同。(假設如液體之動作)。

設 C是坭之平均黏着力

W_1是三合土之密度

H_1是柱高

A_1是井邊表面面積

R_1是由旁面摩擦而生之抗下力

則 $R_1=A(CW_1+\times\frac{H_1}{2}\times\tan\theta)$

加上井底之地面抵抗力力則所得之井底地層抵抗穿過之力，較由加重于試驗板上所得者正確，在加入該坭之系數後，則可用M.Caquot之公式？

$$R_2=A\lceil W_2H\ \tan\left(\frac{\pi}{4}+\frac{\theta}{2}\right)e^{\pi\tan\theta}$$

$$+C\ \cot\theta\left(e^{\pi\tan\theta}-L\right)$$

在此公式中$R_{_}$是抵抗穿過之力，H是井底與水平地面之距離（但不須一如前公式中之H_1），W_2是坭之平均密度，e是自然對數表之基數，其便符號則一如前公式，爲減少計算手續起見，特列出各項之值下如表

θ	$\tan\theta$	$e^{\pi\tan\theta}$	$\tan^2\left(\frac{\pi}{4}+\frac{\theta}{2}\right)\times e^{\pi\tan\theta}$
0	0.000	1.00	1.00
5	0.087	1.31	1.55
10	0.176	1.73	2.46
15	0.267	2.30	3.91
20	0.364	3.10	6.22
25	0.466	4.28	10.58
30	0.577	6.05	18.16
35	0.700	8.85	32.70
40	0.839	13.65	62.80
45	1.000	22.59	131.00
50	1.192	41.10	311.00

其安全因數是需R_1+R_2之和，其大小將依（在各種特殊情形內）下沈之許可度而定，須注意者：則爲用R_1之公式時，須注意井址之地層，因若爲坭漿之地層，則井將下沈，甚至失其効用也。

實用測量問題一束

(續)

温炳文

(D) 以平板安設曲線法(Location of curve with Plane—Tadle)

凡建築公路及城市馬路兩直線相交之處，則有曲線路之設置，所以漸漸改變其方向以利行車也。此種曲線之種類有多種，其測法亦異，至於曲線之安設法多以經緯儀(Transit)施行之，以其較爲精密故也。除以經緯儀測法外，亦有以測鏈(Chain)或鋼卷尺(Steel Tape)測之，上述兩者測法詳載(Railroad Curves and Earthwork By Allen)及(Field Engineering By Serles)二書內。可參看該二書自明，茲編所討論者乃以平板安設之，其法甚簡便，不外以幾何學圖解之，公路及城市馬路亦有用之，就以本市工務局言之，各路之曲線，幾佔十分之八，用此法施行，能迅速行事，無須從事計算，其測法詳述如下：

設已知曲綫之半經(R)，求安設其曲綫之位置。茲將本市工務局最近所闢之大茶巷馬路爲例，查工務局歷次闢馬路，須將所擬興築之路綫及附近地形先行實地測量，然後由圖上計劃路綫(Paper Location)，故對於半徑之值均已先知之。至於新路與原日馬路接駁之處，行人路之寬狹不一定。照大茶巷馬路所定之行人路寬度爲7英尺，原日中華北則定爲15英尺。是以接駁之處尚有規定之也。而工務局習慣，大低外半徑之設計乃將內半徑加上最小之一邊行人路之寬度。因此接駁馬路之行人路不同。故稍困難耳。或因特殊情形其外半徑乃等於內半徑加上最大之一邊行人路之寬度如工務局郊外幹線組所規定。

（例題）今有大茶巷馬路接駁中華北路一段之曲線須安設，但已知大巷馬路之行人路寬度爲7英尺中華北路之行人路爲15英尺，且內半徑爲18英尺外半徑爲25英尺，而大茶巷馬路兩邊渠邊石位置業已安妥則安設之法若何（原圖之比例爲每吋作二十呎即二百四十分之一）

「解」1.先任擇一適宜地點P能望見各渠邊石者。置平板儀於P點，用射線法（Radiation）將各渠邊石位置用每吋作十呎之比例縮於圖紙上，（因將曲線較原圖放大，對於寸數可得較準確之值）如圖8。

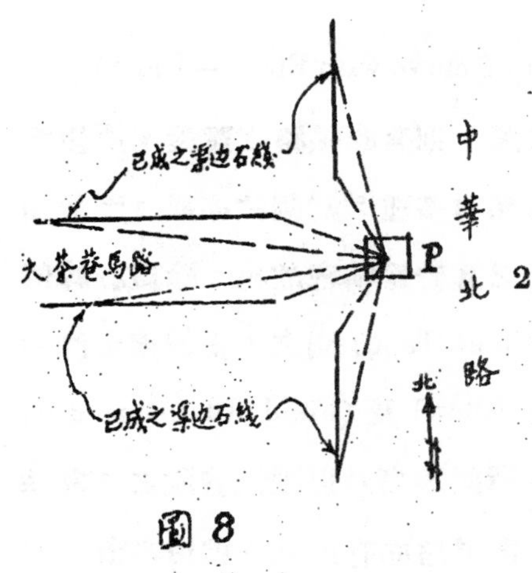

圖8

2.次將各渠邊石線延長得交點V。（即外曲線之頂點）如圖9.其次以大茶巷渠邊石之任二點爲中心，行人路之寬度7英尺爲半徑作圓。於是將直尺之邊緣接於二圓，沿之以引直線即爲所求之割線也。（或稱退縮線）其餘中華北路方面亦如法定二平行線。並將大茶巷及中華北路平行線延長得交交點V'（即內曲線之頂點）

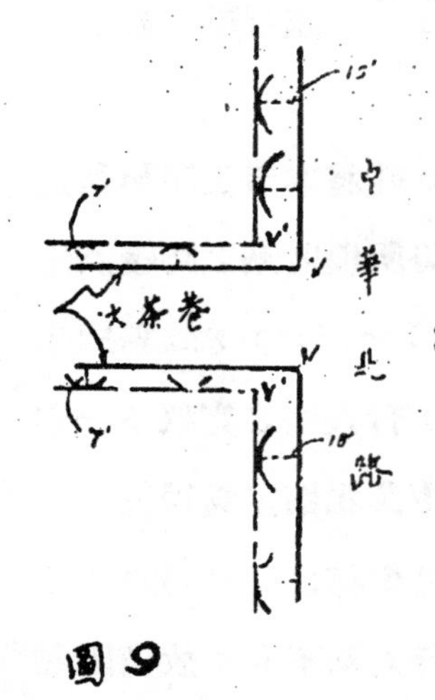

圖9

3.此時於圖紙上依平面幾何畫法之「畫接於定角內之定半經之圓法」先引二等分寇角（即內角）之直線在任一邊渠邊石取任意之一點D。D點引一垂線DE，使DE之長等於定半徑（即內半徑18英尺）從E點引平行於D點之渠邊石之直線

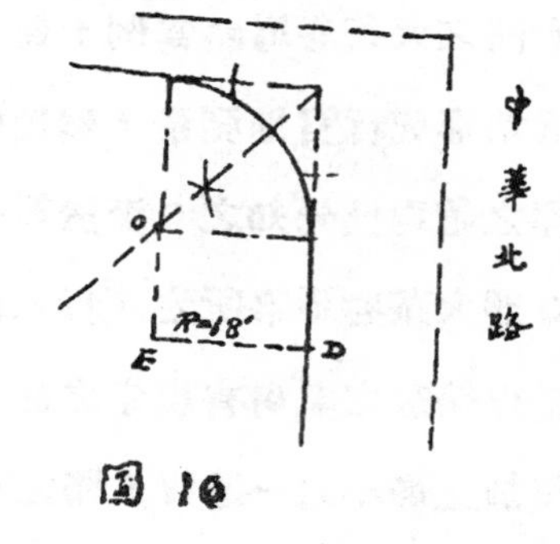

圖10

○與二等分線交於O點○即所求圓之中心○如圖10○

4. 圓之中心點既定則依幾何畫法由既定之圓心點作垂與線切線垂直○由此是得內曲線之切線距離也○其切線之長短可用同樣之縮尺度之○其餘外曲線之切線亦如上述之方法定之○圓心及切線既於內外曲線定之○則以所求之圓心及已定之半徑畫弧得內外兩弧○此時各將弧約分爲四等分如圖 11○註以1,2,3 …. 7,8

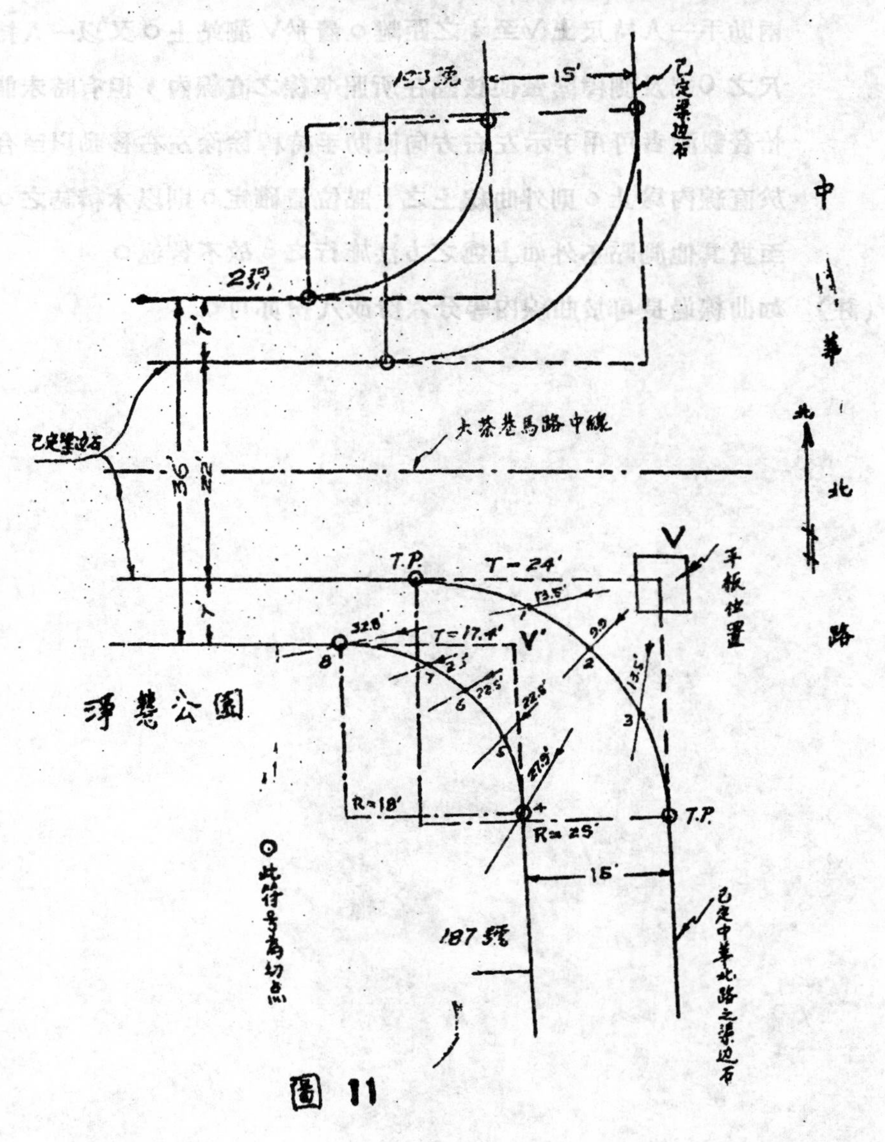

圖 11

等字○用原圖所用之縮尺量V-1V-2……V-7,V-8各距亦註記於圖紙各方向線上○

5 由實地定V點○置儀於V，後視任何渠邊石線以他渠邊石線檢其是否正確○則沿各渠邊石線各由V量外切線之長卽(T)定兩切點○

6 以測斜照準儀定規邊依托圖上V點並貼近V至1之方向此時使兩助手一人持尺上V至1之距離○置於V測站上○又以一人持尺之0端及測桿緊牽使該點在所照準線之直線內，但有時未能恰合觀測者可用手示左右方向使助手持桿徐徐左右移動以至合於直線內為止○則外曲線上之1點位置確定○則以木椿誌之○至於其他測點不外如上述之方法施行之○故不贅述○

(註)　如曲線過長可於曲線內等分六份或八份亦可○

——書報介紹——

介紹幾本關於水利之名貴珍籍

——吳民康——

河防一覽

著者：明　潘季馴

潘季馴○明烏程人，字時良，嘉靖進士，累官右都御史，總督河道，加太子太保工部尚書○四奉治河命，前後二十七年○習知地形險要，增築設防，置官建閘，河水安流，居民利賴○是書卽其於嘉靖末年間，奉命行河迄萬歷庚寅，上下二十七年中(卽西歷1564 1590 疏濬黃淮兩河、註)時經過之紀述，共分十四卷○除繪圖數十詳注両河之地形水勢外復著有河議辯惑，河防險要，修守事宜諸篇。復作河决考，古今稽証等，以備放覆，最次殿之諸臣奉章，以便檢括○統讀全書，的是至理經驗之言，後之治河者多因之○讀其序有云「………萬歷庚辰河工告成，司道諸君曾以不佞奏議及諸明公贈言，編刻成書，名曰宸斷大工錄，然其事止於江北，而諸省直無所發明，事體未備，檢閱未詳，故茲呑餂之暇、復加增削，類輯成編，名曰河防一覽，首載璽書，重王命也○繼以圖說，明地利也○河議辯惑，闡水道也○河防險要，愼厥守也○修守事宜，定章程也○河源河决考，昭往鑒也，古今稽征，備攷覈也○而諸臣章奏，次第纂入，使檢括也○………」是書編緝經過及其大要，於此了然○

潘公治河，主張以水治水，概從舊河着手，而不以另開新河爲然，蓋其意以爲無論舊河之深且廣，鑿之未必如舊，即使捐內帑之財，竭四海之力而成之，數年之後，則新者亦舊，故水行則沙行，舊者亦新，水濟沙塞，新者亦舊，河無所擇於新舊云。

是書於修守事宜篇內，對於築堤，造壩，建閘等工事，一一論列，每暗合今日之河防工程原理。質諸西國學者，當亦必以爲然。

註：黄河爲我國第二大川，長凡八千八百餘里。水性重濁，不利行舟。自古已常有水患，迄今世未澈底防止。淮水爲古四瀆之一。源出河南，東入安徽，會黄河自淮陰縣西南清江入淮，淮水下流，遂爲黄河所侵，後黄河北徙，淮水下游亦淤。其幹流遂至淮陰縣合於運河。

問水集

著者：明 劉天和

問水集爲明劉天和疏濬黄河運河（註）時所輯者。其時乃嘉靖十二年（即西歷1533年 適黄河南徙，水去積淤，漕渠湮滅，濟寧徐沛之間，餽運弗通，世宗乃起劉氏於家，任爲御史中丞，簡命治河。彌三月而功成。

劉氏治河之始，曾歷汴及淮，浮汶達濟，周迴數千里，西問於梁，東問於魯，南問於徐，北問於齊。所至雖斷港故洲，漁夫農叟，無不咨詢，有所得，輒筆之於書。事既竣，乃爲是集，集凡三卷，其論無不切於水而詳於治。舉凡黄河之變遷，古今治河之同異，隄防疏濬之制，九河之跡，七十二泉之派，閘壩湖陂之數，經費漕輓之宜，禁戒論議之例，統記成集。以其多得之於水濱之間也，故名之曰問水集。

註：運河爲我國運漕之河，世界人工所成最長之水道也，長凡二千二百十里，以山東之汶水爲上源，至汶上縣西南之南旺，分流南北，其北流者過黄河，直通天津縣西，與白河會，南流者入江蘇境，絕淤於黄河故道，至江蘇縣之瓜洲口，絕揚子江，至丹徒縣。

過丹陽，武進，無錫，吳縣，直至浙江杭縣。昔之江淮米粟，輸於北方者，皆取道於此。

河防通議

編者：元沙克什

河防通議分上下二卷，爲元沙克什所撰。沙克什色目人，官至秘書少監，系出西域，邃於經學，凡天文，地理，鍾律算數，無不通曉。至元中嘗召議河事，蓋於水利亦素所究心。是書具論治河之法，乃以宋沈立汴本及金都水監本彙合而成(註)，稱重訂河防通議。其爲是書分門者六，門各有目。凡物料，工程，丁夫，輸運，以及安樁，下絡，壘埽，修堤之法，條列品式，粲然咸備，足補列代史志之闕，是書所編，雖其中間有因諸形改易，人事遷移，未必一一可行於世，而準古酌今，矩矱終存，固亦講河務者所宜參考而變通者也(見四庫全書提要)。

注：是書本非沙氏原著。據其原序云：「……河防通議，凡十五門。其論制類今爛頒之書，不著作者名氏，殆胥吏之紀錄也。今都水監亦存用之。愚少嘗學算數於真定壕寨官張祥瑞之，授以是書，且曰此監本也，得之於太史若思。後十五年復得汴本，其中全列宋爾司點檢周俊河事集，視監本爲小異。雖無門類，而援引經史，措辭稍文，論事署備，其條目纖悉則弗若之矣，署云朝奉郎騎都尉沈立撰。愚患二本之得失互見，其叢雜紛糾難於討尋，因暇日摘而合之爲一，削去冗長，考訂舛訛，省其門，析其類，使粗有條貫，以便觀覽而資實用云」。

至正河防記

撰者：元歐陽玄

至正爲元順帝年號(西曆1341年)，乃元臣歐陽玄因紀賈魯治水之功而作者也。賈魯爲都漕運使時奉丞相脫脫命修治黃河，至正十一年(西歷1357

年，以工部尙書爲總治河防使，率數十萬人於是月二十二日鳩工，七月疏鑿成，八月決水故河（卽黄河故道），九月舟楫通行，十一月水土工畢，河乃復故道，南匯於淮，又東入於海。

是文紀載治河之法有三：曰疏，曰濬，曰塞，釃河之流因而導之謂之疏；去河之淤因而深之謂之濬，抑河之暴因而扼之謂之塞，語多可取，亦爲談河務者不可不讀之書。 ——完——

本報第一號至第五號文章索引

(丙)調查及報告：

(丁)工程常識：

工程學報第六號目錄

篇前話

揷圖

專載

專門論文

工程設計

工程材料

工程常識

特載

附錄

本會出版之工學叢書

『實用水力學』

編著者： 吳民康

價定： 每册大洋八角

內容

14592

國民大學

工程學報投稿簡章

一、本報以發表關於工學之作品爲主旨(詩詞文藝不登)校外投稿亦所歡迎

二、本報暫定每年出版兩次

三、本報所載文字文體及內容不拘一格惟文責要由作者自負格式一律橫行並用新式標點

四、翻譯文字有學術價值者得壹並採用惟須註明由來原作者姓名及出版日期

五、來稿如有插圖須另紙繪妥(白紙黑字)

六、刊登之稿酌酬本報如有特殊價值經審查認可者得另印單行本

七、截稿期限在出版前一個月

八、來稿請寄交廣州市荔枝灣國民大學土木工程研究會收

工程學報　第七號

編輯者：廣東國民大學工程學報社

出版發行者：廣州荔枝灣國民大學工學院土木工程研究會

經售者：本省及國內各大書局

印刷者：廣州市惠愛中路大馬站中山印務局

出版期：民國廿五年六月

報　價：每冊肆角　寄費加一(郵票十足通用)

工程學報
廣東國民大學
工程研究会編印

工程研究會第五屆職員表

會　長　吳民康

副會長　莫朝豪

研究幹事　葉金冠　陳沃鈞　　考察幹事　司徒健　吳魯歆

出版幹事　呂敬事　溫炳文　　文書幹事　馬順華　沈寶麟

理財幹事　曾炊林　黃恒道　　庶務幹事　馬順華　黃恒道

出版委員會委員

曾炊林　莫朝豪　吳民康　呂敬事
溫炳文　司徒健　陳沃鈞
黃禧駢　黃恒道　葉金冠　劉銘忠

材料調查委員會委員

馬順華　龍炳垣　區子謙　司徒倫
黎炳南　彭光鑾　鄭紹河
吳達維　勞漳浦　黃偉賢　譚桓樞

體育委員會委員

司徒健　老瑞照　關大孚　黃培煦
金椿榮　黃偉賢　趙德榮
羅巧兒　黃壽昌　胡朝仰　吳世傑

游藝委員會委員

黃禧駢　何乃松　黃培煦　葉金冠
郭佑慈　周起麟　馮素行
羅巧兒　諸澄夷　梁偉民　趙德榮

特約撰述

胡鼎勳　連錫培　吳燦璋　陳崇灝　黃卓明　程子雲
梁　父　陳華英　陳洵耀　梁攜齡　羅澤洪　諸澄夷
陳名揚　佳宗蔭　梁榮燕　岑灼垣　高維駒　胡朝仰

工程學報第捌號目錄

插圖

（甘竹灘測量攝影）

論文

譯述

工程設計

工程材料

工程常識

特載

篇前話

本期學報，延遲兩月餘之時間，始能出版．原因固多，而其主因，則爲吳會長有高就之發展，所以要離開本會，而莫副會長亦以在外公務繁重，無暇顧及，以致主事乏人．及後編者强承吳會長之命，委以學報出版事，編者初聞之下，爲之悚然，蓋才識鄙陋，不能負此重託，深恐有辱本會之聲譽也．現編者厚顏勉幹，編成此報，然謬誤之處，尚祈閱者原宥是幸。

本號論文欄内，黄禧駢君之「廣東水患研究」與王衍彌君之「廣東三大江水患研究」等篇，俱能瞭指廣東歷年水患之起因，及改善之法，無不有獨見之点，其餘三篇論文，亦是勞神費思之佳作，堪值吾人研究者。

在譯述欄内，曾炊林君之「空中撮影測量」一文，極合現代之需求，故特編述於此，聊盡遞流學術之責，以期入於普遍教化。

工程設計欄内，吳絜平君之「鋼鐵樓宇之風力計算」文内附圖表甚多，不能盡量刊出，尚希閱者恕罪．其餘工程常識欄内幾篇，是作者平時有心得，有經驗之談，請讀者留意玩索之。

關於特載欄内「甘竹灘河面測量工作紀實」，是本校同學承廣東水利局派往甘竹灘實測經過之情形．查甘竹灘素具險性，歷年輪渡在此遇險者，不可勝數．前兩月餘民族渡亦在該處遇險，以致溺斃多人，釀成極大慘劇，現政府當局及社會人士，咸以該灘有改造之必要，而其改造之責，應負在我們學工程者之身上．篇前插圖數幀，可見該灘之險象，現爲篇幅所限，關於甘竹灘河面之測量圖及梁㦤齡君之「小三角測量實施之勘誤」下期刊載。 ——編者——

（1） 全 體 合 影

（2） 寄 碇 陳 村

（3） 第 二 段 河 面

（4） 第 三 段 河 面

（5） 第 四 段 河 面

（6） 第 五 段 河 面

（7） 在 甘 竹 灘 前 望

（8）往陳村途中瀾安江安二輪交代

（9）第一隊人員

（10）第二隊人員

（11）第三隊人員

（12）廿竹灘口橫視

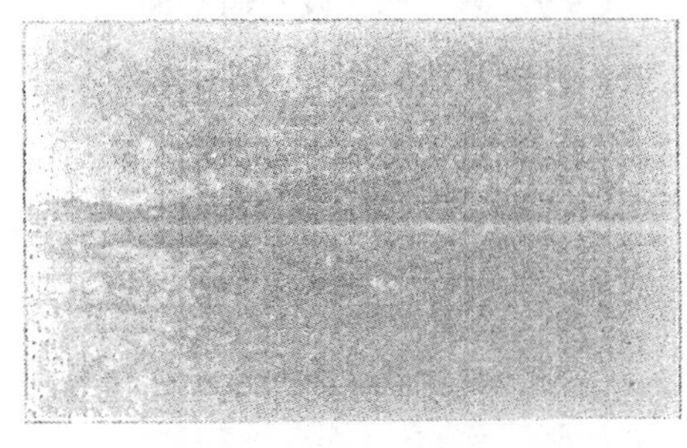

（13）廿竹灘口正視

（14）左灘湖神天后宮

（15）廿竹灘香爐石

（16）重返廣州

專門論文

道路與交通

曾炊林

導言

導　言

道路者，文明之母也，財富之源也，試觀歐美各國，工業之發展，農業之振興，文明之演進，國防之鞏固，端賴交通之便利。今者，東西各國，深知世界重心，已由政治而趨於經濟，故欲經營國際經濟，非發展實業不可。而實業之發展，又非開拓道路，以利交通不爲功。吾國地大物博，寶藏之富，甲於全球，倘能交通利便，使曠野之地，得以耕墾，豐富之礦得以開發，則民生問題可解決，而國際貿易可榮繁，從此躋於富强之地位，可立而待也。然反觀我國現狀，水陸交通，祇及城市，鐵道無幾，航空更稀，而窮鄉僻壤，未能涉足，以致眞像莫明，各地礦源蘊而不發。人民之生活所需，多賴於洋品。東西各國，視吾國為國際貿易場，致使金錢外溢，民生凋弊，社會不甯，盜賊充斥，吾恐將移昔日武力瓜分之禍，為經濟之患矣。為今之計，與實業，普文化，固國防，非急起直追，竭力設施道路建築不可。現在科學進展，大有一日萬里之勢，飛機，汽車，汽船，之迅速利便，日甚一日，然就我國現在財政觀察，製飛機，築鐵道，欲速求其實現，實所未能。而道路建築費較省，車價亦廉，舉辦較易，收效亦宏，故為補救現在我國交通之缺乏，當謀新交通之發展。而其首要，先以道路為趨向，從前道路運輸遲緩之缺點，今則有高速度之汽車，顯其運輸所長，既無軌道之限制，又可運轉自如，故近世研究交通政策者，兢兢勤勤，莫不着眼於道路之充分發展與改良也。

第一章　總　論

道路交通，為現在國防上，政治上，經濟上，不可少之工具。處於現代以交換富源為基礎之經濟制度下，運輸問題，實為繁榮發達之主要條件。因交通之發展關係，能使製造者與生產者，互得原料供給之利便，且運輸所至，貿易流通，市場因之而擴大，因此可令消費者，得貨物源源之接濟。品物鮮明及物價之固定。

交通方面，運輸快捷，在社會上，與經濟上，得莫大利益。因為能調劑人工，以謀生產之發展，而使社會上失業人數減少。且使集中於城市之人口，可藉交通之利，而散處於郊外，工人亦可住於離工廠較遠之地，以得空氣及衛生之益處。至於發展行旅，招徠外賓，交通之暢達，尤為重要。

交通要具其最著者，除道路外，倘有鐵道與運河・然運河之浚鑿，鐵道之敷設，其費用之鉅，有非現今各省財力所能負担者・若道路則不然，費輕而易舉，其功用較之運河與鐵道，亦不多讓○故道路者，實占交通要具中重要之地位也，其裨益於交通要點分述如下：

(1)道路行駛汽車運輸靈敏：

現在汽車速度增加勝於火車，以之運輸貨物及乘客，甚爲迅速，因貨與客之多少，可隨便依之而加減其汽車之數量，并可不爲時候所牽肘，何時有客，便可何時開車，且除汽車以外，倘可行駛各種車輛，故有道路則交通非常便利，其裨益於交通者此其一○

(2)道路費輕易舉易於普及：

道路之建築，其費用較之鐵道可減少數倍至數十倍，故易於建築○以易於建築，則易於普及，由一鄉以至一縣，由一縣以至一省，由一省以至於全國，皆築有道路，其交通之便利，自不待言，路道之裨益於交通者此其二○

(3)道路可輔助鐵道之發達：

因鐵道之不能設於窮鄉僻壤，故對於小村落之貨客，鐵道難以招運，惟有公路與之聯絡，則由公路駁運，鐵道便可運載小村落之貨客，其運費之收入，自必增加，收入增加，則鐵道便可日益發達，其裨益於交通者此其三○

現在汽車之數量與速率及其載重，繼續增加，爲從前意想不到者・處於近今情形中，貨客之運輸，自然較前爲多，尤其是在人口集中之地，故路上所發生之危險較爲常見，交通管理，因之而困繁・其負有管理責任之政府人員，當應考察其困難問題，以解決之・如擴大街道，設定停車處，選定方向，車輛往來之循環，交叉路上交通之截斷，交通標記之配置，與電車之取締，規定汽車之速率等○

近世之道路，既需適合繁密汽車交通及快捷速率，又宜支持汽車所載之重量，所以在道路上，遂發生二種問題○

(1)關於工程者。

(2)關於經濟者。

關於工程方面之改進，欲使道路適合於現時之交通，其應當注意者：路線，路之橫面，路之弧線，與路面固度等問題。

關於經濟問題者，當考察人民經濟程度， 材料市價，人口貴賤，工程樣式等。所以在未興工以前，應詳細考查各種有關之主因。然後決定經濟問題，及此路有成立之必要否。再由各方面估計，將來所得之利益，來分配此路之建築費，及養路費。即是國家，省，市，與地方輕重負担之分配。

總之道路工程之實施，及經費之籌劃，應以交通之需要，與社會之狀況來決定。此外更應十分明瞭運輸之種類，及其統計，即以科學方法來調查交通之統計。再由此而定交通之管理，工程之方式，及經費之籌備。

第二章　我國從來之交通道路

在昔我國之主要道路，因首都地址隨世代變遷之故，乃隨其移動之位置，而擴張其主要之道路。前清交通道路之最主要者，則以北平為中心點，向四方而達於各省省城，此即所謂官馬路。此外各省省城，亦設有官路支線，以為通地方主要都市之交通，此即所謂大路。官路及大路，均為當時之重要通商路。地方各村落間，又另築小路與官路及大路連絡。而現今所開通之鐵道，及將來應布設之預定鐵路，多沿此種官路及大路而設，從來運搬貨物之勞働者。專求其比較不甚困難之途，闢為通路。近時測措路線之工程師，亦仿此理而求其鐵路之預定路線。沿其通路而能觀察其商業發達之情形。是則從來運搬貨物之勞働者，及現今測措路線之工程師，其思想同出一轍也。

官路及大路之主要者如下：

官馬北路：

官馬北路係從北平經通州， 永平，山海關，而至遼寧，從前為滿洲及我國本部連絡商路・所謂遼寧官路中之至要路者是也・更由遼寧而達於齊齊哈爾之延長線，及從北平至海拉爾並恰克圖之通路，總稱之曰交通路○

齊齊哈爾有一支路，從遼寧至伯都納，而達於吉林・其本路係由遼寧至齊齊哈爾與墨爾根，璦琿，二路聯絡・錦璦鐵路豫定線，多沿該路而測定者・惜乎現在爲日本蠻威搶刼之範圍內，未悉此鐵路何時可成耳○

從北平至海拉爾之通路，係經由多倫諾爾者・北平多倫諾爾間有二路・一爲通過熱河者・一爲經由張家口者・現今北平張家口間鐵路，乃依此通路而設○

官馬西路：

一由北平經保定，過山西省太原，潼關，陝西省西安，從此經咸陽，邠州，涇州，平凉，而達甘肅省蘭州，更向西方延長至噶介喀爾・由太原至潼關間，爲同成鐵路預定線與此路相若・潼關至蘭州間，爲隴海鐵道預定線，亦多依該路線而設○

一由北平達於四川成都，謂之四川官路・即與蘭州官路至太原而分路者，在四川以成都爲中心，其聯絡於各重要都市者，尙有五大大路：(1)爲西藏大路，由成都至西藏拉薩(2)大理大路，此路分有二路，一經清溪，越嶲・一達甯遠，然皆可達到雲南省大理・(3)重慶大路，從簡州經隆昌，榮昌，永川，而達重慶・再由重慶經綦江，可達貴陽・(4)叙州大路，由成都經眉州，嘉定，犍爲，而達叙州・(5)宜昌大路，由成都經潼州，蓬溪，順慶，經渠大竹，梁山，萬縣，從此沿長江過雲陽，巫山等地而達宜昌○

官馬南路：

由南京而通於南方之主要路有四，即雲南官路，桂林官路，廣東官路，及福州官路，是也・又有由江西出廣東之使節路，亦稱江西官路○

雲南官路・爲貫穿河南，湖北，湖南，貴州，而達雲南，此路中由沙市至貴陽，爲沙興鐵路預定線。又由雲南府，至緬甸境之八莫，爲滇緬鐵路預定線，以雲南府爲中心之大路，除雲南官路外，尚有達瀘州，敘州，大理，蠻德勒，蒙自，百色，等大路。

桂林官路。在許州與雲南官路分離，而至漢口，今之平漢鐵路，卽沿此路而設。再由漢口過武昌，咸寧，岳州，湘陰，沿湘江出長沙而達衡州。今之粵漢鐵路，亦沿此而設。由衡州經祈陽，永州，全州，過湘江之分水灘，而達廣西省桂林。此外以桂林爲中心者。有新寧大路。柳州大路。

廣東官路。由衡州與桂林官路分離。經耒陽，永興，郴州，宜章，入廣東省。沿北江經樂昌，韶州，英德，等而達廣州。粵漢鐵路，廣東省內線，大部沿此官路而設。

福州官路。從北平至德州，由此有一分路，至濟南，經泰安，沂州，出宿遷，沿大運河而達鎮江。過高塘，茌平，渡黃河，經東平，兗州，入江蘇省，經徐州，至臨淮關，渡淮河至鳳陽之南方中心，由此有一路通江西者。經定遠，廬州，徐州，達浦口，渡長江至南京。在長江與濟南來之通路相連，更由此沿大運河經常州，無錫，蘇州，嘉興，至杭州。溯錢塘江，經富陽，嚴州，蘭溪，江山，過楓嶺，仙霞嶺山脈，入福建省。沿建溪南下至建寧，延平，與從江西省南昌來之杉關路相合。沿閩江本流而達福州。今之津浦，滬寧，滬杭，之鐵道。皆沿本官路而設。本官路中之分岐大路甚多。

第三章 交通之調查

欲知道路交通，與各地方之經濟影響。必有交通統計，列成圖表，藉此根據，來決定工程之實施，工作人員與材料之分配。

第一節 交通調查之目的：

交通調查之目的有三：(1)經濟。(2)工程。(3)經費。

(1)經濟：

在一國之內．道路交通，若合理的分配，因其各種車輛之往來，旅客與貨物之運輸，可藉此視出一國經濟活潑或停滯之狀態．至道路各種運輸，能與河海，鐵路，等互相聯絡，則道路之交通，自然佔在重要之地位。

交通調查．應將交通旅客，貨物，運輸分類比較．同時要知車輛之增減，貨物之量數，汽車之種類等，以爲籌劃適宜應付之辦法。

在旅客與運貨者之運輸選擇，當以運送快捷，運費低廉爲目的．而道路運輸，能適合其所求因，此道路交通發展，可使鐵道運費減低，及固定一部份貨物之價格。

在人口集中之區域，宜築支路，移轉人口之集中，使自然散布於近郊或鄉村，免致發生擠踴之困難．故將來近城市之郊野，及村落，皆有發展交通之必要．此外如礦場之開採，樹木工業之生產，更需載重汽車的運輸，以維持原料之供給，與出產之流通．至於名勝景地，尤爲吸引遊客之常臨，在此種狀況之下，不外是人口之移動，與汽車數量之增加．故當地政府，宜細察環境之要求，而從事於新路之建築，或原道之擴大．欲實現此種政策，非有交通調查不可。

(2)工程：

觀察各路之交通情形與性質，而決定道路之寬度，如行駛速度之汽車，則需用直線道路，與廣大弧度線，減少交叉點．至於汽車之速度與重量，及不良之車輪，皆足以損耗路面．故路面材料之選擇，必須有極大抵抗性質．將來減少養路費，亦即減輕民衆之負担。

(3)經費：

道路之經費．是築路費，養路費，及利息等的總數．在交通繁盛之區，宜築堅固之路．交通稀疎者，則不必多用費款，以築堅固之路．至於每全路，或每段路，視乎其交通之需要而決定其計算方法．總之道路之總支數，與道路運輸之入息，使其平均相抵． 倘經費大， 而入息少，則可放棄其道路交通．反之，道路之運輸入息太大，亦可放棄道路之交通，而代

以鐵道之運輸·此外應注意者·則爲路面材料之選擇，及預計將來運輸發達，與車輛速度之增加，方能週密○

第二節　交通調查之方法及工作：

調查方法之指導者·應以手續簡便方法一律爲原理，簡便者，快捷與省費之謂也·即是不使專門人才，亦能爲者·故調查之經費不昂，而工作亦敏捷也·一律者，調查方法劃一而成爲國際化，或本國化·即使車輛分類，成爲各種規定·因此交通統計表冊之登記，爲不可少之工具·故在每一段路之時期內，應統計往來人數，各種快車與慢車之載貨重量，各種等級之票數，運價，與來往之區域，汽車之樣式，路程長短，車輛所載貨之種類，及其價值，每星期車輛通行之數量·以上各點，應多設觀察處，分段調查之·至於每道路運輸段內之狀況，調查表應分列載有：長途汽車公司名稱，車之廠牌及種類，行駛路線及其長度，行車機關每公里票價，每日行車次數，現有車輛數，每月營業收入及出支數，油類消耗，車輛折舊年限等，關於非段內之車輛行駛，須領有當地管理機關之牌照，方得通過·調查期間，於每月舉行若干次·在此若干次中，應分配得宜·使每季與星期中，平均分配之·此種調查，經若干年後，應從新調查·在若干年內，所得之統計圖表，因此知各種運輸交通狀況，及修理各段道路之經費·與夫道路上，航海上，鐵道上，之經濟關係○

第三節　道路上過險之調查：

汽車工業發達，遂使路上充滿着快且重的車輛·因此而發生人與動物之生命危險機會·至於過險之登記，應注意發生過險時間，與地點，及發生之主因·而天時與交通密度，道路性質，車輛等，各種狀況，亦應詳細注明·因爲此種調查，可以知道過險的數量，及其原因·以便籌劃改良之方法·凡常發生危險之地方，應指定爲危險地點·應設立柱牌，標明所規定車輛的速率，或其他的說明，以便車夫注意·且在必要時，亦可設立警察站位，從事指揮監督之職·至於改良方法·則改平面交叉徑爲高過徑，或低過徑·增加弧線半徑·減少道路坡度·改換路形，或路面，或擴大街道交义點・關於迯險救濟方法・須要警察干預與維持・因爲對於車夫與行人，既定有路章，使人遵守・除此之外，并應利用告白，電影片，及學校之宣傳，使一般民衆，都普遍明瞭與重視・而危險發生之原因，車輛與駕駛者，亦應設法防範・對於車輛者，則如制輪機，及照路燈等之良好設備・對於駕駛者，則須嚴格發給駕車証，及嚴厲罰章・至迯險之登記，在城市中，可由警察負責・在鄉村間，可由道路管理員負責○

第四章　道路之分類

我國道路分類之規定如下：

國道：

國道之設，應由首都發於各省省會・或各省會互相聯絡，及達於國際交通之路道・或鐵道，江河，港口，爲主・故行旅繁多，道寬宜在十公尺之以上○

省道：

省道係由各省會達於繁盛縣鎮之道路・或鐵路，江河，港口，及銜接國道・其寬度應在八公尺以上○

縣道：

縣道係由縣城鎮鄉達於鄰縣鎮鄉，及接本省省道幹線，或他省支線相聯之道路，或鐵道・其寬度應在五公尺以上○

里道：

里道係由此鄉村達於彼鄉村，及市鎮，工廠，學校，之道路・其寬度由各該地方團體酌決定之○

第五章　道路工程

第一節　道路所受之動力：

自汽車發達以來，道路工程因之而發生各種動力之影響・故對於道路建築，及材料之選用，實成問題・車輛在道路上所發之動力有三・卽直立

方向動力 (Normal action)，切線方向動力(Tangential action)，及橫斜方向動力(Transverse action)○

直立方向動力•是由車輛之重量而發生•其力能壓碎及破裂道路所組成之材料•此種直立動力，不是因載量多少，而定其輕重，是因車輛之彈簧機不設置，或不良，及輪圈爲鐵類，或硬質所製成者○

切線方向動力•是車輛進行時所發生之力•其力量與車輛之重量，及車之橫面積成比例•是因道路崎嶇不平而增加•此外尚有開車時，與停車時，車輪之磨擦及反射力之震動○

橫斜方向動力•是離心力所造成之結果•即與汽車速率同時增高○

在道路上所發生三種動力之研究•換言之，即是如何使道路，能支持車輪之磨損力，及增加車輛之載重與速率•但汽車樣式之製造，及輪圈與彈機之改良，亦有極大之關係焉○

第二節　道路工程之要點：

(1)路線之選擇：

凡路線通過地點，應審察其脊線 (Ridge Ine)，及谷線(Valley line)•而其經過之地點，須擇其坡度最小，距離最短，無甚昇降之差異者•土工不可過多，致使工費浩繁•曲線亦宜少，且不可過急，致轉運困難•在洪水時，須使道不受水浸之害•其向陽及當風等，應求其適當之度•橋樑位置•須擇其水流無變化之處•他如岸壁，暗溝，及各種建築物等，必擇適宜地點而設置之•以求費用節省•若急坡度連續時，則應擇有林蔭之休息所，及飲水易取之點，以資便利•凡此種種，均應特別注意也○

(2)道路之曲線：

曲線對於交通上之安危，全繫乎圓弧半徑之規定•但半徑如何爲宜，則以馬車及各種緩速度之車輛爲標準•其曲部之半徑，惟求其車輛能轉灣通過爲度•在今汽車行駛甚速，其所謂緩速度車爲標準者，則不足應現代之要求·欲使高速度車輛，通過曲線部而無碍，則其曲線半徑，固愈大愈善·然而地形起伏，相差甚大，工事因之而浩繁，工費亦隨之而增加，與其設强大之半徑，致使工事不經濟，毋寧另行計劃他種安全之設備，較爲得也·總之曲線之設，能依地形之關係爲轉移，則可減工省費·玆將現代各國，對於曲線半徑之規定，以爲參考○

美國平原居多，故道路之曲線半徑，較各國採用者爲大·有用至千呎爲最小半徑者·法國之幹線道路，自百公尺至百六十五公尺，地方道路爲五十公尺·德國之幹線道，定爲五十公尺，地方道路爲十公尺·日本之幹線道，爲百八十公尺·地方道路爲六十公尺○

(3)道路之坡度：

坡度者，卽路面傾斜之設造也·其坡度率，則以縱距離與水平距離相比之百分率也·凡車輛通過坡度時，非費相當之牽引力不可·故坡度影響於道路運輸能率，異常重大·偶有失當，卽道路全線之運輸力，亦受其束縛，固不可忽也·至於坡度如何，當隨地勢爲轉移，又當視所行車輛之種類而異·大抵車力愈大，則坡度不妨稍大·車力愈小，則坡度亦宜稍小·人力車不能行之坡度，馬車或能行之·馬車不能行之坡度，汽車或能行之·現在美國汽車之發達，利用於道路運輸之效率，各國皆望塵莫及·然而馬車於道路之搬運，尤須保存，爲補助輸送之能力·是則吾國道路交通，萌芽之始，其仰助於馬車之輕便價廉，而易收普及之効者，更不待論矣·故於坡度問題而論，路線坡度能適於馬車轉運，則未有不適於汽車者·故以馬車爲設計之標準，實決無失當之處也·馬車以馬力牽引，則於馬之牽引力，不可不加以研究·但馬因産地及種類有異，肥大瘦小亦有相差，故其所得之工作効率亦不同·故將馬車各種條件與坡度有關者，分別如下○

并列式以推算之·T＝在某坡度線所表有効牽引力；t＝馬之牽引率爲十分之一或八分之一；W＝馬自身重量；L＝貨物重量；F＝道面抵抗率；G＝路線坡度○

公式(1) $T=tW-GW$

公式(2) $(t-G)W=FL+GL$

倘 $\frac{L}{W}=C$ 則 $C=\frac{t-G}{F+G}$

設 $G=0$ $\therefore C=\frac{t}{F}$

由此式研究之，若以t爲一定之數，而F可增大時，此必路面惡劣，則C之值不得不小，至C之値減小，因C爲馬之重與貨物重量之比，推其結果！L必隨之而小，或W加大方可·L小，卽裝載之分量減·W大，則必使用優良馬·故在惡劣之路面，牽引貨物駛上坡度時，其影響於全線運輸力甚大也·故普通道路坡度之規定，以3%至6%·其8%—10%者，則僅汽車電車能行之矣○

(4)道路縱斷曲線：

縱斷曲線之所以必需設置，而有切實之規定者，其最顯著之理由，及主要之目的，卽避免高速度之車輛，騎行於急激變化之坡度時，有偶起衝突，及若何意外之事·質言之，卽維護交通之安全，及增進道路之美觀者也·至縱斷曲線之長短若何，應以坡度若何爲標準，今取日本所規定者，以爲參考·凡坡度代數差，在百分之一，至百分之三未滿時，縱斷曲線之長，須取四十公尺以上·在百分之三，至百分之六未滿時，須取六十公尺以上 · 若在百分之六以上者，則縱斷曲線，須取九十公尺以上矣·今舉一例以明之·假定有一方爲$\frac{1}{25}$之上坡度，他方爲$\frac{1}{20}$之下坡度，如圖所示，

其代數差爲 $\frac{1}{25}-\left(-\frac{1}{20}\right)=\frac{1}{25}+\frac{1}{20}=\frac{9}{100}$

在此坡度之代數差，旣爲百分之九，則縱斷曲線之規定，卽知爲九十公尺以上·大抵縱斷曲線設定之方法，普通多用拋物綫以測定之○

(5)道路橫斷坡度：

橫斷坡度之設造，爲路面上排水之効用也·其與道路之橫斷面之關係者，有三部分而構成·卽行車路(Traveled Way)，溝渠(Ditch)，及片面坡(Back Slope)是也·今橫斷坡度之施設，卽爲此中Traveled Way部分之甚關要者，故此部分之强弱及安危程度若何，直以橫斷坡度之適當與否爲斷耳，但對於各種路面鋪裝之不同，及氣候之相差，而其所定橫斷坡度之標準，應因之而異·茲舉美國對於土路計算橫斷坡度，所常用之方法，以爲參考。

N＝通車線路之數（卽如通一車者則N爲一·若有二車線路則N爲二·如此類推。）

A＝10N(inft)爲路面堅固部分，能供車行之寬度，又因每一車線定爲十呎，故以十乘所定N車線之數。

$B=\frac{10}{3}\sqrt{n}$ inches；　C＝ 4N inches；　D＝ 2B inches·

(6)道路之交叉口：

交叉口之面積，或爲矩形，或爲圓形，或爲不規則之形，適用於多數道路之交會處，其交叉口，當視車輛多少之程度，而酌增面積，使無擠擁之患·面積廣大時，可於其間築造警亭，公園，或紀念碑等物·交叉口之地面，宜近於水平·蓋車輛至此，則左右輕折不定，若非水平，必遭傾覆·故於接近交叉口之地，其斜度應漸次減緩。

(7)道路之寬度：

城市之街道，不特供運輸之用，且須劃分城市面積·注意房屋之光線充足·空氣流通·出入便利·以是所需地面，較長途道路爲寬·但須合用爲度，不可過寬，免使地方耗費，及增加鋪路，養路，清路，一切費用·致市民負担過重·反乎經濟也·至寬度之定法，當以車輛之寬度爲準，近今通行汽車，每輛寬度，約六七呎，欲免相撞，每車當佔八呎·故街道之供汽車相對行駛者，其寬爲十六呎，倘再許一車停於路旁，則須廿四呎·兩旁均許停車，則須三十二呎·若更許後車超越前車，則又須遞增八呎·此單就汽車而言也·若設有電車軌道·則單軌須增十呎·雙軌須增廿呎·準此推算，則八十呎之車道，在通常城市，卽爲最寬者矣·至於人行道之寬度，當佔車道之半，各市規定，大約相同○

(8)道路排水法：

水流濕，火就燥，自然之理也·倘能因利而導之，其益於人生，不可須臾離也·若不善爲之導，反使爲害匪淺·今就水之於道路而言，其侵壞路面，崩裂路基，祗有害而無利·故欲求道路之優良，不能不力求排水之設施·惟水性喜趨下流·能多設水道，使之暢流無阻，則其患可自消也○

道路所受之水，其來源有三：

(1)來自空間者·如雨雪霜等是·(2)來自地面者·如雨降於地面，及溪澗河流等是·(3)來自地下者·卽水浸入地層下之透水層·實則地面下無處無水○

水之來源有三種·故排水法亦分三種：

(1) 路面排水　路面材料，選其堅實而不透水，及路面光整無凹凸不平之處者·同時作縱向坡度，及橫向坡度，使水沿之而流，不在路面停蓄○

(2) 路旁排水　在路旁作縱向旁溝，以截高處所來之水，幷洩路面所洩之水·以上二者·謂之地面排水法○

(3) 地下排水　在地下安設暗溝，或水管，以吸取地下之水，使之暢流無阻，不再停蓄地中·如此，則暗溝附近之地，必形乾燥，而地下水平線，因以降低○

樓宇設計論

續

勞濬浦

第三章 衛生上之設計

第一節 採光與換氣

光線與空氣，爲衞生所必需，蓋光線與空氣充足與否，影響於吾人之精神上及身體上甚大，晴朗清凉則愉快，陰閉鬱熱則苦悶，此乃盡人所同，若久居於無日光或空氣不易流通之地，則精神沈鬱，漸至神經衰弱，皮膚蒼白，及消化不良而生疾病，於衛生上至爲妨害也，日光有滅菌力，空氣中之過氧化氫，無日光即不發生，故無日光之處，種種細菌發育，在陰暗之室內，能長久保持其生活，而貽害於人，又光線對於眼之影響甚大，過强則起羞明，結膜炎等弊，過弱則眼易疲勞，且爲近視眼之原因，室內空氣，因種種原因，致不清潔，其因人之呼吸，而氧減少，炭酸水蒸氣及他種瓦斯增加，尋常成人一時間約排出炭酸二十至三十竏，温則一百卡羅利，故室內空氣，常須流通，便輸入新鮮空氣以稀薄之，茲將每小時每人所需換之空氣列表如次

房室之用途	每小時每人所需換之空氣，立方公尺數
普通住室	50
普通病室	60 至 70
外科產醫師病室	100

傳染病室	150
工場多塵埃者	100
兵營	晝30夜40—50
劇場	40—60
小學校	10—15
高等學校	25—30

通常樓宅之採光與換氣，係利用窓戶，開窗換氣，利用於風與溫差，故窗戶面積之大小，與室內之光線空氣，有密切之關係焉，然窗之大小，達於足用即可，不必過大，各窗之面積，約占地板之面積五分之一以上，普通八分之一，亦可通融，普通之大窗，無風時，每小時之換氣，爲三千至四千立方公尺，但窗之面積雖已充足，然爲窗外所對向之物休遮蔽，則窗雖大，仍不能達透日光而流通空氣之目的，故應注意於開角·開角者，甲線(自室內之一點與窗頂所引之線)與乙線（自室內之一點與窗外所向之遮蔽物體如樓宇等最高部結合之線）所成之角也開角愈大，則愈光而空氣又愈易於流通，愈小則反是，故室內無論何處，其開角宜在五度以上，通常在室內視天空愈大者，則開角大，故所見天空之大小，已可知其是否合格，此外宜注意日光之射入角，此由地板上或桌上之一點，與窗頂連結之線及地板上線所成之角也，射入角大，光亦愈大，通常宜在二十度以上，故窗以高爲貴，若僅注意於窗，不顧其他，則光度仍不充足，宜注意者，有下列數點○

(一)窗與對面墻壁之遠近須適當

(二)光線以來自左方及前方者爲適宜

(三)玻璃之透明度以日光射入不同，普通防直射光線，則用磨沙或打沙玻璃，但日光減少可用凹形彎曲之玻璃則無遮光之虞

(四)窗簾之色亦須注意

(五)窗之對側壁，反射強者，則室內光亮，以白色爲宜，次爲黃色，

但以灰白色或帶青色者，爲最適宜。

因開角之關係，晚近設計道路之寬度，多取二十公尺以上，若其較寬者，竟達至六七十公尺，豈獨爲交通之利便已哉，其於兩旁樓宇之空氣及光線，均有相當之顧慮也，回視往昔之道路，寬度僅三四公尺，有時尚未及三公尺者，則影響於光線與空氣，殊非淺鮮，設計時，不可不注意也。

依此觀察則樓宇之採光與換氣，係藉窗戶面積之大小，及窗外有無物體之遮蔽爲依歸，然窗戶所臨之地，必須爲空地，或大道，於繁盛市區，其樓宇之基址，已甚狹小，除一面臨街外，其餘多無空隙之地，若欲採光與流通室內之空氣，則惟有留設通天，以資補助，依廣州市建築規則第十三條云。

凡通天，須由地面直至天面，中間不能有建築及遮隔物，惟天面准建透光物遮蓋，但其頂或四週窗扇，以能全部啟閉者爲限，其限制如下。

(甲)凡各種房屋其通天面積應照下列規定：

(一)無樓者其通天面積佔建築面積百分之五。

(式)架樓一層者其通天面積佔建築面積百分之十。

(三)架樓式層者其通天面積佔建築面積百分之十二·五。

(四)架樓三層者其通天面積佔建築面積百分之十五。

(五)架樓四層者其通天面積佔建築面積百分之十七·五。

(六)架樓四層以上者其通天面積佔建築面積百分之二十。

(建築面積係包含建築面積及通天面積而言)建有騎樓之房屋其騎樓深度作半數計

(乙)凡各種房屋之臨街方面得以其臨街部份之寬度乘八公寸作爲通天面積計算(例如臨街寬度五公尺得作四平方公尺通天面積計算)如房屋之前或後留有餘地最窄一邊之寬度超過一·五公尺者得作通天計算

(丙)凡醫院養病院旅店寄宿舍等類房屋其應留通天除按上項各種規定

外另照全建築面積加百分之十

(丁)凡改建房屋如有拆動樓面或上蓋達全屋面積十分之三者須照前項規定留通天位置

(戊)凡留通天其最窄之一邊至少須有一・五公尺之寬度而其面積至少以四平方公尺爲限

(己)凡房屋具有下列情形之一得免留通天

(一)照本條甲乙兩項計算所得之通天面積其相差不及一・五平方公尺者

(二)樓房深度未及八公尺者

又第三十七條第一項規定云「凡房屋深度不滿十公尺者每層住樓至少須一面開窗如深度逾十公尺者其窗口面積不得少於該樓面積百份之十如係學校課室其窗口面積不得少過該樓面積百分之二十如係工廠其窗口面積不得少過該樓面積百分之三十第二項云「凡開窗必須向街或馬路或自留巷或通天等方准作窗戶計

是則依據上述建築規則」第拾三條「甲乙丙丁戊己」六項與第三十七條，第一第弍兩項之規定，於通天與窗口之留設，規定頗詳，然於此所宜注意者，若欲樓宇光線與空氣之充足，則上述之規定，祗可作爲最低之依據，並非依照限制留足通天，則光線空氣確爲充足也。

在交通中心，商業繁盛之地點，尺金寸土，於通天之設計，最爲困難，何則，蓋在此種地位之環境，左右樓宇，巍峨高聳，除一面臨街外，多無空地，而本身之建築，又恒在三四層以上，於此情形，就令依最低限度之通天，己嫌其耗地過多，矧照章留足通天面積，尙或未能以供採光與換氣之用者乎，且通天時有雨水下降，使用上殊嫌不便，故設計者，權衡於光線空氣與地方使用之間，除留設若干通天，以供厠所厨房浴室等透光及排洩烟灰濁氣外，特設有避雨通天，其法即在通天之上，用透光物(如玻璃明瓦等)遮蓋之，並於四周建築一公尺至二公尺高度之玻璃窗，能全部活動啟閉者如是則光氣既足而地下爲營業或居住之用者既可免下雨時之阻礙，而通天部份之地址，亦可使用，又無使地方失却聯絡之弊，此亦於商業繁盛地點設計時所宜注意也。

第二節 乾燥與潮濕之防避

乾燥與潮濕之防避除具備採光及換氣外更須注意地勢之高低與地台之構造

(甲)關於地勢主之高低者

(一)乾燥地，地在高原，或廣野，空氣流通，室內乾燥，合於衞生，固無待言，然一至夏季，日光甚烈，或至室溫過高，爲害亦大，建築樓宇於此，須當偏向南方，且必開通北方，俾使進風，而屋頂尤宜較高，兼備氣窗及厚門，以避酷暑，幷防颶風，並應多植樹木，以調節室外之溫度。

(二)山阜地，山地雖屬空曠而朝夕中溫度實多變動，又以各風橫暴，空氣過於流通而乾燥，建築於此，墻壁宜厚，窗戶面積，不可過大，其餘之配置如前。

(三)濕潤地，地形低窪，或近池沼，或當森林，而不向日通風者，必陰冷多濕，易生疾病，然能高築地盤，開設水溝，伐除有礙之樹木，建造偏東向之室，且多開門窗及氣窗，自無不利也。

(四)海岸地，地濱海洋必多濕風，不論依如何之方向，常與山地相反，窗戶面積，約占地板面積五分之一爲宜，並須將窗戶日開夜閉，善爲調節，庶少受濕風之害。

(乙)關於地台之構造者。

(一)地台用土質燒成之大堦磚構造者，此種階磚最能吸收水份即最能防避潮濕，至於打掃方面，惜較他種階磚爲難耳，其結構方法雖注意下列各點。(1)地勢與土質必須高燥，否則要用坭填高，以免受濕氣之升上。(2)在坭土之上， 必須鋪墳鮮黃色之乾沙，厚度由十公分至三十公分，且必須用清潔之水冲實，以防沙質之浮鬆。(3)在堦磚之接口處，須用桐油灰或熟灰扻口，不宜用士敏土扻口，蓋士敏土最易潮濕，而大堦磚則最能防避潮濕，其性質已不相同，且堦磚與士敏土之色澤迥不相配，於觀瞻上尤爲有礙。

（二）地台鋪士敏土堦磚者，此種堦磚祗係便於打掃不能防避潮濕，故通常多用於樓面，然亦有用於地面者，其結構須注意下列各點。（1）地勢與土質之注意同前。（2）在坭土上，先鋪塡煤屑厚度由十公分至二十公分，用工椿實，在煤屑面再鋪士敏三合土一層，厚度約十公分，（3）用士敏土粗沙或士敏土灰沙漿打底，堦磚面用士敏入土縫。（4）或在於士敏三合土之上下加鋪臘青毡各一層，以防潮濕。

（三）尙有鋪他種碏磚或用木料作地板者，地板下之構造與第二法之構造大畧相同。

上列各種方法，於地台之防潮濕，以第一種爲最佳，若能於坭土上先一用煤屑塡鋪十公分至二十公分然後鋪沙，則更爲妥當，次則爲用木料之地板，然因若用良好木質之木料，則價値甚昂，若木質不堅，則反不如用第二法之構造矣，若鋪士敏土堦磚者，雖經種種結構工程，然於南風溫濕之時，終難達到避潮濕之目的，故又有主張地台要離開地面建築者，即地下一層，爲地牢，通常多不住人，以爲隔離潮濕之用，其地台之構造，實與樓面無異，然若樓面鋪士敏土堦磚者，於南風溫濕之時，仍不免有潮濕，不過其潮濕之程度，比地台面爲減低耳。

第三節　防雨水及寒暑之設計

雨水與寒暑之天氣，均宜設法防避之，關於建築上之防雨與避熱方法，須注意牆壁，瓦面，及天台面之構造，蓋室內與室外溫度，藉其阻隔而溫度減低，若構造不良，則室外之溫度，間接傳入，而增加室內之溫度，其設計應注意下列各點。

（一）牆壁，用普通磚牆者，不宜用單隅牆，至少要用雙隅牆，而三隅牆則更佳，蓋磚牆愈厚，而傳熱性亦愈少也，若非受力部份，則更可用通心磚構築之，因通心磚內部空位含有空氣，熱氣在外射入，爲空位之空氣融合之，故通心磚可用爲禦暑熱之利器，凡磚之縫口，必須用灰或士敏士塞滿，使無罅隙，而防雨水之侵入。

（二）瓦面，瓦可爲防熱防雨水之用，因瓦爲土質燒成，其傳熱性較鐵片或三合土爲少，且價値甚廉，樓宇屋頂，多採用之，瓦面之構造法，可分爲三種，（1）單層魚鱗瓦，卽將瓦片砌成魚鱗式，蓋以瓦筒，筒內用灰或坭塞滿， 筒面用灰塗綠之，（2）普通單層瓦卽在桁桷之上，先砌看瓦或稀櫬瓦一層，再鋪魚鱗瓦 ，上蓋以瓦筒，筒內及筒面之構造同上，（3）雙層瓦，係將第二種構造法造妥時，再加造第一種之構造是也，第一第二兩種其目的祇爲防止雨水而設，蓋非如是，不能防避雨水 ， 而第二種較第一種爲美觀，且易於粉飾，及打掃，第一及第二兩種構造，若爲强烈之日光照射，則室外之溫度甚高，而接間傳入室內之溫度亦高，故居住樓宇之頂層者，夏日常受炎熱之苦，第三種構造，對於防雨水與防暑熱均甚優良，蓋有兩重魚鱗瓦片，其不易漏雨水固矣，且可避熱，因下層之魚鱗瓦與上層魚鱗瓦之間，含有空位，雖上層瓦面已受强烈日光之蒸晒，其傳入之高溫，被該空位之低溫空氣所化，故溫度從此而再減，此其能避熱之理由也，爲防熱防雨水計，通常瓦面，以鋪雙層瓦爲最適宜。

瓦面斜度宜在二十五度與三十五度之間 ， 若大於三十五度瓦片有滑下之弊，若小於二十五度則流水太慢，雨水易於漏入，此外尙有鋅鐵片以作屋頂或墻壁，然祇可以禦風雨，關於防暑熱之點則爲最劣，因鐵片富於傳熱性也。

（三）天台面，天台面構造，通常分爲下列五種：

（1）木樓面鋪雙層磖磚，此法通常用木桁樑上釘杉樓板，或杉桷，上用灰沙漿或士敏士沙漿打底，鋪磖磚二砧，上面磖磚之罅，則用士敏士入口。

（2）鋼筋三合土塊面，此乃用鋼筋三合土造成塊面，通常厚度多爲十公分至一十五公分，有特別情形者，依設計而定，自爲例外。

(3)鋼筋三合土塊面上鋪磚磚，此法於三合土塊面之上以灰沙漿或士敏土沙漿打底，而上鋪硝磚，磚罅用士敏土入口。

(4)鋼筋三合土塊面上砌磚，磚上鋪硝磚，此法與第三法相同，不過於未鋪堦磚時，先用磚作底，乘高堦磚，使堦磚與塊面間留有空位也。

(5)用密樑式鋼筋三合土塊面利用通心磚作底，塊面上又鋪臘青氈，氈上再鋪堦磚，此法卽鋼筋三合土樓面，不過其間含有通心磚，上面加鋪臘青氈，再鋪堦磚與第三法同。

上述所用之堦磚，俱係用土質燒成丁方約三十七公分，厚約三・五至四公分，此種堦磚，其傳熱性最微，雖受烈日之蒸晒，然日光收滅，不久卽自然放凉，此宜注意者也，第一種為最經濟之建築，但因其用杉料之支架，其性質不能持久，而易於漏雨，至防熱則較單層瓦及鋼筋三合土塊面為良，因堦磚較瓦為厚，而其傳熱性亦較微也・第二種，祇可作為防雨之用，不能抵抗日光之熱力，因三合土富有傳熱性，一經日光之照射，卽含蓄熱度，如鐵爐之受火燃燒，而發高溫，故防暑熱以三合土塊面為最劣・第三種乃就第二種之建築物再鋪堦磚，係利用堦磚為防熱之具，對於防雨水與防熱已有相當之顧慮・第四第五兩種，同為利用空位以調節熱度，為天台面建築上防雨防熱之善法，而第四法則較第五法為經濟耳。

此外關於色澤或樹木者，如黑色則吸收溫熱多，白色者反之，又利用種樹木以吸收溫度者，則樹木宜植樓宇之外邊，樹身與樓宇之距離，應等於該樹長成時之高度，此乃因室內感受日光直射之熱度雖强，而日光照射於地時，由地反射之熱度更强也，若植樹之距離，等於該樹長成時之高度，則能利用樹影以陰蔽地面，可減去反射之熱度故也。

若上述各種方法尙未足以防禦暑熱者，則要利用機械而設冷氣工程，禦寒之法可用溫室法，溫室法分為二種，卽局部溫室法・及中央溫室法是也前者溫暖局部之謂，後者由一處分佈於各部之謂，二者，各有利害，局部溫暖雖為簡便，但以搬運煤炭，且有燃燒生產物，易使室內空氣污染，中央溫室法，只須一人之注意，能調節各室之溫度，室內空氣，無污染不潔之虞，惟設備費較昂，且發溫部一有破損，則全部受寒，然此究爲進步之溫室法。

局部溫室法

(一)火盆火爐，此法爲溫室中之最劣者，因有燃燒生產物污染空氣，且放散大而傳導少。

(二)牆爐裝置於牆之下部，烟通藏於壁內，其烟可散於室外，但放溫多，且不經濟，故用之者少。

(三)洋爐爲鐵製之圓柱體，分輸煤及通氣之處，又裝爲烟通，較火盆爲良，但以裝置佳良者爲宜。

(四)磚爐歐洲極冷處用之。

(五)炕亦爲溫暖裝置，我國北部多用之。

此外尚有煤油爐電爐煤氣爐等各有利害亦溫室之法也，

中央溫室法

(一)空氣溫室法，即在家屋最下層，造一發溫處，其內置爐或蒸氣裝置，可得許多溫熱之空氣，由傳導於上層房內，爐之面積愈大愈佳，溫度不宜太高，爐亦不可太熱，又常撒水於爐之表面，勿使空氣太乾。

(二)蒸氣溫室法，家屋下裝置氣鑊，設有鐵管及溫暖裝置，蒸氣發生時，由鐵管傳入，各室內具有溫暖裝置，以高壓又送於高處，但蒸氣凝集時有響聲，惟構造佳良者無此弊。

冬季換氣，其暖氣入口，宜在天板近旁，出口宜在地板近旁，蓋暖氣比重較輕，自上口入，則先集於室之上部，漸及下部，故較冷之穢氣，能向下口排出，夏季換氣，宜用較冷空氣，其入口宜在下部，出口在上部，蓋冷空氣比重較重，漸集下部，則穢氣自上口出也。

第四節　避煙灰之佈置

樓宇建築，例有厨房，以爲炊爨之所，常見許多房屋，一經炊爨，則烟灰蒸滿全屋，於衛生上固有防害，而於室內之衣物，亦蒙損害，此去煙灰之方法，所宜注意也，厨房因空氣與光線之關係，必須有一面開窗（或開通氣窗）向街臨通天，或空隙地，否則須開天窗，使不受煙灰之薰入，關於建築上之防避厨房煙灰之方法，列舉如下，

（一）厨房分離房屋而獨立，且厨房之窗口，不宜對正所用之房屋，以免烟灰由窗口吹出○

（二）厨房窗口所對之通天，專屬於厨房之用，所有樓房窗口概不利用厨房之通天，以防烟灰由窗口透入○

（三）厨房之窗口，宜向西方或北方，因厨房窗口常係打開，蓋年中吹西風之時間甚短，窗口向西，甚少風到，則烟灰不能藉風力吹動而透入室內，又吹北風之時，天氣寒凉，雖關閉窗門以避北風，司厨者亦致苦熱難堪，厨房窗口如係向東南者則窗口不宜過大且須安置玻璃柏葉窗及其他通氣窗○

（四）厨房應建運火灶或機器灶，使烟灰由烟通直上，此種烟通直徑通常十五公分左右為適宜○

（五）如係祇建風爐基而不建運火灶或機器灶之厨房此種於城市內租賃之房屋最多，則須設烟遮而烟通直徑須有三十公分且烟通之位置須設於風力之合力之處然後可令烟灰由烟通升上○

（六）每厨房一所須有一個烟通直接透出屋背並不可與別個烟通混合○

（七）煙通須垂直如有傾斜不宜超過四十五度且烟通愈高則排烟之量益增加○

第五節 雨水及污水之排洩

穢物及污水即種種不潔之物質，如大小便洗濯後之污水，及雨水等是也，此種穢物與污水之排洩，鄉村與城市不同，鄉村人口及房屋少，而空地多，排除雖不完全，為害較少，城市空地少，居民衆，樓宇密，穢物及污水多，倘排除不充份，則受害良多，關於穢物與污水之排除，應注意下列各點○

(1) 厠所，糞便排泄，必須便所，故家必設置一所，但每十五人，須增加受糞器一具，在舊式者爲坑厠式，與桶厠式，二種對於衞生，均不適宜，故通用多採水厠，其利便有三，(一)易清糞溺，因每水厠必附一水箱，大便旣畢，卽開水掣，則糞溺隨水流之力量而冲入化糞池。(二)臭氣極微，除大便時尙有多少臭氣外，糞溺一經冲入化糞池，卽無臭氣透出。(三)容易清潔，水厠之受糞器，俱爲洋瓷造成，故甚易洗刷之。

惟設水厠者必須注意化糞池之構造，與輸糞喉，透氣喉之裝置，如化糞池之構造不良，或容量過小，則糞入池內，而不能得分化作用，以致糞溺流入溝渠，臭氣薰蒸，於衞生上固爲防害，若輸糞喉裝置不善，則更令糞溺無從輸洩，閉塞不通，或糞喉漏水，則更糞溺橫流，全屋均成臭屋，透氣喉必須由化糞池直達至屋頂二公尺以上免臭氣由風而傳入室內，至於化糞池之式樣，各都市工務局多有標準之圖式。

(2)小便所，小便所，宜常用水冲洗之，或用機油混合劑塗敷其壁以防尿之附着，因塗佈料徐徐混入，可防尿之分解，又因油類浮油于尿之表面可防氣體之發生，通常樓宇，如有水厠者，則尿兜亦利便自來水冲洗之，所有便溺，流入化糞池。

(3)水槽及水筒，凡簷口應設水槽，以截瓦面或天台面之雨水，引入水筒，復由水筒傳入雨水渠而宣洩，否則雨水向下傾瀉時，墻壁盡濕矣。

(4)溝渠，排除污水雨水，皆用溝渠，有露於地面者謂之明渠，雖洗濯容易，然祇可宣洩雨水，不能以宣泄污水，蓋防臭氣之蒸散也，亦有種種不利，蓋明渠之水，稍有停滯，則病毒之接觸機會多，而蚊蟲之發生亦盛，故衞生上亦非用暗渠不可，有暗渠則污水雨水污物可隨水流去縱有污濁氣味不致有向外蒸散之虞，暗渠可分爲三種：

(一)污水渠專爲流通化糞池之污水至街外公共總渠之用者。

(二)雨水渠專爲流通樓宇之雨水或洗濯後之污水引至街外公共總渠。

(三)混合渠卽祇設溝渠一度不論雨水污水均藉其宣洩也。

(4)沙井，凡下水筒與溝渠接口處，或溝渠之轉角處，必須留設沙井，以爲清除穢物之用，否則溝渠閉塞時，難於清理也，沙井之面應與地面同高，其底係較低於渠底約半公尺，蓋爲停流渣滓之用也。

(5)渠冷，渠冷者，以鐵質造成之疏子形或疏圓孔形之薄塊，安裝在水筒之頂端，或渠口處，蓋雨水流入水筒或溝渠時，混合污穢渣滓雜物，苟無渠冷之疏鐵以阻止之，則水筒或溝渠甚易閉塞。

渠徑之大小，視排水之多寡而定，不宜過大或過小，因渠徑過大，則水流慢，慢則污水含蓄之渣滓，不能藉本身水力之冲洗，致有停積之虞，故常見舊日樓宇之大渠而內便滿積沙坭者，卽此故也。但過小則排洩不及，又有氾濫之弊，通常樓宇所用之渠徑爲圓形，其直徑分爲十五公分，二十三公分，及三十公分三種，大概供一宅人之用者以第一種爲宜，供二宅至四宅人之用者以第二種爲宜，供五宅人以上用者，宜用第三種。

茲並將廣州市建築規則關於渠道及水槽者錄出以供參考焉：

(甲)凡舖戶安設渠道祇准接駁馬路旁渠不得直接馬路總渠及留沙井如馬路未有旁渠者須用十五公分徑以上之渠筒通出行人路底然後用三十公分徑以上之渠筒沿渠邊石平行轉駁至留沙井。

(乙)凡內街渠道接駁馬路渠道者必須於該渠近街口處設一留沙井內務寬半公尺二方以上井蓋用堅固材料建造如建有街渠之街道屋在不得設置深井積水坑或廢渠等其舊日建有者亦應一律拆毀塡塞。

(丙)凡屋內渠道每一百公尺須低斜一公尺以上並於附近接駁街渠處須造一留沙井其建築造法井底須低渠底三十公分以上並于井沙出口處以鐵網攔閘渠道。

(丁)凡簷前滴水須接以水筒或水槽引水由地底透入街渠不准逕向人行路面或街面傾洩。

(戊)凡建造渠管應照下列之規定：

一·凡渠管宜用光滑順直無滲漏性之材料爲之

二·各管之連合處須用士敏漿或溶鉛封密

三·凡渠管橫穿墻壁應有磚拱石塊鐵枝等物在上防護擠壓

四·雨水渠或污水渠不得與牏羪牏汞等管接駁如建有化糞池者不在此限

五·凡瓦筒渠底如非堅實坭土須用十五公分厚三合土墊托兩旁用三合土包裹其厚度須與渠筒之半徑等

(己)凡渠管不得藏於墻內並不得徑向人行路面或街面經過

(庚)臨街墻壁外之水槽其形式有礙街道或建築觀瞻者得令其安設他處

(辛)凡騎建脉渠或公共之渠道須呈繳騎渠部份之詳細工程圖式並須將該渠位置繪入四至圖內○

第四章 美觀

第一節 樓宇之形式

樓宇之建築必須具有相當之美術性，然後足以啓發吾人之觀感，而樓宇之美觀與否，關係於其平面之形狀或立面的形狀，樓宇平面的形狀可分爲正方形，長方形，丁字形，十字形，L形，凹形，凸形，囘字形，等等，其所以取各種之形狀者，故爲供美術上之需求，然他方亦因光線及空氣之關係也○

第二節 宮殿式

中國宮殿式，爲最美觀之樓宇，其平面形狀，例取長方形，寬度約爲長度之半，其最寬之寬度，因屋頂及光線關係，不宜超過二十五公尺，故若遇樓宇需要之面積過大，(即需要長度過長者)爲免使發生過形狹長之印象自宜將之分作數部，連接一處，以中部爲主，兩旁爲翼，此宮殿式平面的形狀之要點也，又我國宮殿式建築類皆平矮過高即失其特點故普通不過一二層若過於高大，則爲不倫不類，此關於立面之要點也，宮殿式之外表爲四簷滴水之瓦面，爲梁柱式，爲飛簷鷄斗，其特點在能運用各種顏色以

裝飾梁柱簷口各部分，其工作之精巧，怡情悅目，有引人入勝之處○

第三節 立體式

立體式爲當今最盛行之形式，地盤之形式，固可任意規劃，而樓宇之立面，多採逐漸縮小，而作種種形式，隨設計者之意思而規劃之，其優點不獨美觀且可利用縮入之部份，而作洋台，多得休憩之所，而於樓宇之光線與空氣亦有重要之帮助也○

此外關於美觀之設計，尚有採用西洋之樑柱式，［如羅馬多力柱，希臘多力柱，埃力多力柱者，其心思之精微，結構之精巧，固足以垂永久而不忘也，總之，樓宇美觀之要點，必須不變其各種有名形式之特點，且各部之長濶高低合宜，樑柱門窗之大小相當，裝飾物必須雅緻，各部顏色相配，樓宇之全部與四週情形相調協○

第五章 經濟

第一節 材料上之經濟

樓宇建築，材料之價值，佔百分之七十五至八十以上，材料之選用，自非詳細研究不可，故關於材料之大小，當視材料之性質而定，性質堅實者，需用較小，反之，則需用多，設計時，需用材料之尺寸，以適合安全而止，毋須過大，過大則耗費材料，不經濟之甚也，其次，注意材料之產地，蓋某種材料，係由某地出產者，品質優良，又價錢經濟，苟細心觀察查詢，當可知之， 通用材料之優劣，以價錢之平貴爲分別之標準，蓋買貨者必審定其材料究應能值幾何也，惟遇有某種係不通行之材料，或某種材料存貨不多，而致價值昂貴者，則價值雖昂，未可視爲優良之材料，於設計時不宜採用之，至於應用上等材料或普通材料，則視當事者經濟力量之問題耳○

第二節 工作上之經濟

欲建築良好之樓宇，必須有優良之工作，故工作上之經濟，不可不注意焉，工金之多寡，以工作之難易判之，故設計樓宇時，如於大體無關之部位，不應爲繁瑣之工作，即令係重要部份，亦應斟酌於實用上之需求與節省工作並重，使工程工價不致因工作繁瑣而影響○

第三節 管理上之經濟

樓宇建築材料旣已選定矣，工人工作亦經分配矣，然仍未能達樓宇建築經濟之目的，蓋用料之時，是否依照設計之標準，又材料有無因管理不善而致變壞，及工人之勤惰等等非有經驗豐富善良管理之人決難達到設計時之目的，故管理上之經濟，爲材料及工作經濟之總匯，常因管理週到，以最低價值達到最優之成績，而工程費用，比預算時竟可節省價值達百分之十至十五，乃尋常之事也○

第四節 輸運上之經濟

通常材料之輸運費，約佔材料價值百分之十，材料之運費，於材料之經濟影響頗鉅，故選用材料，應盡量採用土產，必所用之材料，爲該地所無，或雖有而質地不良者，始可採用別處之產物，是亦爲節省運費之關係也，再則爲建築地點，是否水陸交通之利便，水運常較陸運爲廉，建築地點，至好在距離水埔約五十步脚以內，因此短距離，有多種材料，習慣上係由艇家包運上落，祇計艇工，無容另計挑工，其次則爲陸上有車路可達到之處，運費最昂者，乃旣無水路可通，車路又不能達到之地，通常運費之遞增如次，例如在出產地時之原價值爲一，由水路運輸直達建築地點者其價爲一·一至一·一二，水運後再用車送到建築地點者則其價值爲一·二至一·二五，若水運後繼以車送達再要用人工挑至建築地點者，則其價值增至一·二五至一·三五，可知同一物品，以出產地使用，與運輸不便之地點使用者，其價值竟增至百分之三十五，故輸運上之經濟，影響於樓宇建築之甚鉅設計時不能不注意也○

結 語

以上所述僅爲樓宇設計最普通之常識無論何種樓宇必須量其情形詳爲

設備然後始可稱爲完全然以之比吾國舊式樓宇則何如其甚焉者工料低劣傾塌堪虞無論矣卽或徒具外觀究其內容不適於實用或徒然高大陰濕非常或黑暗不明空氣不足求能具本篇所述各事項者曾有幾何而一經衆爨則烟灰滿屋者尤衆目皆是此無他市民之建築樓宇者其設計責任類多委諸坊工或木匠之手以彼其材舉彼其事雖盡心戮力已難望其設計完善何况主事者又每多先與之訂妥建築費若干然後始從事規劃耶故樓宇建築除郊外者外能依上述各章加之意者覺如鳳毛麟角而惟求地方之廣大不理光線與空氣之是否充足者則如汗牛充棟矣蓋市內建築衞生上之各要點如採光換氣避烟等等均惟通天是賴若開深大之通天則佔去地方甚多故也以故雖經政府之明定取締章則依照規定勘驗執行違則拆罰兼施然勘驗旣畢，每多自行從事於遮閉通天之工作豈其不知通天之效用耶抑明知而故意爲之耶推其故不外爲增多地方之使用而置衞生於不顧耳無怪疾病叢生外人誚吾人爲病夫矣以上五章所述都爲樓宇設計最淺近之常識理宜人人共知人人共行豈敢介紹於建築工程學者之前亦欲使凡我市民共知之而共行之耳。　（完）

廣東水患研究

（其一）

黃禧駢

沙田及基圍

研究廣東治河辦法，論者各有主張，如植林，開鑿新河，建蓄水庫，割直河道等，其適合實情，緩急相濟否，柯維廉先生於「廣東水患問題」中，經有具論。就本省財政能力言之，治河方針，須以興利除害同時並舉爲主；即以最經濟之方法，收相當之利益，防目前之潦患，發展未來之水利是也。

廣東各江，均係固定河床，潦水頻率較少，沿江田園，大都藉基圍障護，加以沿江地土肴腴，物産豐富，人民安居忘危，與水爭地，對於河道之整理，向不介意。積弊愈深，水患日亟，時至今日，潦水爲災，無年不有，甚至航道灌溉亦受影响。推其原因，首由淤沙之斷絕水性，次則基圍之危象叢生。以至農村破産，生機頻絕。方今復興農村，恢復國力當中，粵省之沙田與基圍，實爲治水者目前最大目標。惟二者積習已深，變更匪易，其整理辦法，至堪研究，僅就管見陳之。

(1) 沙田

河流發源於山谷間，水流湍急，挾沙帶石，迨泫平原，流速較緩，砂石沉積，固爲一般河流現象；粤省除韓江自成一系外，珠江承三江之水，以海爲尾閭，河口附近，海潮逆流而上，因密度大小不同，流向有異，水流速度驟然減少，沙泥沉淤，塡塞河槽，偶遇潦漲，遂宣洩不及。潦水遇阻，勢必壅積，比降增大，水不勝砂，必將中流氾濫，下流分歧；分則勢緩，緩則沙停，停則河飽，飽又分歧。卽幸而潦水因壅塞而壓力增加，沙隨水刷，仍取原方向下流，則三角洲日益擴大，沙洲漸向海中擴張，日積月累，增加無已。考之古籍，粤之版宇，在唐以前，短今幾半，西江自四會卽入海，今則四會以下，沃野千里，南順中番各屬，窄涌斷港，縈曲迴淤，沙洲林立。分歧愈甚，沉積愈多，不特爲潦患之原，抑亦大碍航運。而沿江居民，利沉積地之膏腴，竟浪築石壩，强圍成田，斷絕水性，沙田愈多，水流愈曲，河口愈狹，識者早有仿長江廢田還湖之議，主張刮去沙田，疏濬河道，此固屬確論，但事實未易實行者，其故有二：

(一)沙田之興，不自今始，其初係將自然沉積地施以墾植，嚴格言之，各江河口自潮汕以至東莞，寶安，番禺，中山，順德，新會，各屬，何一而無沙田，不特爲沿海人民生活之源，抑亦府庫收入之一，舉而廢之，何殊因噎廢食？且工程鉅大，事非容易○

(二)卽將一部份之砂田刮去，而浮坭淺水，不難又復沉積，生生不已，清理無期○

其消極辦法，惟有將主要出口水道，其曲折不齊者，築圍範水，其淤淺過甚者，加以疏濬，利用潮汐之漲落，束水攻沙，使河道正直，潦水易洩，其他錯雜支流，則用活動水閘調節，使平時用以灌溉，潦漲用以旁洩，是不特開闢新地，增加稅收，且束水歸槽，排潦與航運，兩受其益。至於限制沙田辦法，謹擬如下：

(A) 嚴禁沙棍堵截沙坭：

沿河附近居民，往往用椿排碎石等廣伸江中，積淤成田，視爲利藪。故有「一千両石一萬両田」之說；因此坐成鉅富者，大不乏人。利之所在，群起仿效，今日此處增一沙，明日彼處築一圍，與水爭地，一日千里，財政廳雖有沙田清丈之舉，但沙棍之祟未絕，沙田經界永不能確定·沙田日增，水患日甚，此種祗圖私利，妄顧大局，殊堪痛恨；應責成縣政府及警衞隊，嚴行監視·並准附近鄉民，隨時舉報，犯者以侵佔公物，危害公安論罪○

(B) 嚴限承領沙田執照：

政府頒發沙田執照，原准自然積淤，准許人民領照開耕，以免荒廢·不法之徒，瞞報請領，以多報少，往往淤沙未成，執照已領；更有倚執照爲護符，陸續開拓，即清丈時與原面積不符，則諉稱自然淤成，與彼無涉·充其量不過重新登記，換領執照而已·此由於政府限制太寬，從中復有土豪劣紳包庇，致若輩有恃無恐，自應將清丈經界，樹立界線，所有承領新沙，應派員視察，確無侵佔情弊，然後發給○

(C) 徵收沙捐整理河道：

沙田本屬侵佔河道，沙田愈多，河道愈壞，築圍用以保護沙田，徵收沙捐以修河築圍，事至公允，且可減少强佔者覬覦·（各縣現在徵收之沙捐，應移作修河經費）○

以上所舉，沙田積弊，雖不能完全免除；但限制堵截新沙，至少可保持河床，河床固定，然後疏濬，排潦，整理航道等，方易着手○

(2) 基 圍

粵省各地建築基圍，由來甚古·各幹河及支流，莫不有之·考之志乘，各地藉圍保護而收灌溉之利者，不可勝數，對於治河，亦有相當助力，蓋其功用(一)增加潦水流速，(二)潦水漲時水位增高，兩岸田土不致受損；(三)下游流量增加，(四)上游坡度減少，(五)束水歸槽，有攻淤能力，故賈誼謂「隄防雖不能禦異常之水，然其制不能廢者」此也○

然基圍建築以後，河面改狹，潦水之工作能力增大，因是而起之弊爲(一)河床不規則之形狀，較前益甚·(二)深潭被刷加深，(三)河床上之沙脊加高·故近世水工學者，多認定基圍雖可保護田地，對於河道本身，並無利益，徒增河床形狀之變化而已。

綜上觀之，基圍對於河道，利害各半，有適於彼不適於此者，未可一概而論，至其保障田園之能力如何，亦視修守之法而異。粵省各地，夾江基圍，不下數千里。其影响河床之變化若何，雖未見詳細測定，而資以防潦者，則屢屢失事。其原因及補救方法若何，治水者實應澈底研究者也。

各地建圍之初，不過一鄉一族保護一部份之田地，其間不乏由人民捐助或官憲責令建築者，各自爲政，因陋就簡，旣無工程常識，又乏遠大眼光，對於河道之影响更無論矣；加以平時不知愛護，徒具形式，偶遇潦漲，彼崩此潰，治水者疲於奔命，論者謂「北省水患，在於無堤，粵省水患，在於多堤」，非過論也。

然則基圍果爲患於粵耶？是又未必，堤防之制，各國多有採用。對於築圍方法，著有專書。我國先哲於築堤護堤亦不鮮詳確經驗。吾人對於粵省基圍，固不能拆除改建，惟有考究其致患之由，參照前人方法，注意建築養護修守事宜，逐段改籍，期臻於善而已。畧述如下：

(A) 位 置

基圍之位置，雖欲保護田園，但應以不碍河流，能納潦水，不强水性爲主。觀各處基圍，除沿江建築者外，縱橫錯雜，圖個人利便。以致水起渦旋，基圍易壞；或强枉水性，流沙淤積；或迎溜坐灣，受水冲刷；皆足損壞堤身，影响河道，是宜拆除改建，或加以掩護。

(B) 建 築

築圍之先，應周密勘查基礎情形，所有樹根草皮以及一切植物之枝葉，應剷除淨盡，使地面完全潔淨；然後用鍬挖鬆上層之坭，至適當深度，再加新土，混合搗實，使新舊土連成一片，如土面過劣，必須剷除拋棄，然後再加新土。必要時，須沿圍中線挖一溝曹，然後層層堆築，務使基礎與圍身密合。吾粵基圍，類多沿河灘堆築，基礎鬆浮，易於陷落，應於基圍中心，多用排樁，使基礎穩固。至韓江沿岸，河堤下層常被水滲透，須多挖數槽，幷將槽之面積減少，然後堆築，以減少下層土質之影响。

(C) 取 土

土質之良否，影响於基圍甚大，劉天和曰〔凡創築堤必擇堅實好土，毋用浮雜沙坭，必乾燥適宜。燥則每層須用水灑潤，必於數十步外平取尺許，毋深取成坑，致碍耕種，毋近堤成溝，致水浸沒……〕舊圍增厚，則加土宜在外坡之上，使新舊土藉水壓黏合。粵省基圍，多屬膠土，惟每多龜裂，且每當搶險加高時，恆就堤脚取土塡上，雖云濟急，實不足法。

(D) 斜 坡

斜坡之大小，視水壓，土質，及基圍高度而異，務使能抵禦外來壓力，經久之浸潤綫，常在圍身內爲主。各地之基圍，每憑固有習慣，斜坡極不一致，治河會雖有〔外坡一比三，內坡一比二〕之規定，但依此修築者尙少，應嚴加督率，毋使因一段而影響全部。

(E) 養 護

吾國治河書，關於修守提防，堵塞漏決，保護堤身諸法，備極詳盡，其主旨亦與西法相類，足資治河者之參考。所謂歲收宜早，搶修宜速，有修斯守，有守始修，守因修生，修從守出，不可偏重，不可偏廢，重修而疏於守者，工程雖極整齊，而一經汎水。當衝，潰決隨在堪虞，重守而忽於修者，防禦雖甚嚴密，而日久河淤堤矮，無處不患其漫溢，故廢守廢修則水利難收，水害頻薦。……其防守則有官守，民守，官民分守，官督民守之組織，每歲按期巡視，洩瀉異漲，則有減水壩之設備，掩護堤面，則有種草植柳之法，至秋季簽堤，搜捕獾鼠等，無不力求周全，蓋倚隄爲命，不得不如是也。

返視粵省各地基圍，在旱季時，幾同虛設，牛馬踐踏，人民侵佔，種植果木，搭蓋建屋，其尤荒謬者則開穴埋骨，缺堤取水；在南番順各屬，則於堤頂及斜坡種植菓木蔬菜爲最普遍，一若墾殖廢地，增加生產者，而地方官吏，不聞不理；不知根深入土，虫蟻隨生，根腐土虛，遂成巖穴，每過大風，枝幹搖動，泥土鬆裂，且枝葉蔭蔽，對於巡察塡泥工作等，尤爲障碍，亟宜悉數淸除。至堤坡附近，每多蟚蜞蛇鼠之穴，居民挖取，不復塡塞，又或堤界斬戶，任意侵佔，凡斯種種，以致基圍日見鬆壞，每値潦水暴漲，鳴鑼搶險，雖加高堤身，惟平日百補千瘡，修理已遲，其狡者則偷鑿鄰圍，藉減水勢，以鄰爲壑，械鬥由是而起，所謂多圍多患，卽此故也。

今後養護之道，首在保護基面。凡在圍坡界線內，一律作爲官地，嚴禁人民侵佔及種植等情。圍面及斜坡，改種草皮，使庇雨淋而殺風浪。加高堤身，以防暴漲，迎溜坐灣之處，應加鋪石砌，或設減水壩，以殺水勢。塡塞蛇洞，水穴，浪窩，水溝，以免滲漏，時常派員巡視，倘有不合，則責令該鄉尅日修繕，並隨時細查河道改變情形，某處漲有沙嘴，某處岸受侵蝕，考其爲害之輕重緩急，因地制宜，或疏或築，務使河流通暢，基圍無恙然後可。

粵省各江，於民國廿二年曾由治河會函請省府催促各鄉成立[圍董會]。以就地居民，田園廬墓所繫，關係較切；且附近情形，認識較深，官民合作，法本甚善。辦理以來，其顧全桑梓，努力奉公者固多，而因公濟私，敷衍擾民者亦不少。其原因(一)圍董爲土豪劣紳包辦，若輩未必有工程常識，(二)各圍以歷史地理關係，不免各自爲政，(三)兩縣或兩區間基圍易生糾紛，(四)搶險修築，抽捐徵丁，易生流弊。故辦理以來，功效未著，將來各縣水利局成立時，關於修守事宜，應直接由該局辦理。否則由該縣建設科辦理，以成績之高下，爲考成之標準，務使指揮容易，舉省一致，方易奏效也。

廣東三大江水患之研究

王衍猶

江河之於地面，善處之則利，不善處之則害；如任其隨天然之地勢，不斷下流，則其利甚微，而害反加焉。故欲得水之利，必善治之，欲防水之害，亦必善治之。我國大水，如黃河長江珠江等，莫不利小害多，是則中國日趨於貧弱之途，非無因也。際此我國趨於統一，亟應早作圖治，轉害爲利，國家前途，亦有賴焉○

廣東位于中國南部，地勢低窪，半面臨海，其西北部諸省，地勢均爲高山峻嶺，故珠江來源多自湘贛桂諸省，而滙合於廣州以出海者也。廣東河流，其大者有東江，西江，北江等。茲分述其狀況如下：

東江：東江發源于本省東北之山嶺，向西南下流，至石龍附近與珠江滙合，爲粤中第三大江，全長約四百五十公里；支流有新豐江秋香江西江及增江等，此四江旱季流水甚少，惟在潦期，水漲甚速。但河床極淺，尚幸均低于兩岸，平均濶度約六百公尺。河堤爲冲積之幼沙與黏土相叠而成，無抵抗潦水之能力。雨量每年平均爲一八九一公厘。其流量於高水度時爲每秒六千零七十立方公尺○

西江：西江發源于雲南省之東北部，初向東南流，橫穿桂省以入粵，至三水之南， 乃分數道入海，爲粵中第一大江， 全長約一千七百八十餘里，重要支流有十，曰右江，容江，南江，新興江，清江，北盤江，巴盤江，柳江，桂江，綏江等。西江河床，上游有數處收束地點，水流經過時，必需漲高，始能放過，羚羊峽以下，西江河床在諸山之間，為淤積所成，河床之變更甚少，但沉澱甚多，河底日見增高，於航行甚不便也・西江雨量每年平均約為一五五〇公厘・其流量各地不同，以民國四年為大，在梧州為每秒五九〇〇〇立方公尺，在七賢進為每秒五七〇〇〇立方公尺，貝水為五四・〇〇〇，三水為一一・五〇〇，馬口為每秒四四〇〇〇立方公尺。

北江：北江發源于粵北梅嶺南麓，初向西南流，至三水乃轉向東南，分數水道以入海，全長約五百公里，為粵省第二大江，其支流有武水滃江，連江，滃江，綏江等，大都河道短小，水流湍急，有可供設水力發電廠者，但旱季枯涸，雨季則盛漲・北江河床濶處，沙坦甚多，在飛來峽上，水深約一公尺，其沉澱之大，較西江尤甚；飛來峽以下，地屬平原，河床漸廣，流速亦減，坭沙淤積而成倫洲，峽口至倫洲一帶，低水時深約一・八公尺，至鄧塘洲，低水度時，河面寬僅五百公尺，深二・四公尺，高水度時寬達二千公尺，深十一公尺，至蘆包附近，最低部份於低水時約二公尺，思賢滘上下游，積淤日甚，成一老鴉洲；西南一帶淤積迅速，沙坦極多，河面濶狹不一，流速參差；在柴洞附近，河狹水淺・順德水道雖為北江幹流，然亦甚淺・北江雨量，每年平均為一六五九公厘・其流量以民國四年為最大每秒一五・五〇〇立方公尺；滃江測站觀測，得每秒七百立方公尺；其餘青欖海為一〇〇〇立方公尺，蘆包為二一〇〇公尺，西南為每秒一一五〇〇公尺。

此三大江中，東江自成一系，西江與北江在三水之附近，互相貫通，而一江水度之變更，常影响于他江，每當潦季，水多從西江流入北江，旱季則水從北江流入西江。

粵省水患，雖無準確之洪水率，而普通洪水，數年始一見，非常洪水，數十年始一見；究其為患原因，乃因各江河床淺窄，而舊有基圍，多屬崩壞，或間斷不續，每當夏秋兩季，水勢潦漲，流量一旦增加，沿江既乏森林之阻遏，又無沼湖之瀦注，勢必溢隄氾濫以成災患，民國以來，其為患最大者，為民國四年，損失約三千餘萬，其餘每年之損失較小者則不勝枚舉，溯以前治理之法，均為局部救濟，或由鄉民作簡陋之抵禦，或由政府作消極之賑濟，既缺乏治河學識，又無統一規劃，是以廣東水患，厥無治理之日，迨民國四年，人民與政府鑒水患之亟，始有廣東治河處之創設，於是廣東水政，才得稍具眉目也。

關於各江狀況及過去災患，已略如上述，至其治理方法，經多方研究，玆再分述之：

(一)開闢新河：開闢新河以宣洩潦水，為治河專家所採用之方法，然以廣東地勢，欲用此法防範水患，實有不能，因通海之地，多為高山阻隔，經一般工程學家視察，開鑿殊非易事。

(二)造林：林木之落葉，腐敗後所成之泥質，具有偉大之吸水能力，是水利專家所承認者也，故造林防潦，亦為治河方法之一；然以廣東言之，亦有所不能，因植木須數十年才能長成落葉，又須經一長時間而後成泥，如是，則在未得林木之功效以前，數十年之水患，當不易治也，故此法亦不能行，惟造林有益國民經濟，以此目的沿各江廣植林木，或將來對于潦患亦有多少裨益，不可不舉辦也。

(三)建築蓄水池：用蓄水池以調節潦水，亦為防潦方法之一，此法已為一般人所贊同，然以水利家視之，亦非最良善之方法也，蓋蓄水池對于防潦之功用，為當潦漲時蓄去一部分之水，使下游水量減少，不致氾濫，但池必具有相當之容量，對於經濟問題，極有關係且蓄水池之建築，尤須擇適宜之地勢而後可。今以廣東省論之，各江上游，多無適宜之地勢，苟欲實行蓄水防潦之法，必須佔用多量農田，損失甚大，且時間日久，池亦易於淤積，容量減少，漸失其效用，于事何濟？

(四)割直河身：將河身之彎曲處割直 ，以增加河流之流量及速率，免致泛濫，為一般人以為防潦之方法，但學理上，則因河身改直而變短，水流自必加速，于割直處雖無滯積而成潦，然下游河床既無增大，而水量又有增不已，因而一時排洩不及，潦災即成，廣東治河，此法甚少應用。

(五)濬深河底：濬深河床，人人均以爲減少潦水高度之唯一方法，此說也，于理論上當不爲訛，然治河則未必完全可靠，因已濬深之河，如不能常時保其通暢，不久又淤積如故，豈不前功盡棄，滯淤之河，採用此法，更見其事倍而功半。此法不能局部行之，必須全河濬深方能見效，因是需費之多常爲他法冠。故用少數需費濬深河底，以減少潦水高度，已爲經驗所不承認，廣東治河，故亦鮮用此法。

綜上以觀，五法均不可行，而廣東水患，欲就財力所及以圖改善，使不致成災者。祇有於各大江及不能用水閘堵塞之各支流，建築堅固之基圍，使潦水爲基圍所範，免以泛濫，此其唯一之方法也。故各江基圍之間斷者，應連續之，其未築者，立即興工建築之，其舊有者，應修補保護之。至于各支流及涌滘等，應堵塞者則堵塞之，或用活動，水閘以資調節，使最高水度，亦在距基頂三尺以下，此則各江流水集中於三數水道後，其流速自然增加；河床亦無淤積之虞，如是廣東水患，得以治矣。此項工程所需款項，約計如下：

西江工程費約港銀　一九五〇〇〇〇〇元

北江工程費約港銀　一〇九〇〇〇〇〇元

東江工程費約港銀　四六〇〇〇〇〇元

合共港銀　三五〇〇〇〇〇〇元

防潦計劃雖已規定，而經費亦爲一重要問題，不可不加以討論，茲擬籌款方法數端，分述於次：

(一)仰給於廣東政府：粵庫窮困，人所盡知，故欲望其供給如許之經費，恐不可能，然防潦關係人民生命財產，亦爲建設之急務，吾人亦望其于可能範圍內，酌撥補助。

(二)抽收各江附近田畝捐：「受益者負担」，爲天地至理；如各江依上述方法治理後，其附近農田，都得照常耕作，此則應負担防潦費用，自不待言；按全工程所需，以就近農作地平均負担之，則十五年中，每畝不過四元六毫，每年每畝不過三毫而已 ，然其收穫每畝已爲二十五員至三十員；且以每次水災之損失，均在數百萬至二三千萬以上，人民生命財産盡沒其中，而些微負担，以收永久之利益，人民無不樂爲也·但實行此項辦法，必須政府派員清丈登記，分等級征收，積極進行，始能見效○

(三)請借庚欵：按英庚子賠欵，原定一部分撥借興辦水利事業者，廣東水利每年可借十萬元，已爲定案，當此災情慘酷之際，亟應繼續向庚欵董事會請求撥借，俾吾粵人民得救于狂濤巨浪中○

(四)請撥沙田捐：請政府將沙田捐撥充，亦爲籌欵辦法之一，此法驟然觀之，仍似仰給於粵庫，細察之 ，實不盡然，因基圍修築後，新地開闢日增，此等新地將來歸諸政府，政府亦不損失也·如此法不能行，則借諸沙田業主，亦無不可·查粵省水患，大半由於沙田，苟不早作防治，將有廢田還江之日，而現今所不實行者，因以尤有修圍解決之希望，此則沙田借欵，實則用於沙田，不爲不當○且沙田業主，多屬殷富，籌欵不難，此舉甚有可能；而所借之欵，必分期償還，業主並不損失，此誠惟一良法也○

無論如何，若能採任一法籌得基金六百萬元，依下表支配，則災患之治，當有望焉○

年期	每年基金進欵	每年借貸支數	每年收還數	每年存貸數	說明
一	二〇〇萬	二〇〇萬			
二	一六〇萬	二〇〇萬	四〇萬	三六〇萬	
三	一二〇萬	二〇〇萬	八〇萬	四八〇萬	
四	八〇萬	二〇〇萬	一二〇萬	五四〇萬	
五	四〇萬	二〇〇萬	一六〇萬	六〇〇萬	以後每年存貸均六百萬元收支相抵
六		二〇〇萬	二〇〇萬		

照上表于六年中籌進基金六百萬元，依照貸出及收還，便可每年施工二百萬元，則十五年可施工三千萬元，已去全工程七分之六，所差者已爲徽小之問題矣。

總而言之，一國之經濟狀況，有關于水利者甚多，世界各國，除重視地下之金錢等富源外，其採取不盡之水利，尤爲可貴，我國之水，旣不能生利，反而爲害，能不令國勢日趨于貧弱者，其可得耶？廣東區區中國之一隅，其水患固無黃河長江之甚，而每年之損失，亦不少矣。深望政府與人民，通力合作，以一次之困難，而謀千百年之幸福，不亦善乎。

治　河　概　說

韓　汝　標

目　　錄

第一章
河　道　之　生　成

在未談治河之先，當知河道之生成，水之循環，實爲其構成之要素，海洋之水，爲熱力所蒸，遂成雲氣，上升天空，遇冷而凝，乃化雨雪，降於地上，分為兩途，其一流行地面，注入江河，而以海洋為最終點，其一則滲入土壤，伏流地下，復穿地面而出，成為泉水，終亦流入於海洋。

雨與河道流量最有關係，雨降地面，一部為土壤吸收，一部漫流地面，兩者份量之比，隨土壤之滲透性，地面草木之多寡，地面之傾斜度，及降雨之疏密·久暫等而異，其降雨量超過土壤吸水之速，於是餘水不下滲而成為地面流水，再而流入河道，增加其流量·又當天氣極乾旱時，河水之取給，以泉為主，故地下水與河道流量亦有關係。

雪與河道流量亦有關係，當天氣嚴寒，地面結冰，成不透水層，忽遇和暖天氣，雪層先行融解，下瀉之勢極急，足令河水大漲。

流域與河道有關，如流域之支流數量多，而支流又短而傾斜者，幹河之漲落亦速，支流長而平坦者，幹河之漲落和緩。

第二章
河之水流

河道彎曲，則整齊之水流為其擾亂，中流之縱向傾斜度依舊不變，但水之慣性，阻其變化之方向，於是在水道彎曲處凹側之水面提高，而在凸側之水面降低，卽有橫向傾斜度，使水面之橫剖面，成一曲線，其兩側高低懸殊。

水流成螺旋形，亦生高低不同之水面，湖中往往受風吹之故，各處水面相差，而水流之路徑成螺旋形，水流在河道之彎曲處發生離心力，亦生螺旋形。

計算水流之公式普通用濟社氏公式(Chezy)，緬寧氏公式，(Manning)，芬寧氏公式(Fanning)，及卡忒氏公式(Kutter)，此皆屬實驗公式性質，其缺點自不能免，如使用公式時，實地情形與實驗情形時不同，則使用公式須十分留意。

第三章
河道之流量

河道中水面高度，與流量之關係，可用曲線表示之，其方程式如下

$$Q = c d^{\frac{2m+1}{2}} \sqrt{S}$$

式中Q爲流量，c爲一常數，S爲水面傾斜度，d爲水之最深度，而m爲隨水道形狀而變化之一指數，如水道之兩岸成直立，則m爲一，如成向內凹進之弧形，則m爲一與二之間，如兩岸傾斜角成三角形，則m爲二，如兩岸成向外凸起之弧形，則m爲大於二。

水面傾斜度，不隨漲落而異，則上式可化爲

$$Q = c, d^{\frac{2m+1}{2}}$$

此式 d 之指數隨水道形狀而異，此線常用以表示河中水面高度與流量之關係。

上列兩式每因河道傾斜度之變化，河道橫剖面之變化，支流之影响，河身蓄水之作用，遂使上列兩式不甚準確。

第四章
洪水之預測法

濒河之地，每遇洪水，則居民有生命，財產之損失，故預測洪水，實爲治河之最先決問題，預測洪水來時，水面之高度，其法甚多，但極難得準確。

憑雨量預測洪水法：

量定流域各處雨量，由此計算河水流量，因雨量旣隨地而異，則先設若干雨量站，始能得流域中雨量分佈之詳情，由雨量係數推算入河水流量，最宜將一年中諸月之雨量，分別乘以係數，以求入河水量，但因各地土壤透水之情形不同，故推算困難。

憑流量預測洪水法：

測定幹河中某站之流量，及諸支流中衆測站之流量，從此計算在下游之流量，其事係先在各流域測站測定多次流量，分別繪製平均流量曲線，再從各平均流量曲線上計算在下游處之幹河及支河之總計流量，而取其達

最高限時之數值，復從幹河之流量曲線以定洪水面高度，但因支河及幹河有蓄水作用，故計算結果，每多錯誤○

憑水位預測洪水法：

此法較爲有把握，其法係以幹河水面高度與支流水面高度之關係爲根據，先假設幹河未有支流，而決定其中洪水波下行之情形，次將支流所生之影響，並入計之，卽得所求之洪水面高度，假定幹河未有支流，則在上下兩測站處・水面高度之關係，可以劃圖法或 $h_2=ah_1+b$ 之公式表示之，式中 h_2 爲洪水高度，h_1，爲在某限度之水面高度，而a與b俱爲常數○

第五章

河槽之整理

河道日久淤塞，不利航行，或兩岸崩陷，發生障礙，河道彎曲處，易生暗沙洲，水流因以擾亂，河牀深淺不一，故整理河槽，爲治河不可緩之工作○

築平行縱堤法：

有暗沙洲礙流之處，在河之側造縱隄一度，於對岸又造縱隄一道以約束水流，兩岸相距，可依水力學公式得之，如此則在其處河底原有之傾斜度上，當低水位流量時，可有所需之深度，而航行乃不致阻礙○

河道改直法：

改直河道，則其原有長度減小，而增加其傾斜度，但因水道剖面減小河水之流速加大，水面傾斜度增進，足使護岸塌陷，或坍入河中，諸多障礙，此足証明河道取直，雖有利于航行，但得不償失，故現代多主張聽其遵行天然左右彎曲之徑路，祇在暗沙洲處及不便航駛處稍改直之○

護岸：

護岸得宜，則沙泥不易侵入水道，河槽得以保持原有深度，而護岸之法頗多，特述其重要者如下○

雜石護岸：

河道在彎曲處；如不造縱隄，則取雜石傾置於岸側，容其自行抛卸，以成傾斜度○

石籠護岸：

用盛卵石之柴籠以代雜石之一部，此法可以省費○

柴束護岸：

用柴束沿河沉下○

沉褥護岸：

用樹枝束成柴排沉褥，沉於水下，以保護岸脚，而在水面以上，則或由雜石，或石塊鋪砌或三合土以保護之○

第六章

壩

壩之功用：

全河之中，若有一段之傾斜度減小，則其中暗沙洲上之水加深，故如在河中築壩若干度，分全河爲若干段，則上下兩壩之間，成爲深潭，河中在低水位時之傾斜度減小至於極微，而水面高度之差異乃集於壩處，凡河道在低水位時流量不大而所挾泥沙之量無多者，用此法治之，以利通航，尤屬相宜○

壩之類別：

壩之大別有二，曰固定壩，曰活動壩，近年造壩罕有採單一式，恒兩種俱用，活動壩之形式有坡勒桿式壩（ Poirree needle dam）用者最多，部革力屏壩(Boule gate dam)，斯否尼屏壩 (Stoney gate dam)及橋壩等，用者亦多○

壩之材料：

從前活動部分，多用木料，現則改用金屬材料，而固定壩則用三和土建築，重力式壩則用鋼骨三和土築之。

壩之基礎：

最宜在質地均齊而不滲水之石層，在於卵石或沙坭上者，則破壞極易

造壩應有之注意：

造壩者應注意防止壩下滲水之險，應於壩下擊入板樁，造成不透水之牆，防止壩上漫水，而損壞壩脚之險，當在壩下造護床，承受落水之衝擊力，護床可用碎石造成，如壩之地位，當在河身正直而河面不寬之處，船舶過壩之設備，應有過船坡（incline）起船機（Lift）及船閘(Lock)。

第七章
浚渫法與開鑿法

縮窄河槽，增加流速，每能冲刷河牀淤積，但暗沙洲有時異常堅固，或暗沙洲上留有大石塊，或卵石，或黏土積成，則須用浚渫法或炸解法除之，又淤積于壩下坭沙，須用浚渫法除去之，浚渫所成河槽之寬度及深度，常隨通行船舶之形式而決定。

浚渫所用之機械有多種：

1·　鏟杓式浚渫機（Dipper Dredge）施於普通浚渫最適宜，乃安置於船上者。

2·　夾杓式浚渫機（Clom Shell Dredge）在較深之河槽，如泥沙質軟且不隨水漂散者爲宜。

3·　鏟梯式浚渫機(Elevator Dredge)以浚渫較深之河槽爲宜。

開鑿法乃適用於水底過於巖石者，則用開鑿法，器械可用碎石機及炸解。

第八章
蓄水池，防水堤及河口之改良

造蓄水池以節制河道流量，亦爲改良水位河槽以利通航之一法，在世

界各處爲發展水利如水電，灌溉等，每多造蓄水池，而蓄水池亦爲防止洪水之一法。

沿河造隄以限制洪水，藉以改良低水位河槽，亦爲治河之一法。

我國治河，每多忽畧河口，實爲一大缺點，河道如分數口入海，則失其水力，易成三角洲，則當閉塞其餘各口，有暗沙洲者，則用浚渫法剷去之，河口水位低微，可築平行防沙隄，以縮窄水道，加增水力，以冲刷淤積，便利通航。

譯　述

動率分配法(METHOD OF MOMENT DISTRIBUTION)

黃　恒　道

堅固構架之應力皆非通常力學中之$\Sigma M=O$，$\Sigma F_X=O$，及$\Sigma Fy=O$等三公式所能解答。故其應力之準確計算非常困難。甚至一簡單之門框，(如圖一)，亦有六個反應力之不知數。此種構架其應力之分析有用最少工作(Least—Work)或彎墜斜坡(Slope Deflection)等法，但用此二繁瑣法所求得之值。不一定是需要，尤其是在鋼筋混凝土之結構內。此種準確卽無甚大之意義，意利諾(Illino's)大學教授 Hardy Cross 氏始公佈其動率分配法。應用此法計算，甚爲簡捷，而得其近似之值。若欲得較確之數亦只須稍用多些工作而已。

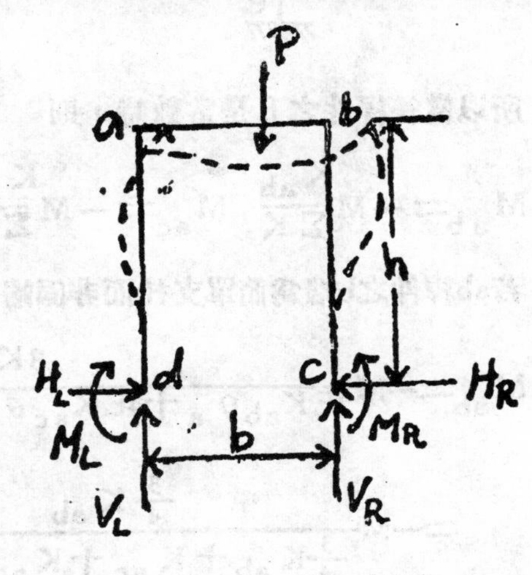

圖一

應用動率分配法須知下列動率之關係：

(1) 各樑荷重時所生之固端動率，此固端動率可用彎墮斜坡法求得○(2) 在數桿件端部連接而成之節上，因受外來動率，各端所生之抵抗動率○(3) 在樑之固端所生之動率，此動率乃由別一非固端所生之動率而生者○　(2)(3)兩關係用彎墮斜坡法亦甚易求得之○

在一節上動作之動率，其抵抗動率 (Resisting Moment) 之分配于在此節中相遇之各桿件由圖二解明・在圖二，一動率M施于 a 節，在此節相遇之各桿件其一端是固定者，則由„彎墮斜坡公式可得

$M_{ab}=4EK_{ab}\theta_a$, $M_{ac}=4EK_{ac}\theta_a$, $M_{ad}=4EK_{ad}\theta_a$, $M_{ae}=4EK_{ae}\theta_a$. 各桿件之端在 a 節同一轉動・且 $M_{ab}+M_{ac}+M_{ad}+M_{ae}+M=0$

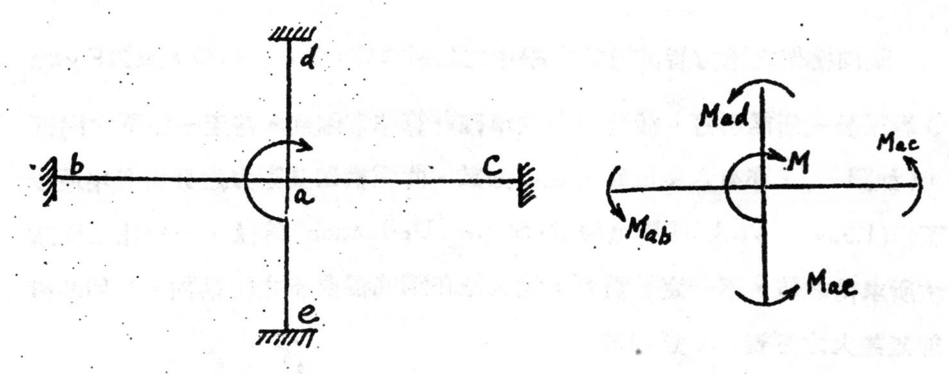

所以當各桿件之E是常數時，則

$$M_{ab}=-M\frac{K_{ab}}{\Sigma K},\ M_{ac}=-M\frac{K_{ac}}{\Sigma K},\ \cdots\ etc$$

若ab桿件之b端爲簡單支托而非固端者則

$$M_{ab}=-M\frac{3K_{ab}\theta_a}{3EK_{ab}\theta_a+4EK_{ac}\theta_a+4EK_{ad}\theta_a+4EK_{ae}\theta_a}$$

$$=-M\frac{\frac{3}{4}K_{ab}}{\frac{3}{4}K_{ab}+K_{ac}+K_{ad}+K_{ae}}$$

此公式以文字表之是：若 E 是常數，則不論各桿件之遠端全是固

端或全非固端，而各桿件過于一節上之端所生之勳率，乃抵抗施于此節之勳率者，是與各該桿件之K $\left(I/L\right)$ 值成比例・若各桿件之遠端有固端及自由支托而非固端，則自由支托一端桿件之眞實K值可代以其眞實K值之$\frac{3}{4}$。

由彎墜斜坡公式亦可計得 ab 樑之固端 b 之抵抗勳率 M_{ba}，所抵抗之勳率乃由一勳率施于另一端，非固端，所生者；

$$M_{ab}=4EK\theta_a \quad M_{ba}=2EK\theta_a$$

此兩勳率在樑之兩端上向同一方向(順鐘向或反鐘向)轉動；在樑內彎率符號之普通習慣，彼乃相反之符號・故

$$M_{ba}=-\frac{1}{2}M_{ab}$$

此勳率M_{ba}可說是由 a 傳過 (Carried Over) 至b・若爲不同剖面之樑則此分數$\frac{1}{2}$，(傳過分數)亦將爲另一值。

細閱圖三中連續樑之「彎墜斜坡」分析之結果卽可明瞭勳率分配之方法・在圖三中爲一兩支距固端之連續樑，ab支距之$k=\frac{I}{L}$爲K_1, bc支距之k爲K_2,中節之勳率式爲$M_{ba}=4EK_1\theta_b$及$M_{bc}=4EK_2\theta_b-M'$,此M'是b節固定不能轉動時所生之彎曲勳率；$M_{cb}=2EK_2\theta_b+M''$此M''爲在C之固端勳率・由$M_{ba}+M_{bc}=0$，可得$\theta_b=M'/4E(K_1+K_2)=M'/4E\Sigma K$.代此值於各端之勳率式中則得

$$M_{ba}=M'\frac{K_1}{\Sigma K},\ M_{bc}=M'\frac{K_2}{\Sigma K}-M',\ M_{cb}=\frac{M'}{2}\ \frac{K_2}{\Sigma K}+M''.$$

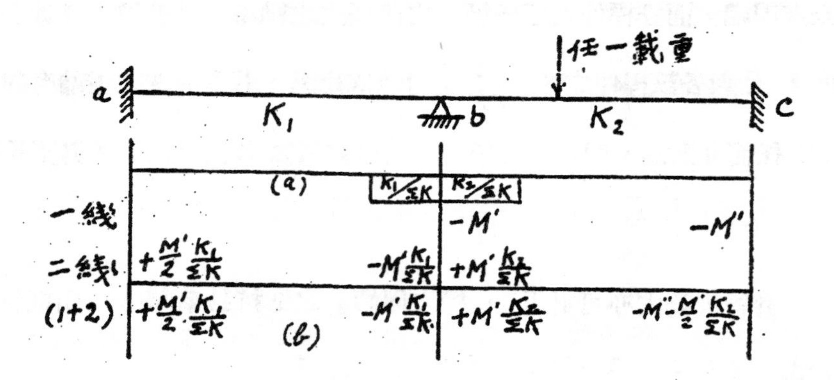

此結果已依其特別次序而排列如圖三(b)；固端動率，所用符號(一)如在樑內彎曲動率之符號，在一綫上；包括θ_b之各項則在二綫上，其符號(一)如習慣所用〔卽令桿件上面受拉力之動率符號爲(一)受壓力爲(十)〕；其答數則爲一二兩綫上各項之代數和。于二綫上一査卽可知寫在 b 節之兩數值爲在此節施一順鐘向之動率 M'所生之抵抗動率；寫在 a 節之值爲 b 節左方產生之動率 $-M'\frac{k}{\Sigma k_1}$ 動作于b 端而在固端 a 所生之動率；同樣，在c節之值爲方在b'節右方產生之動率，$+M\frac{k\ 1}{\Sigma k_1}$ 動作於 b 端而在固端 c 所生之動率。

旣知上述之動率關係則可不用彎曲斜坡公式之助而可直接寫出此題(圖三)之解答。其方法如下：

(1) 假設 b 節是固定不能轉動則此支距之 b 端一如 c 端皆爲固端，寫下此二固端之動率，M.'及M"，于一綫(圖三)。

(2) 因 b 節實是可以自由轉動者；故開放之，其意義爲用一與固定 b 節之動率相等而相反之動率，此固定 b 節之動率是與令 b 節轉動之動率大小相等而方向相反。此開放後之動率于是必須與固端動率之大小相等方向相同。寫下由順鐘向動率M'動作在 b 端所生之抵抗動率，根據動率分配之法則此抵抗動率與在此節相遇之桿件之 k 值成正比例。

(3) 寫下由開放動率施于b節而生之動率之動作而生于在b節相遇各桿件之固端動率・此動率乃為令此動率發生之動率之一半而其符號則相反○

(4) 其最終之結果乃等于所登錄各動率(固端，分配，及傳過等動率)之代數和○

上述方法乃應用于圖三題之動率分配法・應用于更繁雜之結構而無左右斜擺者，其大致相同・亦是先假設各節皆固定，後則每一次只開放一節○

應用此法時之特別術語為不等稱動率(unbalanced moments)，分配不等稱動率(distributing the unbaalanced moment)，及傳過(carrying over)・第一次寫下之固端動率名為不等稱動率因彼等乃不等稱者也・開放一節，包含尋求應用不等稱動率于該節而生之抵抗動率之分配動率，故此法即為分配不等稱動率・遠端動率之決定乃為在近端之分配動率所傳過，故曰傳過此分配動率○

此方法，應用于普通而節無斜擺之結構，之詳細如下：

(1) 假設各節皆固定及各桿件，皆為固端，而寫下各不等稱動率於各荷重桿件之端上○

(2) 分配此不等稱動率(固端動率之代數和)於各節，假設在分配中之節，只一節，是暫時開放○

若傳過動率為零，且每節均等則為構成一完全之解答，此兩步驟即可作為一完全之方法・其結果則視傳過動率之大小而為一近似值○

(3) 寫下各傳過動率・假設每有傳過動率寫下之節皆為固定・結果重新構成一組不等稱之動率○

(4) 分配方傳過之動率・此兩步驟重新構成一完全之動率決定，而其差誤程度，只視此新傳過動率之大小而定・每完成一分配動率之步驟各節動率之代數和若皆等稱則無誤○

（5—6等等）寫另一組之傳過動率及分配之幷視各節是否等稱·當此等步驟重復進行，則其傳過動率必逐漸減少，至認爲已至理想之準確時卽可停止○

例一·決定在連續樑各支點之彎曲動率，各樑之I爲不變數，其載重已知如圖四○

討論·第一步在每一支距之中部寫下$K=\frac{I}{L}$之値于一圓內，幷假設各節皆固定而記下各不等稱動率（a綫），其次分配在各節之不等稱動率（b綫）；當在b節分配時則假設c節固定，其結果節之每方之抵抗動率及分配動率皆等·同樣當在c節分配時則假設b節爲固定·加起此兩綫之値則見每節皆等稱，在每部之動率爲—50·其次寫下各傳過動率，c綫，當傳過動率由b節傳下則只b節開放，c節仍是固定·再分配此等新不等稱動率，d線，因a及d節在構造上卽爲固定而不能開放，故在此兩節是無分配動率○

注意c及d兩步驟已得等稱之節，在每一內部皆爲—12·5，兩末節，d及a，在構造上卽等稱·c及f綫重新表示一組傳過動率及其分配·注意傳過動率之逐漸減少○

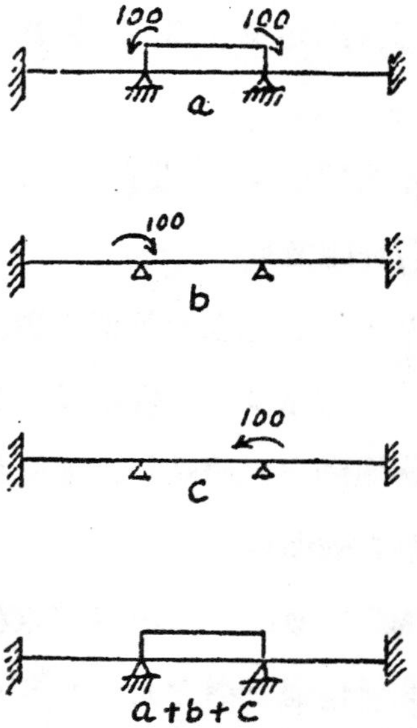

100 100
a
100
b
100
c
a+b+c

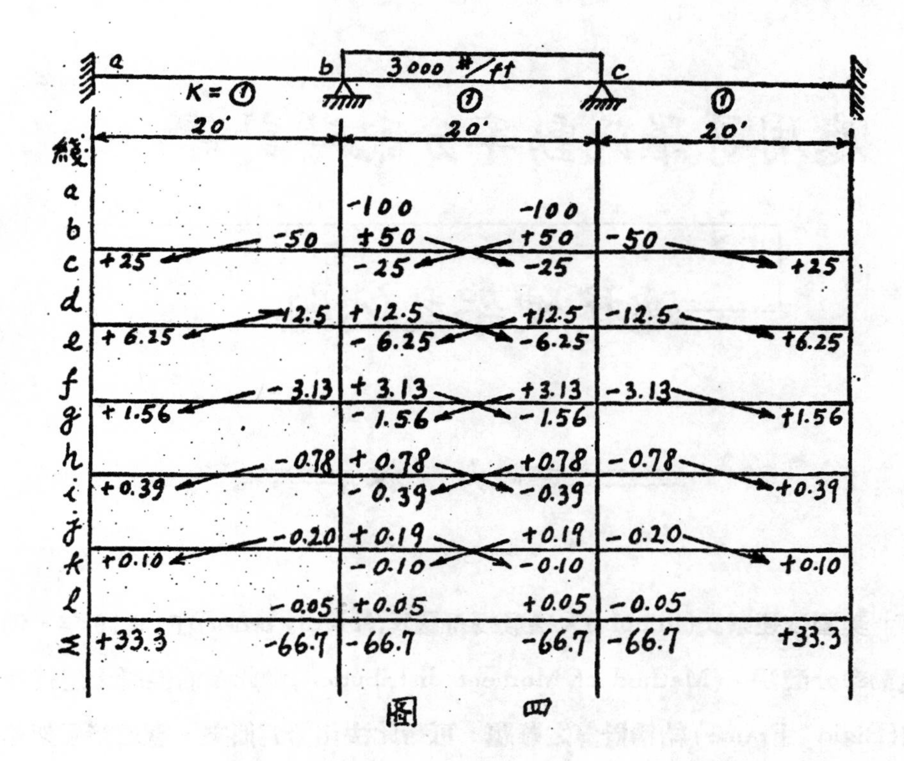
a
b
c
3000 #/ft
K = ①
①
①
20'
20'
20'
綫
a
b
c
d
e
f
g
h
i
j
k
l
Σ
-100 -100
-50 +50 +50 -50
+25 -25 -25 +25
-12.5 +12.5 +12.5 -12.5
+6.25 -6.25 -6.25 +6.25
-3.13 +3.13 +3.13 -3.13
+1.56 -1.56 -1.56 +1.56
-0.78 +0.78 +0.78 -0.78
+0.39 -0.39 -0.39 +0.39
-0.20 +0.19 +0.19 -0.20
+0.10 -0.10 -0.10 +0.10
-0.05 +0.05 +0.05 -0.05
+33.3 -66.7 -66.7 -66.7 -66.7 +33.3

圖 四

應用哥羅氏動率分配法計算——連接硬架之例題

曾炊林

美國依連奈氏(Illinois)大學教授哥羅氏,(Hardy cross)在1929年，創造動率分配法，(Method cf Moment distribution)從此鋼筋混凝土連接硬架(Rigid Frame)結構計算之難題，可藉此法化繁為簡矣。蓋連接硬架結構之設計，其優點；為經濟，便利，堅固，美觀。倘用哥羅氏法計算之，尤得快捷與省時之工作。其與用坡度偏向法，(Slope deflecticn methcd)或定點法，(Die methode der festpunkte)計算所得之結果，雖不盡同，然相差者不過少數。

用哥羅氏法計算硬架發生之動率，祗許其有轉向運動，(Moticn cf Rctation)不得有上下左右移動。(Moticn of Translation)蓋當分配動率時，所用相關硬度(Relative stiffness)K，及移動因數(Carry over factor)C，均係假設兩端為固定者。至於連接桿件之定端動率，及移動因數C，與其彈性係數E無關，但K則與E成正比例，故用哥羅氏法，只須求各桿件K之比例數，則可將E免去矣。

茲將計算動率分配法之綱要，畧述如下：

(A)在各桿件之節點，因載重而發生之動率，其轉動方向與符號，以圖表明之如下：

（甲）$+\overset{-}{\underset{+}{(\!\!-\!\!\bullet\!\!-\!\!)}}+$  表示壓力在上，引力在下。

（乙）$-\overset{+}{\underset{-}{(\!\!-\!\!\bullet\!\!-\!\!)}}-$ 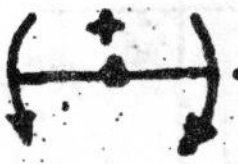 表示引力在上，壓力在下。

(B) 設各桿件之節點爲固定者，以桿件之惰動率 I (Moment of inertia)爲常數，然後計算其每跨度，因受載重而發生之固定端動率。(Fixation Moments)

(C) 設連接桿件間之節點，陸續放鬆之，(Unlocking) 將已計得之定端動率，以其硬度因數 (Stiffness factor)比率，而分配其不平衡之動率。(其硬度 K，卽以桿件之惰動率常數 I，及其跨度 L 相比。卽 $K = I/L$)

(D) 不平衡動率分配後，將各節點當作收緊之，(locked)然後以分配得之動率，乘移動因數，移動(Carry over)至每段桿件相對之端。(I 爲桿件常數，其移動因數爲 $-\frac{1}{2}$

(E)將動率重複分配(Distributing)與移動，(Carrying over)使之化至微小之値，然後將每節點所得之動率，成爲代數和，其代數和卽每節點因載重而發生之動率結果。

(F)倘桿件一部爲固定端(Fixed end)，他部爲自由端(Free end)，或當作爲自由端者；放鬆近自由端之節點，則其桿件K値，應改變以 $\frac{3}{4}$ 乘之。同時將近自由端之節點，倘其動率不平衡者，則加入一數值，令其平衡。其當作爲自由端者，倘其動率應爲零，則加入一數值，令其等於零。然後將加入之數值，乘移動因數，移動至他端，則以後近自由端，或當作爲自由端之節點，其分配與移動之手續可省去矣。

玆舉數例，以明動率分配法之計算如下：

例一：如第一圖所示，A，B，C，D，爲承托點。AB，BC，CD，

爲跨度·AB跨度，均佈重每呎600磅·設硬度K各等於一○

解：設各承托點爲固定者，而B點及C點介乎跨度之間，故將連近B點，C點之跨度K值，以比例分配之，得BA，BC，CB，CD，之硬度因數

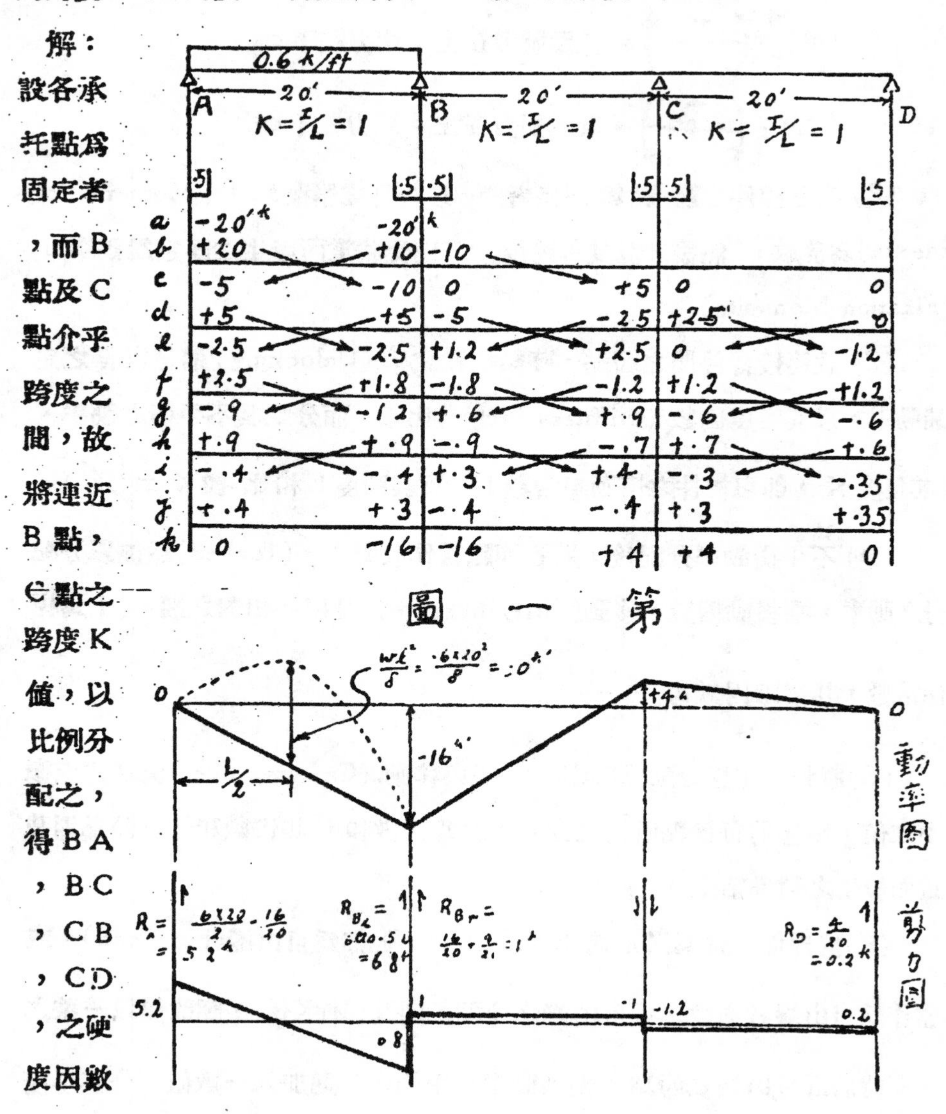

第一圖

，各爲$\frac{1}{1+1}$＝0·5·然後以M＝$-\frac{wl^2}{12}$公式計算AB兩端負動率，其在a行得M＝$\frac{0\cdot6\times20}{1\ 2}$＝−20k, 設放鬆A點，則其動率應爲零，故在A點b行應加正動率＋12，k, 使之相消爲零·次放鬆B點，以其硬度因數，乘其動率差，而分配之，即20×·5＝10·其加減符號，可不理及，然後從B

點兩邊審察之，如何使其動率平衡？始決定其加減符號。因此知在B點左之10，應改爲加號。B點右之10，應改爲減號。如此兩邊之動率和，皆等於—10。k' 在B點b行，其爲＋10，k' —10，k' 之意義，即在同一點節之左右爲異號，則其所發生動率轉向，爲同方向也。（看綱要A）動率分配旣妥，復將各點當作收緊之，然後開始移動工作，即將每跨度端所分配得之動率，乘以$-\frac{1}{2}$移動至相反之端。（有矢向者卽表示由該點動率移動至他端）如b行之動率，在A者，移至B點左得—10。在B點左者，移至A點得—5。在B點右者，移至C點左得＋5。再將在C行各點所得之動率，如上法分配，再移動之。移動畢，又再分配。分配畢，又再移動。如此重複工作，至於微小之值，然後停止之。最後之K行，係將各點所得之數，各成爲代數和。即其動率之結果。

在中間之節點左右邊，（如B點C點之左右邊）其所得代數和，應相等，否則有誤差。

動率結果旣得，於是將其數值，繪成動率圖，及求得剪力圖矣。

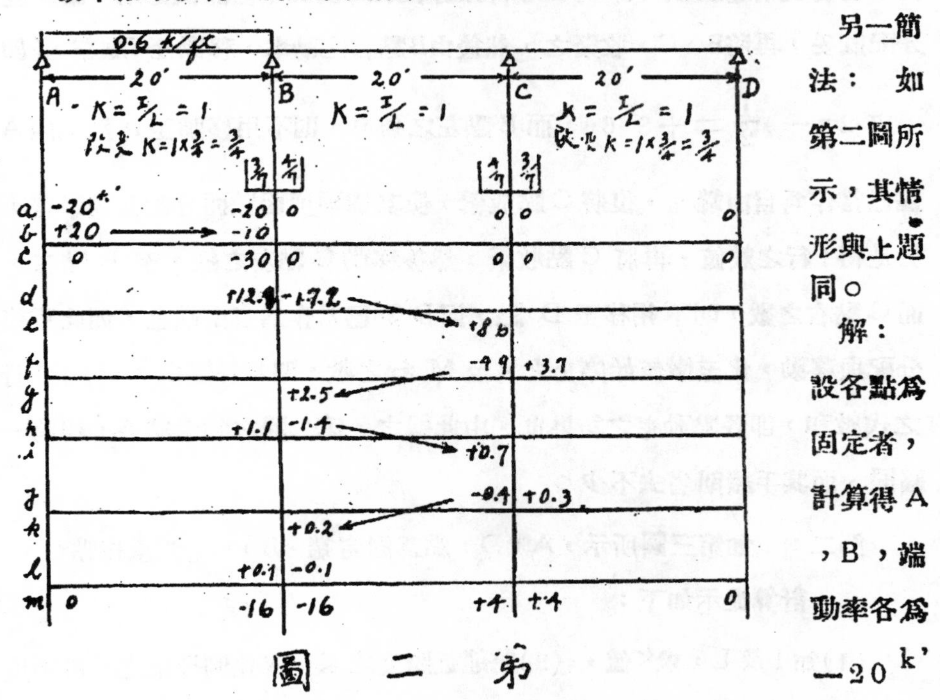

第二圖

另一簡法：如第二圖所示，其情形與上題同。

解：設各點爲固定者，計算得A，B，端動率各爲—20 k'

次設A，D，兩承托點，當作爲自由端，而將其K值改變以$\frac{3}{4}$乘之，然後分配其硬度因數·$BA=\frac{\frac{3}{4}}{\frac{3}{4}+1}=\frac{3}{7}$，$BC=\frac{1}{\frac{3}{4}+1}=\frac{4}{7}$，$CB=\frac{1}{\frac{3}{4}+1}=\frac{4}{7}$，$CD=\frac{\frac{3}{4}}{\frac{3}{4}+1}=\frac{3}{7}$·在A點動率應爲零，故加以＋20，使之等於零·同時將加入之數值，移動其負值一半，至B點左·（卽b行＋20×$-\frac{1}{2}$＝－10）現在B點總得之動率差，爲－20－10＝－30·而D點之動率，始終爲零，故不理之·從此在A，D，兩點之工作可省去，而專事B，C，兩點之工作可矣·次將B點放鬆，依其硬度因數而分配其動率差，卽d行之數，在B點左得$30\times\frac{3}{7}=12.8$，B點右得$30\times\frac{4}{7}=17.2$·至其符號應爲如何？當審視兩邊之數（卽C，b兩行之代數和）使其平衡而決定之·動率差分配既妥，再將B，C，收緊之，然後由B點右之動率，移動至C點左，（卽$-17.2\times-\frac{1}{2}=+8.6$），而B點左之動率，則不用移動至A點，因A點已當作爲自由端也·復將C點放鬆，使其依硬度因數而分配其動率差，於是得f行之數值·再將C點收緊，然後移動C點左之數，至B點右·而C點右之數，則不用移至D點，因D點已當作爲自由端也，如此重複分配與移動，化至微值始停止之·至M行之數，則爲各點由C行至l行之代數和，卽各點動率之結果也·由此觀之，第二圖之動率結果，與第一圖同·而其手續則省去不少○

例二：　如第三圖所示，A，D，點爲固定端·B，C，爲承托點○

計算提示如下：

(1)知I及L，求K值·（2)將連近跨度之K，依比例分配之，得硬度因數(即0.5，0.5，0.66，0.34)。 (3)設B，C，兩點亦爲固定者，然後計算各端所發生之動率。 (4)將B，C，兩點放鬆，在B點其不平衡之動率差爲(—32.5)—(—31.0)=—1.5。在C點其不平衡之動率差爲(—32.5)

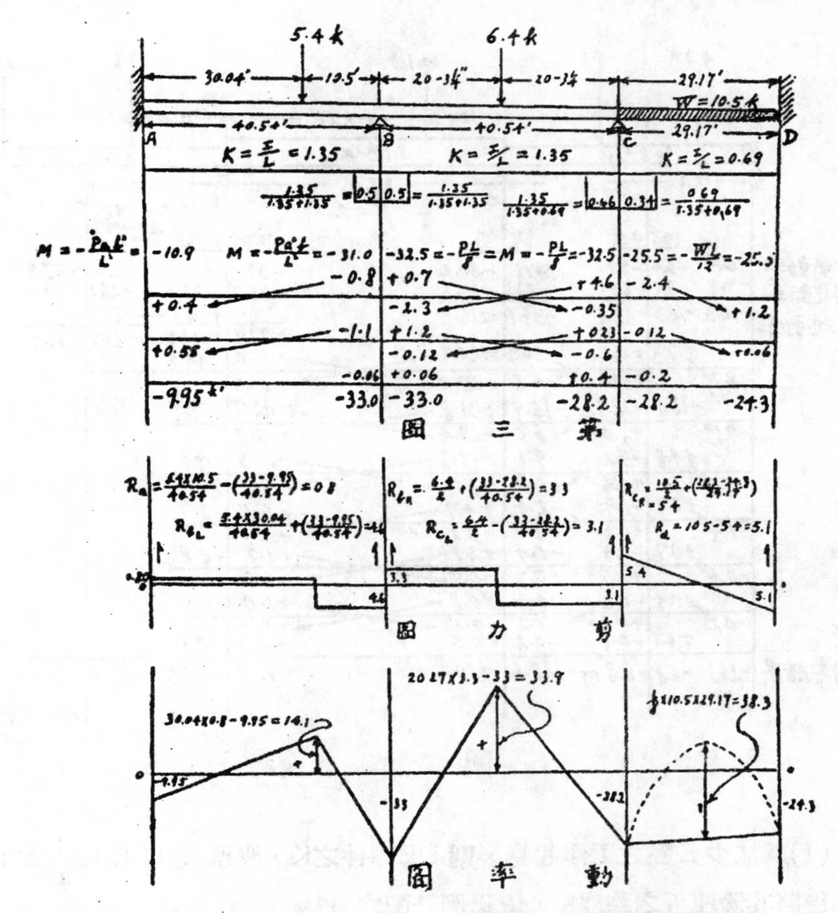

第三圖

剪力圖

動率圖

—(—25.5)=—7。然後依硬度因數，分配其不平衡之動率差。(5)將所分配得之動率，以移動因數$\left(-\frac{1}{2}\right)$乘之，移至他端。 (6)再將B點動率2.3，及C點動率0.35，依硬度因數再分配之，移動之，以至於微値爲止。 (7)將各節點之値，成代數和，即其結果矣。

再者；核察B，C，兩點左右之結果，是否相等？倘不等，即錯誤。

動率結果旣知，可依據之以求得剪力圖及動率圖。

例三：　如第四圖所示，A 爲固定端．B，C，D，E，爲承托點．F 爲自由端○

計算提示：

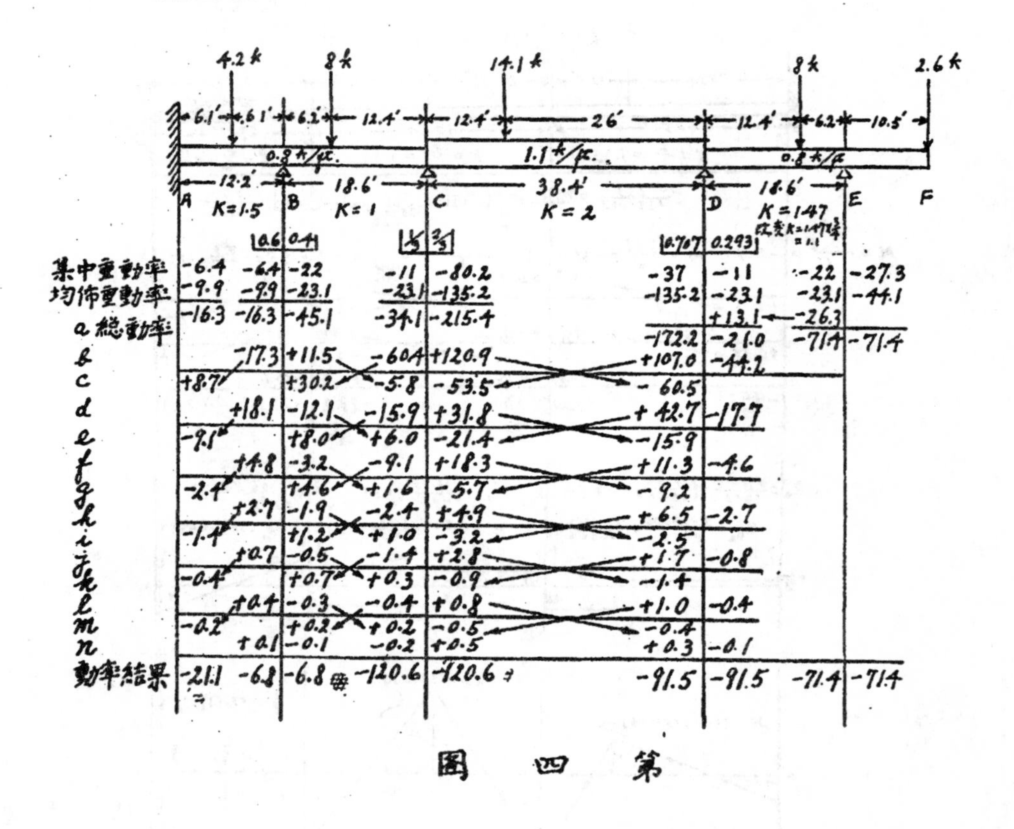

第四圖

(1)爲減少 E 點之工作起見，則 DE桿件之K，應改爲 $1.47\times\frac{3}{4}=1.1$ ．然後將其餘連近之跨度K，依比例分配之○

(2)計算集中載重之動率公式用：$M=\frac{PL}{8}$，$\frac{Pa^2b}{L^2}$，PL○

計算均佈載重之動率公式用：$M=\frac{wl^2}{12}$，$\frac{wl^2}{2}$○

(3)近自由端之承托點 E 之動率，其左邊爲－22 及－23.1．其右邊爲－27.3 及－44.1．顯然不平衡．現加入一數値於其左邊，令與右邊相等

・然後將加入之數值，乘移動因數，移動至D點右邊・于是E點工作完矣・ (4)將集中與均佈載重之動率和成總動率，然後開始分配與移動工作・在a行B點動率差為(－45・1)－(－16・3)＝－28・8・依硬度因數分配之得28・8×0・6＝17・3，及28・8×0・4＝11・5・其在C點動率差為－181・3，D點動率差為－151・2，亦依硬度因數而分配之，餘則照上例行之○

例四： 如第五圖所示，A，D，點為承托點・B，C，E，F，點為固定端○

計算提示：

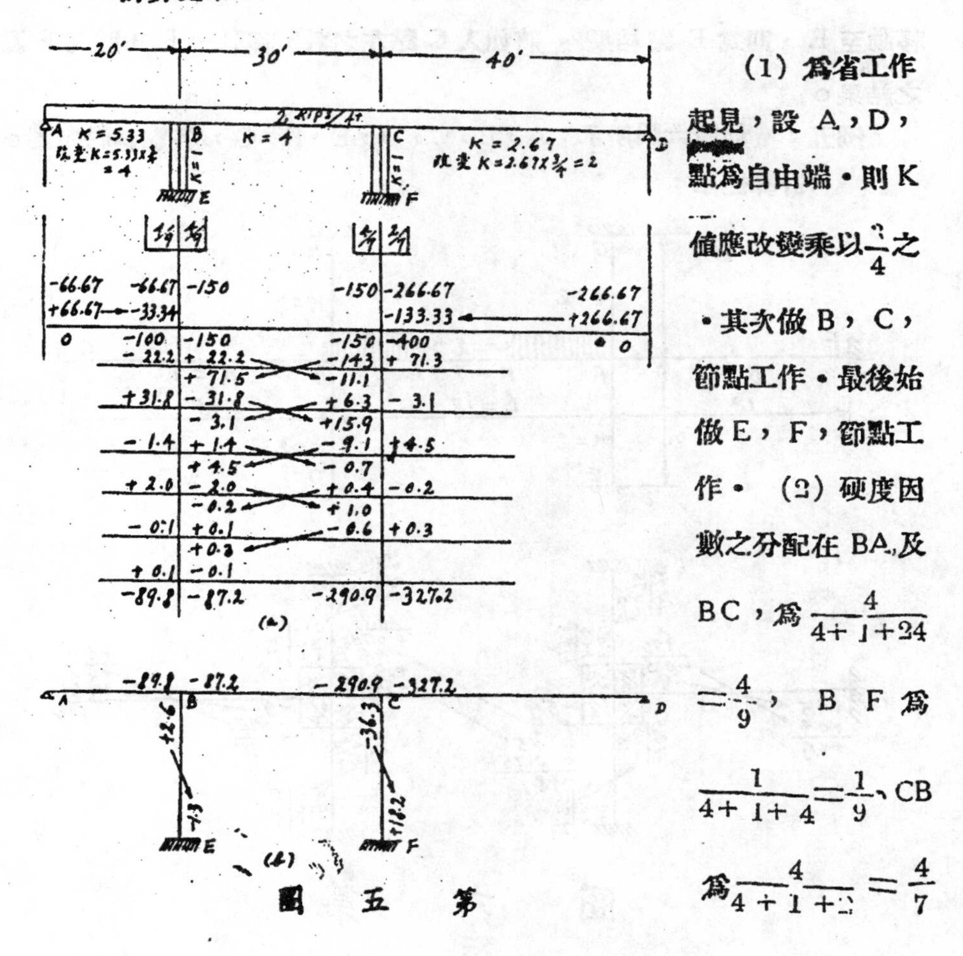

(1) 為省工作起見，設A，D，點為自由端・則K值應改變乘以$\frac{3}{4}$之・其次做B，C，節點工作・最後始做E，F，節點工作・ (2) 硬度因數之分配在BA,及BC，為$\frac{4}{4+1+24}=\frac{4}{9}$，BF為$\frac{1}{4+1+4}=\frac{1}{9}$、CB為$\frac{4}{4+1+2}=\frac{4}{7}$

第五圖

，CD 為$\frac{2}{4+1+2}=\frac{2}{7}$，CF 為$\frac{1}{4+1+2}=\frac{1}{7}$‧(3)用公式$M=-\frac{Wl^2}{12}$計得各節點動率，同時加入一數值於 A 或 D 點，令等於零‧及將加入之數值，移動$-\frac{1}{2}$至 B 點左，或 C 點右‧(4)在 B 點不平衡之動率差為－50‧［即(－150)－(－100)］，在 C 點為－250，［即(－400)－(－150)］，然後依硬度因數而分配之‧(5)分配與移動工作畢，所得之結果，在 B 點左為－89‧8，右為－87‧2，其差為 2‧6‧在 C 點左為－290‧9，右為－327.2，其差為 36‧3‧於是加入 +2‧6 在 B 點左，則 B 點兩邊動率平衡‧加入－36‧3 在 C 點左，則 C 點兩邊動率平衡‧(b圖)‧(6)將加入 B 點左之數，移動至 E，則為 E 點結果‧將加入 C 點左之數，移動至 F，則為 F 點之結果。

例五： 如第六圖所示，A，B，C，D，E，F，G，各點為固定端。

計算提示：

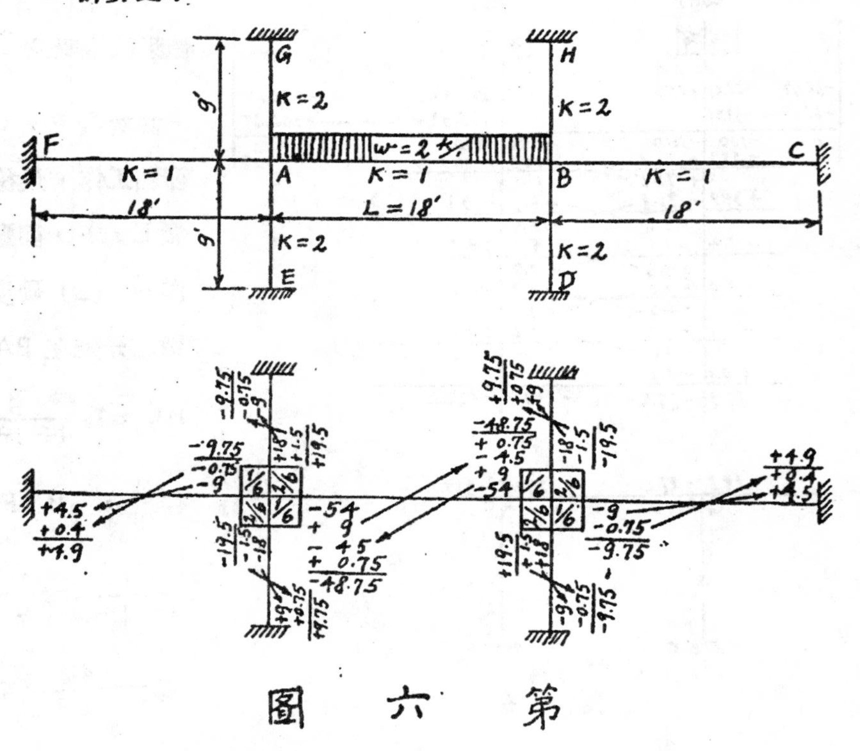

第六圖

(1)將近A節及B節之K依比例分配其硬度因數，得$\frac{1}{6}$，$\frac{2}{6}$，$\frac{1}{6}$，$\frac{2}{6}$

(2)求得A.B桿件兩端之動率爲—54。(3)依硬度因數，分配其動率，在A節點右上爲18，右下爲9，左上爲9，左下爲18。但其符號應爲加或減，則須審視A節右上下，與左上下之代數和，使其平衡而決定之。(即—54+18+9=—9—18)。在B節之工作相同。 (4)動率分配後，遂開始移動至每段之他端。 (5)在A及B節，經移動後得—4.5，於是如上法繼續分配之，移動之， (6)將各處動率成爲代數和，即得其結果。

例六： 如第七圖所示，A，B，C，G，爲固定端，D，E，爲承托點。H爲鏈鉸端.F爲自由端。P_1.P_2.P_3.爲直集中重。H_1,H_2爲橫集中重。W爲均佈重。

計算提示：

(1)當作H點爲自由端，則其動率應爲零。故加入—60，使之等於零次將加入之動率，移動其負值$\frac{1}{2}$,至C點右上邊。於是得(+80)+(+30)=+110。同時亦將CH之硬度K，改變爲$K=2\times\frac{3}{4}=1.5$，從此H點之工作完了。(2)使E點之左右動率相等，應加入—10在E點左，則E點左右之動率爲平衡。同時將加入在E點左之動率，移動其負值$\frac{1}{2}$，至D點右，於是其動率得+5.次放鬆E點，將DE之硬度K改變爲$K=3\times\frac{3}{4}=\frac{9}{4}$從此E點之工作完了。 (3)將各節點之硬度因數分配後，其餘工作可依上數例做去。

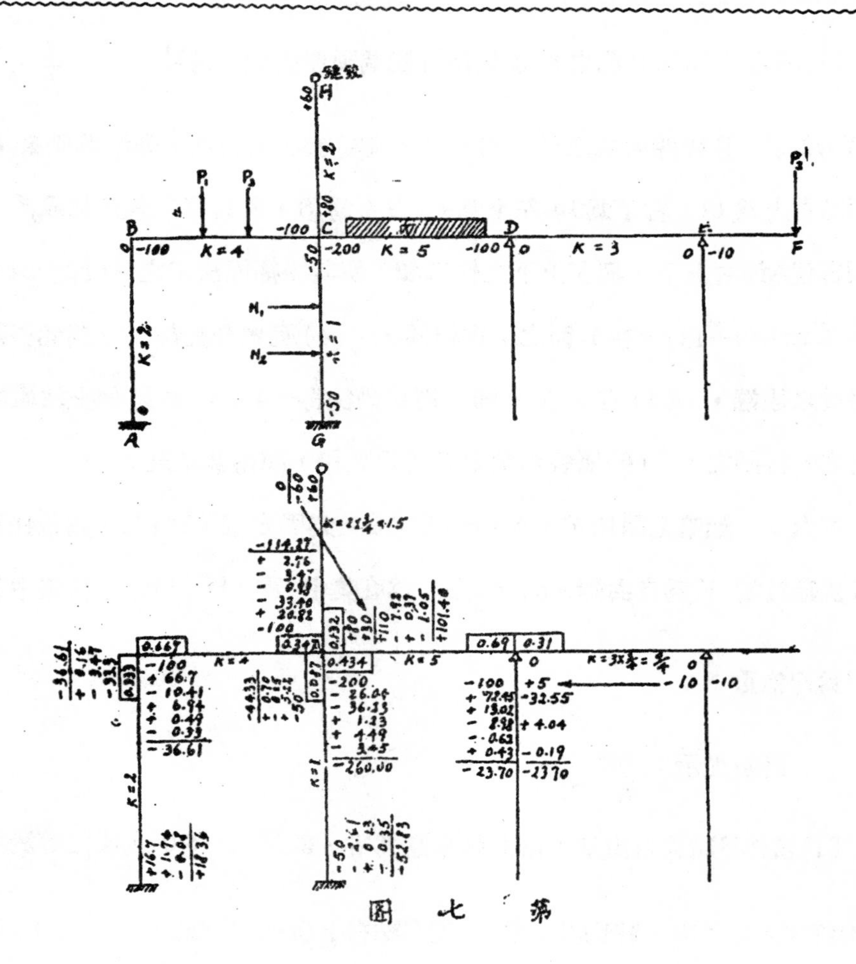
H
B
C
D
E
F
A
G
K = 4
K = 5
K = 3
K = 2
K = 1
-100
-200
0.667
0.434
0.69
0.31
-36.61
-260.00
-23.70
+101.40
-114.27

第七圖

鋼筋三合土的裂縫

——沈 寶 麒——

鋼筋三合土發生裂縫多是受了過量力的表現。工程師對於這種裂縫，常時發生問題……這種裂縫是有害還是沒有礙，或者對于建築物的安全怎麼樣，對于觀瞻又怎麼樣。

普通的裂縫是三合土的拉力過度的表示，它們並不是完全危險的；除了觀瞻上的問題外，其他對於低減建築物的載重力，損害鋼筋，減少不透水的能性，種種問題都是非常重要的。現在將 M·H· Lossier 工程師的談談鋼筋混凝土的裂縫這篇論文，選擇了幾個重要的地方，介紹如下：

裂 縫 的 發 生

普通混凝土受了拉力的折斷，當它每米突（metre）裏的伸長度（elongations）是由0·1mm，至0·2mm。鋼筋也不能够避免這伸長度的但是這些鋼條有驅迫力來分派那能力，發生在表面的柔靱性。這種現象首先被發現就在那著名 Considere 的實驗。

裂縫並不是忽然間發生的，是漸漸造成的。如果有一部份被拉力折斷了，就拿一個靈敏的器械，放在那幾寸的地方內，量量它的伸長度。在這裏我們可以得到在某幾點，變態的伸長度發生，再加重力它們同時增大，而且知道混凝土最初的局部失敗。這種結果在試驗紙上的汚點可以看見，而且爲了局部失敗發生了小孔就引起這局部的混凝土吸收水份。

鋼筋三合土的作用變化範圍是很廣大的，猶其是對於它的式樣，分量，分配情形，和板模的乾濕。裂縫本身並不是危險，但是對於直接或間接的影響是重要的。從這裏看來，裂縫大約可分爲四種：

1 裂縫在那些部分受了拉力或者剪力的折斷而發生的。

2 裂縫發生當修理時暴露了鋼筋長度足够引起氰化作用或者外間的變化作用侵害。

3 這種裂縫發生是足已降低三合土的不滲水性。

4 裂縫受了重複分派力而發生；這名字是給裂縫取消或者減少最大的力。

力的裂縫

當鋼筋伸長度過了某幾個限度，但是沒有達到彈性限度，(limit of elasticity)而鋼筋和混凝土的接合力(bond stress)是沒有了，那麽就起了變化……鋼筋的週圍生了很多細小的裂縫。如果在鋼筋的隣近發生了很大的裂縫，那就是混凝土和鋼筋的接合地方有了折斷的地方。在沒有計劃或者準確的計算，普通是將一部分施以重力，和不施力，來量度它的曲撓度，以確定它是不是有彈性作用。

除了鋼筋在繼續的重力下不能够保不變，可靠的結果得自這實驗，是鋼筋沒有過了它的彈性限度，但是不能知道它的確實安全因數(factor of safety)。如果受用的數目是够高的，那麽一個力低過這限度都發生失敗，在這種情形就是所謂耐性限度(endurance limit)。最適合的是常常用一個計力錶(strain meter)直接量度伸展度(extension)和在鋼筋的力。除非在起首試驗扛起了那部分，使不變的重力的効力消失，那麽附加在上的重力和總力，可以用比例大約求出來。

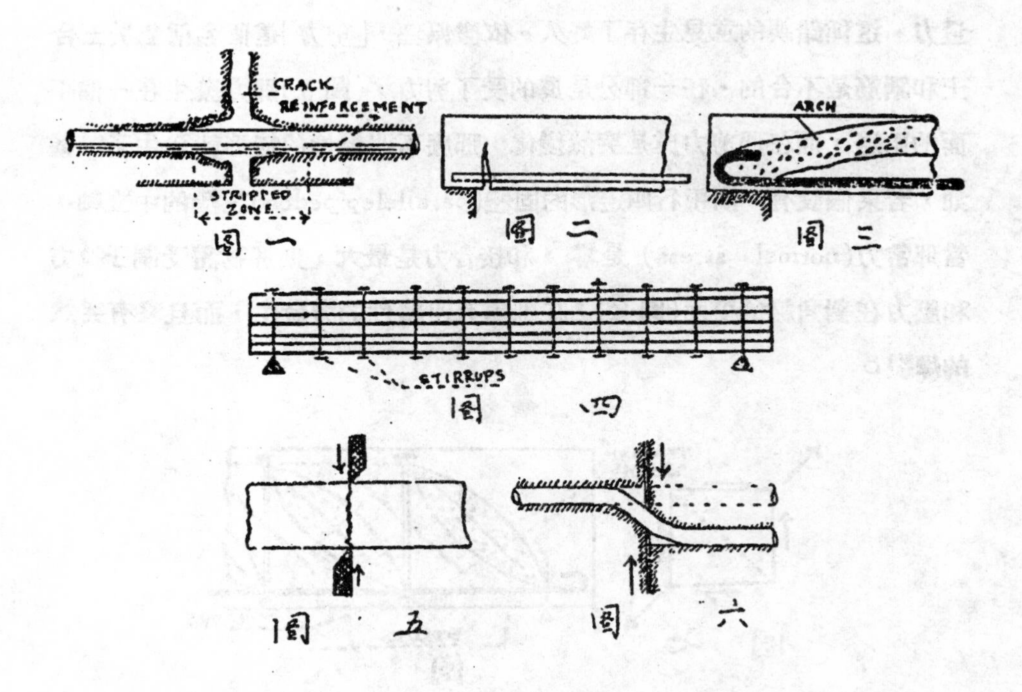

當裂縫發生在鋼筋拉力不够的鋼筋週圍，接合地方的失敗恐怕會發生，那失敗是非常重要·普通這些裂縫比較拉力裂縫濶一點，在三合土可以看見(圖一)·接合裂縫的大小，就關於三合土裏的鋼筋接口如何而發生的·如果接口是太短沒有一個適當的鈎(圖二)那部分的力就不能確定·如果，在相反的方面，那些鋼筋長到過了支持點，或者它們的尾部有鈎，那在某個限度內，可以當作一個拱有一個結的(圖三)，它的力是沒有減少，而且同時重複重力的作用，或者非常變化的重力的作用，恐怕又會發生了○

在懷疑的時候，最好是用一個頗長的時間，將重力試驗重複做了幾次，還要確定那接合裂縫，經過一個休息時間，是沒有增加的○

普通所謂剪力裂縫 (Shear cracks) 是不合的·在起初有鋼筋三和土的時期，有些作者的意見是垂直的馬鐙形的鋼條(stirrups)施出了剪力的抵抗力給與三和土的橫置平直的鋼筋·同樣的情形對于釘板模的釘(圖四)，而且他們還說那些馬鐙形的鋼條是能單獨抵抗那三合土，和剪力的抵抗過量力·這種錯誤的意見生存了好久·依據原理，「剪力」這個名稱對於三合土和鋼筋是不合的·在一部分是眞的受了剪力，(圖五)那力發生在一個平面的兩邊，而在那剪力處是突然變化，那麽不連續性的情形就發生了·譬如，若果假設有一個平行四邊形的固體(parallelepipedon)在樑的中立軸，當那常力(normal stress)是零，和接合力是最大，則那物體受制于拉力和壓力在對角線的平面(圖七)；在那處有連續性的力發生，而且沒有突然的爆裂○

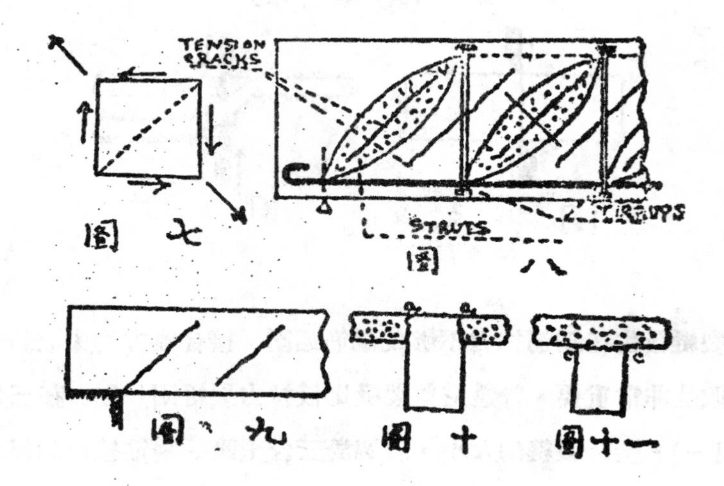

圖七　圖八　圖九　圖十　圖十一

在純粹的剪力的情形，三合土有一個力大約是它的壓力的三分一·在第二個情形，三和土被拉力損壞是用一個力少過十分一的壓力·所以鋼筋三和土的裂縫叫做剪力裂縫幾乎完全是拉力裂縫·依照一九三四年的章程規定：凡三和土剪力和拉力的抵抗力的值是一樣的，而那所得之值是沒有鋼筋的樑的拉力的因數，還可以不必和三合土壓力成比例·馬鐙形的鋼條也被拉力損壞，但是它開始發生的時期，是當三合土經已被拉力損壞了○

鋼筋三和土陣被剪力損害是很少的情形·三和土的折斷是多數因為鋼筋壓力，而那些鋼筋又發生了一個彎力(bending stress)和壓力的抵抗力

(圖六)·如果鋼筋重量和直徑增加，則顯然的損害力也增加。

有害的裂縫，叫做剪力裂縫，是在習慣上，它的斜度約四十五度，就發生在支持物的鄰近，或者近着孤立的重力(isolated loads)(圖九)·在這個特別的地帶，有消滅拉力與三和土的抵抗力的効力，而且反有增加剪力的總力於鋼筋上。

如果橫貫的鋼筋和彎的鋼條自己不能够抵受了抵抗力，損壞當然不能免了·依照事實上，這不是完全合的，因爲經度的鋼條(longitudinal bars)沒有在計算裏。

如果陣的橫斷面A，因爲裂縫ab垂直移動，而離開橫斷面B，那麽在頂的鋼條 S ，和在底的鋼條 I，對於這運動發生抵抗力(圖十二)·鋼條 S 在裂縫的左面，和鋼條 I 在它的右面，會將三合土裂縫擴張，而且這又給他們一個抵抗支持物(resisting support)·在裂縫的別壹方面，那些鋼條發生了拉力，而三和土對於這拉力須要一個抵抗力靠着它的性質，在鋼條的面部，和在馬鐙形的鋼條 E·當那些馬鐙形鋼條的面積不够，或者相離太遠，則經度的鋼條的作用是時常沒有確實的，那麽最好是不要它了。

斜度裂縫獨有一個危險性質在這情形： 橫貫的鋼筋和彎的鋼筋不能够抵禦那剪力，在沒有三合土拉力作用的幫助(圖八)·當那樑的馬鐙形的鋼條現出不够力的時候， 而想增加它的力來補救， 最好在它的外面作架(frames)用螺旋釘貫，使它變成拉力，這方法是作者曾經用過的(圖十三)。

在所有突然發生的裂縫，因爲抵抗剪力的抵抗力是不够的情形，我們刻即要增加它的力來補救·有些裂縫(圖十)·分開 T 字樑的陣塊離了它的總樑，這些多數是由拉力發生，因爲荷重陣塊的傾向力已經離了它的總樑·同樣情形也會在緩速平過的拱發生·有時裂縫跟着 b b 線(圖十四)·分開那些拱了。

通常這些裂縫減少抵抗力，如果橫貫的鋼筋是不够的·因此就表現出陣塊和總樑的好接口是很重要的·陣塊的剪力在垂直面的伸長度是不用怕的，如果裂縫在直面現出不平的情形，可以防止經度的移動作用·同樣的見解也適用於裂縫發生跟着CC線(圖十一)·在陣塊的低面(soffit)的水平當那在總樑馬鐙形的鋼條是不够的○

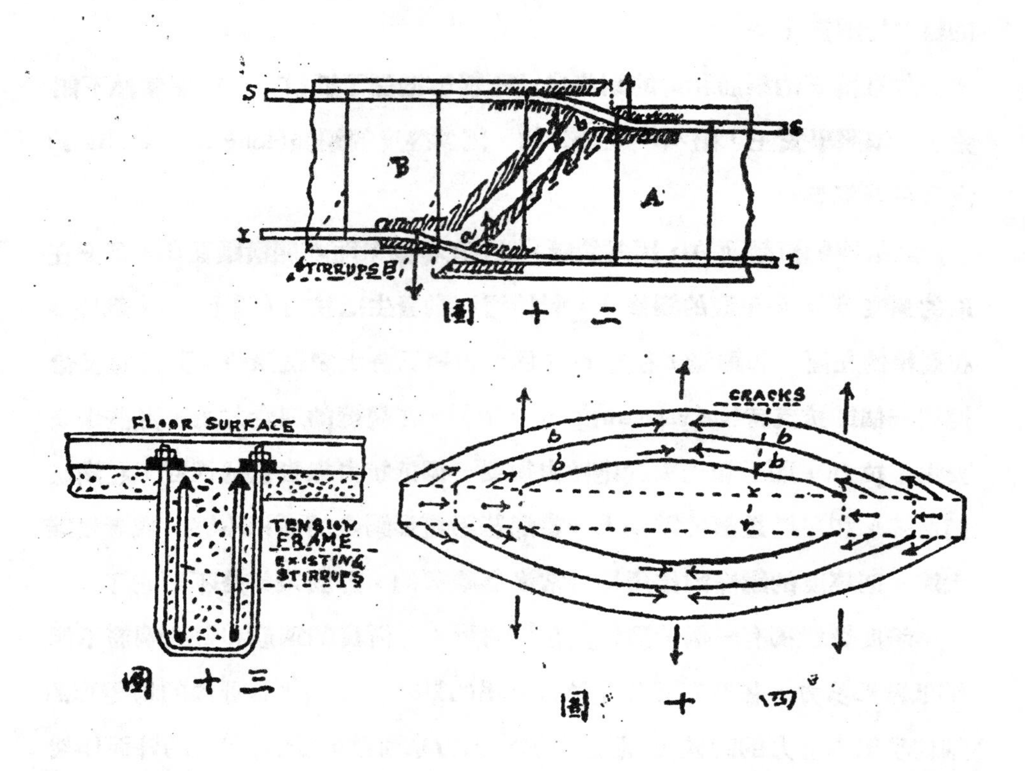

圖十二

圖十三

圖十四

當修理發生的裂縫

有鋼筋在三合土的時候，鋼筋的氧化作用在裂縫處，是須要提防的·據說這些地方生了銹，會損害每條鋼筋，而且佈散到一部分，或者橫斷面的全部·從經驗看來在幾個情形是可怕的○

可以作為我們的定律是須要知道淸楚兩個要素，裂縫的外貌濶度d(圖十五和圖十六)在那面上，和暴露的鋼筋長度n·其實裂縫的邊只可以偏向與鋼筋的接合點，如果鋼筋滑在三合土裏，而且那接口是損害了·在多數情形，三和土的黏性不能够使它復元，但是這作用減少當三和土的立方力(cube strength)增加。裂縫復合可以減少鋼筋氧化的危險，但是經驗，過了幾年，告訴我們這危險實際是不發生的，如果可以看見的裂縫濶度 d 是少過一寸的四十分之一。這種情形當然是不適合於結構物受了不良作用的侵害。

一個更劇烈的裂縫會發生當那三合土和鋼筋失了黏性(adhesion)而三和土和鋼筋離開一個長度。通常這種裂縫是濶過那前述的而且發生在鋼筋拉力過大的地方或者在黏性力過度的地方。這兩種情形同時發生在連續樑或固定樑支持物上的受拉力的鋼筋不够的地方。三合土和鋼筋的脫離可以用鐵錘敲這條樑來判定。

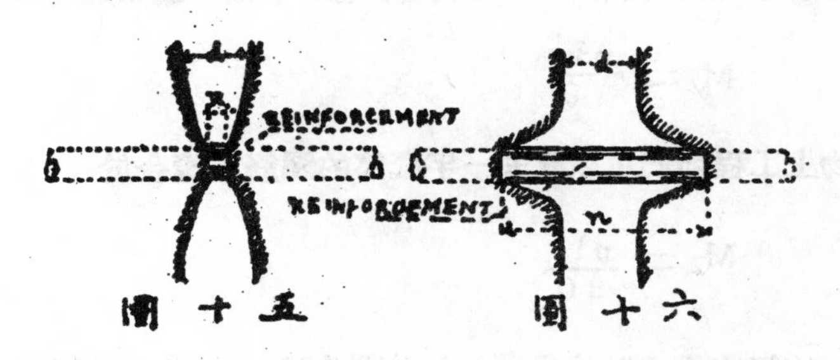

圖十五　　圖十六

經驗告訴我們，三合土的裂縫損害鋼筋的危險，是多數少過在初有鋼筋混凝土建築的時候的揣測那麽利害。從這裏看來，三和土滲漏是很可怕的，還有些建築物受了海水作用或者硫磺水三和土就發生很重的滲漏性。有些水流入三合土裡面，損害鋼筋，弄壞了士敏土，傷口自然增加，流入水量也增加，而且佈散到各部份對於那建築物是有害的。在鋼筋上增加蓋面(cover)的厚度是對於保護意外事，如火險的事，它的効果是很好，但是對於實用，它的効果是很微，猶其是對於抵禦損害作用，它的力量更是非常之小。

三合土不滲水性的失敗

如水塘，屋頂，及其他混凝土建築工程須要不滲漏的，它們的裂縫發生，多數在凝結的時候被縮力(sk:inkage)做成的・普通這些裂縫無非對於力的方面有影響；如果水是清的或者藏了沒有礙的物質，或者如果士敏土是特別易溶解如某種的鉛質出品，這些物質在水裡也能夠漸漸擴了那些裂縫○

重複分派力的裂縫

因爲意外的事時常發現結構物的境況與原有所定的計劃有多或者少的差異的事情・譬如有些工程師計劃一條樑有單獨陣塊(monolithic spans)而他們將支持物上的一部分的連續性作爲計算而且以撓彎率(bending moment)達到最大的强度(antensity)在陣塊的中點，這値是

$$M_2 = \frac{pl^2}{10}$$

在支持物上工程師們可以減去一半底部的鋼筋，適合於

$$M_2 = \frac{pl^2}{20}$$

但是在一條樑有很多陣塊負荷平均重量和有一個常定的部份，那些値是

$$M_1 = \frac{pl^2}{24} \quad 和 \quad M_2 = \frac{pl^2}{12}$$

那附加其上的重力彎率大約是

$$M_1 = \frac{pl^2}{12} \quad 和 \quad M_2 = \frac{pl^2}{8.8}$$

當那重力最先施用，撓彎率分爲樑和固定的部分的比例，因爲支持物的上部鋼筋拉力達到鋼的彈性限度，或者因爲過大的黏性力將那些鋼筋藏入三合土蓋裡，則在支持物的各部份起首衰弱，而那撓彎率，它們抵受不起的，佈散到各陣塊的中點的部份；如果後者能支持那過量力，裂縫並不發生・樑和支持物的接連地方，裂縫發生是很重要的○

單拱的拱起部分不够鋼筋，結果好像上述的情形。別的情形是格形樑的各部分缺乏柔靱性，而且那結構物支持在壓力地方。普通的情形，所有不能決定的結構物最弱的部是得其他穩固的部分的扶助；在一個可決定的結構物（樑承在二個支持物上，拱有三個樞紐和其他），如果眞正疲勞（fatigue）的表示，應當要作爲衰弱的危險。它們不能够像那不能決定的結構物的同樣効果，除非有些部分有過量的力能够援助那衰弱的部分。

空中撮影測量

曾炊林編述

第一章 緒言

空中撮影測量，雖在歐戰時纔震動全世界，惟早既有人研究，一八四五年法國軍事領袖勞賚達氏(Colonel Lonssedat)，即有空中撮影之理論，其時飛機尙未發明，僅用極小之撮影器，安置於汽球，或有用風箏白鴿者，皆欲求垂向地面之照片，但因撮影器尙未改良，故其結果均未得良好之照片，一九〇九年四月，意大利人威德烏辣氏(Wilber Wright)在飛機上撮取電影片，頗有成効，一九一一年奥人時深福大尉(Captain Scheim—p flug)用八個鏡頭之撮影器，在汽球上撮影，並發明傾斜糾正器，以是空中照片，可以唧接成爲良好之平面圖(無水平曲線者)，一九一四年歐戰爆發，各方爭用航空撮影測量爲偵察敵情之用，是以此術進步奇速，撮影器則有單鏡頭二鏡頭三鏡頭四鏡頭八鏡頭九鏡頭各種，又有自動撮影器之發明，航空撮影一時大顯效能，戰事停息後，各國科學家乃再研究利用空中照片，製成水平曲線之完美地圖·是以自動製圖機相繼出世，一九二三年德人鮑威爾非而特(Bauersfeld)之自動製圖機(Stereoplannigraph)成，一九二五年瑞士威特(Wild)廠之自動製圖機(Autograph)成，一九二六年虎格司賀夫(Hugershoff)之第二種自動製圖機(Aerokartograph)又成，以前之困難問題，皆可解決，空中照片俱可以製成完美之地圖矣，且威特氏(Wild)及虎格司賀夫(Hugershoff)諸氏仍將各種儀器，繼續改良，則將來之進步，實難預測也。

第二章 撮影測量之用途及與普通測量之比較

科學進步，器械創新，測量技術，亦隨之俱進，由普通測進而爲撮影測量，更由地面撮影而進爲航空撮影，前之藉人力以測繪者，今則更兼器械之力矣，地面撮影測量係替代地形碎部之工作，於適宜之處，設定一測站，向其周圍地形撮影，同時測定其關係之三角點及天然目標，即可用照片以製圖，在勞力上較普通測量之多設站者，實稱便利，且用長21cm焦距之撮影機，在8km以內之地形，俱可製圖，故在小比例尺之地圖，較普通測量費時較少，所需經費亦較輕，惟撮影時間，必須天氣晴朗，稍爲缺憾，然是亦小問題耳若冲晒底片及製圖則須在夜間或雨天，亦能作業，是又普通測量之所不及也·至於空中撮影測量，則不受地形之限制，在空中往來自如，故其能力更大，舉凡荒山大澤，廣漠懸崖，以及瘴癘之區，戰爭塲所，昔日之視爲不能測繪者，今則可一舉而就矣，且也節時日，省金錢，免除作業之困難增進地圖之精度，普通陸地測量之於今日，將由主要技術之地位，變爲補助技術之地位矣，茲更將其便利之端詳列於下：

(一)節省時間

國家之需用地圖，常視其文化程度，及經濟能力而定，然而地方遼濶之區，成圖不易。或以測繪期內受意外之阻撓，致使時間延長，失其效用之性質，若用空中測量可免除是弊。蓋就尋常之自動撮影器及飛機假定底片 $b=18\times18cm$，焦距 $Br=16.5cm$，飛機每秒之速 $S=42m$，擬撮縮尺 $M=\frac{1}{10000}$ 之圖，則其飛機高 $H=\frac{Br}{M}=0.165\times10000=165om$

，每片可撮陸地面積 $=\left(\frac{b}{M}\right)^2=(0.18\times10000)^2m=3240000sq.m$ 即約合13平方里，又自動撮影器連續撮影時間 $Z=\frac{H.b}{Br.s}=\frac{1650\times0.18}{0.165\times42}$ $=43$ 秒，（此係指每片俱無複叠而言）則每小時可影 $(60\times60)\div43=84$ 片。按上計算之結果，每小時能撮地面 $13\times84=1092$ 方里。此僅就單鏡頭式之垂直撮影而言，若多鏡頭式而兼用傾斜撮影者，可按數倍之，其能力實可驚人，即加上冲晒底片，製圖調查，費時亦無幾，故所欲測量地區之圖，可以隨時應付，不致失去時間性，普通陸地測量實望塵莫及也。

（二）減少經費

用空中撮影測量，可以節省時日，既如上述，則其所需費用，當隨之而省節，且測量員役，亦可減少，遷運消耗，亦可免除，按中央日報曾載英國用飛機測量非洲，平均每方哩僅需費三十司令，較之普通陸地測量，當省數倍矣。

（三）增進地圖之精度

普通陸地測量，常受地形之限制，或因作業之疏忽，致所測之圖，疏漏不詳，若用空中照片製圖，可與眞形無異，蓋地面之所有，與及山川之起伏，莫不影入片內，即計算或繪圖上，遇有疑難錯誤之處，俱可即時在片上察覺，以備改正，故其精度定較普通陸地測量爲佳。

（四）免除跋涉之苦

普通陸地測量，奔走於地面之上，困頓異常，過有崇山峻嶺，沙漠澤沼，及交通不便之區，人烟稀少之處，尤為困苦，空中撮影測量，則無是項困難。

（五）適於應用

a，軍事上之用

地圖乃軍事上所必需舉凡射擊，掩護，搜索，破壞，以及距離之計算，攻守之設施，必須先熟地形，若用空中撮影測圖，則敵方臨時之佈置，攻守之情形，可於圖上得，戰事必操左券。

b，航空家之用

長途飛行，必須携帶詳圖，以供航行之對照，用空中撮得之圖，地形之表現，一如空中下望者然，辨認容易，可無飛錯之虞。

c，土地測量之用

土地整理，關係國家之稅收，人民之業權，為建設時期最急任務，而測量土地，則為首要之工作也，用空中撮影測量圖，可於片上得其面積之大小，界址之分劃，遼濶之區，能於最短期測竣，無須培養多量之人才，籌劃長期之經費，眞事半而功倍也。

d，國界測量之用

測量國界，為領土之保全，關係至鉅，若僅恃石碑以為界址，則年久消滅，或為人遷移，無可考據，清代俄國之侵我滿邊，可為殷鑑，用空中撮影測圖，則遙長之界線，可於短期測定，過有紛爭，一發而决，此不可不急圖者也。

e，其他用途

如水利之應用，海港之擴充，城市之設計，商業之研究，以及森林礦產之估度，運河鐵路之開築，用空中撮影之圖，藉立體鏡之視察，眞形畢露，以此按圖計劃工程，簡便可靠，此又普通陸地測量之圖所不能及也。

第三章　空中撮影測量之分類

空中撮影，普通分爲三類：即傾斜撮影，垂直撮影，及立體撮影是也·玆分述如下：

第一節　傾斜撮影

傾斜撮影者，撮影器之主軸，與自透鏡中心向地面所作之垂直線成交角而撮影之謂也·又分爲單傾斜與複傾斜兩種：僅有前後傾斜，無左右傾斜·而主橫線仍水平者，謂之單傾斜·若主縱橫線俱不水平，則謂之複傾斜·但複傾斜在空中撮影殊不多見此後所稱傾斜撮影，即單傾斜撮影也·如第一圖，A爲影機上透鏡之中心，AB爲水平線，AD爲垂直線，AC爲撮影器之主軸，在過AB，AD之垂直面中，則∠CAD即傾斜角也·（手提撮影由水平線起算，垂直撮影由垂直線起算）·傾斜角度之大小，隨所撮地段之大小，飛機之高度，及應用之目的而不同，惟以半直角爲最良，以其所撮之物體，不失側面之眞形，且可減少其陰影，否則傾斜角愈小，則愈近於垂直撮影，不獨物體之側面失其眞形，立體將變爲平面矣。

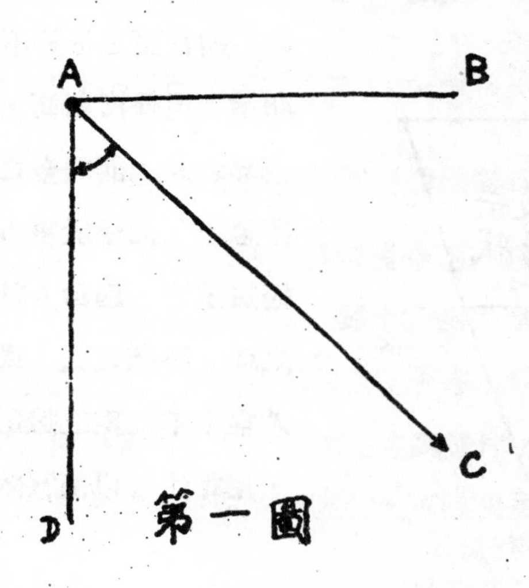

第一圖

傾斜撮影照片，所含實地面積之形狀，恒爲梯形，底片之形式雖爲矩形，因光學關係，其實前面所含實地之面積小，而後面所含實地之面積大，故欲求此種實地圖形之比例尺，必先求照片之主横線，蓋主横線之比例尺，即該照片之折中比例尺也·如第二圖，（圖見後頁）爲傾斜撮影原照片，及所含實地面積之形狀·前部之比例尺爲$\frac{1}{500}$，後部爲$\frac{1}{1000}$，其中部爲$\frac{1}{750}$，即折中比例尺也·此類撮影，最宜注意者，照片之主横線須成水平，否則所含實地面積之形狀，或爲左傾斜梯形，或爲右傾斜梯形，製圖時頗感困難也。

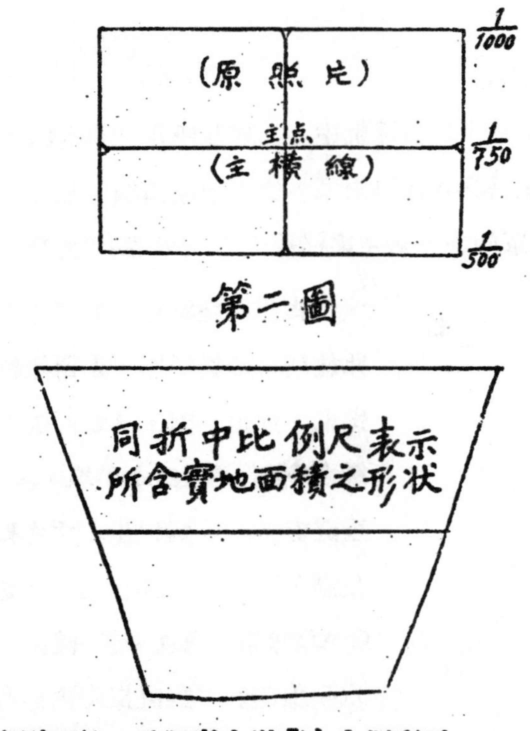

傾斜撮影所現陸地狀態于吾人之眼簾者，與登高山及塔頂而俯瞰地上同一景況·所攝之地段較大，若有高山遮蔽，則背面之形勢不能顯示，但飛機愈高，則視界愈大，而遮蔽之處亦愈小，此法於軍事上極關重要，因敵人禁入之地，防衛之區，或封鎖空中不能垂直撮影時，用此法可以偵察敵情，窺測形勢，予軍事上以莫大之便利焉。

第二節 垂直撮影

撮影器之主軸，垂直于地面而撮影者，謂之垂直撮影·惟因飛機之震盪，及空氣壓力，阻力之關係，不能絕對垂直，（接傾斜角度在十度以內者，仍謂之垂直撮影）致所撮之照片，仍含有多少之傾斜，其比例尺自不一致，必應用地面控制點經糾正器之複製，方能得真正之垂直照片·此類撮影，旣可補傾斜撮影之不及，於軍事上固甚重要，以之施行平面測量，則地類境界瞭如指掌，且工作迅速，節費省時，實爲我國邊疆測圖，整理土地之要圖也。

第三節 立體撮影

於空中有規約距離之二點，向同一地面，以有規約之方法各撮一片，置於實體鏡內注視之，即成立體影像，此類撮影，謂之立體撮影。

傾斜與垂直撮影，雖極重要，但一則山谷之背影不能明顯，一則地面之起伏無從識別，均無圓滿之貢獻，立體撮影能將地面四周之形勢，山陵凹凸之程度，眞形表顯，且依照片在製圖機上能繪製水平曲線，構成精確全善之地圖，不特可資傾斜，垂直撮影之補助，實開測量學術無上之徵妙·時至今日研求愈精，功用益大，旅行調査，可資以保存天然眞實之印像，藝術建築，可藉以倣製同一之模型，猶其餘事耳。

第四章 空中撮影測量之理論

第一節 空中撮影測量照片比例尺之計算

第一欵 垂直撮影

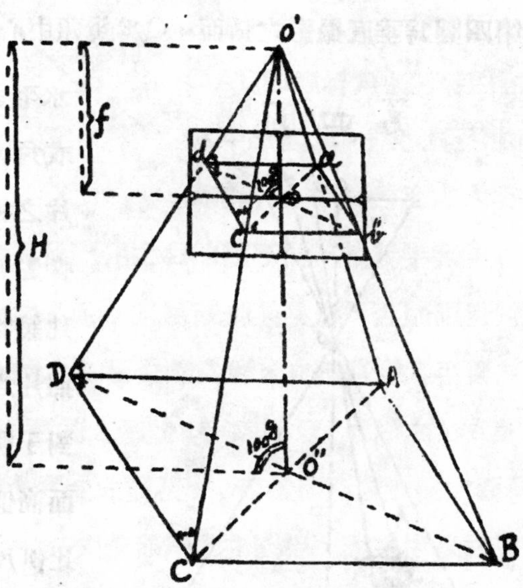

如第三圖設A, B, C，D 爲地面上之四點，a，b，c, d 爲其在照片上之相應點，o 爲照片之主點，o' 爲鏡頭中心，o'oo"，爲主軸，交地面于 o" 點，o o' 爲焦點距離，命爲 f，o' o" 爲飛機高度，命爲 H·

第三圖

因此類撮影，既爲垂直撮影，則主軸必垂直於地面，亦垂直于照片·故地平面與照片平面平行卽

□ABCD ∥ □abcd 又 cd 與 CD，同在一平面上，

$\therefore cd \parallel CD \quad \therefore \angle cdo' = \angle CDO, \quad \angle dco' = \angle DCO' \quad co'd = \angle CO'D,$

$\therefore \quad \triangle co'd \backsim \triangle CO'D$。

$cd : CD = co' : CO'$

同樣可證 $bc : BC = co' : CO'$

卽 $cd : CD = bc : BC = co' : CO'$

由此類推可證 $ab : AB = bc : BC = co' : CO' = M.$

又 $\triangle coo'$ 與 $\triangle CO''Oo'$，亦爲相似三角形。

$\therefore$ $co' : CO' = oo' : O''O' = f : H$

$\therefore$ $M = f : H$……………………………(1)

[推論]：用此法以求比例尺，若地面水平，在理論上，可稱絕對精確，但在實際則有種種誤差之附從，故其比例尺亦不精確，茲將發生之原因分述于次：

a. 地面參差不平之誤差

如第四圖爲垂直撮影之斷面，O爲鏡頭中心，o'o"爲主軸，a'b'爲假定水平之地面，A爲高建築物之頂或角，其地面上之投影點a在照片之相應點爲a"，但照片所攝之像點爲Z，則Za"之距離，卽爲建築物高出地面影响于垂直撮影照片之誤差也。反是，低凹之地對于照片亦有相應之誤差，故地面高低不平，則垂直撮影照片之比例尺，卽不精確。

第四圖

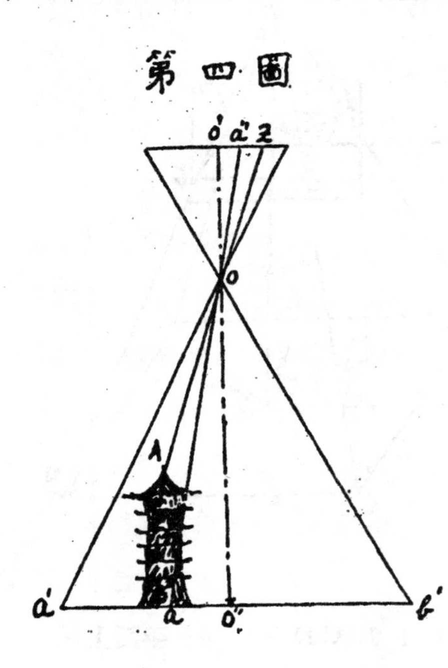

b. 氣壓表誤差

氣壓表因空氣有不定之變化，所指之高度，與眞高度稍有差異，若感應不靈，則誤差較大。

c. 照相器改正不完全之誤差

照相器本有水準氣泡之裝置，但飛機飛行甚速，撮影時水平之改正必難精確，即所撮之照片，必有多少傾斜也。

以上所舉，爲垂直撮影較大之誤差，尙有折光差等，因影响甚微，故未詳述，是前法所得之比例尺，僅爲約値，苟欲精確測定，非用地面控制點以改正照片不可。

第二欵　傾斜撮影

傾斜撮影照片前後比例尺之不一致，前章已約言之矣・茲証明之於下：

如第五圖O'爲鏡頭中心O 爲照片主點，O'OO'：爲主軸，交地面於O"點，其傾斜角度爲 γ・A，B，C，D 爲地面上四點，其在照片上相應之點，爲 a，b，c，d・

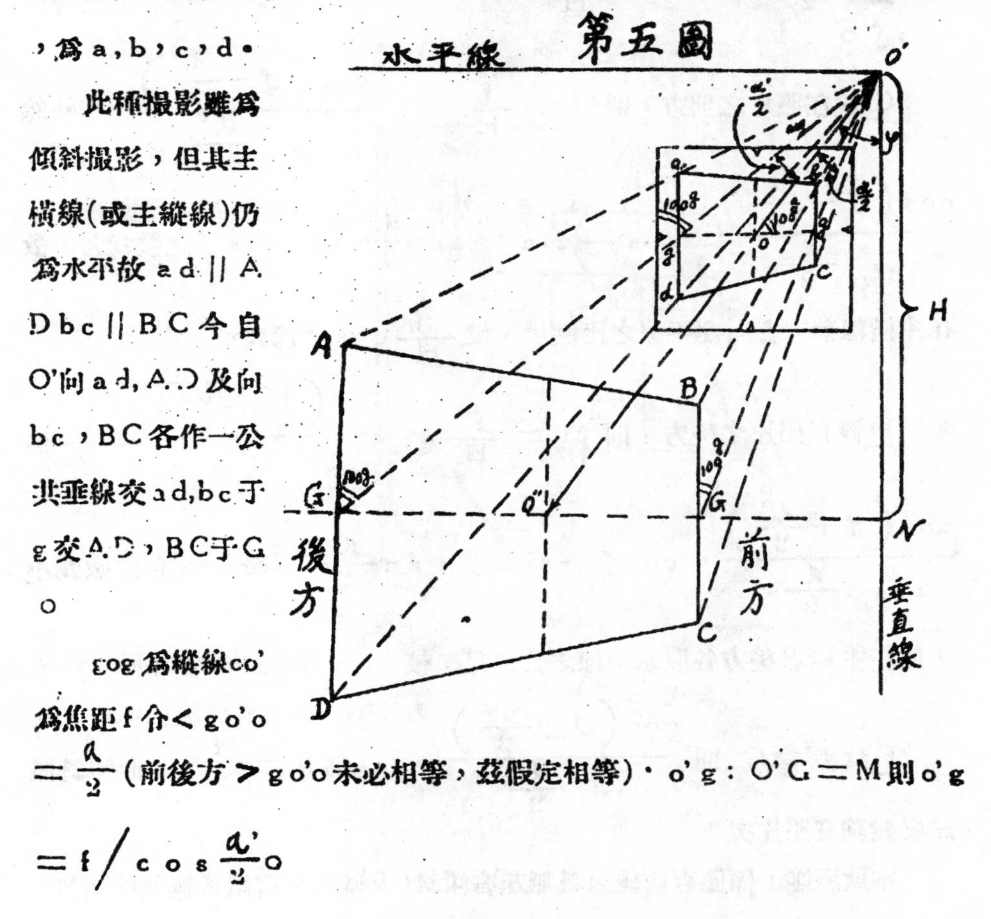

此種撮影雖爲傾斜撮影，但其主橫線(或主縱線)仍爲水平故 ad || AD bc || BC 今自O'向 ad, AD 及向bc，BC各作一公共垂線交 ad,bc于g交AD，BC于G。

gog 爲縱線co' 爲焦距 f 介 $< go'o = \frac{\alpha}{2}$（前後方 > go'o 未必相等，茲假定相等）・o'g：O'G ＝ M 則 $o'g = f / \cos\frac{\alpha'}{2}$。

又$\angle GO_1O'' = \frac{\alpha'}{2}$，$\angle NO_1O'' = \varphi$，則$\angle GO_1N = \varphi \pm \frac{\alpha'}{2}$，又$O'N = H$，

故$O'G = H / \cos\left(\varphi \pm \frac{\alpha'}{2}\right)$

$$\therefore o'g : O'G = \frac{f}{\cos\frac{\alpha'}{2}} : \frac{H}{\cos\left(\varphi \pm \frac{\alpha'}{2}\right)} = \frac{f}{H}\,\frac{\cos\left(\varphi \pm \frac{\alpha'}{2}\right)}{\cos\frac{\alpha'}{2}}$$

即 $$M = \frac{f}{H}\,\frac{\cos\left(\varphi \pm \frac{\alpha'}{2}\right)}{\cos\frac{\alpha'}{2}} \quad\cdots\cdots\cdots\cdots\cdots\cdots(2)$$

〔推論〕：A.傾斜照片在同一水平線之各點，其比例尺必相等。

B.設$\frac{\alpha'}{2}$為O．則$M = \frac{f}{H}\cos\varphi$，即照片上主橫線之比例尺為$\frac{f}{H}\cos\varphi$。

C.設在照片之前方，則$M = \frac{f}{H}\,\frac{\cos\left(\varphi - \frac{\alpha'}{2}\right)}{\cos\frac{\alpha'}{2}}$………然

$\frac{\cos\left(\varphi - \frac{\alpha'}{2}\right)}{\cos\frac{\alpha'}{2}} = \cos\varphi + \sin\varphi\tan\frac{\alpha'}{2}$，較$\cos\varphi$之數為大，故在主橫線前方各段水平線之比例尺，較$\frac{f}{H}\cos\varphi$為大。

D.設在照片之後方，則$M = \frac{f}{H}\,\frac{\cos\left(\varphi + \frac{\alpha'}{2}\right)}{\cos\frac{\alpha'}{2}}$………然

$\frac{\cos\left(\varphi + \frac{\alpha'}{2}\right)}{\cos\frac{\alpha'}{2}} = \cos\varphi - \sin\varphi\tan\frac{\alpha'}{2}$，較$\cos\varphi$之數為小，故在主橫線後方各段水平線之比例尺，較$\frac{f}{H}\cos\varphi$為小。

E.設$\varphi' = 0$，則$\frac{\cos\left(\varphi \pm \frac{\alpha'}{2}\right)}{\cos\frac{\alpha'}{2}} = 1$，即$M = \frac{f}{H}$，而傾斜照片成為垂直照片矣。

本款所述，係僅有前後傾斜無左右傾斜（或僅有左右傾斜無前後傾斜）

之照片，若前後及左右傾斜兼有之照片，則與主橫線平行之各直線中各段之比例尺，仍不一致，因求法煩難應用又少，故不論之。

第二節　空中撮影測量照片所包實地面積之求法

空中撮影照片，可用圖解法及計算法以求所包實地之面積，雖複傾斜撮影亦可求之，蓋複傾斜撮影，其主軸之前後傾斜，及主橫線之左右傾斜，其角度若干，均可於撮影機上座架度盤讀得之，兼以飛機高度可由飛機上氣壓表或他法求之，焦點距離，照片上主橫線，及主縱線之長度，均可預知，有此數種撮影計算原子，即可根據之以求所包實地面積矣。茲將各原子之命名列下，並分三欵述之：

H ＝ 飛機高度，　L ＝ 主橫線之長，　l ＝ 主縱線之長，

f ＝ 焦點距離，　ς ＝ 前後傾斜角，　k ＝ 左右傾斜角，

S ＝ 照片所包實地面積。

第一欵　垂直撮影

(一)圖解法　如第六圖之Ⅰ，Ⅱ，作ab及cd二直線，令ab＝l cd＝L，于ab之中點m作垂線om，cd之中點n作垂線on，各等于f。

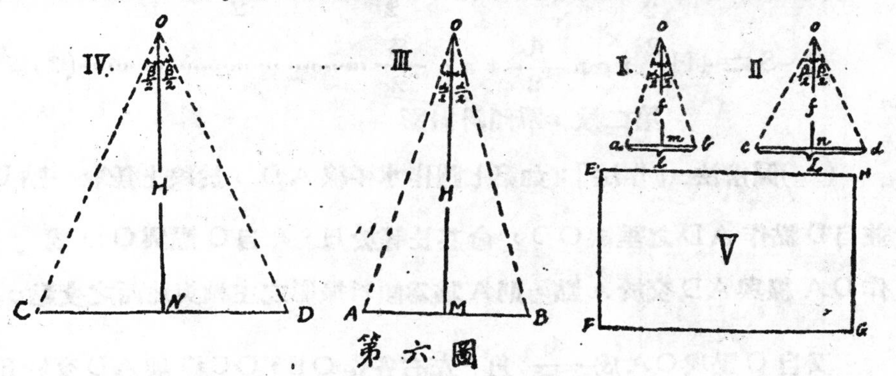

第六圖

連oa，ob，oc，od四線，命∠aob爲α，∠cod爲β

則$\angle aom = \angle bom = \frac{\alpha}{2}$，及$\angle con = \angle don = \frac{\beta}{2}$。

又如第六圖之Ⅲ，Ⅳ，作AB及CD兩線，各于其中點M，N，作垂線OM，ON，令其長各等于H（依縮尺化得之，下均倣此）。

次自O點與OM左右各成$\frac{\alpha}{2}$角，作OA，OB二線，交AB於A，B二點，則AB爲含主軸與視角α之平面與地面之交線。

再自O點與ON左右各成$\frac{\beta}{2}$角，作OC，OD二線，交CD於C，D二點，則CD爲含主軸與視角β之平面與地面之交線。

再如第六圖之V作矩形EFGH，使其一邊等于AB，一邊等於CD，則EFGH矩形，卽爲照片所包實地之面積。（依所用縮尺，可度此面積之數量，下倣此。）

(二)計算法　因 $\tan\frac{\alpha}{2}=\frac{l}{2}\Big/f=\frac{l}{2f}$ ……………………(A)

及 $\tan\frac{\beta}{2}=\frac{L}{2}\Big/f=\frac{L}{2f}$ ……………………(B)

又 $AM=OM\cdot\tan\frac{\alpha}{2}=H\cdot\tan\frac{\alpha}{2}$，及 $CN=ON\cdot\tan\frac{\beta}{2}=H.\tan\frac{\beta}{2}$，

$\therefore\ S=EFGH=AB\cdot CD=2AM\cdot 2CN=2H\cdot\tan\frac{\alpha}{2}\cdot 2H\cdot\tan\frac{\beta}{2}=4H^2\tan\frac{\alpha}{2}\tan\frac{\beta}{2}$，

$\therefore\ S=4H^2\tan\frac{\alpha}{2}\tan\frac{\beta}{2}$ ……………………(3)

第二欵　單傾斜攝影

(一)圖解法　[作法]：如第七圖作水平線AD，於線上任取一點D，並自D點作AD之垂線OD，命其長等於H，今自O點與OD成$\int$角作OA線與AD交於A點，則A點爲傾斜攝影之主軸與地面之交點。

又自O點與OA成$\frac{\alpha}{2}$角，左右各作OB，OC線與AD交於B，C則BC爲含主軸與α視角之平面與地面之交線。

今於AD線上取AO_1=AO，且自O_1點與AO_1成$\frac{\beta}{2}$角，左右各作O_1E，O_1E'線與自A作AD之垂線EE'相交於E，E'二點則，EE'爲含主軸與β視角之平面與地面之交線。

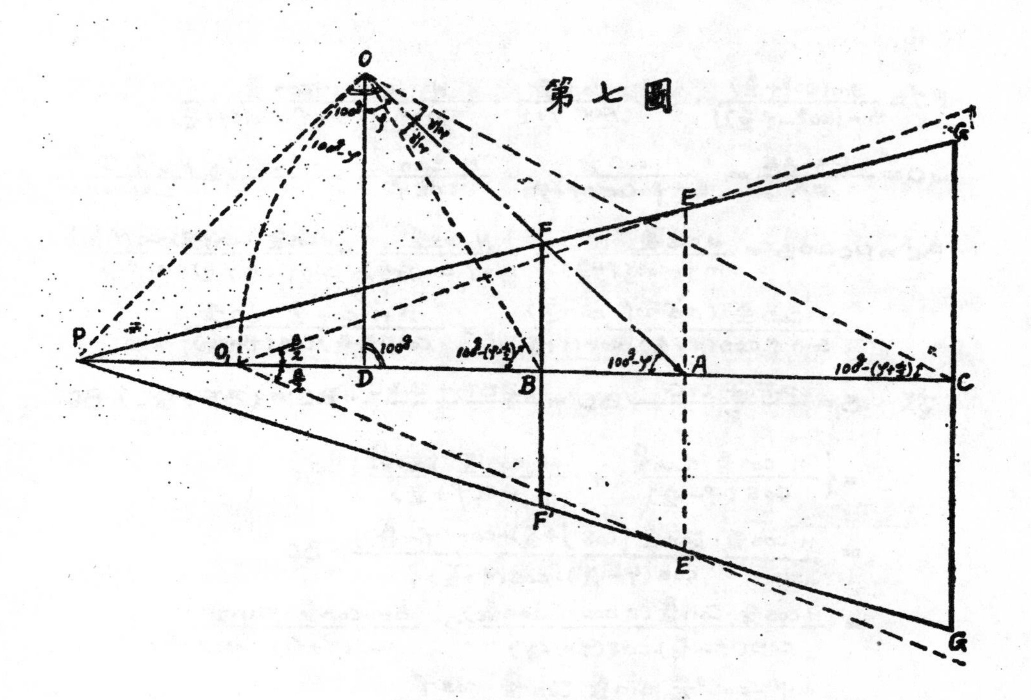

第七圖

再自O點作OA之垂線OP，與AD之延長線交于P點，則OP爲含OE,OE'與含主軸及視角β之平面成直交之二平面相交直線，稱爲脊線，P點稱爲脊點，連PE,PE'且引長之與自B, C各作AD之垂線FF'及GG'二直線相交于F, F'及G, G'四點，則FF',GG'爲含OB及OC各與含主軸與視角α之平面成直交之二平面，與地面之交線，而形梯FF'G'G卽爲所求之實地面積。

(二) 計算法　如第七圖　$OA=\frac{OD}{\cos\varphi}=\frac{H}{\cos\varphi}$

$$PA=\frac{OA}{\cos(100^g-\varphi)}=\frac{H}{\sin\varphi\cdot\cos\varphi},\quad OP=\frac{OD}{\cos(100^g-\varphi)}=\frac{H}{\sin\varphi}$$

$$PB=\frac{\sin(100^g-\frac{\alpha}{2})}{\sin\{100^g-(\varphi-\frac{\alpha}{2})\}}\qquad OP=\frac{H\cos\frac{\alpha}{2}}{\sin\varphi\cdot\cos(\varphi-\frac{\alpha}{2})}$$

$$AE=OA\cdot\tan\frac{\beta}{2}=\frac{H\cdot\tan\frac{\beta}{2}}{\cos\varphi},\quad (\text{因}\ DA=OA)$$

$$BF=\frac{PB\cdot AE}{PA}=\frac{H\cdot\cos\frac{\alpha}{2}}{\sin\varphi\cdot\cos(\varphi-\frac{\alpha}{2})}\cdot\frac{H\tan\frac{\beta}{2}}{\cos\varphi}\cdot\frac{\sin\varphi\cdot\cos\varphi}{H}=\frac{H\cos\frac{\alpha}{2}\cdot\tan\frac{\beta}{2}}{\cos(\varphi-\frac{\alpha}{2})}$$

$$FC=\frac{\sin(100^g+\frac{\alpha}{2})}{\sin\{100^g-(\varphi-\frac{\alpha}{2})\}}\cdot OP=\frac{\cos\frac{\alpha}{2}}{\cos(\varphi+\frac{\alpha}{2})}\cdot\frac{H}{\sin\varphi}=\frac{H\cos\frac{\alpha}{2}}{\sin\varphi\cdot\cos(\varphi+\frac{\alpha}{2})}$$

$$GC=\frac{PA\cdot AE}{PA}=\frac{H\cdot\cos\frac{\alpha}{2}}{\sin\varphi\cdot\cos(\varphi+\frac{\alpha}{2})}\cdot\frac{H\cdot\tan\frac{\beta}{2}}{\cos\varphi}\cdot\frac{\sin\varphi\cdot\cos\varphi}{H}=\frac{H\cos\frac{\alpha}{2}\cdot\tan\frac{\beta}{2}}{\cos(\varphi+\frac{\alpha}{2})}$$

$$BC=PC-PB=\frac{H\cos\frac{\alpha}{2}}{\sin\varphi\cdot\cos(\varphi+\frac{\alpha}{2})}-\frac{H\cdot\cos\frac{\alpha}{2}}{\sin\varphi\cdot\cos(\varphi+\frac{\alpha}{2})}=\frac{H\cos\frac{\alpha}{2}\{\cos(\varphi-\frac{\alpha}{2})-\cos(\varphi+\frac{\alpha}{2})\}}{\sin\varphi\cdot\cos(\varphi+\frac{\alpha}{2})\cos(\varphi-\frac{\alpha}{2})}$$

$$=\frac{H\cdot\cos\frac{\alpha}{2}\cdot(2\sin\varphi\cdot\sin\frac{\alpha}{2})}{\sin\varphi\cos(\varphi+\frac{\alpha}{2})\cdot\cos(\varphi+\frac{\alpha}{2})}=\frac{2H\cdot\cos\frac{\alpha}{2}\cdot\sin\frac{\alpha}{2}}{\cos(\varphi+\frac{\alpha}{2})\cos(\varphi-\frac{\alpha}{2})}$$

故 $S=\frac{FF'+GG'}{2}\cdot BC=\frac{2BF+2GC}{2}\cdot BC=(BF+GC)\cdot BC$

$$=\left\{\frac{H\cdot\cos\frac{\alpha}{2}\cdot\tan\frac{\beta}{2}}{\cos(\varphi-\frac{\alpha}{2})}+\frac{H\cdot\cos\frac{\alpha}{2}\cdot\tan\frac{\beta}{2}}{\cos(\varphi+\frac{\alpha}{2})}\right\}\cdot BC$$

$$=\frac{H\cdot\cos\frac{\alpha}{2}\cdot\tan\frac{\beta}{2}\{\cos(\varphi+\frac{\alpha}{2})+\cos(\varphi-\frac{\alpha}{2})\}}{\cos(\varphi-\frac{\alpha}{2})\cdot\cos(\varphi+\frac{\alpha}{2})}\cdot BC$$

$$=\frac{H\cdot\cos\frac{\alpha}{2}\cdot\tan\frac{\beta}{2}(2\cos\varphi\cdot\cos\frac{\alpha}{2})}{\cos(\varphi-\frac{\alpha}{2})\cdot\cos(\varphi+\frac{\alpha}{2})}\cdot\frac{2H\cos\frac{\alpha}{2}\cdot\sin\frac{\alpha}{2}}{\cos(\varphi+\frac{\alpha}{2})\cdot\cos(\varphi-\frac{\alpha}{2})}$$

$$=\frac{4H^2\cdot\cos^3\frac{\alpha}{2}\ \sin\frac{\alpha}{2}\cdot\tan\frac{\beta}{2}\cdot\cos\varphi}{\cos^2(\varphi+\frac{\alpha}{2})\cdot\cos^2(\varphi-\frac{\alpha}{2})}$$

故 $S=\frac{4H^2\cdot\cos^3\frac{\alpha}{2}\ \sin\frac{\alpha}{2}\cdot\tan\frac{\beta}{2}\ \cos\varphi}{\cos^2(\varphi+\frac{\alpha}{2})\cdot\cos^2(\varphi-\frac{\alpha}{2})}$

[推論] 若主軸與水平面直交，即 $\varphi=0$ 則公式(4)可化為下式

$$S=\frac{4H^2\cdot\cos^3\cdot\sin\frac{\alpha}{2}\cdot\tan\frac{\beta}{2}\cdot\cos\varphi}{\cos^2(\varphi+\frac{\alpha}{2})\ \cos(\varphi-\frac{\alpha}{2})}=\frac{4H^2\cos^3\frac{\alpha}{2}\cdot\sin\frac{\alpha}{2}\cdots}{\cos^2\frac{\alpha}{2}\cdot\cos^2(-\frac{\alpha}{2})}$$

$$=\frac{4H^2\cdot\cos^3\cdot\sin\frac{\alpha}{2}\cdot\tan\frac{\beta}{2}}{\cos^4(\frac{\alpha}{2})}=4H^2\tan\frac{\alpha}{2}\cdot\tan\frac{\beta}{2}$$

與公式(3)完全相符。

註：　本篇所用角度概爲四百度式，（即將圓周分爲400度，每度等於100分，每分等於100秒），故以 g 代度以下準此。

第三款　複傾斜撮影

(一)圖解法　[作法]如第八圖自水平線 AD 上之任一點 D，作垂線

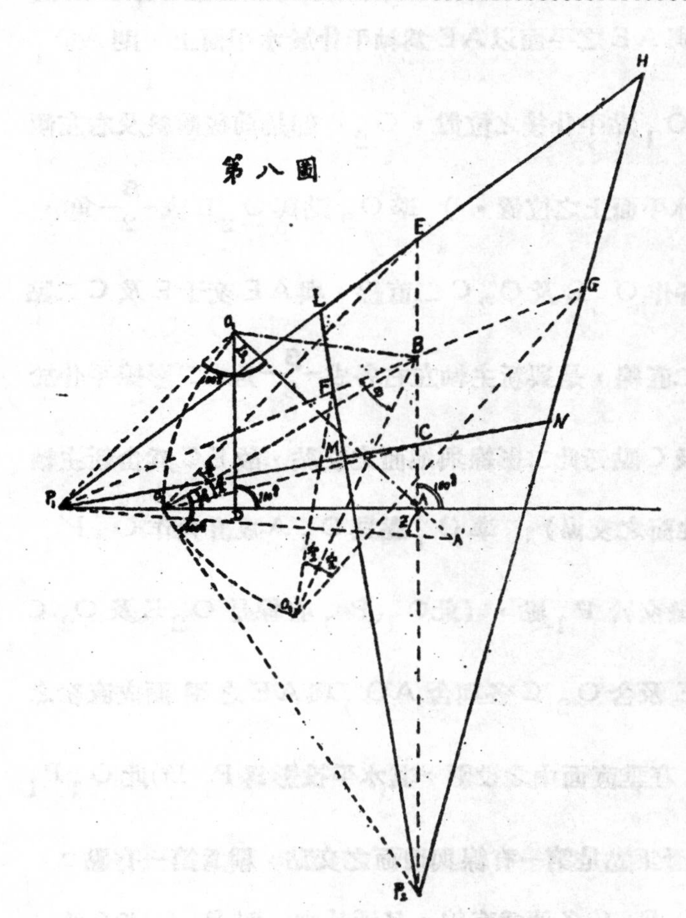

DO_1等於H，（飛機高依縮尺化得之長）準O_1點與DO_1成γ角，（前後傾斜角）作O_1A直線與AD交於A點，則O_1A為單傾斜撮影時在垂直面中投影之主軸，（其水平投影為AD）此主軸稱為舊主軸。次以A為心，O_1A為半徑，于AD線上截取AO_2＝AO_1，準O_2點與O_2A成k角，（左右傾斜角）作O_2B直線，（O_2B在AD之上或下，以右傾或左傾為斷）。與自A點所作AD之垂線AE（AE是含舊主軸與視角β之平面與地面之交線，AE與AO_1圖上不成直交，實際則成直交）。相交於B點，連O_1B直線，則O_1B為左右傾斜後之主軸，稱為新主軸，B點為新主軸與地面之交點，O_2B為以AE為軸平仆新主軸於水平面上之位置。（器械構造左右傾斜無論成何角度，主軸必在含AO_1與AE之平面中移動，且移動之後新主軸與舊主軸所成之角，必等於左右傾斜角，故將含AO_1與AE之平面以AE爲軸平仆於水平面上，則AO_1疊於AD，O_2點卽O_1點平仆後之位置，O_2B卽是前後傾斜及右左傾斜後新主軸被平仆於水平面上之位置。）準O_2點與O_2B成$\frac{\beta}{2}$角，（見第六圖之Ⅱ）右左各作O_2E及O_2C二直線，與AE交于E及C二點。（O_2E及O_2C二直線，是與新主軸左右各成$\frac{\beta}{2}$角之二影線平仆於水平面上之位置，E及C點乃此二影線與地面之交點，故EC爲含新主軸及β視角之平面，與地面之交線）。準O_1點與O_1A成直角作O_1P_1直線，與AD之延長綫交於P_1點，（此O_1P_1直線是O_2E及O_2C未平仆以前，含O_2E及含O_2C各與含AO_1與AE之平面成直交之二平面，相交之直線，在垂直面中之投影，其水平投影爲P_1D）此O_1P_1交線稱爲第一脊線，P_1點是第一脊線與地面之交點，稱爲第一脊點。

次將P_1E，P_1B，P_1C各連爲直線，且延長之，則P_1E爲含第一脊線及O_1E線之平面與地面之交線，P_1C爲含第一脊線及O_1C線之平面與地面之交線；P_1B爲含第一脊線及新主軸之平面與地面之交線，又將O_1A延長至A'點，截取$O_1A'=O_2B$，連P_1A'，則得$P_1A'O_1$角爲新主軸與P_1B直線之夾角，（夾角$P_1A'O_1$是以O_1P_1爲軸，將含第一脊線與新主軸之平面旋轉於垂直面中所得）。令此夾角爲Z。準B點與P_1B成Z角作BO_3直線，以B爲心，BO_2爲半徑，截取$BO_3 = BO_2$，準O_3點左右各與O_3B線成$\frac{d}{2}$角，（見第六圖之l）作O_3G及O_3F二直線，與P_1B及其延長線相交於F及G二點。（即以P_1B為軸，將含P_1B與第一脊線及新主軸之平面平仆於水平面上，O_3F及O_3G二直線，是各與新主軸前後成$\frac{d}{2}$角之二影線被平仆後之位置，G及F二點，乃此二影線與地面之交點，又FG為含新主軸及視角d之平面與地面之交線）。

再自O_2點與O_2B成直角作O_2P_2直線，與AE之延長線相交於P_2點，故O_2B_2為第二脊線，P_2為第二脊點，（在O_3G及O_3F未平仆以前，含O_3G之平面及含O_3F之平面，各與含P_1B線第一脊線新主軸之平面成直交，故含O_3G及含O_3F之二平面相交直線O_2，P_2稱為第二脊線，依幾何學理第二脊線亦必與新主軸成直交，於此BP_2直線乃是含第二脊線與新主軸之平面與地面之交線，O_2P_2第二脊線乃是以BP_2為軸被平仆後之位置，P_2第二脊點，乃是第二脊線與地面之交點）。

聯結P_2F及P_2G二線，且與P_1E及P_1C二線相交於H, L, M, N四點，則P_2F為含第二脊線及O_1F之平面與地面之交線，P_2G為含第二脊線及O_1G之平面與地面之交線，而HLMN四邊形，即為所求之實地面積也。

〔二〕計算法　如第九圖令O為鏡頭中心，□eqgh為照片，om為焦距f，cd為照片主橫線長度L，ab為照片主縱線長度l。

第九圖

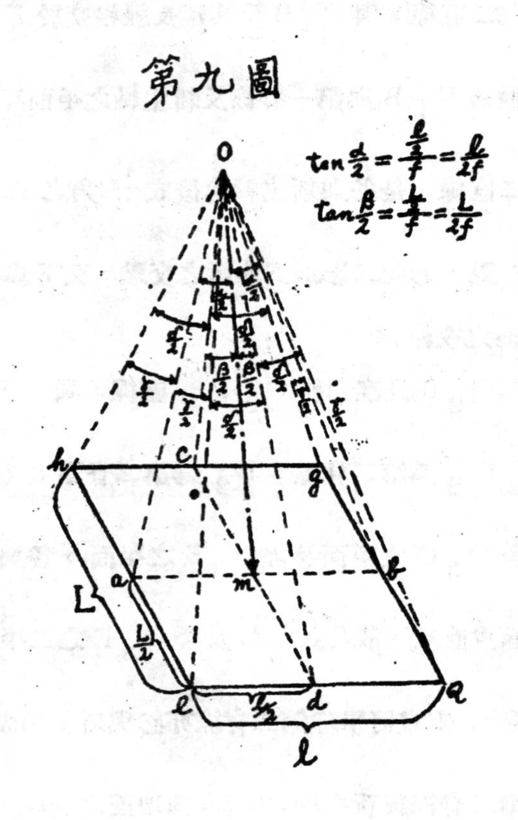

$$\angle aom=\angle bom=\frac{\alpha}{2},\quad \angle dom=\angle com=\frac{\beta}{2}$$

又命 $\angle eod=\angle qod=\angle hoc=\angle goc=\frac{\delta}{2}$，

$\angle aoe=\angle aoh=\angle qob=\angle bog=\frac{\gamma}{2}$，

則

$$oa=\frac{f}{\cos\frac{\alpha}{2}}$$

又 $\tan\frac{\gamma}{2}=\frac{ae}{oa}=\frac{L}{2}\frac{\cos\frac{\alpha}{2}}{f}$

$$=\tan\frac{\beta}{2}\cdot\cos\frac{\alpha}{2}\cdots\cdots\cdots(C)$$

又 $$oa=\frac{f}{\cos\frac{\beta}{2}}$$

$$oe=oa\cdot\frac{oe}{oa}=\frac{f}{\cos\frac{\alpha}{2}\cdot\cos\frac{\gamma}{2}},$$

$$\cos\frac{\delta}{2}=\frac{oa}{oe}=\frac{f}{\cos\frac{\beta}{2}}\cdot\frac{\cos\frac{\alpha}{2}\cos\frac{\gamma}{2}}{f}=\frac{\cos\frac{\alpha}{2}\cos\frac{\gamma}{2}}{\cos\frac{\beta}{2}} \quad (D)$$

茲將第八圖中在O_2E及O_2C未平仆前，含P_1H與O_2E之平面，及含P_1N與O_2C之平面，(即含視δ角之左右二平面)以P_1H及P_1N各爲軸，各平仆於水平面上，如第十圖，即以P_1爲心，P_1O_1爲半徑作圓，又以E及C各爲心，O_2E及O_2C各爲半徑作圓，得交點O_4，O_5二點，連O_4E及O_5C，則O_4E爲O_2E被平仆後之位置，O_5C爲O_2C被平仆後之位置，O_1點一面落於O_4點，他一面落於O_5點，又O_4P_1，O_4L，O_4H及O_5P_1，O_5M，O_5N各連爲直線。

則 $O_4E=O_2E$, $O_5C=O_2C$, $O_4P_1=O_5P_1=O_1P_1=\frac{H}{\sin f}$

$$\angle P_1O_4E=\angle P_1O_5C=100^g$$

$$\angle LO_4E=\angle EO_4H=\angle MO_5C=\angle CO_5N=\frac{\delta}{2}$$

命 $\angle O_4P_1H=x$, $\angle O_5P_1N=y$,

則 $\angle P_1EO_4=100^g-x$, $\angle P_1O_4H=100^g+\frac{\delta}{2}$, $\angle P_1HO_4=100^g-(x+\frac{\delta}{2})$

$\angle O_4EH=100^g+x$, $\angle P_1O_4L=100^g-\frac{\delta}{2}$, $\angle P_1LO_4=100^g-(x-\frac{\delta}{2})$

$\angle O_4LE = 100^g + (x - \frac{\delta}{2})$。

及 $\angle P_1CO_5 = 100^g - y$，$\angle P_1O_5M = 100^g - \frac{\delta}{2}$，$\angle P_1MO_5 = 100^g - (y - \frac{\delta}{2})$

$\angle P_1O_5N = 100^g + \frac{\delta}{2}$，$\angle NCO_5 = 100^g + y$，$\angle P_1NO_5 = 100^g - (y + \frac{\delta}{2})$

$\angle O_5MC = 100^g + (y - \frac{\delta}{2})$。

第十圖

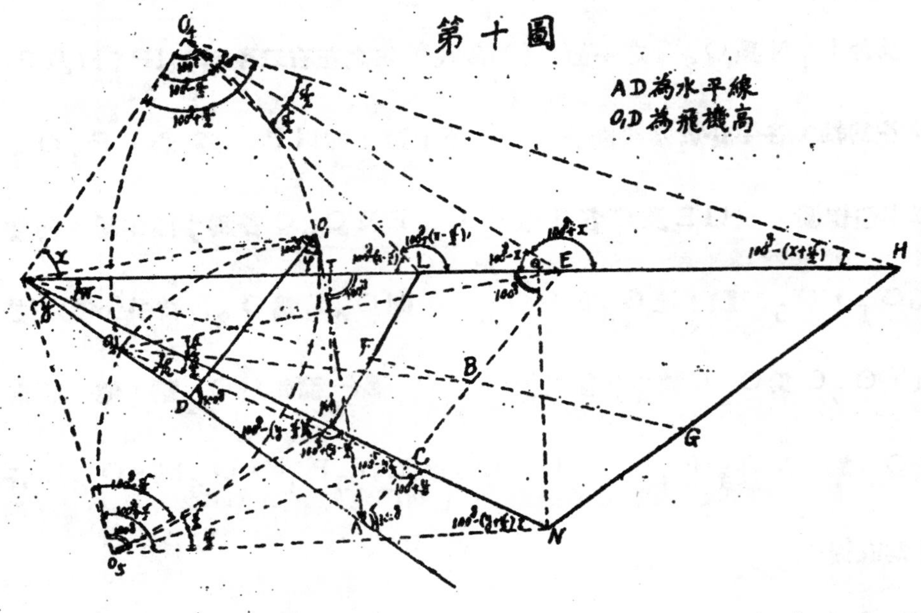

因 $AO_1 = \frac{H}{\cos f}$，$EO_4 = EO_2 = \frac{AO_2}{\cos(\kappa + \frac{\beta}{2})} = \frac{AO_1}{\cos(\kappa + \frac{\beta}{2})} = \frac{H}{\cos f \cos(\kappa + \frac{\beta}{2})}$，

$CO_5 = CO_2 = \frac{AO_2}{\cos(\kappa - \frac{\beta}{2})} = \frac{H}{\cos f \cos(\kappa - \frac{\beta}{2})}$。

又 $O_1P_1 = \frac{H}{\cos(100^g - f)} = \frac{H}{\sin f}$，

故 $\tan x = \frac{EO_4}{O_4P_1} = \frac{H}{\cos f \cos(\kappa + \frac{\beta}{2})} \cdot \frac{\sin f}{H} = \frac{\tan f}{\cos(\kappa + \frac{\beta}{2})}$ (E)

$\tan y = \frac{CO_5}{O_5P_1} = \frac{H}{\cos f \cdot \cos(\kappa - \frac{\beta}{2})} \cdot \frac{\sin f}{H} = \frac{\tan f}{\cos(\kappa - \frac{\beta}{2})}$ (F)

又 $AP_1 = \frac{AO_1}{\cos(100^g - f)} = \frac{H}{\cos f \cdot \sin f}$，

$$P_1E_1=\frac{P_1O_4}{\cos x}=\frac{P_1O_1}{\cos x}=\frac{H}{\cos x\cdot\sin\varphi}$$

$$P_1H=\frac{O_4P_1\sin(100^g+\frac{\gamma}{2})}{\sin\{100^g-(x+\frac{\gamma}{2})\}}=\frac{O_1P_1\cos\frac{\gamma}{2}}{\cos(x+\frac{\gamma}{2})}=\frac{H\cos\frac{\gamma}{2}}{\sin\varphi\cdot\cos(x+\frac{\gamma}{2})}$$

$$P_1L=\frac{O_4P_1\sin(100^g-\frac{\gamma}{2})}{\sin\{100^g-(x-\frac{\gamma}{2})\}}=\frac{O_1P_1\cos\frac{\gamma}{2}}{\cos(x-\frac{\gamma}{2})}=\frac{H,\cos\frac{\gamma}{2}}{\sin\varphi,\cos\left(x-\frac{\gamma}{2}\right)}$$

$$P_1C=\frac{P_1O_5}{\cos y}=\frac{P_1O_1}{\cos y}=\frac{H}{\sin\varphi\cdot\cos y}$$

$$P_1N=\frac{O_5P_1\sin(100^g+\frac{\gamma}{2})}{\sin\{100^g-(y+\frac{\gamma}{2})\}}=\frac{O_1P_1\cos\frac{\gamma}{2}}{\cos(y+\frac{\gamma}{2})}=\frac{H\cos\frac{\gamma}{2}}{\sin\varphi\cdot\cos(y+\frac{\gamma}{2})}$$

$$P_1M=\frac{O_5P_1\sin(100^g-\frac{\gamma}{2})}{\sin\{100^g-(y-\frac{\gamma}{2})\}}=\frac{O_1P_1\cos\frac{\gamma}{2}}{\cos(y-\frac{\gamma}{2})}=\frac{H\cos\frac{\gamma}{2}}{\sin\varphi\cdot\cos(y-\frac{\gamma}{2})}$$

又因 $\sin\angle P_1EC\ \frac{AP_1}{P_1E}=\frac{H}{\cos\varphi\cdot\sin\varphi}\ \frac{\cos x\ \sin\varphi}{H}=\frac{\cos x}{\cos\varphi}$

$$CE=\frac{O_2E\sin\beta}{\sin\angle ECO_2}=\frac{O_2E\cdot\sin\beta}{\sin\{100^g+(K-\frac{\beta}{2})\}}=\frac{O_2E\sin\beta}{\cos(K-\frac{\beta}{2})}=\frac{H\cdot\sin\beta}{\cos\varphi\cdot\cos(K+\frac{\beta}{2})\cdot\cos(K-\frac{\beta}{2})}$$

令 $\angle MP_1L=\varpi$，

則 $\sin\varpi=\frac{CE\cdot\sin\angle P_1EC}{P_1C}=\frac{H\sin\beta}{\cos\varphi\cdot\cos(K+\frac{\beta}{2})\cdot\cos(K-\frac{\beta}{2})}\cdot\frac{\cos x}{\cos\varphi}\ \frac{\sin\varphi\cdot\cos y}{H}$

$$=\frac{\sin\beta\tan\varphi\ \cos x\ \cos y}{\cos\varphi\cdot\cos(K+\frac{\beta}{2})\ \cos(K-\frac{\beta}{2})}=\sin\beta\cdot\frac{\tan\varphi\cdot\cos x}{\cos(K+\frac{\beta}{2})}\ \frac{\tan\varphi\cdot\cos y}{\cos(K-\frac{\beta}{2})\cdot\sin\varphi}$$

$$=\frac{\sin\beta\ \sin x\ \sin y}{\sin\varphi}。$$

準M及N点各作 P_1H 之垂線 MT 及 NQ 交 P_1H 於 T 及 Q 二点則 $NQ=P_1N\ \sin\varpi=\frac{H\cos\frac{\gamma}{2}\cdot\sin\beta\ \sin x\ \sin y}{\sin^2\varphi\ \cos(y+\frac{\gamma}{2})}$，

$$MT=P_1M\ \sin\varpi=\frac{H\cos\frac{\gamma}{2}\cdot\sin\beta\ \sin x\cdot\sin y}{\sin^2\varphi\ \cos(y-\frac{\gamma}{2})}，$$

即 $\triangle P_1NH=\frac{1}{2}(P_1H\ NQ)=\frac{1}{2}\left\{\frac{H\cos\frac{\gamma}{2}}{\sin\varphi\cdot\cos(x+\frac{\gamma}{2})}\cdot\frac{H\cos\frac{\gamma}{2}\cdot\sin\beta\cdot\sin x\cdot\sin y}{\sin^2\varphi\cdot\cos(y-\frac{\gamma}{2})}\right\}$

$$=\frac{H^2\cos^2\frac{\gamma}{2}\cdot\sin\beta\cdot\sin x\cdot\sin y}{2\sin^3\varphi\ \cos(x+\frac{\gamma}{2})\cdot\cos(y+\frac{\gamma}{2})}$$

$$\triangle P_1ML=\frac{1}{2}(P_1L\ MT)=\frac{1}{2}\left\{\frac{H\cdot\cos\frac{\gamma}{2}}{\sin\varphi\cdot\cos(x-\frac{\gamma}{2})}\cdot\frac{H\cos\frac{\gamma}{2}\cdot\sin\beta\cdot\sin x\ \sin y}{\sin^2\varphi\cdot\cos(y-\frac{\gamma}{2})}\right\}$$

$$=\frac{H^2\cos^2\frac{\delta}{2}\sin\beta\cdot\sin x\cdot\sin y}{2\sin^3\varphi\cdot\cos(x-\frac{\delta}{2})\cdot\cos(y-\frac{\delta}{2})}.$$

故 $S_0=\triangle LMN=\triangle RNH-\triangle RML=\frac{H^2\cos^2(\frac{\delta}{2})\sin\beta\cdot\sin x\cdot\sin y\{\cos(x-\frac{\delta}{2})\cos(y-\frac{\delta}{2})-\cos(x+\frac{\delta}{2})\cos(y+\frac{\delta}{2})\}}{2\sin^3\varphi\cos(x+\frac{\delta}{2})\cdot\cos(y+\frac{\delta}{2})\cos(y-\frac{\delta}{2})}$

$$=\frac{H^2\cos^2(\frac{\delta}{2})\sin\beta\cdot\sin x\cdot\sin y\{\frac{1}{2}\cos(x-y)+\frac{1}{2}\cos(x+y-\delta)-\frac{1}{2}\cos(x-y)-\frac{1}{2}\cos(x+y+\delta)\}}{2\sin^3\varphi\cos(x+\frac{\delta}{2})\cdot\cos(y+\frac{\delta}{2})\cdot\cos(x-\frac{\delta}{2})\cdot\cos(y-\frac{\delta}{2})}$$

$$=\frac{H^2\cos^2(\frac{\delta}{2})\sin\beta\cdot\sin x\cdot\sin y\{\frac{1}{2}\cos(x+y-\delta)-\frac{1}{2}\cos(x+y+\delta)\}}{2\sin^3\varphi\cdot\cos(x+\frac{\delta}{2})\cos(y+\frac{\delta}{2})\cdot\cos(x-\frac{\delta}{2})\cos(y-\frac{\delta}{2})}$$

$$=\frac{H^2\cos^2(\frac{\delta}{2})\sin\beta\cdot\sin x\cdot\sin y\cdot\sin(x+y)\cdot\sin\delta}{2\sin^3\varphi\cos(x+\frac{\delta}{2})\cdot\cos(y+\frac{\delta}{2})\cdot\cos(x-\frac{\delta}{2})\cdot\cos(y-\frac{\delta}{2})}\cdots\cdots(5)$$

〔推論工〕 $K=0^g$ 時，公式(5)之變化・如第十圖

則 $O_4H=\frac{O_4E\cdot\sin(100^g-x)}{\sin\{100^g-(x+\frac{\delta}{2})\}}=\frac{O_4E\cdot\cos x}{\cos(x+\frac{\delta}{2})}=\frac{H\cdot\cos x}{\cos\varphi\cos(K+\frac{\delta}{2})\cdot\cos(x+\frac{\delta}{2})}$ ⓐ

$O_4L=O_4E\cdot\sin(100^g-x)=\frac{O_4E\cos x}{\cos(x-\frac{\delta}{2})}=\frac{H\cos x}{\cos\varphi\cos(K+\frac{\delta}{2})\cdot\cos(x-\frac{\delta}{2})}$ ⓑ

又將第八圖中在 O_3F 及 O_3G 未平仆前，含 P_2L 與 O_3F 之平面，及含 P_2H 與 O_3G 之平面，(卽如九圖中含視角 γ 之二平面)以 P_2L 及 P_2H 各爲軸，各平仆於水平面上，(操法同第十圖)如第十一圖，O_6F 爲 O_3F 被平仆後之位置，O_7G 爲 O_3G 被平仆後之位置，又連 O_6L，O_6M，O_6P_2 及 O_7H，O_7N，O_7P_2 各爲直線，則 O_6L 卽是第十圖中之 O_4L，O_7H 卽爲第十圖中之 O_4H，O_6M 卽十圖中之 O_5M，O_7N 卽十圖之 O_5N・

$P_2O_6=P_2O_7=P_2O_2$, $O_6F=O_3F$,

$O_7G=O_3G$,

$\angle P_2O_3F=\angle P_2O_7G=100^g$・ $\angle LO_6F=\angle FO_6M$

$= \angle GO_7H = \angle GO_7N = \frac{\gamma}{2}$，

令 $\angle O_6FP_2 = \lambda_1$，$\angle O_7GP_2 = \lambda_2$，

則 $\angle O_6FL = 200^g - \lambda_1$，$\angle O_7GH = 200^g \lambda_2$，

$\angle O_6LF = \lambda_1 - \frac{\gamma}{2}$，

$\angle O_7HG = \lambda_2 - \frac{\gamma}{2}$，其餘諸角如圖所示。

因 $BO_3 = BO_2 = \frac{AO_2}{\cos K} = \frac{AO_1}{\cos K} = \frac{H}{\cos\int : \cos K}$，

第十一圖

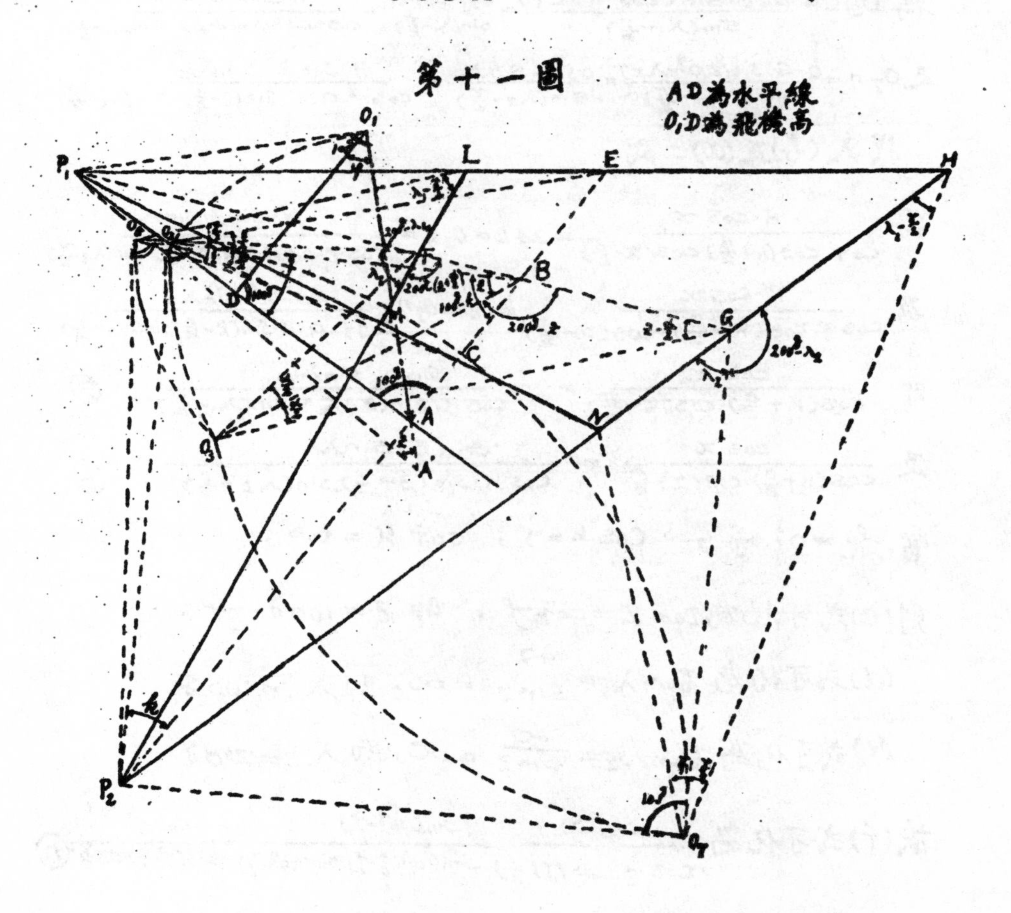

$$\tan Z = \tan\angle P_1A'O_1 = \frac{P_1O_1}{A'O_1} = \frac{P_1O_1}{BO_2} = \frac{H}{\sin f} \cdot \frac{\cos f \cdot \cos K}{H} = \cot f \cdot \cos K \quad (c)$$

又 $O_3F = \frac{BO_3 \sin Z}{\sin\{200^g - (Z - \frac{g}{2})\}} = \frac{BO_2 \sin Z}{\sin(Z + \frac{g}{2})} = \frac{H \sin Z}{\cos f \cdot \cos K \cdot \sin(Z + \frac{g}{2})}$,

$$O_3G = \frac{BO_3 \sin(200^g - Z)}{\sin(Z - \frac{g}{2})} = \frac{BO_2 \sin Z}{\sin(Z - \frac{g}{2})} = \frac{H \sin Z}{\cos f \cos K \cdot \sin(Z - \frac{g}{2})},$$

$$P_2O_2 = BO_2 \tan(100^g - K) = \frac{H \cdot \cot K}{\cos f \cdot \cos K} = \frac{H}{\cos f \cdot \sin K}$$

則 $\tan\lambda_1 = \frac{P_2O_6}{FO_6} = \frac{P_2O_2}{FO_3} = \frac{H}{\sin K \cdot \sin f} \cdot \frac{\cos f \cdot \cos K \sin(Z + \frac{g}{2})}{H \sin Z} = \frac{\cot K \cdot \sin(Z + \frac{g}{2})}{\sin Z} \quad (d)$

$$\tan\lambda_2 = \frac{P_2O_7}{GO_7} = \frac{P_2O_2}{GO_3} = \frac{H}{\sin K \cdot \cos f} \cdot \frac{\cos f \cdot \cos K \cdot \sin(Z - \frac{g}{2})}{H \cdot \sin Z} = \frac{\cot K \cdot \sin(Z - \frac{g}{2})}{\sin Z} \quad (e)$$

於 $\triangle LO_6F$ 及 $\triangle HO_7G$ 两形内

得 $O_6L = \frac{O_6F \cdot \sin(200^g - \lambda_1)}{\sin(\lambda_1 - \frac{g}{2})} = \frac{O_3F \cdot \sin\lambda_1}{\sin(\lambda_1 - \frac{g}{2})} = \frac{H \cdot \sin Z \cdot \sin\lambda_1}{\cos f \cos K \cdot \sin(Z - \frac{g}{2}) \sin(\lambda_1 - \frac{g}{2})}$

及 $O_7H = \frac{O_7G \cdot \sin(200^g - \lambda_2)}{\sin(\lambda_2 - \frac{g}{2})} = \frac{O_3G \cdot \sin\lambda_2}{\sin(\lambda_2 - \frac{g}{2})} = \frac{H \cdot \sin Z \cdot \sin\lambda_2}{\cos f \cdot \cos K \cdot \sin(Z - \frac{g}{2}) \cdot \sin(\lambda_2 - \frac{g}{2})}$

代入(b)及(a)二式

得 $\frac{H \cdot \cos x}{\cos f \cdot \cos(K + \frac{\beta}{2}) \cdot \cos(x - \frac{g}{2})} = O_4L = O_6L = \frac{H \cdot \sin Z \cdot \sin\lambda_1}{\cos f \cdot \cos K \cdot \sin(Z - \frac{g}{2}) \cdot \sin(\lambda_2 - \frac{g}{2})}$

及 $\frac{H \cdot \cos x}{\cos f \cdot \cos(K + \frac{\beta}{2}) \cdot \cos(x - \frac{g}{2})} = O_4H = O_7H = \frac{H \sin Z \cdot \sin\lambda_2}{\cos f \cdot \cos K \cdot \sin(Z - \frac{g}{2}) \sin(\lambda_2 - \frac{g}{2})}$

即 $\frac{\cos x}{\cos(K + \frac{\beta}{2}) \cdot \cos(x - \frac{g}{2})} = \frac{\sin Z \cdot \sin\lambda_2}{\cos K \cdot \sin(Z + \frac{g}{2}) \cdot \sin(\lambda_1 - \frac{g}{2})} \quad (f)$

及 $\frac{\cos x}{\cos(K + \frac{\beta}{2}) \cdot \cos(x + \frac{g}{2})} = \frac{\sin Z \cdot \sin\lambda_1}{\cos K \cdot \sin(Z - \frac{g}{2}) \sin(\lambda_2 - \frac{g}{2})} \cdots\cdots (g)$

當 $K = 0^g$ 時，$\cos K = 1$，$\cot K = \infty$，

則(c)式可化為 $\tan Z = \cot f$，即 $Z = 100^g - f$。

(d)式可化為 $\tan\lambda_1 = \frac{\infty}{\sin Z} = \infty$，即 $\lambda_1 = 100^g$

(e)式可化為 $\tan\lambda_2 = \frac{\infty}{\sin Z} = \infty$，即 $\lambda_2 = 100^g$

故(f)式可化為 $\frac{\cos x}{\cos\frac{\beta}{2} \cos(x + \frac{g}{2})} = \frac{\sin(100^g - f)}{\sin(100^g - \frac{g}{2} - f) \cdot \sin(100^g - \frac{g}{2})} = \frac{\cos f}{\cos(f - \frac{g}{2}) \cos\frac{g}{2}} \quad (h)$

(g)式可化為 $\frac{\cos x}{\cos\frac{\beta}{2}\cdot\cos(x+\frac{\delta}{2})}=\frac{\sin(100^g\varphi)}{\sin(100^g\varphi-\frac{\alpha}{2})\cdot\sin(100^g-\frac{\gamma}{2})}=\frac{\cos\varphi}{\cos(\varphi+\frac{\alpha}{2})\cdot\cos\frac{\gamma}{2}}$ ⓘ

將(h)×(i)且兩边各平方之

得 $\frac{\cos^4 x}{\cos^4(\frac{\beta}{2})\cdot\cos^2(x+\frac{\delta}{2})\cos^2(x-\frac{\delta}{2})}=\frac{\cos^4\varphi}{\cos^2(\varphi-\frac{\alpha}{2})\cdot\cos^2(\varphi+\frac{\alpha}{2})\cdot\cos^4(\frac{\gamma}{2})}$

即 $\frac{\cos^4 x\cos^4(\frac{\gamma}{2})}{\cos^4\varphi\cos^4(\frac{\beta}{2})\cdot\cos^2(x+\frac{\delta}{2})\cos^2(x-\frac{\delta}{2})}=\frac{1}{\cos^2(\varphi+\frac{\alpha}{2})\cdot\cos^2(\varphi-\frac{\alpha}{2})}$

且當 $k=0$ 時

則公式(E)可化為 $\tan x=\frac{\tan\varphi}{\cos\frac{\beta}{2}}$

公式(F)可化為 $\tan y=\frac{\tan\varphi}{\cos\frac{\beta}{2}}$

由是 $\sin x=\frac{\tan\varphi\cos x}{\cos\frac{\beta}{2}}$，及 $\tan x=\tan y$ 即 $x=y$。

又 $\frac{\sin(x+y)\sin x\times\sin y}{\sin^3\varphi}=\frac{\sin(2x)\sin^2 x}{\sin^3\varphi}=\frac{2\sin^3 x\cos x}{\sin^3\varphi}=\frac{2\tan^3\varphi\cdot\cos^3 x\cdot\cos x}{\cos^3(\frac{\beta}{2})\cdot\sin^3\varphi}=\frac{2\cos^4 x}{\cos^3(\frac{\beta}{2})\cdot\cos^3\varphi}$

又如第九圖 $\sin\frac{\delta}{2}=\frac{ed}{oe}=\frac{l}{2}\cdot\frac{\cos\frac{\alpha}{2}\cdot\cos\frac{\gamma}{2}}{f}=\tan\frac{\alpha}{2}\cos\frac{\alpha}{2}\cos\frac{\gamma}{2}=\sin\frac{\alpha}{2}\cos\frac{\gamma}{2}$

故當 $k=0°$ 時公式(5)可化如下.

$$S=\frac{H^2\cos^2(\frac{\delta}{2})\sin\delta\sin\beta}{2\cos(x+\frac{\delta}{2})\cdot\cos(x-\frac{\delta}{2})\cdot\cos(y+\frac{\delta}{2})\cdot\cos(y-\frac{\delta}{2})}\cdot\frac{\sin(x\ y\sin x\sin y}{\sin^3\varphi}$$

$$=\frac{H^2\cos^2(\frac{\delta}{2})(2\sin\frac{\delta}{2}\cos\frac{\delta}{2})\cdot(2\sin\frac{\beta}{2}\cos\frac{\beta}{2})}{2\cos^2(x+\frac{\delta}{2})\cos^2(x-\frac{\delta}{2})}\ \frac{2\cos^4 x}{\cos^3(\frac{\beta}{2})\cos^3\varphi}$$

$$=\frac{4H^2\cos^3(\frac{\delta}{2})\sin\frac{\delta}{2}\ \sin\frac{\beta}{2}\cdot\cos\frac{\beta}{2}\cdot\cos^4 x}{\cos^2(x+\frac{\delta}{2})\cos^2(x-\frac{\delta}{2})\cos^3\varphi\ \cos^3(\frac{\beta}{2})}$$

$$=4H^2\left\{\frac{\cos^3(\frac{\alpha}{2})\cos^3(\frac{\gamma}{2})}{\cos^3\frac{\beta}{2}}\right\}(\sin\frac{\alpha}{2}\cos\frac{\gamma}{2})\tan\frac{\beta}{2}\cdot\frac{\cos^4 x}{\cos\frac{\beta}{2}\cos^2(x+\frac{\delta}{2})\cos^2(x-\frac{\delta}{2})\cos^3\varphi}$$ [公式(B)代入]

$$=4H^2\cos^3(\frac{\alpha}{2})\sin\frac{\alpha}{2}\tan\frac{\beta}{2}\cos\varphi\left\{\frac{\cos^4(\frac{\gamma}{2})\cos^4 x}{\cos^4(\frac{\beta}{2})\cos^2(x+\frac{\delta}{2})\cos^2(x-\frac{\delta}{2})\cos^4\varphi}\right.$$

$$=\frac{4H^2\cos^3(\frac{\alpha}{2})\sin\frac{\alpha}{2}\tan\frac{\beta}{2}\cos\varphi}{\cos^2(\varphi+\frac{\alpha}{2})\cos^2(\varphi-\frac{\alpha}{2})}$$ [公式(j)代入

與公式(4)完全相同

〔推論π〕 $k=0^g$ 及 $\varphi=0^g$ 時，公式(5)之變化又如何，

因　$k=0^g$ 及 $f=0^g$ 則公式(E)化爲 $\tan X=\dfrac{\tan 0^g}{\cos\frac{\beta}{2}}$

$=0$，即 $x=0^g$。

同理 $Y=0^\circ$，故公式(5)可化之如下：

$$S=\frac{H^2\cos^2(\frac{\delta}{2})\sin\delta\sin\beta}{2\cos(x+\frac{\delta}{2})\cos(x-\frac{\delta}{2})\cos(y+\frac{\delta}{2})\cos(y-\frac{\delta}{2})}\cdot\frac{\sin(x+y)\sin x\sin y}{\sin^3 f}$$

$$=\frac{H^2\cos^2(\frac{\delta}{2})(2\sin\frac{\delta}{2}\cos\frac{\delta}{2})(2\sin\frac{\beta}{2}\cos\frac{\beta}{2})}{2\cos\frac{\delta}{2}\cos(-\frac{\delta}{2})\cos\frac{\delta}{2}\cos(-\frac{\delta}{2})}\quad\frac{2\cos^4 x}{\cos^3(\frac{\beta}{2})\cos^3 f}$$

$$=\frac{4H^2\cos^3(\frac{\delta}{2})\sin\frac{\delta}{2}\tan\frac{\beta}{2}}{\cos^4(\frac{\delta}{2})\cos\frac{\beta}{2}}=\frac{4H^2\sin\frac{\delta}{2}\tan\frac{\beta}{2}}{\cos\frac{\delta}{2}\cos\frac{\beta}{2}}$$

$$=\frac{4H^2(\sin\frac{\alpha}{2}\cos\frac{\gamma}{2})\tan\frac{\beta}{2}}{\dfrac{\cos\frac{\alpha}{2}\cos\frac{\gamma}{2}}{\cos\frac{\beta}{2}}\cdot\cos\frac{\beta}{2}}=\frac{4H^2\sin\frac{\alpha}{2}\cos\frac{\gamma}{2}\cdot\tan\frac{\beta}{2}}{\cos\frac{\alpha}{2}\cos\frac{\gamma}{2}}$$

$$=4H^2\tan\frac{\alpha}{2}\tan\frac{\beta}{2}$$

與公式(3)完全相符。

［結論］ $\tan\frac{\alpha}{2}=\frac{l}{2f}$ ……(A)　$\tan\frac{\beta}{2}=\frac{b}{2f}$ ………(B)

$S=4H^2\tan\frac{\alpha}{2}\tan\frac{\beta}{2}$ ……(3)　$S=\dfrac{4H^2\cos^3(\frac{\alpha}{2})\sin\frac{\alpha}{2}\tan\frac{\beta}{2}\cos f}{\cos^2(f+\frac{\alpha}{2})\cos^2(f-\frac{\alpha}{2})}$ ……(4)

$\tan\frac{\gamma}{2}=\tan\frac{\beta}{2}\cos\frac{\alpha}{2}$ ………(C)　$\cos\frac{\delta}{2}=\dfrac{\cos\frac{\alpha}{2}\cos\frac{\gamma}{2}}{\cos\frac{\beta}{2}}$ ……(D)

$\tan x=\dfrac{\tan f}{\cos(K+\frac{\beta}{2})}$ ………(E)　$\tan y=\dfrac{\tan f}{\cos(K-\frac{\beta}{2})}$ ……(F)

$$S=\frac{H^2\cos^2(\frac{\delta}{2})\sin\beta\sin x\sin y\sin(x+y)\sin\delta}{2\cos(x+\frac{\delta}{2})\cos(x-\frac{\delta}{2})\cos(y+\frac{\delta}{2})\cos(y-\frac{\delta}{2})\sin^3 f}\quad\cdots\cdots(5)$$

以上諸式若垂直撮影則應用(A)，(B)，(3)。單傾斜撮影則應用(A)，(B)，(4)。複傾斜撮影則應用(A)，(B)，(C)，(D)，(E)，(F)，(5)。但此三種撮影，其照片所包實地面積之比較，若飛機高同度，焦點距離同，照片大小同，傾斜角度亦同，則垂直撮影照片所包實地面積爲最小，單傾斜撮影次之，複傾斜撮影爲最大。

當單傾斜撮影時，如δ角愈大，則公式(4)中……………………

$$\frac{\cos\delta}{\cos^2\left(\delta+\frac{\alpha}{2}\right)\cos^2\left(\delta-\frac{\alpha}{2}\right)}$$ 之值愈大，即其

照片所包實地面積亦愈大，但以$\delta<100^g$爲限，因$\delta=100^g$時，$\cos\delta=0$，即$S=0$，則不能撮取地面之影矣。

當複傾斜撮影時，假δ角既定，故如k角愈大，則公式(E)中

$$\frac{\tan\delta}{\cos\left(k+\frac{\beta}{2}\right)}$$ 及公式[F]中 $$\frac{\tan\delta}{\cos\left(k-\frac{\beta}{2}\right)}$$ 之值

均愈大，即x及y之值亦均愈大，公式[5]中分母之值愈小，分子之值愈大，即S之值愈大，實地面積愈廣。惟$k=100^g$或$k=100^g-\frac{\beta}{2}$

則公式[E] $$\tan x=\frac{\tan\delta}{\cos\left(100^g+\frac{\beta}{2}\right)}=\frac{\tan\delta}{-\sin\frac{\beta}{2}}$$

或 $$\tan x=\frac{\tan\delta}{\cos\left(100^g-\frac{\beta}{2}+\frac{\beta}{2}\right)}=\frac{\tan\delta}{\cos 100^g}$$

$$=\frac{\tan\delta}{0}=\infty,\quad 即\ x>100^g,$$

或$x=100^g$，則 $\cos\left(x+\frac{\gamma}{2}\right)$ 之值爲負數，即公式[5]中分母之值爲負數，而S之值爲無窮大，即實地面積爲無窮大，又就公式[5]中分母$\cos\left(x+\frac{\gamma}{2}\right)$觀之，x之值不特不能等於$100^g$，且必$x<100^g-\frac{\gamma}{2}$，蓋$x=100^g-\frac{\gamma}{2}$，則$\cos\left(x+\frac{\gamma}{2}\right)=\cos 100^g=0$，即公式(5)分母之值爲零，S之值仍爲無窮大。故k之值等於100^g，或等於$100^g-\frac{\beta}{2}$固均不合，而k之值，必須使x之最大值，小於$100^g-\frac{\gamma}{2}$爲限也。

涵　　洞

沈　寶　麒

涵洞者乃排洩路面水之一重要部份也・當下雨時，路面之水雖有一小部份滲入地內，但大部份仍在路面流動・因為水性向下流，所以路面低處常聚雨水，而成水坑；此種水坑當天晴時，其雨水被蒸發後則涸裂，以致有損於路堤(Embankments)・故建築道路時勢不得不於路堤之下，建設水道即所謂涵洞・涵洞可分為兩部份，其本身軀幹或空桶（barrel）及端壁（head walls）・軀幹為涵洞之輸水部份，而端壁則保護空桶損蝕，及引水流過涵洞；其最小高度由1$\frac{1}{2}$尺至2尺○

建築涵洞之高度，不可使路線輪廓因該涵洞而提高・如不能避免時，則在涵洞處將道路坡度提高，使其斜坡兩邊須有相當距離，俾車輛易於行駛・如突然凸高，則對於交通有礙而且危險○

建設涵洞計劃，第一要視察水面跨度大小・如果跨度過大，則以建築橋樑，較為相宜・第二確定水流量及水流方向・計劃涵洞最重要是有一個精密之水流總量統計，因為涵洞太小，則被水衝毀，而損及路堤，對於路身健康有影响，對於交通有阻礙等等弊端・如果涵洞太大，雖然可免上述弊端，但建築經費又太不相宜・現有數點可作為確定水道面積大小之根據：

（1）雨量

以歷年來最暴烈風雨期間所得之雨量爲計劃標準

(2) 流域地勢

如流域地勢平坦，其流量較有規律，對於計劃方面，則易於設計・如流域地勢傾斜，則水流必急而且大部份水同時流進，所以水道面積必定加大○

(3) 流域面積

流域面積對於水道面積大小有重要關建・如流域面增大則涵洞亦須加大，但最重要有確實流量統計則可矣○

(4) 地質及草木

地質及草木對于水道亦有關係焉・因爲地質鬆浮而粗者及有濃密草木者，則易於滲透且受水必多・故雖降大雨，亦不致釀成溢流・如巖石崎嶇，地質堅密，草木稀疏者，則難於滲透受水必不多，大雨驟至，便成溢流，水道亦須增大○

(5) 水坑

如水坑淺而闊，曲折多，坡度小則水流入涵洞需要時間較長，而流量亦較少・如水坑深而狹，曲折少，坡度大則流入涵洞需要時間短促，而流量隨時有增大之可能○

確定水道面積方法

確定水道所需要面積方法，可分爲二種：

1. 用公式方法

2. 用直接觀察方法

茲將以上兩種方法分述如下：

1. 用公式方法

以公式求得水道面積雖然簡捷，但是所得不過大概之值，而且需要有確切統計爲根據，否則結果必定不圓滿・茲將普通著名之公式錄如下：

（甲）Talbot's 公式：

$$a = C \sqrt[4]{A^3}$$

在此公式 a ＝ 水道面積，以方尺計算。

A ＝ 流域面積，以英畝計算。

C ＝ 一個常數，視乎地土及氣候情形如何而定之。

茲將所得普通 C 之值錄如下：

C ＝ 2/3 至 1 當地勢為巖石山崗之地。

C ＝ 1/3 當地勢為起伏壟值之地。

C ＝ 1/6 至 1/5 當地勢為平坦之地。

如欲知詳細應用此公式，請參觀 Construction of Roads and Pavement by Agg Table Ⅲ：Talbot's Formula for Waterway。

（乙）Burkli — Ziegler 公式

$$Q = CR \sqrt[4]{\frac{S}{A}}$$

在此公式 Q ＝ 水量流入涵洞，以立方尺每秒鐘每英畝計算。

R ＝ 最暴烈風雨平均雨量，以立方尺每秒鐘每英畝計算（每小時一吋雨量可作為一立方尺每秒鐘每英畝計）。

S ＝ 流域面積平均地勢斜坡，以每百尺計算。

A ＝ 流域面積，以英畝計算。

C ＝ 一個常數，視乎地土及氣候情形如何而定。

在此公式普通 C 之值為

C ＝ 0・20 當該地為鄉村之地。

C ＝ 0・30 當該地為都市碎石街道。

C＝0・75 當該地爲都市經已鋪面之街道○

Burkli — Zieglar 之公式多數用以計劃溝道(Sewer)・如計劃涵洞則不及用 Talbot 公式之多矣○

2. 直接觀察法

以直接觀察而確定涵洞大小，是比較準確，因爲公式方法對於估計之各種條件難免有誤又因各地情形不同・玆將直接觀察法要點列如下：

(一) 觀察同一溪流水面之大小○

(二) 選擇高水位時，在溪流狹處測其橫斷面○

(三) 考據以前洪水時浮物遺跡，及該地居民之經驗確證，以定水位之高低○

涵洞種類

涵洞種類以形狀分別有三，玆將分述如下：

弧形涵洞

弧形涵洞(arch culvert)有類於箱形涵洞，但其頂部造成弧形・此種涵洞多數以鋼筋三合土，混凝土或石料爲之・現在此種涵洞比之昔日較爲少用，除非在觀瞻上，或所採用材料較爲相宜則用之○

管形涵洞

管形涵洞 (tile culvert) 普通多以瓦筒，粗厚陶管，溝筒，三合土筒等物爲之・鋼管亦有用之，以其耐用能抵受重力；但安設時須經電鍍方可，其價格之昂，高於一切涵洞所用之物料，故非必要時不用之・生鐵管以前多用之作鐵路小涵洞，但現今多以之作鐵路邊溝用矣○

箱形涵洞

箱形木涵洞(wood box culvert)昔時多用之，但其生命短促伸縮力大，祗可作短期之用，或木材非常相宜之地則可用之。

箱形三合土涵洞(Concreté box culvert)現多用之以其價格相宜且耐用。多數三合土涵洞其兩旁以混凝土爲之，其底部及頂部則以鋼筋混凝土，致於完全用鋼筋混凝土亦有之。下列之表爲箱形三合土涵洞之適當尺寸也。

箱形鋼筋三合土涵洞尺寸表

跨度(英尺計)	箱內最高度(英尺計)	箱之最大塡土(英尺計)	厚度(英寸計)		箱之頂及底部之鋼筋(英寸計)	
			箱	端壁	鋼筋大小度	鋼筋距離
2	4	4	6	8	$3/8$	8
3	4	4	6	8	$3/8$	6
4	4	4	6	8	$1/2$	6
5	7.5	1	7	8	$1/2$	7
6	7.5	1	7	8	$1/2$	5
7	7.5	1	7	8	$5/8$	6
8	7.5	1	7	8	$5/8$	$4\frac{3}{4}$
9	9	1	9	12	$5/8$	$5\frac{1}{2}$
10	9	1	9	12	$3/4$	$6\frac{1}{2}$
11	9	1	9	12	$3/4$	$5\frac{1}{2}$
12	9	1	9	12	$3/4$	5

計算力線之化簡法

FURTHER SIMPLIFICATION IN COMPUTATION OF INFLUENCE LINES

原著 Lewis K, Oesterling 譯述沈寶麒

（原文刊在 Civil Engineering' May 1936）

昨年Mr, Pie:ce 所作之［連續樑抵抗力之力線簡明解法］一文，

第壹圖

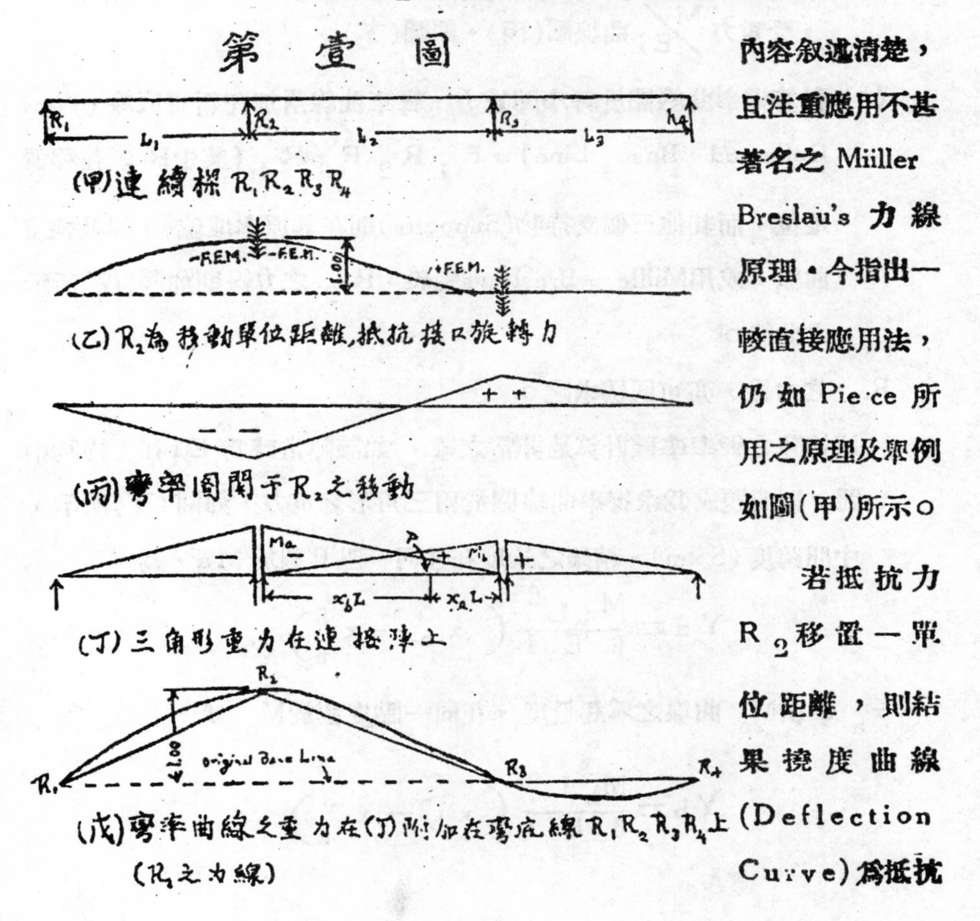

內容敘述清楚，且注重應用不甚著名之 Miiller Breslau's 力線原理。今指出一較直接應用法，仍如 Pie:ce 所用之原理及舉例如圖(甲)所示。

若抵抗力 R_2 移置一單位距離，則結果撓度曲線(Deflection Curve)為抵抗

力 R_2 之力線・此乃 Miiller Breslau's 原理之簡敘・此曲線可依下列步驟求之：

(1) 移置 R_2 一單位距離，使提接口在 R_2 及 R_3 抵抗旋轉力，圖(乙)○

(2) 計算固定端 (fixed end) 之彎率，及依彎率分配原理分配之○

(3) 繪彎率曲線或如 EI 是常變則繪 M/EI 曲線，圖(丙)

(4) 假設彎率曲線爲連接陣(Conjugate Beam)上重力・R_2 及 R_3 爲木釘在連接陣尾有類似確實連續陣 (Continuous Beam) 之連續(Continuity)，如此則連續陣可以作爲三條小陣(Simple Beam)，受重力 M/EI 曲線圖(丙)・觀圖(丁)○

(5) 計算彎率曲線關於每小陣重力，彎率曲線附加在新彎底線 (New Deflected Base Line)，R_1 R_2 R_3 R_4 (其中 R_2 在移置地位，而其他三個支持物(Supports)則在其原本地位)，即其撓度曲線，或用Miille—Breslau's定義，R_2 之力線則如圖(戊)所示之曲線○

R_1 之力線，亦可同樣求之○

連接陣之彎率準確計算是非常之難・如該陣常時爲 EI 在支持物中間，則問題成爲求彎率曲線關於兩三角形之重力，如圖(丁)所示，中間跨度(Span)・精確之撓度在任何一點 P 對於 Ma，爲

$$Y_a = \frac{M_a L^2}{6EI}\left(x_a - x_a^3\right)$$

$x_a L$ 由 M_a 曲線之零起量度・在同一點度對於 M_b 爲

$$Y_b = \frac{M_b L^2}{6EI}\left(x_b - x_b^3\right)$$

x_b L由M_b 曲線之零起計算，即

$$x_a = (1 - x_b)$$

實在撓度對於該聯合三角形重力顯然為

$$Y = Y_a + Y_b$$

$x - x^3$之值列為一表因x值在零至1'所增加為0・01.在Statically In—determinate Stresses by Parcel And Maney,一百七十三頁第三表○

此法所得之特別利便為除去計算連續陣之完全長度之小陣撓度，而計算連續陣撓度法在不一律部份情形，則含有長冗算術矣・又在幾個支持物因情形內其所增加支持物則增加難處於 Mr. Pierce 所述之法・在現在此因彎率曲線在跨距離變漸少，則R_2 或R_1 之力線可以忽略不計也・最低限度力線在此跨度距離幾乎完全可用跨度中點之值由公式

$$Y = \frac{L^2}{16EI}(M_a + M_b)$$

及大約計算曲線之餘，

其他應用此力線概法施於展力 (Shears) 及彎率請看 Cross And Morgan著之 Continuous Frames of Reinforced Concretes, 第八章可也

工程設計

鋼筋混凝土拱橋設計

（續）

王　文　郁

第七章　拱橋臺及橋脚之設計

關於拱橋臺，亦與普通橋樑之橋台相同，須底面之壓力不超過許容限度，又壓力亦須妥當分配於底面。關於橋台之幅，Trantwine氏公式如下

$$t = 0.2R + 0.1\gamma + 2.0 \cdots\cdots\cdots\cdots\cdots (35)$$

t＝起拱點上橋台之幅(呎)

R＝拱腹綫之半徑(呎)

γ＝拱高(呎)

此式無論爲大拱爲小拱，爲圓形抑爲楕圓，又不問拱高與徑間之比例爲何，及橋台有如何高度，皆可應用無碍，但如鐵路拱，有高速度之壓重者，則將(35)式之答案增加 $\frac{1}{4}$ 至 $\frac{1}{2}$ 在用此式以定橋台底面EF，＝t，依(35)式計算以定n點。

其次從n點垂直作成na使等於 $\frac{\gamma}{2}$ 以定a點，ab卽爲水平線，爲徑間之

$\frac{1}{48}$・如是 b n 線之延長，即為橋台之後面・但底面 E F 須不少於 $\frac{2h}{3}$，又從 b 點向拱脊線引一接線，以為填充之境界・此 Trantwine 氏法在以混凝土石材或煉瓦作成之拱，多用之○

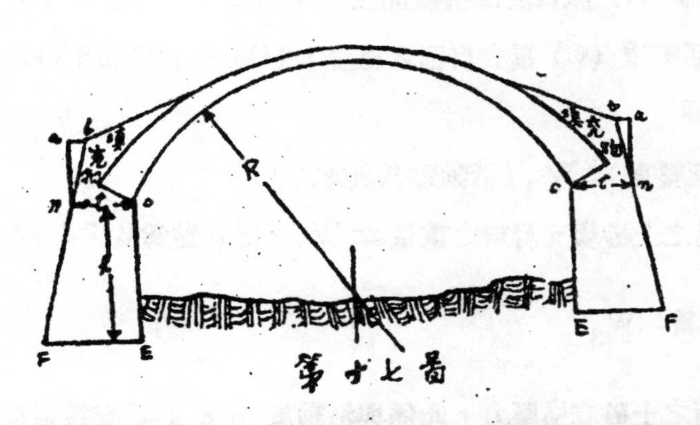

第十七圖

在鋼筋混凝土拱，假定第（18）圖為拱橋台之一般形狀・以此檢定各種形態能否保持安定・在決定橋台上總合成壓力之位置方向時，分(一)活壓重係在受考察之橋台左側之半徑間上者(二)活壓重係在橋台方面之半徑間上者・此時橋台上亦有活壓重・(三)活壓重在全徑間者，此時橋台亦有活壓重○

第十八圖

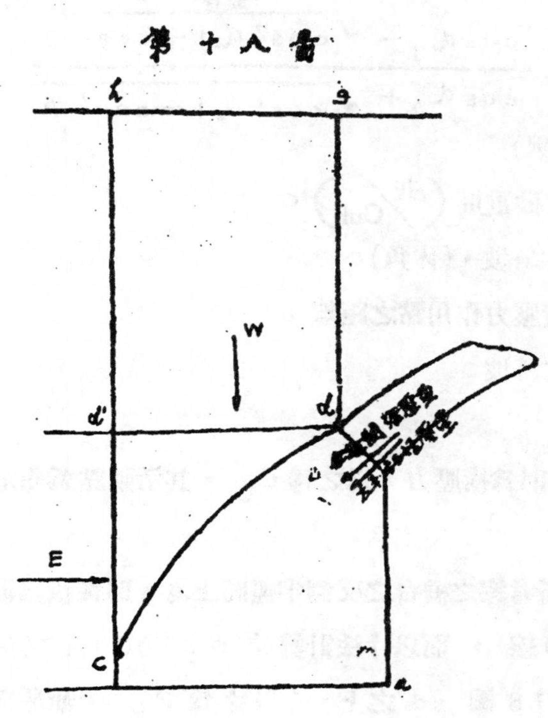

此外(4)有時在拱之建築僅考察拱環上之死壓重，如是則祇須就橋台之死壓重及拱環之死壓重，以看出合成壓力之位置及方向○

以上(1)(2)(3)，在橋台設計，通常係必要者・無論在任何狀態，次述之力之合成壓力，總以在底面中央 $\frac{1}{3}$ 內為妥，對於轉覆摺動之安定度，則與 御牆等 同一方法求

之○

活動於橋台之力為（A）該當於由拱環而生之（1)(2)(3)之壓力（B）橋台上土砂之重量及活壓重（C）橋台自己之重量，(D）橋台後面土砂之橫壓力○在第（18）圖

Abcde 橋台之死壓重 $= W_1$（活動點為其重心）○

由 b c d 至上路面間之土砂塡充材料之重量 $= W_2$（活動點為其重心）○

gh 上所生活壓重 $= W_3$

活動於 b c d 面之土砂之橫壓力，此係與活動於 b c d 垂直投射面 b d' 上者相等·以之為 E_1·又在 g h 上有活壓重，則以土砂之重量換算之·即活壓重為 300 井/口時，則與僅 $\frac{300井}{100井} = 3'$ 在 gh 有土砂者相同，故在 d' 點及 b 點之橫壓力，得依下式求出之○

$$p = w x \cos\alpha \frac{\cos\alpha_1 - \sqrt{\cos^2\alpha_1 - \cos^2\phi}}{\cos\alpha_1 + \sqrt{\cos^2\alpha_1 - \cos^2\phi}}$$

h = 橋台高度(呎)

w = 橋台後面土砂重量 $\left(井/Cuf\right)$ ○

ϕ = 土砂之天然斜坡·(休角)○

x = 土砂面至橫壓力作用點之距離○

α = 土砂所成之斜坡○

p = 橫壓力○

而以其平均值乘 b d' 則為橫壓力，以之為 E_2·其活動點為重心，此點從上面所述已極明瞭○

第一　活壓重，在所考察之橋台之反側半徑間上者，則從拱環而來之壓力，係第16圖之(1)線，而以寸法計算之○21000井之活動方向，轉換之則移於第18圖 ed 之上·今以之為 P_R·如是以求

P_R, W_1, W_2 及 E,等四力之合成力，切底面 a b 之點；此一切皆依圖式法求之 (Graphically)。

第二　活壓重，係在於與所攷察之橋台同方向之半徑間上者，則由拱環而生之壓力，爲第16圖 (13) 線而28200井活動方向係在 e d 面，以第12圖之點線示之。故此看出28200井與W'_1 W_2, W_3 及F_2 等五力之合成力，切底面 a b 之點。

第三　活壓重在拱全部者，第15圖之(6)線。係活動於橋台之拱之壓力，由25900井，其方向則如第12圖點線所示。由此看出 25900井W_1, W_2, W_3 及 E_2 之五力之合成力，切底面 a b 之點。如是無論在任何情形以對摺動，轉覆及基礎之支壓力，爲安全卽足。其方法與擁壁堰堤等全相同，故祇畧爲說明，不再以實數示其計算例也。

拱之側壁 (Spandrel Wall)，亦與擁壁所述者完全相同；但肱木式拱側壁有使拱環上生不定應力之傾向，故厚度小之鋼筋混凝土拱之側壁，須設扶壁。其設計法亦與有扶壁之擁壁相同

在拱側壁應垂直作成伸縮接合，大拱更須處處設之，在非比較大之拱上則從起拱線垂直作成於拱側壁中。此接合，有妨止拱頂部於溫度昇降而上下之際所起龜裂之効力，在作成側壁後，取去拱架者，則亦可以妨止拱頂部發生沈下撓度致側壁產生龜裂。

伸縮接合之物，如前述無須就前後混凝土之密着加以考慮單作成所謂弱面、(卽接口)或插入「佛盧特」或塗瀝青之類於接合面。以防密着卽可。

在拱及側壁裏面特別注意防水工作，勿使水分由路面通過拱環及拱側壁而滲出，在拱橋上於其徑間之中央部加以多少舁上 (Camber)，以美外觀及助其排水。

Camber 約爲徑間之$\frac{1}{100}$至$\frac{1}{200}$，在拱之應力計算上，可置之不理，蓋以其爲量極微少也。

拱之係有二個以上相連續者，則於其中間，須設橋脚，橋脚須對於拱

上各壓重狀態有充分之强度·在橋脚上雖無土砂之橫壓力，但有由左右拱而來之壓力·而一方之壓力恰如土砂之橫壓力，使合成力接近於橋脚底面之中央而活動·活動於橋脚之力，係由左右拱所來之壓力，橋脚上之重量及橋脚本身之重量；而橋脚之頂部厚度係依左右拱之拱座定之，如橋脚高10呎以上，則附以$\frac{1}{12}$至$\frac{1}{24}$之傾斜，並假設其大體形狀以計算其安定度，與檢定同樣建造物之安定度相同○

一般情形，橋脚厚度比較小時，即有認其爲有彈性之必要，而有此彈性的橋脚之拱之應力計算，較之產於不動橋台上之單拱，頗爲麻煩·拱如係數個相連續者，則橋脚多有彈性，確實言之，橋脚厚度小者，則須檢查因左右拱環所來不均等之壓力是否可誘起彎曲·如因此不等壓力發生彎曲時，則以認之爲彈橋脚爲當·一般情形橋脚厚度愈小，則對于水路較爲合宜，且可節約用材·然在他方，因其爲彈性橋脚，須增其拱環厚度，而致無此利益者亦有之○

第十九圖

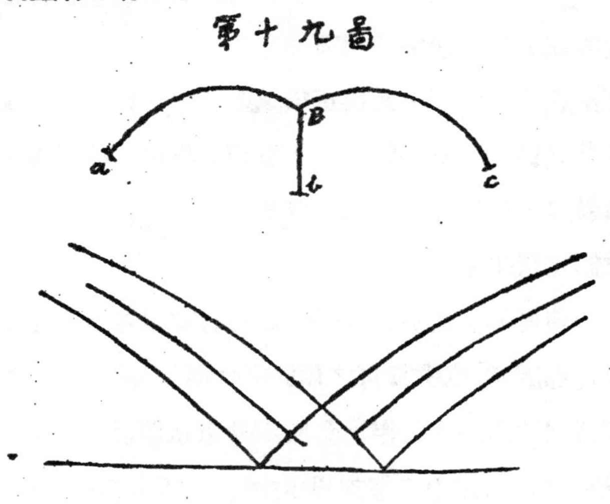

第19圖係二連拱之一，中央有橋脚，而a b及c爲其固定點，橋台或橋脚即固定於此點全然不動，認此各不動點爲底面，亦無不可·B點上之水平斷面爲拱環及橋脚之接合線，而共通兩者·玆求此水平斷面之變形·在第20圖○

X_L ＝在XX線中以橋脚中點爲基點而至左方拱軸任意點之橫距○

Y_L ＝同上之縱距·在XX之上者爲(十)在下者爲(一)○

X_R ＝同上之至右方拱軸任意點之橫距○

Y_R ＝同上之縱距在XX上者爲(十)在下者爲(一)○

Y_p ＝在XX線中從B點至橋脚任意點之垂直距離○

M_L ＝在左方拱軸中任意點其點與橋脚間之壓重之彎曲率○

M_R ＝在右方拱軸中任意點，其點與橋脚間之壓重之彎曲率○

$M_{L'}$＝在左方拱軸中任意點之彎曲率○

$M_{R'}$＝在右方拱軸中任意點之彎曲率○

M_p ＝橋脚之軸中任意點之彎曲率○

m_L ＝使$\frac{ds}{I}$，不變之左方拱上之區分段數○

（等於第二章第一節之）2 m

m_L ＝使$\frac{ds}{I}$，不變之右方拱上之區分段數○

m_p ＝使$\frac{ds}{I}$，不變之橋脚之區分段數○

C_L ＝$\frac{ds}{I}$，之值（在左方拱者）

C_R ＝$\frac{ds}{I}$，之值（在右方拱者）

C_p ＝$\frac{ds}{I}$，之值（橋脚）

H_1 ＝在橋脚頂部，對左方拱所下之壓力之水平分力○

V_1 ＝在橋脚頂部，對左方拱所下之壓力之垂直分力○

M_1 ＝在XX斷面上，因左方拱壓力而生之彎曲率，卽以偏心距離乘V_1者○

H_2 ＝在橋脚頂部，對右方拱所下壓力之水平分力○

V_2 ＝在橋脚頂部，對右方拱所下壓力之垂直分力○

M_2＝在橋脚頂部，對右方拱所下壓力之彎曲率卽以偏心距離乘 V_2 者○

又 $H=H_1-H_2$＝xx 斷面上之合成剪斷力○

$V=V_1+V_2$＝xx 斷面上之合成垂直壓力○

$M=M_1-M_2$＝xx 斷面上之合成彎曲率○

第二十圖

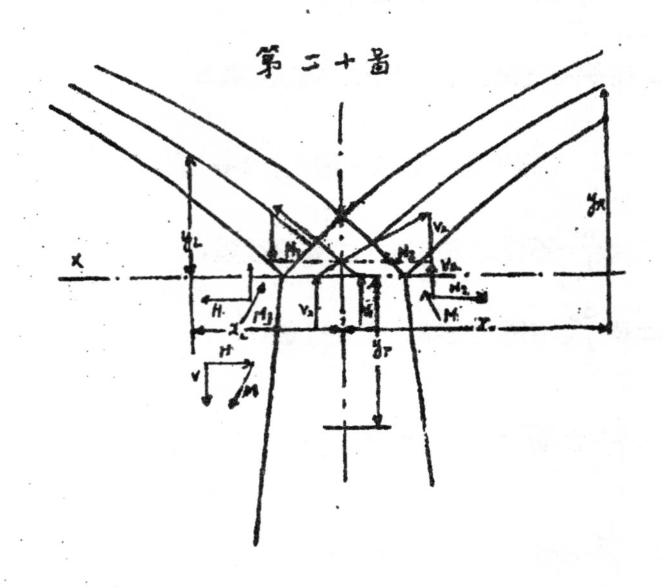

如第20圖之高為(十)者

依第8及9式

$$C_L\Sigma M_L Y_L=-C_R\Sigma M_R Y_R$$

而杜橋脚之 xx 斷面上因壓重之垂直運動不妨爲零

$$C_L\Sigma M_L, x_L=0$$

$$C_L\Sigma M_R x_R=0 \qquad (36)$$

又 $C_L\Sigma M_L=-C_R\Sigma M_R'$

又依第11式拱橋脚之水平及垂直運動，等於在橋脚之頂部者，故

$$\text{又} C_L \Sigma M_L' Y_L = C_p \Sigma M_p' Y_p,$$
$$-C_L \Sigma M_L' = C_p \Sigma M_p$$

其次在拱軸及橋脚軸中任意點之彎曲率爲

$$M_L' = M_1 - H_1 Y_L + V_1 X_L - M_L$$
$$M_R' = M_2 - H_2 Y_R + V_2 X_R - M_R$$
$$M_P' = (M_1 - M_2) + (H_1 - H_2) Y_p \quad (37)$$
$$= M + H_{Yp}$$

用第37於38式上時，則·

$$C_L (M_1 \Sigma_{YL} - H_1 \Sigma_{YL^2} + V_1 \Sigma_{XL} Y_L - \Sigma M_L Y_L) = -C_R (M_2 \Sigma_{YR} - H_2 \Sigma_{YR^2} + V_2 \Sigma_{XR} Y_R - \Sigma M_R Y_R)$$
$$M_1 \Sigma_{XL} - H_1 \Sigma_{XLYL} + V_1 \Sigma_{XL^2} - \Sigma M_L X_L = 0$$
$$M_2 \Sigma_{XR} - H_2 \Sigma_{XR} Y_R + V_2 \Sigma_{XR^2} - \Sigma M_R X_R = 0$$
$$C_R (m_L M_1 - H_1 \Sigma_{YL} + V_1 \Sigma_{X1} - \Sigma M_L) = -C_R (m_R M_2 - H_2 \Sigma_{YR} + V_2 \Sigma_{XR} - \Sigma M_R) \quad (38)$$
$$C_L (M_1 \Sigma_{YL} - H_1 \Sigma_{Y^2L} + V_1 \Sigma_{XLYL} - \Sigma M_L Y_L) =$$
$$C_p \left\{ (M_1 - M_2) \Sigma_{Yp} + (H_1 - H_2) \Sigma Y_p^2 \right\}$$
$$C_L \left\{ m_L M_1 - H_1 \Sigma_{YL} + V_1 \Sigma X_L - \Sigma M_L \right\} =$$
$$C_p \left\{ m_p (M_1 - M_2) + (H_1 - H_2) = \Sigma_{Yp} \right\}$$

將拱之實際之$C_L, C_F, C_p, m_L, m_R, m_P, X$，及Y等代入38式，依此六個方程式可以順次求出，$H_1, V_1, H_2, V_2$，及$M_2$·此數一明，卽知活動於橋脚之○

$H=(H_1-H_2)$　$V(V_1+V_2)$　及$M(M_1-M_2)$矣。

至拱軸及橋脚軸中任意點之彎曲率，依37式求出之。或記入壓力線於拱上以求拱上壓力及剪斷力。或爲橋脚之設計。惟對於所給與之壓重狀態須各別計算之，此乃當然之事。

第21圖所示之拱爲三連續拱。先就實線所表示之部分考察之。卽依38式得出B點上之$H_1M_1V_1$等。其次考察點線之部份，此際將所給與之壓重從左方拱所生壓力放於B點上：以求C點上之$H_1M_1V_1$等。其次再考察實線部份；但此則將所給與之壓重於右方拱生出之壓力，置於C點上以更求出B點上之$H_1M_1V_1$等。再次考察點線部分，將左方拱所生第二壓力之值置於B點上，再計算C點上之$H_1M_1V_1$等。如是則比之第一次計算較爲正確。大部有造此等二次計算之必要者頗多，如有必要，則亦以在B點行二次在C點行一次卽足。拱之爲三連以上者。亦得以同樣方法求出$H_1V_1M_1$及其他拱環上之壓力。

第二十一圖

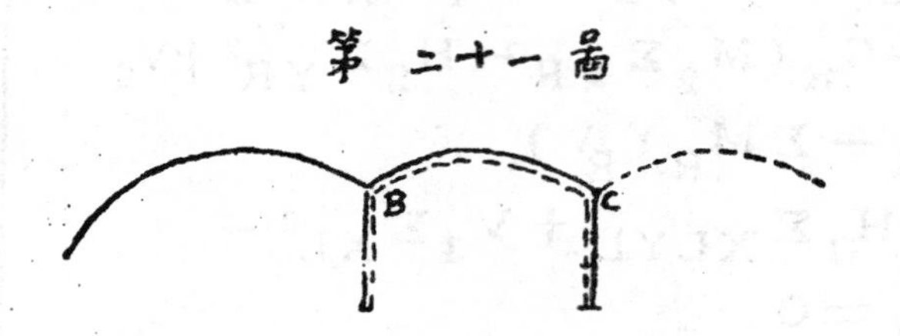

凡固着於有彈性橋脚上之數連拱其拱徑間之變形，極少，故因溫度昇降，而生活動於橋脚之不均等壓力亦少。欲求出溫度變化而生之應力時，則照該拱爲不動卽座於固定橋脚上之情形，如前所例示以爲計算，亦無妨碍。徑間皆同時，此計算法非常正確。又因拱之短縮，與溫度下降發生同樣結果故$t=\frac{Ca}{EcR}$表示與拱短縮生同樣結果之溫度下降之値。

（未完）

鋼鐵樓宇之風力計算

（續）

——吳絜平——

第七章　以數表示之習題

（十二）於一對稱三跨度二十層框架（Bent）中，其諸應力之計算方法，一在第5圖中，指示一三跨度二十層高之框架，此架於垂直一尺寬度，須抵抗每平方尺三十磅之水平向風力，於其各柱樑中，其灣率剪力及柱之直接應力，需加以尋求，至於該樑柱斷面之各量，將於第11表指示之，在第3表中，方程式均可代入此諸方程式中，其諸常數之數值，可於12表中求之，第13表則含有第3表之諸方程式而已，將在第12表中之常數數值代入者，在此圖中右方之柱，其系數爲0.0001，此値於柱之頭部指示之，是即該方程右方之各枝件等於0.0001乘右方柱中之數值，此書寫方程式右方枝件之法，可減少重複多量符號之需要，於13表諸方程式中之各不知數，可於14表中消去之，其R_1數值只見於13表之最初三方程式中，以R_1之系數除此等方程式之每一式，則可得14表中之三方程式ABC，在此等式中，其R_1之系數，等於一加號整數，若將後式聯合之，即由A式減B式，則得方程式（A—B）由B式減C式，則得方程式(B—C)則得新方程式式，於茲之R_1已被消去將方程式（A—B）及（B—C）左方各項之各系數化爲加號整數，則得14表中之12兩方程式，於13表中，DE兩方程式亦同樣變化，故其右方每項之系數，均爲加號整數，於14表中DE二式之新式，再次寫下，將12DE

四方程式聯合之，如14表之指示，以消去左項之θ_{A1}，如此反複行之，則除最後之值或謂θ_{B20}留存外，其餘之不知數，均被消去其值，於是求得之爲·0338×·ooo1 radian 若由已知之θ_{B20}值，則θ_{A20}之值，可於方程式153算得之，$_{B20}$及$_{A20}$旣知，則由方程式150可求得R20之值，其餘之θ及R亦均可以同樣方法求得之○

計算θ及R值之方法，見15表，其應用之諸方程式，乃由14表取出，在13 14兩表中，其右方枝件，等於在柱中右方之數乘以·0001，故方程式150可說明之如下：

$$R_{20} - \cdot 2702\,\theta_{A20} - \cdot 2993\,\theta_{B20} - .0735\times 0.0001$$

每方程式左方數值之左項，爲決定之不知數，在每組之第一行，爲該方程式之代數式，而其餘各行，均爲相合諸項之數字值，例如方程式式155爲

$$\theta_{B20} - 0\cdot 0338 \times \cdot 0001 \text{ 或 } \cdot 00000338$$

方程式153爲

$$\theta_{A20} = \cdot 0443\,\theta_{B20} = \cdot 0502 \times \cdot 0001$$

由上方程式

$$0443\,\theta_{B20} = \cdot 0443 \times \cdot 00000338 = \cdot 0015 \times .0001$$

此量之符號爲負號一如左方枝件之一項如負號，故移項後，該項將成爲正號○

方程式153現變爲

$$\theta_{A20} = \cdot 0502 \times \cdot 0001 + \cdot 0015 \times \cdot 0001 =$$

$$\cdot 0571 \times \cdot 0001$$

如含有方程式153，該組最末一行中之指示方程式150含內R_{20}

θ_{A20} 及 θ_{E20} ，但 θ_{A20}' 及 θ_{B20} 則可以方程式153及155分別計算之，故 R_{20} 亦可由方程式150計算之・依同理，於含有 θ_{B19} 及 R_{20} θ_{E20} 三不知數量之方程式147可用以求 θ_{B19} 之值，惟方程式147與前數式不同，因其左方枝件中，含有正負之數項，其左枝件之第二項負數，然若移項後，則將加於右方之枝件，此數量之和為・0890×・0001，因右方枝件之第三第四兩項為正，故移項後，此兩項之和，乃由上數量以減去之，故此方程式之結果為 θ_{B19} ＝・0835×・0001，依同等情形，則其餘之斜坡及灣度與樓面高度之比值R，均可求得其以θ radion 表之，而R則為一抽像數值○

在 14, 15 兩表中之計算表列實定以合多量方程式分解容易，惟其中或有由實驗上擬定之數，則為應用此法以分解問題者，不可不加以牢記者也○

仝時為避免差誤以影响全部計算而至虛耗光陰起見，故於工作時有二種之討論，并於相當間隔中而比較其結果○

由每組之方程式能做成多數之組合式，其組合之目的，乃欲使結果方程式左方枝件之左項系數，能與方程式中別項大小相比較・然為說明此點起見，特將14表之25,26,及M數方程式討論之・如由方程式26以減去方程式M，其結果，方程式中 θ_{B4} 之系數，將為・1463，而 R_5 之系數將為 2.9027・故後者之値約為前者之二十倍，然由此二式之結果，倘前者之系數真值發生少許差誤時，則將為一極大之差誤，因此差誤將依百分比律以引起後者系數發生異正錯誤，又如用25及M兩方程式之組合，其 θ_{B4} 之系數為1・0695，而 R_5 之系數則為3・4313，於後者之系數只約為前者之三倍，因是後之組合，雖或數值效果不甚準確，然與前之組合

相較，則總覺優於一切也○

如用此法以組合諸方程式，有等情形其結果方程式雖爲一代數之獨立式，然其數字之大小，則幾相等，故組合此等方程式，其結果常甚似不甚正確，是以爲使方程式避免變成此種方向起見，則須於組合時，將其次序變換是也○

當一不知數求得其値後，其餘之各不知數，可用代入法求得之，是以關於14表中有一組方程式之任何第一式，均可用以求一不知數之數值，其所決定數量之系數，乃較已知數之系數爲大，然若應用此方程式以與別一方程式較，在該式中，倘其不知數之系數較已知數之系數爲小，則此兩式比較之結果，仍似前式爲較準確，故關於各個方程式，倘欲知其是否適於應用，則全有賴於其準確情形若何○

然欲察知其準確程度，於茲乃有二部獨立安置法以資算核，其第一部，乃置於一20吋之計算尺，第二部乃置一 Fullcr c 圓筒式計算尺，此二種之計算，當相當間距，卽互相比較而更正其差誤，但於其不準確之處，則無法修正，於此二重計算法中，其斜坡及灣度之變動，爲數極小，此卽所以指明此種計算可應用計算尺以計算之，而不發生過大差謬。至於諸柱樑末端之灣率，可以其灣度及斜坡代入15表內斷面A之AB兩方程式中以求得之，然爲求工作便利起見，此等方程式之諸數量，可於16、17兩表檢得之，於15表中取出之R及θ值，可於16表第一，二，三，四欄中檢得，至於在諸方程式中，其R及θ值之涵數，則可由同表中其餘各欄檢出式，由12表取出之K値可由17表之第二三四五欄於檢得於諸方程中K值之涵數，則可由表所餘各欄檢得。藉基本方程式

$$M_{AB}=2EK(2\theta_A+\theta_B-3R)$$

以求得諸樑柱末端之灣率，以乃16 17兩表所給出兩因數之積，而諸灣率之値，乃見於18表中○

在任何枝件中之剪力，乃爲該枝件兩端之灣率之代數和，而以其本身

長度除之，在A柱中，任何斷面其直接應力乃與該斷面上部 bag a 中其各樑剪力之代數和相等。在B柱中，任何斷面之直接應力及與該斷面上方 bag a 中各樑剪力之代數和加 bag b 中各樑剪力之代數和相等，其諸柱樑之剪力及諸柱之直接應力，可於19表中檢得，於一層內所有各柱頂底諸灣率和，乃與該層之總剪力而以樓面高度乘之之值相等，而一柱兩旁各樑中諸灣率之代數和，及與該樑兩旁各柱灣率之代數和相等，在18表中所示，其一層之總剪力乘以樓面高度，及一層所有各柱頂底諸灣率之代數和，可於20表中第二三兩欄中檢得。在各樑上部斷面A柱諸灣率之代數和及於 bag a 各樑中灣率而其斷面乃鄰於A柱者，可於20表第四·五兩欄中檢得。在B柱中於各樑上方之斷面，其諸灣率之代數和。故在 bag a 及b內之諸樑，於與B樑相鄰之斷其灣率之代數和·可於20表第六·七兩欄中檢出之。倘欲討論其是否準確，可以20表中相鄰各欄同數量之二值比較之。以資審核，設以一六層樓宇說明之，在此樓中，其總剪力乘樓面高度，其積爲913000吋磅，其所有各柱頂底灣率之和，則爲914400吋磅，倘經以完密之審核，則此二數量應爲相等，然若考查表中所示，則其數值與審核之值，極爲接近，在18表中表示之灣率，乃基於一水平向每方呎三十磅之風力，而施於一尺之垂直寬度以求得者。故倘欲于一建築物之任何部而求其因風力發生之灣率，則可以18表中之灣率而乘以該建築物所受風力部份之寬度(以呎計)便得。

第八章　約畧法

(十三)諸法之術語：一於第七章中，其用以計算一對稱三跨度二十層框架諸應力之法，固可應用於一樓宇之計劃，然倘有較爲簡便之法，則亦當爲計劃所希望者也。本文作者，特貢獻一約畧法，此法較第七章所用之法簡短極多，同時亦能相信此法可應於計劃樓宇，而不至發生有不準確之處，然爲便於區別第七章所用之法起見，特名之約畧法，而前法則名之爲斜坡撓度法・(Slope Deflection Method),此法倘用於某種特殊情形下,爲求有利計,亦可將之變化,其變化後之方法,特指明之曰斜坡撓度方法之變法・(Modification of Slope Deflection Method)

(十四)約畧法:此法乃根據下列各假設及參訂假設之用於斜坡撓度者・(1)在一層中之上下方一柱,其諸應力已算得者,則該柱頂坡度之變化乃與後層同位置之頂柱坡度變化相等・(2)在一層中之上下方一柱,其諸應力已算得者,則其撓度與諸柱長度之比值,乃與後層中其撓度與諸柱長度之比值相等・換而言之,卽欲計算第二層中之諸應力・則 $\theta_{A.1}$ 及 θ_{A3} 可假設其與 θ_{A2} 相等・θ_{A2} 及 θ_{B1} 則可設2與 B_2 相等・而 R_3 則可設與 R_2 相等・仝時將第三層中諸應力圖列則 θ_{A2} 及 θ_{A4} 可設與 θ_{A3} θ_{B2} 及 θ_{B2} 可設與 θ_{B3} 相等・而 R_4 則可設爲等於 R_3 然上述情形,均爲假設,倘謂在第二層所用以計算諸應力之 θ_{A2} θ_{B2} 及R之數值,乃與在三樓中用以計算諸應力之 θ_{A3} θ_{B3} 及 R_3 各個相等,則殊有不合也○

考查第3表中方程式之結果,則可明白・倘1,2,兩假設爲眞確時,則該框架之每層,均可寫出三方程式,而此三式中,只含有三不知數,然若欲依據該一假設以說明之,則可以第二層之諸方程式爲例証○

$$\theta_{A1}=\theta_{A2}=\theta_{A3}$$

$$\theta_{B1}=\theta_{B2}=\theta_{B3}$$

$$R_2=R_3$$

以 θ_{A2} 代 θ_{A1} 及 θ_3 以 θ_{B2} 代 θ_{B1} 及 θ_{B3},而以 R_2 代 R_3,在第三表中之諸方程式 D, E, F, 以上値代入則得

$$-N_2R_2+4K_{A2}\theta_{A2}+k_{B2}\theta_{B2}$$

$$=-\frac{W_2h_2}{6E}\cdots\cdots(1)$$

14728

$$-3(K_{A2}+K_{A3})R_2+(K_{A2}+J_{A2}+K_{A3})\theta_{A2}$$

$$K_{a2}\theta_{B2}\theta_{B2}=0 \cdots\cdots\cdots\cdots(2)$$

$$-3(K_{B2}+K_{B3})R_2+R_{a2}\theta_{A2}+(K_{B2}+J_{B2}$$

$$+K_{b2}+K_{B3})\theta_{B2}=0 \cdots\cdots\cdots\cdots(3)$$

此數方程式，曾應用於第二層者，依同理於別層中亦可寫出同樣之數方程式，然只須於其諸附加數，(Subscripts)加以合理之變化而已，由第三表，諸方程式中之1，2，3，三方程式，均可用以計算一對稱三跨度框架諸樓面高度，任何枝件之諸應力，如在1至10表之方程式中，均爲同樣變化，則多組之方程式，可以求得，即無論其爲一至五跨度之對稱，或不對稱框架之任何層，每框架可應用一組以計算其諸應力○

一層內所有各柱，在其頂底部發生灣率之和，必與該層中總剪力與樓面高度相乘積相等，對於各柱末端，其灣率之分佈，則賴乎下列數值○1)A柱之K與B柱之K之比值。(2)A柱之K與a樑之K之比值○(3)a樑之K與b樑之K之比值○

其灣率分佈乃決定於諸框架之一枝件，而該框架中，其A柱之K與B柱之K之比值，A柱常數K與a樑之K之比值，及a樑之K與b樑之K之比值，均爲不同之數值○諸圖表中乃指示在此等框架中其灣率之分佈，全時亦指示在他框架之灣率，分佈在6,7,8,三圖中之曲綫，乃用以指示在於諸對稱三跨度框架中，灣率之分佈在第6圖中其第1組曲綫乃指示在諸框架中，其A柱頂底之灣率而在該諸框架中，其A柱之K與B柱之K相等者，其橫坐標乃用以代表a樑之K,與b樑之K之比值，其縱坐標乃用以代表在A柱頂底所發生之灣率，而以W×h之百分率表之者，由頂端讀下其各曲綫乃指示諸框架，其A柱之K與a樑之K之比值，各個依次爲0.5,1,2.及4.在一框架A柱中其K與a樑之K之比值，倘不爲一定

之數値，則其灣率可以揷入法計算之○

在第6圖之I II III IV V，五組中，其諸曲綫如與第一組中之曲綫同應用時，則可得在諸框架中 在A柱頂底之灣率;而在該諸框架中其A柱之K與B柱之K相等·在第II III IV V諸組中,其曲綫乃指示其A柱之K與a樑常數K之比値，各個依次等於4.2.1.0.5之諸框架由每組之左讀至右，其諸曲線乃表示其A柱之K與B柱之K之比値，各個依次爲0.5.1.2.之諸框架在A柱之頂底，其灣率如在下列情形時，則可由第6圖中之圖表求得之·(1)先假設一框架中灣率其中A柱之K與B柱之K相等，決定 $\frac{ka}{kb}$ 及 $\frac{kA}{ka}$ 之數値應用第一組中之諸曲線描劃一直立線，以橫坐標等於 $\frac{ka}{kb}$ 而直至與 $\frac{kA}{ka}$ 値相符之曲線交切爲止.將交切點投射於平面之左方,而由直立比例尺.以讀出其灣率以 w × h 之百分率表之然w及 ˙ 均爲已知數，故該灣率之數量卽可算得(2)次假設在一框架中之灣率其中A柱之K不與B柱之K相等，決定 $\frac{ka}{kb}$ $\frac{kA}{ka}$ 及 $\frac{kA}{kB}$ 之數値,先應用第1組之諸曲線描劃一直立線以其橫坐標等於 $\frac{ka}{kb}$ 而直至與 $\frac{kA}{ka}$ 數値相符之曲線交切爲止，投射交切點於平面之右方,而於與 $\frac{kA}{ka}$ 値相符諸曲線之該組而直至與 $\frac{kA}{kB}$ 値相符該組之特殊曲線交切爲止，垂直向下投射此交切點，而由平向之比例尺以讀出其以 w×h 百分率計之灣率，依同理在B頂底之各灣率可由第7圖求得，而在b樑末端之灣率可由第8圖求得，惟有一事須加以注意者，則在b樑中之灣率有賴於在該層內之 w× h 無論其爲在該樑之上方或下方，其依賴情形均無差別，故於求b樑中灣率時須應用二層之w×h平均値○

在a樑之右端其灣率與A柱僅在該樑上下方之灣率之和相平衡，而同時與彼等之代數和相等，在a樑之左端其灣率與b樑右端諸灣率之代數和而併合，B柱中僅在a樑上下之諸灣率相平衡而同時與彼之代數和相等，是故藉 6,7,8,三圖中之諸曲線可求得在一框架中所有各枝件末端之灣率，倘有差誤時則當歸於此段中第一，二假設之該應用也。

在 6,7,8,三表中之諸曲線指示一在於一枝件之K與別一枝件之K之比值之巨大變化，而其影响於在框架中，其灣率分佈之變化則極小。

(十五)以數表之習題：一爲說明此等曲綫之應用起見，特設此例題。

設一對稱三跨度框架之第七層樓面，高度爲20呎，所受剪力爲3000磅，同框架之第八層其樓面高度爲20呎，所受剪力爲2500磅，在該第七八兩層中，其各枝件之固性如下：

$$K_A = 30\,in^3,\quad K_B = 40\,in^3,\quad K_a = 20\,in^3,$$

$$K_b = 16\,in^3,$$

現試將第七層中所有各枝件末端之灣率求出。

在第七層中

$w \times h = 3000 \times 20 \times 12 = 720000$ 吋磅

在第八層中

$w \times h = 2500 \times 20 \times 12 = 600000$ 吋磅

$$\frac{KA}{KB} = \frac{30}{40} = 7,5$$

$$\frac{KA}{Ka} = \frac{30}{20} = 1,5$$

$$\frac{Ka}{Kb} = \frac{20}{16} = 1\cdot 25$$

應用第6圖以求柱A中之灣率，在此圖中之左方，其橫坐標爲1.25，描劃縱坐標於二曲線中間之一點，$\left(\frac{Ka}{KA} = 1\cdot 5\right.$ 此值適爲1與2之中，將此點平投射於第二組兩左方，曲線中間之一點，$\left(\frac{KA}{KB} = \cdot 75\right.$ 此

値適間於 ·5與1·0之中，同時幷平投射於第Ⅲ組左方二曲綫中間之一點，前點之橫坐標爲9·35%後點9·15%卽 $\frac{<A}{Ka}$ 等於1·5，或謂爲1與2之平均値在第七層中，於A柱之頂底，其灣率 M_{A7} 爲9·35%與9·15%之平均値，或謂爲 w×h 之9·25%，是卽 M_{A7} = ·0925 × 720.000 = 66700吋磅，在第八層中於A柱之頂底，其灣率 M_{A8} 爲·0925 600000，或 M_{A8} = 55.500吋磅，依同理在第七層中，於B柱之頂底，其灣率 M_{B7} 爲w×h之15·75%是卽 M_{B7} = ·1575 720.000 = 113500吋磅，而在第八層中 M_{B8} = ·1575 × 600000 = 94450吋磅，在第七層中頂之b樑末端其灣率爲w× 之13·85%亦卽

$$M_{b7} = \cdot 1385 \left\{ \frac{720000 + 600000}{2} \right\} = 91500 \text{ 吋磅}$$

在第七層頂a樑之右端，其灣率乃爲66700寸磅，在第七層中A柱頂部之灣率55500寸磅，在第八層中A柱底部灣率之和或122200相等（參看第九圖b）於a樑之左方其灣率乃與113500寸磅在第七層中B柱頂部之灣率及94400寸磅，在八層B柱底部灣率之和減91500寸磅於b樑末端之灣率相等，此卽在a樑左端之灣率爲116400寸磅，（參看圖9a）在一框架中應用〔計劃之約略法〕

(Proposed approximate method) 及〔斜坡灣度法〕Slope—Deflection Method) 以求諸灣率之比較可由23—26表覘得之。

（十六）斜坡灣度方法之變法(Modification of Slope Deflection Method)——編者爲决定一框架之一枝件於其中斷面變化而影响於其他各枝件中灣率之效果，特定在於諸框架中之灣率·其中除該枝件生效於灣率之分佈外，其餘枝件之K＝1。

應用於所有各層，及各框架，其 $\frac{Wh}{6E}$ 量特定為1，其B柱之K，繼續示其各值0.5,1,2,4.而在於A.B兩柱各端，及於ab兩樑末端之相符潤率則于該層中B柱之K曾變化者而計算之，而同時于僅在彼層上下方之各層內，亦計算之，依同理其A柱之K，a樑之，K及b樑之K，可順序示出其值，爲0.5,1,2,4,而在于各樑及各柱之末端，其潤率之相符值，特決定之于特殊層，及于彼層僅在上下方之各層內其各枝件K值變化，以發生效能于潤率，特示之于10，11，12，三圖○

第10圖指示於A柱頂底潤率中之各種變化，其橫坐標爲潤率中之各變化於一框中，以其潤率之百分率表之，用於此框架中，其所有各枝件之K，均等於1．將潤率增加之各值，置於原點(Origin)之右方，而將其減少之各值，置於左方，其縱坐標乃用以代表於枝件所變化之K值，在計算潤率之該層中，特以No.N指示之，而其上一層則以No(N十1)示之，其下一層則以No.(N－1)示之，每一曲線乃指明因某枝件K值變化，而令於A柱之頂部於潤率之變化．至於曲綫之用以表示於A柱中，於其潤率因某特殊枝件K之變化而發生變化．其數目可由第10圖於其圖表之答案(Key)求得之，例如曲綫No.3指示於A柱頂部，其潤率因於NoN層中b樑K值之變化而發生變化，如令b樑之K值等於2時，則於A柱頂部之潤率以與b樑之K值等于1，較將少百分之8.9,曲綫No.3乃指示于A柱底部其潤率因于No(N－1)層中b樑K值之變化而發生變化，如在No(N－1)層中b樑之K值等於2時，則於A柱底部之潤率，以與b樑之K值等於1，較將少百分之8.9，依同理於B柱中之潤率，因該框架各枝件K值之各種變化而發生之變化，可由11圖求得，而於b樑中潤率之變化可於12圖求得○

第10圖乃指明在任何層之A柱，由其潤率不只倚賴於同層內各枝件之K值，并有賴於隣層內各枝件之K值，第11,12兩圖指示於B柱及

b樑中，於其撓率有眞正關係之同樣記載，然從事實上言之，則在任何之約畧法，用以計算一層中各枝件之諸應力除在諸框架中，倘於各樑柱之斷面無突然變化外，當不能得一十分正確之結果，故於柱樑斷面中，倘有突然變化則計劃之約畧法當不正確，是以常有應用斜坡撓度方法之變法以代之者·雖此法之工作較繁，然其結果則往往極準確，斜坡撓度法之變化有二，(a)其框架可於二相鄰樓面間，以平向之平面劃分爲二，而作上下兩部各自分立·(b)其框架可於任何層數距離內，以二平向平面劃分之，其平面間之部，可作爲與該樓宇之他部獨立，此等變法將詳述於下○

(a)在一框架各頂層之風力，當較於其他爲小，故其計算準確與否，實無關重要，15表中諸方程式之一致察，乃指示計算所得之數量系數實大於該表示不知數之諸數量系數，此誠眞正事實，緣由一層中，其斜坡及撓度所發生之差誤，對於以下各層影响極小，同表中較先之致驗，指示于一層中一柱之頂部，于其坡度變化之間，及于下一層中同一柱之頂部，于其坡度變化之間其差別較微，如設此于斜坡之二變化爲相等時則差誤之引起必小，試牢記此等事實，而再將第七章之二十層框架討論之，如設13表中之f g h之方程式中之，θ_{A12}及θ_{B12}與θ_{A11}及θ_{B11}分別相等，其最先之34方程式，將含有34不知數量，此等數量可以14，15，兩表所用之法計算之，此即設一層中于各柱坡度之變化，乃與下層同柱坡度之變化相等，爲劃分該框架爲二部之當量，而方程式之用于較下部份者，可與較上部份之方程式獨立分解之·如假設相等之坡度眞爲不相等時，則于較下部份頂層中所算定之坡度及撓度將不正確，惟多量計算之結果，指示于該頂層次層中，其坡度及撓度之差誤，爲數極小，故可略去之，然此誠事實，蓋于第七章之二十層框架，眞正計劃中，于其近頂之十層，可不計算風力，其近底之十一層，可視爲一完全框架，而其諸應力之計算，可以上述提示之方法行之，以達于減少工作之目的，其于近底十層之諸應力，將極正確，其框架可于任何層劃分二，均不至影响其諸結果之準確程度，如於各枝件有突然之變動時，則該框架可于變動發生，該層之上部劃分之，而于其較下部份之諸應力，可以上述提示方法計算之。

23表指示于擬用約畧法之最大差誤，均在于第一層，其于第一層之各灣率，可以斜坡灣度方法之變法以計算之如下。

設于第三層中之諸斜坡，乃與第二層中相符之諸斜坡相等，13表中之最先七方程式，將只含有七不知數量，此等方程式之分解，可由21,22兩表得之，于22表中所表出用于第一層之斜坡及灣度之諸變化，乃與15表中用于同樣數量之諸值，極相吻合，而其爲斜坡及灣度涵數之諸灣率，將亦與18表中之諸灣率極相吻合。

(b) 如于一在討論中某層之下層，在該層中，其諸柱之頂底部于其斜坡之諸變動，可以察知，其相等則其在于任何特殊層之各灣率，可以算得之，設圖5所示，于一框架之第十層以計算其灣率，由觀察上可知θ_{A9}及$\theta_{B8}=\theta_{B9}$，然後設$\theta_{A12}=\theta_{A11}$及$\theta_{B12}=\theta_{B11}$，13表中y—h之十方程式，將含有十不知數，如于已假設相等之第八第十層中之諸斜坡均相等時，則于第十層中之斜坡及灣，而至灣率將爲極準確之數，但其斜坡如于所求而假設相等之下一層，而實際不相等時，則所求之灣率，將不正確，此卽于所求層下層諸斜坡間之差別，影响其諸結果，而該上層諸斜坡間之差別，則于其結果不至有重大之影響。

(十七) 計劃之約略法 (Proposed Approximate method) 及斜坡灣度法(Slope Deflection method)之應用：　于一框架中于其突然變動之斷面，以求其灣度，則應用下述之二法聯合法，或可得相當之利益，應用計劃之，約畧法以求于一框架某部之灣率，而該部則爲於其各枝件之斷面中，無突然變動者，應用斜坡灣度法之變法，以求於底層及任何各中層之灣率，而于該層中于其諸枝件，乃有變動發生者，其求得之結果，以應用于計劃樓宇，常稱滿意，而于工作上則不至有耗費之虞。　(未完)

工程材料

建築材料估價表

黎炳南

類別	價目	出品地	備考
磚			
鱗形牆面磚	150元	本市興業	每井
背坑牆面磚	85元	本市興業	每井
圖案式梯踏磚	56元	本市興業	每井
牆磚上明企紅磚	140元	南江	每萬
牆磚中明企紅磚	105元	南江	每萬
戙地紅磚	90元	南江	每萬
煤窰上明企磚	120元	東江	每萬
煤窰中明企磚	105元	東江	每萬
煤窰戙地磚	90元	東江	每萬
火磚			
$4\frac{1''}{4}\times 8\frac{1''}{2}\times 2\frac{3''}{4}$			
上	210元	外國	每千
中	200元	外國	每千
下	190元	外國	每千
瓦			

石棉瓦(波紋)	2毫75	外　國	每平方尺
一斤半紅坭	85元	本　市	每　萬
一斤半白坭	90元	本　市	每　萬
筒			
天面瓦筒	40元	本　市	每　萬
水　筒			
徑一十二寸長二尺	6毫	本　市	每　個
徑　九寸長二尺	3毫5	本　市	每　個
徑　六寸長二尺	2毫	本　市	每　個
徑　四寸長二尺	1毫6	本　市	每　個
徑　三寸長二尺	1毫3	本　市	每　個
綠方筒	2毫8	本　市	每　個
白方筒	2毫	本　市	每　個

水斗或短潲筒與各大小價相同長潲加五計算

各大小開叉筒以一個作兩個計算三叉作三個計算

鐵			
三分圓鐵	16元5	外　國	每　担
四分四十尺竹節鐵	16元5	外　國	每　担
五分,六分七分一寸竹節	17元4	外　國	每　担
五分圓鐵	17元3	外　國	每　担
六分圓鐵	17元5	外　國	每　担
一寸圓鐵七分鐵圓	17元35	外　國	每　担
以上均以四十尺爲度			

欖眼鐵綫網	1毫75	外國	每平方尺
水喉鐵			
四分	1毫4	外國	每尺
六分	1毫7	外國	每尺
一寸	2毫4	外國	每尺
一寸二	3毫0	外國	每尺
一寸四	3毫4	外國	每尺
二寸	4毫7	外國	每尺
曲喉			
四分	1毫3	外國	每尺
六分	1毫5	外國	每尺
一寸	2毫6	外國	每尺
一寸二	4毫5	外國	每尺
一寸四	5毫6	外國	每尺
二寸	5毫5	外國	每尺
水喉掣			
四分	5毫	外國	每個
六分	6毫	外國	每個
一寸	1元15	外國	每個
一寸二	1元85	外國	每個
一寸四	2元5	外國	每個
二寸	3元6	外國	每個
水喉枳			
四分	9仙	外國	每個

六分	1毫2	外國	每個
一寸	2毫4	外國	每個
一寸二	2毫9	外國	每個
一寸四	3毫7	外國	每個
二寸	5毫	外國	每個
柚木			
原枝	95元	外國	每井
四分至二寸	加五計算	外國	(九五尺計)
抄木鋸料	75元	外國	每井
杉木			
一丈二，三寸七，四寸，華尺尾	1元65	本市	每條
一丈四，三寸七，四寸，華尺尾	1元8	本市	每條
一丈六，三寸七，四寸，華尺尾	1元9	本市	每條
一丈八，四寸	2元5	本市	每條
二丈	2元8	本市	每條
鋼窗			
普通花式	1元5	本市	每平方尺
特別花式	2元	本市	每平方尺
銅			
銅片	9毫	本市	每斤
銅筒	8毫5	本市	每斤

(編者)凡有外國二字，其價是包運到建築地址而定。

工程常識

比例尺之研究

溫 炳 文

凡地球表面上之地物及地貌，欲描寫實物同大于圖紙上，此必不可能之事，故不得不據一定之比例，將測量所得地上諸綫之長．用相似之理，以縮寫之，此卽所謂比例尺是也，且欲其便于計算通常以最簡單之分數示之，卽若干分之一之比是也○

例如測量所得實地上之距離爲L，縮于圖上相應之距離爲l以m爲比例尺之分母數則得○

$$\frac{l}{L} = \frac{1}{m}$$

$$\therefore \begin{cases} l = \frac{1}{m}L \cdots\cdots\cdots\cdots(1) \\ L = m.l \cdots\cdots\cdots\cdots(2) \end{cases}$$

由(1)式故若知實地上之長，可以化爲圖上相應之長，由(2)式已知圖上之長，亦可推知地上之實長也○

比例尺之大小，因測量之目的而異，茲分述如次：

(1) 南京市地政局戶地測量之比例尺，

1. 四千分之一

2. 二千分之一

3. 一千分之一

4. 五百分之一

荒僻繁盛地方得酌量增減之。

(2) 江蘇省土地局全省土地測量隊，地籍測量調查實施規則內，

第三條 戶地測量之比例尺分別規定如下：

1. 普通田地用二千分一。

2. 城市地及鄉鎮宅地，或價特昂貴區域，用一千分一及五百分一，但鄉鎮宅地過小時，可將該宅地區域改測一千分一或五百分一之放大圖附貼于本圖上，如該宅地區域其面積在一象限內，占二分之一以上者，應將該象限完全改測一千分一或五百分一，其餘仍測二千分之一。

3. 山地，荒地，灘地，以及其他地價低微之區域，得酌用四千分一至一萬分一。

(3) 中山縣政府土地局整理全縣土地測繪規則，第二章測丈，第四節地形測量，

第四十條 測圖之比例尺定為一萬分之一。

第五節 戶地及田畝測量。

第四十五條 測圖之比例尺，戶地測量用五百分之一，田畝測量用一千分之一至五千分之一。

第七節 製圖

第五十八條 全縣總圖比例尺定為五萬分之一。

第五十九條 各區總圖比例尺定為二萬五千分之一。

第六十條 各段總圖比例尺定為五千分之一。

第六十一條 各起地分圖比例尺照面積大小酌定之。

(4) 廣州市工務局築路及其他工程測量實施細則。

丙 其他工程測量。

第十九條 凡關測內街之退縮圖，其比例尺為二百分一。

第二十二條 凡測量郊外地段，以規劃園林，墳場，住宅區，跑馬場

，運動場，其面積在一平方公里，卽百萬平方公尺以上者・其比例尺定爲千分之一○

第二十三條　凡測量地段，計劃醫院，學校，及其他樓房，或公共建築物，其面積小于二萬五千平方公尺者，其比例尺定爲二百五十分一，其面積較大者，定爲五百分一○

(5) 鐵道部京衢鐵路，宣衢段工程局○

京衢路定綫測量簡則・

4. 製圖之比例尺・

甲. 平面圖比例尺，用二千分之一○

丁. 丈地組平面圖之比例尺，用五百分之一○

(6) 廣州市土地局測繪課，規定之比例尺○

1. 總圖由六百分之一○

分圖(卽確定証等圖)由一百二十分一至六百分一○

(亦有用一百分一者)

(7) 我國參謀部規定之比例尺：

地形圖之比例尺，現依全國地貌之關係規定，爲一萬分一，二萬分一，二萬五千分一及五萬分一諸種・而我國地形圖全國均用二萬五千分一，其條軍事上緊要者另用二萬分一○

上述常用各比例尺均屬測量平面圖而言・至于水準圖之比例尺非本範圍故不論及○

我國最近採用公尺制故一切測量均以此爲標準，蓋公尺制最便利之點爲十進制與英尺十二進制不同・所謂英尺之十二進制云者・卽一英尺等于十二英寸算，是以兩種尺制有耳覺之必要，在未研究以前須明上述兩種尺不同之點，卽十進與十二進○

譬如百分之一，卽云圖紙上一尺代表實地上一百尺，與上所謂一英寸作若干尺者，卽十二份之一英尺作若干英尺之謂也・故不能依上法謂爲百分之一，就照此例言之，先設一英寸作十英尺，則一英尺(等于十二寸)等于一百二十英尺·(故得一百二十分之一)。

今特將此問題詳細討論之：

如圖所謂一英寸作若干英尺者，旣如上述卽十二份之一尺作若干英尺也，爲利便計算起見亦可將此一英尺之長改作十等份·以符百分數之十進尺，其法可以十除十二寸，卽符每十分之一英尺等于原有十二進英尺之一寸又二·故得十二之常數 (Constant)

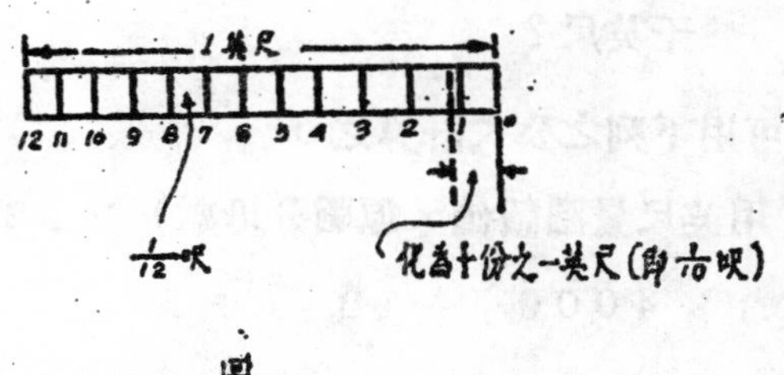

圖一

譬如一英寸作十英尺(因十二進關係)故以十二乘十得一百二十分之一，卽圖上一英尺作實地一百二十英尺是也·餘可類推·玆更作簡單之釋·譬如一英寸作十英尺·在普通英尺云者·卽一英尺於於十二英寸·今一英寸等於十英尺·則十二英寸必等於一百二十英尺·故一英寸等於十英尺卽一百二十分之一·如在公尺制者一寸等於十尺卽百分之一。

又譬如六百分一公尺化爲每英寸作若干英尺時因公尺與英尺之不同點爲十進與十二進·故以十二除其分母值·則得每英寸作若干英尺也，如上例六百分一化爲每英寸作若干英尺時·則

$$\frac{600}{12}=50 \quad 卽 \quad 1''=50'-0''$$

以上所述僅公尺與英尺之換算·尙無若何困難讀者祇當記下列兩事項

（1）由英尺比例轉公尺之百分數者，則以十二乘之

（2）由公尺比例轉英尺之每寸作若干尺者則以十二除其原有分母數

玆更將實用上常用之比例尺換算方法彙列於下以便參攷·以下各例題均屬實用隨時可發見也·讀者宜留意之。

（例題一） 若原圖用之比例尺爲四千分一公尺，今於原圖上某房屋用

圖二.

十進普通英尺度之・（所謂普通英尺者・仍爲一英尺等於十二英寸，不過一英寸等於十英分，故名之爲十進，切勿混亂之）・得三英分・問此房屋之長度若干英尺？

〔解〕 如圖得三英分後，可用下列之公式計算之○

公式：　英尺數＝（用英尺量圖讀值×原圖分母數）÷12

代入：　英尺數＝（.3×4000）÷12

＝100英尺

〔註一〕 如欲更化爲公尺時可用0.3048乘之，即得公尺數○

〔註二〕 計算結果之單位均以英寸計○

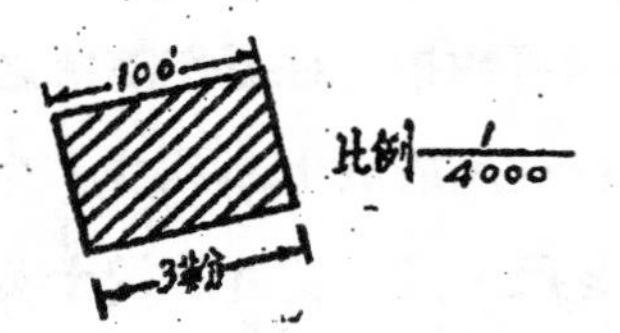

圖三.

〔例題二〕 若有房屋實地量其一邊之長爲一百英尺○則在四千分一之公尺圖時，用十進英尺縮之・則此尺之值幾何？

〔解〕 如圖可用下例之公式計算

公式：　十進英尺數＝（原有地物英尺長度×12）÷公尺圖之分母數○

代入：　十進英尺數＝（100×12）÷4000

＝0.3"（卽三英分）

〔例題三〕 若原圖爲四千分一比例，試于圖上用十進英尺度之，則用何法可得公尺數值○

〔解〕 此法最好先將一英尺，改造爲一英尺等於十英寸度之（此尺平時製備一把更妙），譬如一英寸作四十英尺者，則將英尺之十分之一分爲四等份・又每等份各分爲十等份（卽像普通十進英尺之一寸作四十尺），此時用此尺量度之得一值，其結果卽爲四千分一英尺

・故轉公尺時可用0.3048乘之卽得・反之原圖爲四千分一英尺用四千分一公尺之比例尺度之亦可用所量之數乘以3.2809・

[例題四] 原圖之比例一千分一，其長度爲一百公尺・試用十分之一英尺(自製尺)度之・則如何可求英尺及公尺數？

[第一解法] 設以十分之一英尺量得3.28"・因已將一英尺之值化算爲十分之一英尺，今原圖爲千分一公尺故此英尺適合於千分一英尺數・是以圖上一寸等於實地一千英尺・(卽一寸等於一百尺)故

100×3.28＝328英尺

欲求公尺可將328×0.3048＝100公尺(計算所得之結果雖屬未足一百公尺・但爲利便計算起見故用0・3048之數乘之・其結果之精度僅差分數耳)。

[第二解法]如用普通英尺量度者可用下列之公式求之・因原圖爲千分之一故用一英寸作十英尺度之得3.94"故英尺數＝(3.94×1000)÷12＝328英尺・若求公尺可將328×0.3048＝100公尺。

[例題五] 同上例題若原圖之比例易爲二千分之一・仍用普通英尺之一寸作十尺度之・得1.97"則英尺及公尺若干？

[解] 英尺數＝(1.97×2000)÷12＝328英尺

公尺數＝328×0.3048＝100公尺

[例題六] 圖內有房屋一間欲量其長度・但原圖之比例爲五百分一公尺・今用普通英尺度之得1.44"・則此邊之長度英尺及公尺各若干？

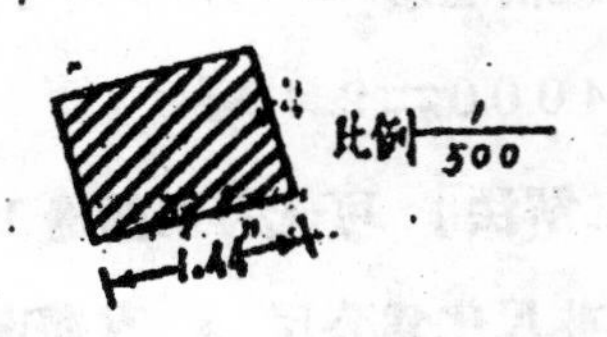

圖四

[解] 由公尺之圖用英尺度之可求其英尺數。

公式： 英尺數＝(用英尺量圖讀值×原圖分母數)÷12

代入：英尺數＝（1.44×500）÷12＝60英尺

若求公尺時可用 0.3048乘之

故0.3048×60＝18.288公尺

〔例題七〕 原圖一吋等於二十呎卽二百四分之一，今以公尺之百分之一度之得0.0254公尺(卽25.4公厘)•試求公尺數？

〔解〕 公式： 公尺數＝以$\frac{1}{100}$公尺度圖之值×原圖分母數

代入： 公尺數＝0.0254×240＝6.096公尺

若求英尺數時可用3.2809乘之

6.096×3.2809＝20英尺

〔例題八〕 原圖爲一吋等於三十呎卽三百六十分之一，今以公尺之百分一度之得0.0254試求公尺數？

〔解〕 公式同上

公尺數＝0.0254×360＝9.144公尺

若求英尺數亦可如上法計算

9.144×3.2809＝30英尺

〔例題九〕 設原圖英尺之圖廓東西爲1100英尺，南北爲800英尺，今欲變爲四千分之一圖者•則每邊之英尺數如何？

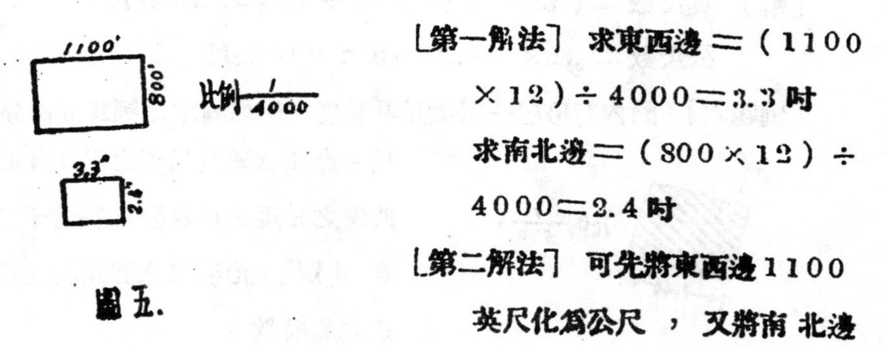

圖五.

〔第一解法〕 求東西邊＝（1100×12）÷4000＝3.3吋

求南北邊＝（800×12）÷4000＝2.4吋

〔第二解法〕 可先將東西邊1100英尺化爲公尺，又將南北邊800英尺化爲公尺•此時可用四千分一公尺之比例尺直接於四千分一公尺圖內而繪畫之。

[例題十] 原圖之比例尺爲二萬五千分一，原圖之圖廓橫邊（即東西邊）爲十二公分，縱邊(即南北邊)爲十公分，今欲將原圖縮寫爲五萬分之一，其圖廓縱橫邊之長各爲若干？

[解] 設爲縮寫圖之橫邊，Y爲縮寫圖之縱邊

則 $X:12=25000:50000$

$$\therefore X=\frac{12\times 25000}{50000}=6\text{公分}$$

又 $Y:10=25000:50000$

$$\therefore Y=\frac{10\times 25000}{50000}=5\text{公分}$$

其餘關於英尺及公尺之化算可自參考應用·坊間各測量書藉對於縮尺之討論均未詳核·今所討論各例題·乃廣州市工務局測量慣用·查廣州市市區，聯合圖原測比例爲四千分一·故以此例從詳細討論之○

測定及整理水準標點之高度法

Determining and Abjusting Elevations of Bench Marks

溫　炳　文

標　點

城市水準標點(Bench Mark)之高度，其測定之法係根據最初之一標點，及由其次一種之標點推算之。但閉合時往往使相差之數多出(十)，或短少(一)而發生差誤也。故宜小心整理之。此種整理法宜在平時多行實習，下列說明係指示普通處置之方法。

設 P 如圖係示最初之標點，其餘各角之字母係示次等水準標點，分

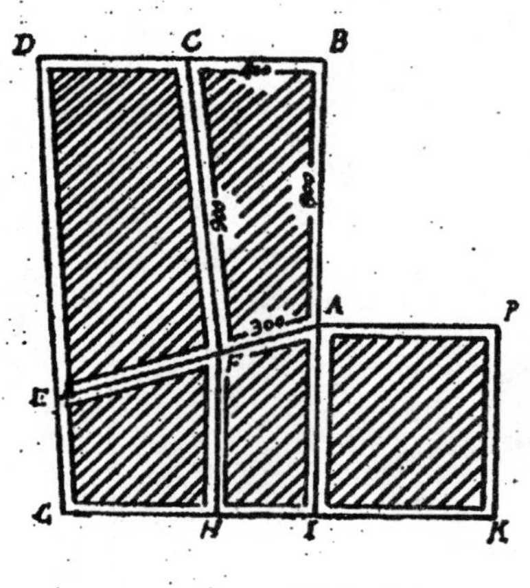

佈於城市一帶者，假定此種標點之高度無差誤時，則顯然可見，即如A與B間之水準差，又B與C間之水準差，又C與F之水準差，及F與A間之水準差之代數和。其結果必等於零。今假定(如圖)以A，B，C，F四角之準確高度如下。

A, 426.421　　B, 447.632

C, 450.964　　F, 439.672

A至B, 447.632－426.421＝＋21.211

B至C，450.964 －447.632＝＋　3.332

C至F，439.672 －450.964＝－11.292

F至A　426.421 －439.672＝－13.251

結　値　＝　00.000

以上假設之準確高度計算各綫高差之代數和則等於零·可見多角形之各水準點高度能否閉塞·一經計算便可決定·玆復設一例如下：

設以水準儀沿多角形實測，則其各點之高差如下：

邊之長度	長度之平方根	共差	比例（改正數）	原有高差	改正後之高差
AB，800	28.28		$\frac{.019}{95.60}\times 28.28=-.006$	＋21.200	＋21.194
BC，400	20.00	.019	$\frac{.019}{95.60}\times 20.00=-.004$	＋3.342	＋3.338
CF，900	30.00		$\frac{.019}{95.60}\times 30.00=+006$	－11.271	－11.277
FA，300	17.32		$\frac{.019}{95.60}\times 17.32=+003$	－13.252	－13.255
	95.60			＋　.019	0.000

A至B，＋21.200

B至C，＋　3.342

C至F，－11.271

F至A，－13.252

結値＝　＋　0.019（卽多角形之共差）

設若BC及F之高度，依次由A點而測定乃得上列之高差A之水準點（卽衹FA線之進程閉塞者）係由F點而測定其相差之値爲0.019至測量之次序係由A而BC………，復回歸A點·同樣毎一多角形回歸測定之角點之高度，須與起算時之高度能閉塞爲合·但實際上必不能如學理而閉塞於起點也·其故何在？因毎一多角形內及相鄰之角點之高差，係應用水準儀以測定之，且轉點關係，故得此閉塞差誤（Error of Closure）是以應分配於各邊如是毎多角形則可閉塞矣·此乃各多角形整理。(Adjusting the Polygon)

至於精密整理之方法可用最小自乘法

(By the use of the method of least Squares) 惟其工作較爲複雜故本問題爲使學者易於了解起見，特將實用簡易之方法，從詳細討論之·茲將其整理法述之如次：

茲假定其差誤，乃由距離而致發生影响，或作距離之平方根爲比例，則本問題應根據平方根之理而整理，此法在實用上應用利便，如有數多角形之中任何一多角形，欲待整理者，則先將某一多角形之最大閉塞差而整理之，其整理之法，不外依各邊成比例之理○

此法所須注意之點，係先整理內面之多角形，然後次第向外繞之多角形而整理，否則本法不適於用矣○

如圖ＡＢＣＦ多角形其整理之計算方法，詳示於下表：

——→整 理 計 算 法←——

(1) 先求各邊長度之平方根○

(2) 求平方根之總和○

(3) 原有高差一行，卽先將ＡＢ測線之高差塡入○

如ＡＢ爲＋２１.２００是也·其(十)號之意義，卽示前一點高○(卽Ｂ點高於Ａ點)

(4) 求原有差數之代數和得＋0.０１９·

(5) 比例改正數，行內之塡註，如求某綫之改正數，則以該綫長度之平方根乘其差數，復以平方根之總和除之 ·設如Ａ.Ｂ線其長度之平方根爲 28·28，該多角形之共差爲0·０１９，平方根總和爲９５.６０，則其改正數値$\left(\frac{0.019}{95.60}\times 28\cdot 28\right)=-0.006$ 數値前之符號， 係根據代數和及該測線之正負符號而定， 今所舉之例，其共差爲＋００１９卽示(＋) 號者較多，而(—)號者較少，査ＡＢ

測線其改正值爲0.006・復查AB線原有高差爲(＋)號，故其改正數值必爲減值－0.006・因共差之符號爲(＋)，卽示(＋)號者較多故也・至CF測線其原有高差數值爲(－)號，因代數和爲(＋)號，卽(＋)號者多，(－)號者少，今CF線高差爲(－)號，故改正數值應爲加○

(6) AB線改正後之高差行內，則以該線原有之高差數，與該線改正數之代數和而得之○

＋21・200＋(－0・006)＝＋21・194

(7) 檢核之方法亦可如上法求之，改正後之高差，行內之代數和，如計算無錯誤應爲零值○

由上法旣核算無誤，則可推算各點之眞確高度，設A點之高度爲426・421，則其餘BC及F等點之高度，分列如下：

A＝429.421
＋ 21.194
B＝447.615
＋ 3.338
C＝450.953
－ 11.277
F＝439.676
－ 13.255
A＝426.421 (校對無誤)

怎樣應用我們的繪圖儀器

任宗蔭

目次

(1) 引語

繪圖儀器對於繪圖的優劣是很有關係的，因爲關於儀器的本身是否完美，與及我們使用的方法是否適宜，都爲我們繪圖者必具的要素・儀器有了毛病的話，則所繪的圖，事實上當然不能給我們心滿意足，所謂"工欲善其事，必先利其器」·就是這個意思了·繪圖儀器有了毛病，我們可以利用些手術來修理，可以化劣為美的，這不過對於儀器的本身問題·先前說繪圖是跟着儀器的優劣為優劣，這亦未盡是；假如有了上好的儀器，但是使用不得其當，我們所得的結果，反比劣者更失敗，為什麼原故呢？因為儀器不完美，得可以設法修理，同時更助以適當的使用法，才能得到我們稱心的滿意·所以它的使用方法，可以補助我們的事半功倍·現在把普通所使用的繪圖儀器，簡單地說說它的使用方法。

(2)　繪圖檯的使用方法

由正面來看，以為繪圖檯是無關重要的，這是絕大的錯誤；因為繪圖的時候，須用T形曲尺，(即丁字尺)作平行水平線的時候，檯板的邊椽不平正，須有完美的尺，結果不能作任何平行水平線，而致影响整個圖的部份，所以我們須要注意的有：

(1)檯板的平滑及邊椽的平正。

(2)檯板的斜坡高度。

(3)繪圖檯的高度及位置。

繪圖檯的高度，大約到人胸部份為最適宜，因為過高，人多不就，如過矮，則繪圖時會影响到全身的姿勢·檯的位置最好光線從左方射入，這是因為避免陰影的原故。

檯板須要傾斜時，最好不可超過1—8之坡度·($\theta = \tan^{-1}\frac{1}{8} = 7°7'$) 開始繪圖時，先清潔檯板及儀器，繪圖的人多習慣坐在一起來動作，我以為是最不適宜的，因為須要走動的時候，我們便感覺得太不便利了，若能强奪能避免的話，索性站立起來動作，比較自由，便當，但亦不人意，只好各適其適吧！

(3)　鉛筆的使用方法

鉛筆的種類有軟，硬兩種，軟的有5B,6B,等，凡是B數越多，則鉛性越軟，硬的有H 2 H 3 H, 4 H, 5 H, 6 H, 等，同樣H數越多，則鉛性越硬・在繪圖，普通使用的有2 H, 3 H, H B 數種○

我們使用鉛筆的種類，是跟着紙張的性質而不同，如紙張的組織纖維幼細，則宜用6 　的鉛筆，粗硬的紙張宜用H B的那一種・我們因爲使用6 H, 那一類的鉛筆，因它的鉛性過硬・所以多採用2 H 的一種就够了・我們選擇鉛筆的種類，宜硬不宜軟，什麽原故呢？因爲鉛性越硬，它的

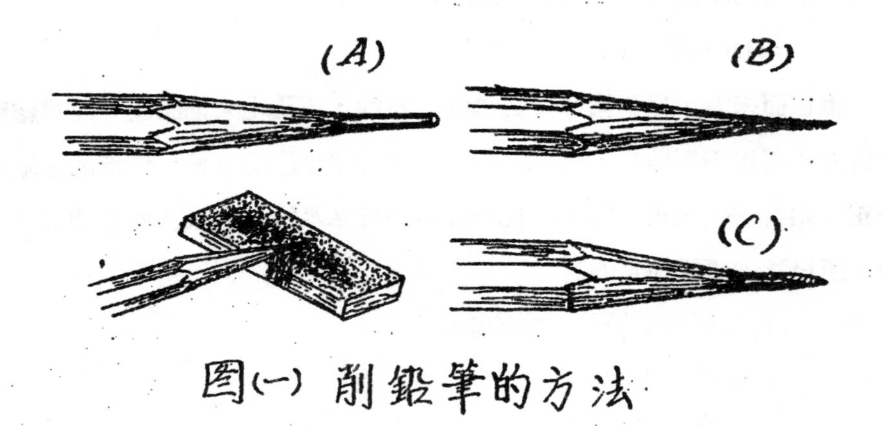

圖(一) 削鉛筆的方法

色素越淡，鉛越軟則色素越濃，所以選擇硬的原因，蓋欲避免污髒了我們的圖紙・繪圖時須得預備2 H, 及H B 兩類的鉛筆；將H B 鉛筆用刀削去筆木，(圖1A)，然後以沙紙磨削鉛心使成尖銳(圖1B)，又將2 H 的一枝去木，以沙紙磨削鉛心使成扁平的尖劈的形狀，如(圖1C)所示・繪圖時，用H B 的一枝爲作草圖或書寫之用，2 H 的一枝作繪圖之用・(但鉛筆須常保持尖銳不可過鈍・)繪圖的時候，切忌用過硬的鉛筆，(如6 H 等)，大力刻線於圖紙上，遇着更改的時候，便難於去跡了・爲着要避免這樣的困難，使用輕微的力就够了○

(4) T形曲尺的使用方法

T形曲尺是一把直長的尺，因爲它的形狀很像英文字母T的原故，所以叫做T形曲尺(T-square)，(俗稱丁字尺)，T形曲尺有活動的，

有固定的及英國式三種（如圖(2) A, B, C)，它的刀口(卽尺的邊椽）都非常正直，(刀口以透明的爲佳)·刀口如有扭曲歪斜，卽是不完美，繪圖的人須置有長短不同的固定的T形曲尺，但是活動的T形曲尺，有時亦會需用到的，第三種的英國式的T形曲尺；一頭是尖 細的(tapen)，一頭却是傾斜不直的，這類的尺很少用到，我們若要測驗我們的尺的刀口，是否有毛病，我們先在圖紙上任意定兩點，然後用尺的一邊的刀口置於兩點上，聯成一直線，再翻轉尺面以同一邊的刀口，再作一直線經過此兩點，如所作兩線能合成一直線，則知這尺沒有什麽毛病，如兩線不相合，則確知它有毛病了·如圖(3)所示卽爲試驗T形曲尺的方法o

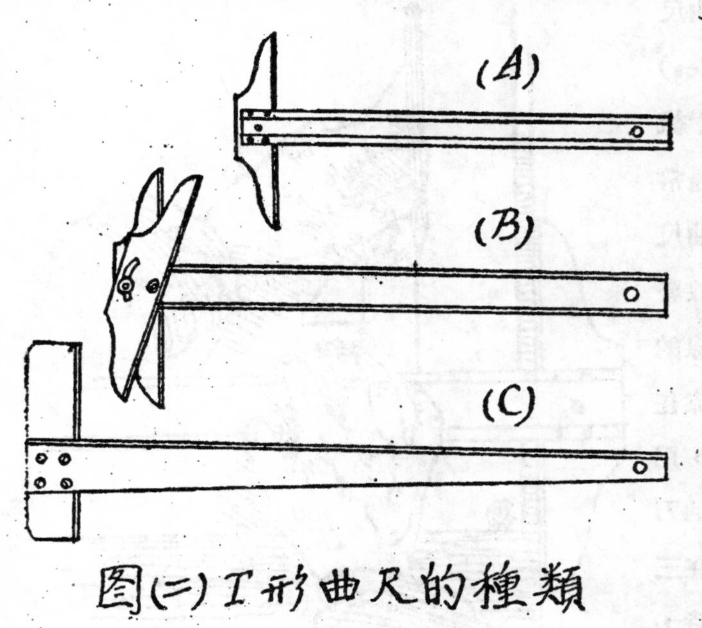

图(二)T形曲尺的種類

我們使用T形曲尺的時候，宜靠在樓板左方的邊椽，（例外的是慣用左手的人們，及光線從樓的右方射入時，則尺宜靠在樓板右方的邊椽爲適宜。）使用T形

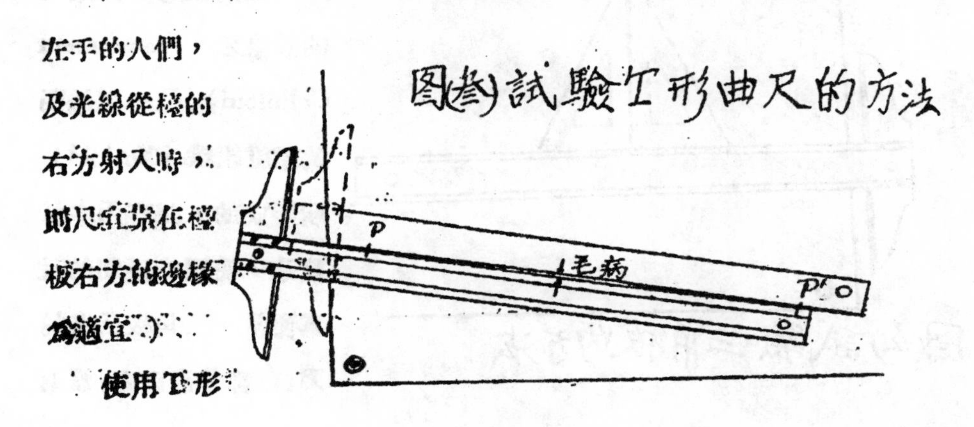

图(叁)試驗T形曲尺的方法

曲尺的目的，就是要作平行水平線，(Parallel horizontal lines) 作平行水平線的次序，通常皆從左方起而至右方，因此爲便利起見，定點多在左方，我們用T形曲尺與三角板 (Triangles) 合用，可作垂直線 (Vertical lines) 通常垂直邊多靠近T形曲尺的尺頭，及向在光線發射的方向，作垂直線的時候，T形曲尺常靠在櫈板的左方的邊緣，用左手的大指壓在尺的刀口上，其餘各指壓在三角板上(圖4)作線時，常從下起至上方爲宜，所以爲便利作線起見，定點多在下方。

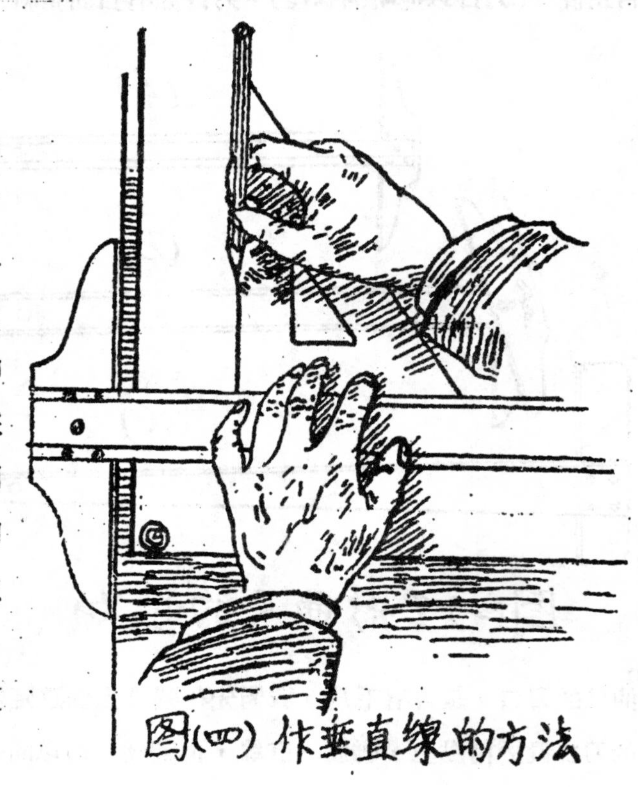

图(四) 作垂直線的方法

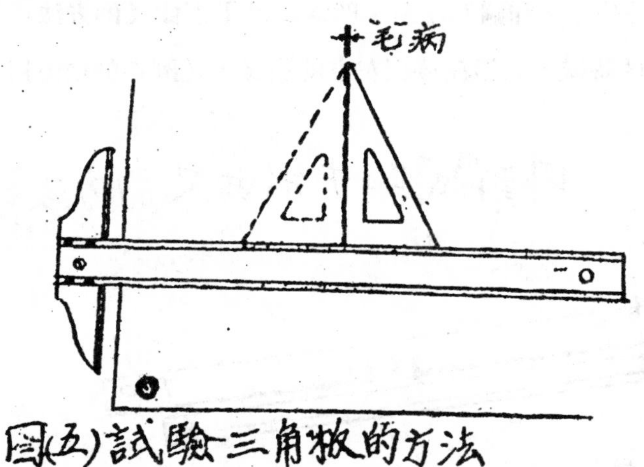

图(五) 試驗三角板的方法

(5)三角板的用法

三角板是一種透明的假象牙 (Transparent Celluloid) (是一種透明的纖維組織 fibe loid) 所製成的，亦有用木材製造，使用時透明的較爲便當。三角板三邊的刀口，都非常正直，沒有扭曲不平的毛病。若要試驗我們的三角板有無這樣的毛病，方法就是：先將T形曲尺靠在檯板的左方，然後將三角板的一邊貼近尺的刀口，又於垂直的一邊作一垂直線，後再翻三角板的背面，於同一邊又作一垂直線，視察此兩線是否相合成一直線，如是，則知我們所試驗的三角板爲完美，反之所繪的直線爲扭曲不平的爲劣，如圖(5)即表示試驗三角板的優劣方法。

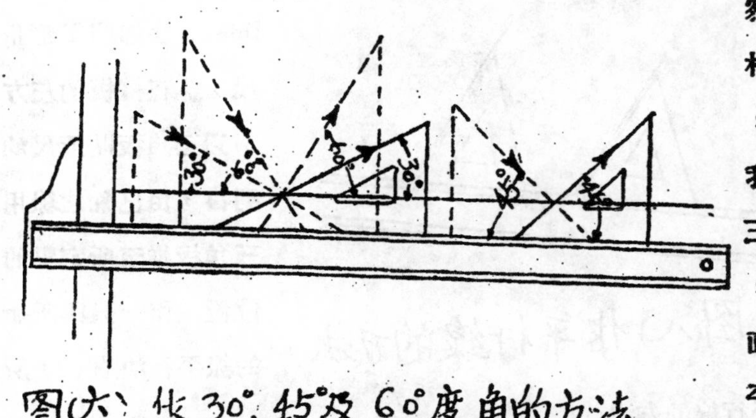

图(六) 作30°, 45°及60°度角的方法

普通三角板多爲一對兩件；一件作60°角，其一作45°角。6吋至8吋—45°角及10吋—60°角的三角板爲最適用。

我們已知它與T形曲尺合用，能作任何垂直線如圖(4)所示。用三角板作角度時；T形曲尺宜靠在檯板的左方，推置基線(base line)下方，再以三角板貼近在尺的刀口，則可作任意的角度。如作30° 45°及60°等

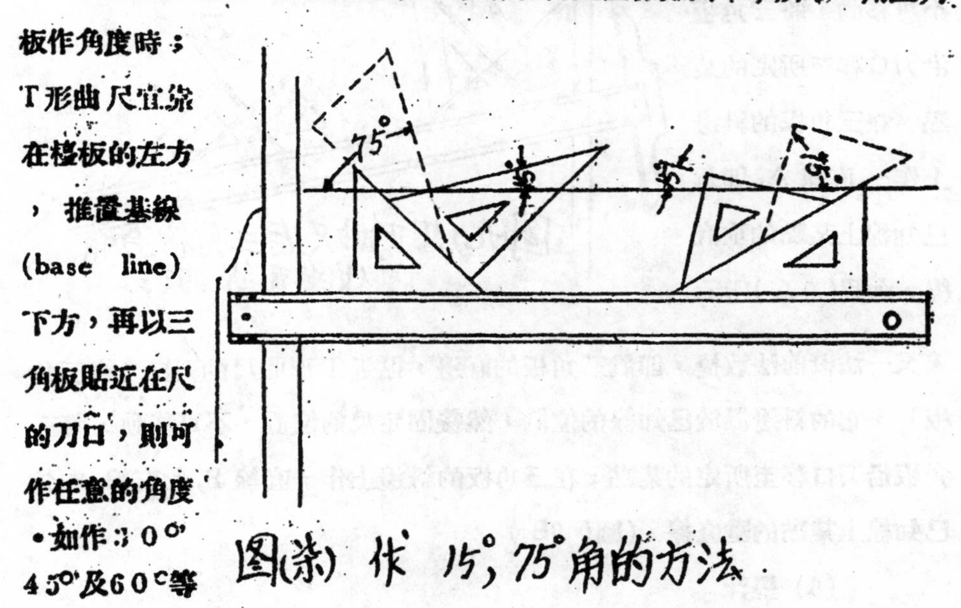

图(柒) 作 15°, 75°角的方法

角，如圖(6)所示的作法，圖中所示的箭咀，即爲角度的方向．如用兩三角板合用，可作15°75°105°等角，如圖(7)所示的作法。

三角板與T形曲尺或其他三角板合用，可作任何平行線(Parallel lines)，法卽將T形曲尺，靠在檯板的左方，以三角板貼近尺的刀口，由已知之線用三角板推至所定點的位置，作一線與所知的線平行如圖(8)所示，卽爲作平行線的方法。

图(八)作平行線的方法

三角板與T形曲尺或其他三角板合用，亦可作任何垂直線，法將三角板的斜邊置於已知線上，其他一邊則靠近T形曲尺的刀口(或三角板)，然後固定尺的位置，不可移動，將三角板沿刀口移至所定的某點，在三角板的斜邊上作一直線A，卽爲已知線上某點的垂直線，如圖(9A)所示．又一法較前法敏捷，卽置三角板的直邊，貼近T形曲尺的刀口(或三角板)，它的斜邊置於已知線的位置，然後固定尺的位置，不可移動，將三角板沿刀口移至所定的某點，在三角板的斜邊上作一直線B，此直線卽爲已知線上某點的垂直線．(圖(9B)

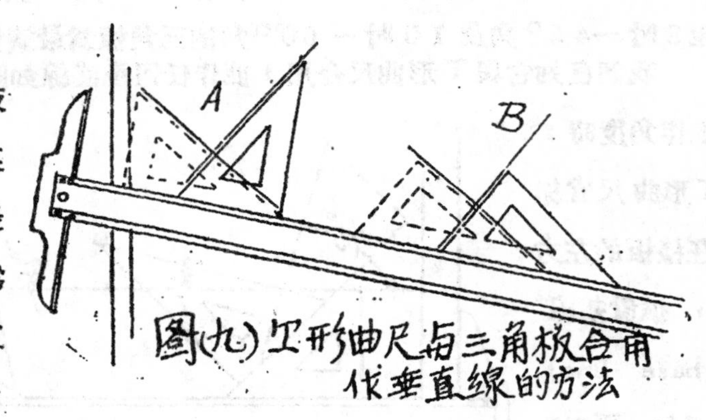

圖(九)T形曲尺与三角板合用作垂直線的方法

(6) 墨汁

當我們用鉛筆將整個的圖設計完了之後，即是開始用墨汁渲染了，使用的墨汁非日常作書用的藍，黑，墨水，是一種單為繪圖用的黑色繪圖墨汁。我們在實習的時候，常要使用舶來品的繪圖墨汁未免太不化算，地道的又太劣，所以我們還是用墨條磨成汁來得化算，但是設不可使用坊間所售的現成墨汁，因為它隔得日子太久了，色澤沒有比現成磨的鮮艷的原故，但是用墨條磨汁時，須要注意的就是：汁要不可過濃結，亦不可失之過稀淡，只要稀結調和為最適宜，因為墨汁過濃結，則渲染時總覺得不滿意，若失之過稀淡則有化紙的毛病，家用磨成的墨汁有一種毛病，就是易於凝結，補救的方法，惟有頻頻加墨的一法。

我們用墨渲染繪圖的時候，須要特別小心，因為對於渲染的好壞全繫在我們熟練的手術，不然則會污髒了我們的圖紙，那時豈不是前功盡棄嗎？

（7）鋼筆

我們繪圖的鋼筆，不是日常作書用的鋼筆，是用來繪墨線的鋼筆，因為筆端是扁平像鴨嘴的形狀，所以俗叫鴨嘴筆。我們使用鋼筆時，要留神運筆時的姿勢，及與T形曲尺，三角板的關係，一不小心就會弄得七糟八亂了。鋼筆不能單獨使用適

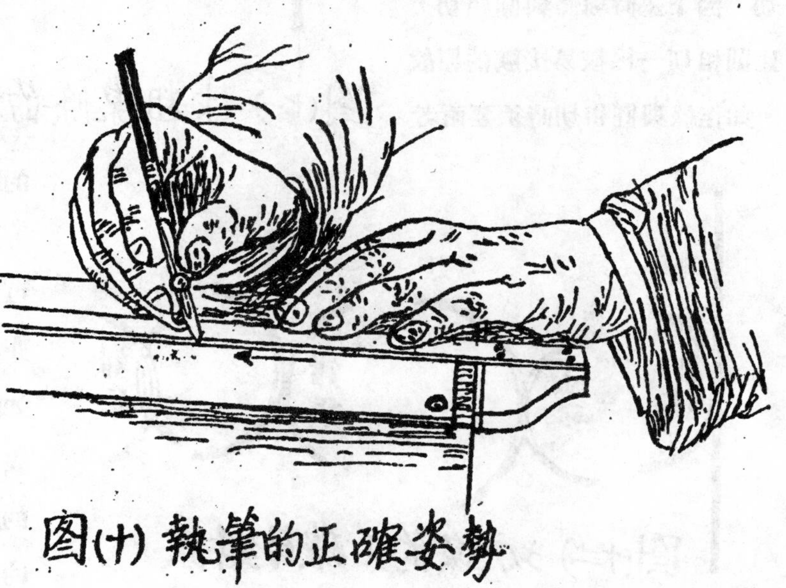

图(十) 執筆的正確姿勢

常與T形曲尺，三角板，曲形尺（Irregular Curves）等引導才可使用。尺的刀口一定要貼近鉛筆線的位置。

渲染下墨的時候，先以毛筆醮墨汁滴在鋼筆的筆心內。墨汁不宜過多，蓋妨溢出刀口外面。

(a) 執筆的姿勢與線條作法

執筆時以大指（Thumb）及食指（Forefinger）夾在筆的活螺釘的上端，筆杆放在食指之上，稍微向右傾斜，（不宜直立）。作線時由左方移至右方爲合。如圖（10）即示執筆的正確姿勢。

線條的粗幼，雖常保持一律，不可參差，蓋精美的繪圖貴在各線條一律，接口及切線亦要有度，完美的線條爲必要的條件。線條的粗幼可由活動螺釘定之。

作粗線條（Full lines）時，墨線必遮蓋鉛筆線條的全部，但鉛筆線條爲墨線條的中線，如圖（11）所示。通常作切線與圓相切，最好先作圓或弧，然後作線相切，因下墨時線條與圓相切，比圓相切一線較易接觸的原故。如作線與圓相切時須要兩者的線條的單線，互爲相切不可兩線相交，亦不可相接，如圖（12）即表示切線相切的正確與錯誤的區別。

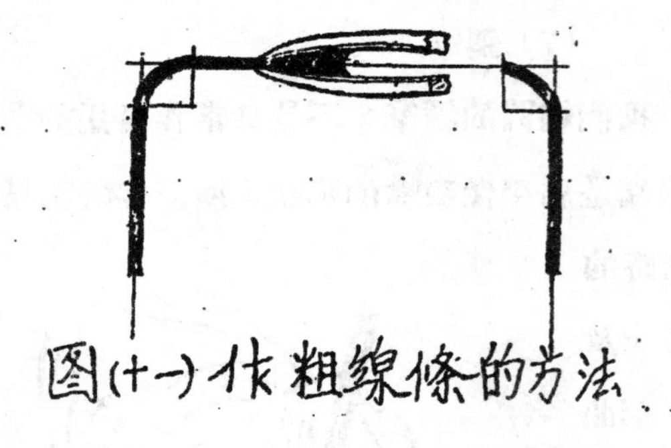
图(十一) 作粗線條的方法

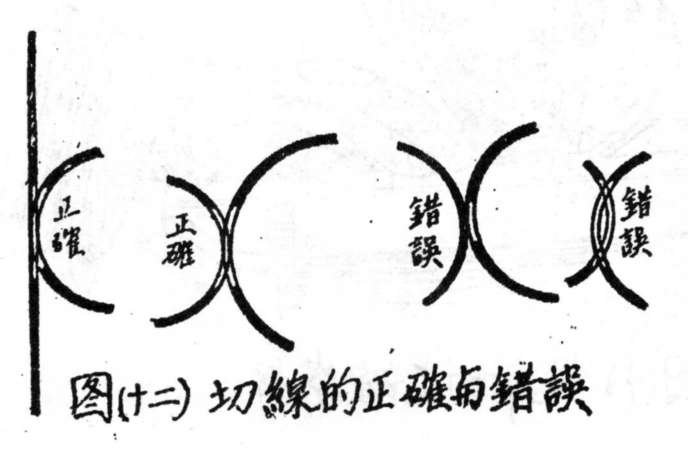

图(十二) 切線的正確與錯誤

(b)鋼筆與刀口的關係

繪圖的時候鋼筆須與尺的刀口平行，筆杆微向右傾斜，鋼筆常賴刀口引導，但刀口與鉛筆線條的距離位置，隨刀口的厚薄而定；大底刀口越厚則距離越遠，越近則越薄，但筆尖必與線條相合才可。

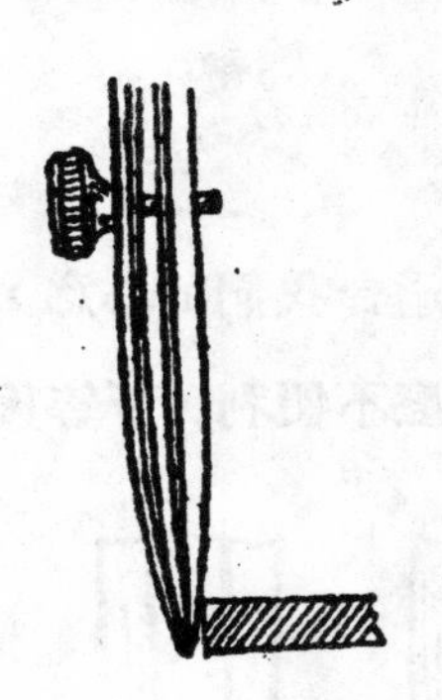

图(十三) 鋼筆與刀口的関係

圖（13）卽示鋼筆與刀口的關係。

(c)缺陷的線條

我們繪墨線條的時候，發覺有許多缺陷的不完美的線條，須得立刻仔細地去找尋它的毛病在什麽地方？然後再進行改良，那末，才不會影嚮到圖的美觀，鋼筆的優劣，墨汁的稀結，紙張的組織與及繪圖者手術，都與繪成的線條有關，我以爲發生缺陷線

鋼筆壓在刀口太緊

鋼筆与刀口成傾斜之狀

鋼筆太貼近刀口，墨汁溢出

墨汁溢出刀口外面

鋼筆不与刀口平行

刀口滑在未乾之墨線上

線未終止時墨汁不飽滿

图(十四) 構成缺陷線條的原因

條最大的原因，都在繪圖者的手術及鋼筆的優劣的兩個問題上·附圖(14)即表示幾種缺陷線的原因·對於每種缺陷線條的構成，我們也得仔細地去探討一下。

(d)鋼筆的修理手術

我們購買鋼筆時，未必能適合我們的心意，除了上等貨，因爲工作良好的原故，使用時不覺得有什麼不便利，下等貨，那就不同了，使用時總覺得不稱心意，所以買回來的時候，只要以簡單的手術修理一下子，才覺得稱心·如圖(15)

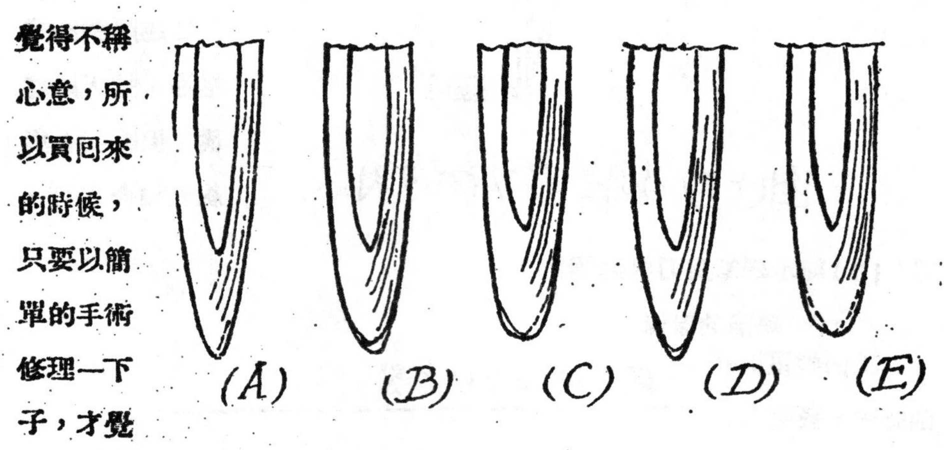

图(十五)鋼筆修改的部份

A, B, C, D, E 即表示鋼筆的正確形狀，以A式爲最合標準·B, C, D, E 四式中有點線的地方，即表示須修理的部份·修改時，須預先購一幼細刀石

图(十大)修理鋼筆的方法

，用鑛油浸透數天才可應用·（粗劣的刀石不宜使用）·我們先視察筆端的形狀參照A式斟酌修改之修改時；先將螺釘放鬆，然後平置或側置在刀石上（石面最好加礦油一小滴），前後往返的（切勿左右往返）在刀石上磨削，直至正確爲度·筆杆須與石面成30°角爲適宜· 如圖（16）卽表示修理鋼筆的方法○

上述的數種，不過是自已平日經驗及參考書本所得，順手寫來覺得不甚明確，多有錯誤，務請讀者隨時不吝指正才可○

特　載

甘竹灘河面測量工作紀實

楊　杰　文

去冬十二月七日：來往江門省城民族渡，於甘竹灘頭，觸礁沉沒，溺斃搭客多人，釀成近年來航渡一大慘劇。事後政府當局及社會人士咸以爲甘竹灘暗礁，爲害航行，若是之甚。圖亡羊補牢計，此後非謀一正本清源之策，澈底解决，不足以利交通而安行旅。然炸去該石，則下游水量必增，當西潦高漲時，恐對於田園民居，或致發生災害。不炸則日後來往輪渡，有再蹈覆轍之虞。經當局多方研究，以炸石與否，惰詞各執，未得切實之方。以水利局爲技術機關，决交與全權主辦焉。至所應先决者，爲欲知河水之流量，必須先知河床之深淺，然後能謀所以處置之方。適本校工科三年級同學，習水道測量既畢，思得實習之地，以補學理之不足，而增技術之經驗。蒙楊局長華日及李科長沛民，不以同學等之愚昧見棄，以測量甘竹下游河深工作相委，且派吳技士親往指導。惟同學等學識不足，經驗毫無，驟然負此重任，靡不戰戰兢兢，謹愼從事。仍恐不免謬誤，有負水利局諸公所望也。工竣歸來，記經過如下：

事　前　籌　備

上學期期考將竣。同學程子雲梁榮燕二君，已着手籌備，召集同學十四人。於一月廿七廿八兩日晚間七時在梁君家中開籌備會議。商酌工作之程序，工員之分配及經費之預算等事．出席者有：溫炳文梁樾齡，程子雲，龍殿慈，梁榮燕，楊杰文，黃卓明，鄭紹河，陳展榮，梁父，陳洵耀，黃偉賢，岑灼垣及女同學諸澄夷，馮素行，羅巧兒等共十六人．首由程子雲梁榮燕二人報告赴水利局磋商經過．大畧謂工作分四段探測河床深度，一段內每點距離五公尺，並須紀錄水潮漲落及最高最低水位及數段水平之相差，限一星期內測竣．經費由局津貼百二十元．並遣派瀾安小輪載工作人員前往．報告後由衆卽席推舉溫炳文起草組織章程，抄錄如下：

順德縣甘竹下游河床橫斷面測量簡章

目的：擬改良甘竹灘航行線計劃

日期：民廿六年元月廿九日至二月某日

組織：導線水準兩隊，（每隊三人，一司讀尺，一司鏡，一司持尺）河床橫斷面隊四隊，（每隊四人，一司鏡，一司量水，一司記錄時刻，一司持視距尺）

方法：此次測量乃分兩部工作

（第一部）接引甘竹灘附近水準點，B．M．33 Elev．沿河岸向各橫斷面測線，測定直至勒樓下游止．長凡二百餘華里．須施行精密水準測量。

（第二部）在甘竹勒樓附近按圖安設四橫斷面線，并測定河床及兩岸之形勢，確定水之容積．其測量法，乃用視距法于離岸邊每五公尺測定河床一點．測定河床之法，卽爲量水隊量度水面至河床之深度．乃用鋼水尺或繩索以測之。

測量橫斷面時應注意之手續如下：

（一）先確定兩岸之測站，以木樁誌之，并須以附近地面施行護樁之工作．其斷面與河流成直角。

（二）置儀器於任一點．先置垂直分變圈指標對零度，并注意附鏡之水準氣泡居中否．如不居中時，則宜先整理之．或測定指標差數從

事加減之○

(三)次以水準尺之尺底貼近水面，測定視線與水面高度之差幷記錄測

量時之時刻·又量度儀器之高度從事計算測站與水面高度·(所

設水面者乃指初測時所記錄之時刻爲標準)·幷由測站之高度以

爲根據○

(四)但潮水常有長退，則水面之高低時刻不同，爲保持其原有數值高

度之關係，則補數之法，賴潮水尺·故應同時成立潮水尺隊，以

一人專負其責·每十五分鐘看尺一次並記錄時刻尺數及風力等·

此項工作，其目的有二：

1·改正量水隊測量之結果，計算眞確量水點之高度○

2·求每日之高潮位及低潮位，以爲計劃時之參考○

(五)向土人調查各橫斷面之最高水位及最低水位之位置○

同時分配各隊工作人員·計有水準隊二：第一隊溫炳文，第二隊梁熾

齡，各用測伕二名·河床量水隊四：第一隊程子雲龍殿慈諸澄夷·第二隊

梁榮燕，楊杰文，黃偉賢·第三隊黃卓明鄭紹河陳展榮馮素行·第四隊梁

父陳洵耀岑灼垣羅巧兒·議決第一隊測第二段河床，第二隊測第三段，第

三隊測第四段，第四隊測第五段·水準兩隊，則担任由第三段起迄第五段

止之全部水平工作·同時爲求分工合作·貴有專施起見·卽席舉出正隊長林

榮潤敎授，副隊長兼儀器管理員陳福齊助敎，理財程子雲，事務黃卓明，

文書楊杰文，攝影梁榮燕·定廿九日上午九時在南堤二馬路南渼旅店齊集

·十一時啟行·並於事前租定河頭艇(卽普通大艇，專賃於人供住宿者)，

一艘，爲住宿之所，因恐屆時租住旅店，不獨房租不經濟，且精巧之儀器

，上落搬運，或有損壞疎虞之處也○

事阻無奈何！行不得也哥哥！

廿九日晨·各人依時齊集南渼·十時許林陳兩先生押運儀器抵步，但

瀾安輪須預備燃料，一時未能上足，改爲下午五時啓行，於是將行李儀器，在南漢安放妥當後．回家者有之，閒遊者有之，一時東奔西散．下午四時許第二次齊集，將行李等搬下艇中．但瀾安輪仍因前故，不能如時開行．一改再改，鐵定明晨五時出發．黄昏後，各人皆上岸閒遊，品茗觀劇，各適其適．但均於十二時前回船就寢．諸澄夷同學且恐旅中寂聊，帶得留聲機一架下船，途中得此頓增興趣。

別矣廣州！

碼頭對面，艦隊司令部之鐘樓，剛鳴五下．汽笛一聲，船身微動．在夜色迷濛，全城靜穆中出發，卅日晨十時抵達順德六區之勒樓鎮．鎮築於河堤上，高出水面十餘尺，人口頗密，商店不下千餘家，商業可稱繁盛；尤以米店及絲市爲最．此間人士酷嗜狗肉，公然售賣不禁．狗肉店竟有三數十家之多，惜同學中無一嗜之者，否則可乘機大解饞渴矣。

事非經過不知難！

抵步後下碇于鎮尾岸旁．各隊立卽賃小艇一艘携齊儀器，乘小輪分頭出發．河床量水隊第一隊程子雲等往測勒流上游，兩河相會點之第二剖面，用視距法施測．初以爲卽日可以完成工作之大半．不料水流湍急，小艇不能依法進退；既得距離，小艇則不在直線內，旣在直線內矣，而距離又不符，擾攘久之，卒無法進行，乃於二時回艇、擬明天改變方針，施用牽纜法．第二隊梁榮燕等用牽纜法測北水鄉附近涌口之第三剖面，因竹纜陳舊，重量又大，且河面遼濶，雖經數人盡力牽拖，以致泥濘滿身，亦無法使離水面．再加力則斷爲兩段．撈回接好，又再牽斷．臨時改用視距法，又因河面濶而儀器劣．天又下雨，更感棘手，乃在二時許收隊回勒樓．第三隊黄卓明等採用視距法測谷埠鄉對開之第四隊剖面．經句餘鐘後測得十餘點．二時下雨，各人尋地避雨，雨後再測得數點，四時收隊．第四隊梁父等測鄧滘沙鄉對開第五剖面．用視距法施測．以地形儀器，兩佔優勝，至下午四時卽將全部河深測竣．河面寬三百二十公尺，分爲四十四點。第一隊水平隊温炳文等由第四剖面附近之第卅三號水平點起沿下游測至吉祐鄉涌口，第二隊梁憮齡等由第二剖面附近之水平點起測至第三剖面，已將四時。測該段之第二隊已不在乃，留下標誌而回。是日工作，以水平隊爲較勞苦，因天降微雨，河岸泥濘，舉足有滑倒之虞。且須步行十餘里，較河床測量隊之固在一地者勞逸迥然有別。

工作之第一日

卅一日將午膳提早，改爲八時半。膳後分頭出發。第一二兩隊鑒於昨日之失敗，由於竹纜太重而中斷，故早已預購蔴纜兩條。昨夜晚飯後，將之每隔五公尺，結一紅繩爲記，以免臨時在河上量度，發生困難。又恐人少不易將之牽直，故議將兩隊，合併爲一，以利工作，小艇二艘，又可以作兩次之測深，結果諒必更爲準確。先測第二段。抵達後選定樁位，求得離水面高度後，繼以拉纜探測，進行順利十一時四十分卽完竣，只費時炊許耳。十二時至第三段地點，天適大雨，但各人勇氣，不因之而稍餒，仍冒雨工作。隊員中除在艇中紀錄者外，其餘衣履皆濕。經衆人努力工作。於一時四十五分竣工。測第五段之工作人員，昨本已將河深各點測妥，只欠水潮漲落紀錄，是日只需三數小時之看潮水尺工夫而已。測第四段之黃卓明等，以處事審愼不苟，著名於同學中，故稍爲迂緩。至四時始收隊，水平隊第一隊由吉祐鄉涌口，沿河而下，測至第二段，再進而至第三段，以覆驗昨第二隊之紀錄有無錯誤，第二隊由第四段沿河而上至第五點後，再回頭測至第四點，又由第四點測至吉祐鄉涌口止。以覆昨第一隊之有無差誤。全部工作，於焉完成。歸船後試繪圖由各隊負責。又各人均以甘竹灘距此不遠，船行一小時可達，不往一遊，殊覺可惜，乃議決明晨請瀾安輪栽往。

甘竹灘巡禮

二月一日。天晴。頗冷。九時廿五分啓輪，船行五十分鐘後，甘竹灘已在望。先鼓輪至民族渡過事處，是時適遇水退。香爐石隱約可見。灘上灘下水位相差二三尺，水流鑿石，洶湧可怖，（附圖十二，十三，十四，十五·）小輪欲繼續駛至灘上，以馬力不足，知難而退·駛回泊下游左灘岸旁·各人登岸後，先至天后宮視察(附圖第十四)·此宮適在灘之最危險部分之岸上·由此下瞰灘中(附圖第十五)全灘景物在望，瞭如指掌·兩岸相距，約三百公尺，較下游爲狹·正其如是，是以水流有如此之急·再前行至左灘墟·只見商店三數十家殊覺聊落，較勒樓之市廛狀況，相差極遠，無甚可觀·至甘竹最負盛名之辣椒醬，只有余謙益余勤益兩家·各人爭往購取·二店存貨無多，爲之一罄，再渡右灘岸端爲龜背石，形若龜背，因以得名·長濶凡數十丈，由岸伸至河中·倍增灘之險惡·左灘有二墟，一新一舊·舊墟旁陳屍數具，卽民族渡中之犧牲者，日久浮起，被方便醫院收屍隊撈置岸旁者·死者皆手足彎曲，身上血迹斑然，令人慘不忍視○

螞蟻拉牛

一時許啟輪回勒樓，拖同河頭艇，動身回省·預算下午六時可抵陳村·不料駛至半途遇水利局派來之江安小電船到替瀾安，（附圖八）另派瀾安往高明公幹·江安船身旣小馬力不足，而河頭艇則體積甚大，有如螞蟻牽牛·又逢逆風，前進更緩，直至晚間九時，方抵陳村(圖二)·因時太夜且値天寒，店舖多已關門·各人雖皆登岸，但一無可觀·皆於十二時前回船○

重返廣州

二日晨九時半在陳村開船，至下午二時抵廣州天字碼頭登陸○

工程研究會簡章

第一條　本會定名爲：「私立廣東國民大學工程研究會」

簡稱：「民大工研會」。

第二條　以團結工學院同學間永久感情，研究學術，以謀促進建設，發揚校譽爲宗旨。

第三條　會址暫設第一學院。

第四條　本會組織之系統如下：

全體會員大會——由全體會員共同組織之。

正副會長——由全體會員大會中直接選出。

幹事會——設七人至十一人，分任文書，出版，理財，考察，研究，庶務等事項，均由全體會員大會選任。

特項委員會——除日常事務外，關於特種工作，認爲有辦理之必要者，隨時由幹事會組織之。

第五條　正會長，副會長暨幹事等，任期均爲一年，但得連任。

第六條　全體會員大會，定每年召集二次，四月及十月舉行，遇必要時，得由過半會員提出臨時召集之。幹事會定每月至少開會一次，討論會務進行，開會時由會長召集並由正會長任主席。

第七條　凡屬本校工學院同學，無論在校或畢業如贊同本會宗旨，遵守本會會規者，均得加入爲會員，入會後，得享有本會一切權利與履行應有之義務。

第八條　每年徵收常費二元，分兩期繳納，除畢業會員直接繳交本會理財外，其餘在校會員則由存校按金內扣除，其他費用，如有特別需要時，由幹事會議徵收之。

第九條　本會章程，經學校批准備案後始發生効力，如有未盡事宜，得隨時提出會大員會修改。

國民大學

工程學報投稿簡章

（一）本報以發表關於工學之作品爲主旨（詩詞文藝不登）校外投稿亦所歡迎

（二）本報暫定每年出版兩次

（三）本報所載文字文體及內容不拘一格惟文責要由作者自負格式一律橫行並用新式標點

（四）翻譯文字有學術價值者得壹並採用惟須註明由來原作者姓名及出版日期

（五）來稿如有插圖須另紙繪妥（白紙黑字）

（六）刊登之稿酌酬本報如有特殊價值經審查認可者得另印單行本

（七）截稿期限在出版前一個月

（八）來稿請寄交廣州市荔枝灣國民大學[illegible]工程研究會收

工程學報　第八號

編輯者：廣東國民大學工程學報社

出版發行者：廣州荔枝灣國民大學工學院[illegible]工程研究會

經售者：本省及國內各大書局

印刷者：廣州市惠愛西瑞興新街宏興印務局 電話：一六九九八

出版期：民國廿五年十二月

報　價：每册肆角五　寄費加一（郵票十足通用）